国家林业和草原局职业教育"十三五"规划教材

计算机基础及 MS Office

闫秀婧 张 超 主 编

中国林业出版社
·北京·

内 容 简 介

　　本教材是一本立体化教材，介绍了计算机的发展、信息的表示与存储、多媒体技术与MS Office应用、计算机病毒及其防治、计算机软硬件系统、计算机网络、因特网基础等基本原理和技术；并结合具体应用案例将 Windows10 系统操作、Word 操作、Excel 操作、Power-Point 操作通过微课进行了讲解和演示，操作步骤简单明了，其内容涵盖了全国计算机等级考试一级考试的所有知识点和 MS Office 的操作及应用，并对前沿知识进行了拓展。教材中的数字资源包括微视频、一级考试试题题库等，学习时扫描书中每个知识点的二维码即可进行学习，具体使用方法详见"教材数字资源使用说明"。

　　本教材可作为高等职业院校及其他各类计算机培训机构的教学用书，也可作为各院校教师、学生及计算机爱好者的指导用书。

图书在版编目(CIP)数据

计算机基础及 MS Office／闫秀婧，张超主编. —北京：中国林业出版社，2020. 7(2022. 6 重印)
国家林业和草原局职业教育"十三五"规划教材
ISBN 978-7-5219-0715-5

Ⅰ.①计…　Ⅱ.①闫…　②张…　Ⅲ.①电子计算机–教材 ②办公自动化–应用软件–教材　Ⅳ.①TP3

中国版本图书馆 CIP 数据核字(2020)第 134177 号

中国林业出版社·教育分社

策划编辑：田　苗　　　　　　　　　　　责任编辑：田　苗　曹潆文
电　　话：(010)83143557　83143627　　传　　真：(010)83143516

出版发行　中国林业出版社(100009　北京市西城区德内大街刘海胡同 7 号)
　　　　　E-mail:jiaocaipublic@163.com　电话:(010)83143500
　　　　　http://www.forestry.gov.cn/lycb.html
经　　销　新华书店
印　　刷　河北京平诚乾印刷有限公司
版　　次　2020 年 7 月第 1 版
印　　次　2022 年 6 月第 3 次
开　　本　787mm×1092mm　1/16
印　　张　25.25
字　　数　680 千字(含数字资源)
定　　价　50.00 元

F O R E W O R D

计算机作为办公中普遍使用的高级管理工具，在各行各业发挥着重要作用。特别是文件归档、文字处理、数据处理、演示汇报、信息检索、信息传送、辅助决策等功能都与人们的工作生活密切相关，因此熟练掌握计算机操作和办公软件 MS Office 是每个工作人员必须具备的基本技能。

本教材以实例化、应用性为背景，以"全国计算机等级考试一级 MS Office 考试大纲"为主线，重点培养学习者使用 MS Office 应用软件解决实际问题的能力。全书由 6 个单元组成，结合课程思政附加了 6 个方面的拓展知识，重点讲述了计算机的发展、信息的表示与存储、多媒体技术、计算机病毒、计算机软硬件系统、Windows10 操作、Word 2016 操作、Excel 2016 操作、PowerPoint 2016 操作、计算机网络等基本原理、基本功能、基本应用和具体操作，并配套相应的数字资源，包含微视频、一级考试试题题库等，学习时扫描书中每个知识点的二维码即可进行学习。同时通过了解拓展知识增强学习者的民族自豪感，强化学习者的爱国主义教育。

本教材由闫秀婧教授负责总体设计、组织编写和审稿。单元 1、1.1～1.3、2.1～2.3 由丑晨老师编写，2.4、5.4～5.8 由张超老师编写，单元 3 由汪雁老师编写，单元 4 由黄伟老师编写，5.1～5.3、拓展知识 2、拓展知识 6 由闫秀婧老师编写，单元 6 由罗宏伟老师编写，拓展知识 1、拓展知识 3 由罗倬老师编写，拓展知识 4、拓展知识 5 由尹潇老师编写，所有作业题由张旭鹏老师组织编写，张超负责统稿。

由于编者水平有限，书中难免有不妥或疏漏之处，欢迎广大读者批评指正。

编者

2020 年 3 月

C O N T E N T S 目 录

单元1 计算机基础知识

计算机是人类历史上伟大的发明，是 20 世纪最先进的科学技术发明之一，对人类的生产活动和社会活动产生了极其重要的影响，并以强大的生命力飞速发展。它的应用领域从最初的军事科研应用扩展到社会的各个领域，已形成了规模巨大的计算机产业，带动了全球范围内的技术进步，由此引发了深刻的社会变革。虽说迄今为止只有 70 多年的历程，但发展得非常迅速，对人类的生活、生产、学习和工作产生了巨大的影响。计算机已遍及学校、企事业单位，进入寻常百姓家，成为信息社会中必不可少的工具。

计算机是一门科学，也是一种自动、高速、精确对信息进行存储、传送与加工处理的电子工具。掌握以计算机为核心的信息技术的基础知识和应用能力，是信息社会必备的基本素质。

本单元涵盖以下内容：

1. 计算机的发展简史、特点、分类以及应用领域。
2. 计算机中数据、字符和汉字的编码、进制及之间的转换。
3. 多媒体的概念以及相关的基本知识。
4. 计算机病毒的概念、特点以及防治方法。

1.1 计算机的发展

在人类文明发展的历史长河中，计算工具经历了从简单到复杂、从低级到高级的发展过程。例如，从"结绳记事"中的绳结到算筹、算盘、计算尺、机械计算机等。它们在不同的历史时期发挥了各自的历史作用，同时也启发了现代电子计算机的研制思想，孕育了电子计算机的设计思想和雏形。

1.1.1 电子计算机简介

20 世纪初，电子技术得到了迅猛的发展，第二次世界大战爆发带来了巨大的计算需求。当时激战正酣，各国的武器装备还很差，占主要地位的战略武器是飞机和大炮，研制和开发新型大炮和导弹显得十分必要和迫切。为此美国陆军军械部在马里兰州的阿伯丁设立了"弹道研究实验室"。

美国军方要求该实验室每天为陆军炮弹部队提供 6 张射表以便对导弹的研制进行技术

鉴定。事实上每张射表都要计算几百条弹道，而每条弹道的数学模型都是一组非常复杂的非线性方程组，这些方程组是没有办法求出准确解的，因此只能用数值方法近似地进行计算。

不过即使使用数值方法近似求解也不是一件容易的事，以当时的计算工具水平，实验室即使雇用200多名计算员，加班加点工作也大约需要两个多月的时间才能算完一张射表。在"时间就是胜利"的战争年代，这么慢的速度怎么能行呢？恐怕还没等先进的武器研制出来，败局已定。为了改变这种不利的状况，当时任职宾夕法尼亚大学莫尔电机工程学院的莫希利(John Mauchly)于1942年提出了试制第一台电子计算机的初始设想——高速电子管计算装置的使用，期望用电子管代替继电器以提高机器的计算速度。美国军方得知这一设想，马上拨款大力支持，成立了一个以莫希利、埃克特(John Presper Eckert)为首的研制小组开始研制工作。

莫希利和他的研究生埃克特计划采用真空管建造一台通用电子计算机，帮助军方计算弹道轨迹。1943年，莫希利和埃克特开始研制电子数字积分计算机(Electronic Numerical Integrator and Calculator，ENIAC)，并于1946年研制成功，如图1-1所示。

图1-1 第一台电子数字积分计算机 ENIAC

ENIAC(中文名：埃尼阿克)是美国阿伯丁武器试验场为了满足计算弹道需要而研制成的，这台计算器使用了17 840支电子管，大小为80英尺×8英尺，重达28吨，功耗为170千瓦，其运算速度为每秒5000次的加法运算，造价约为487 000美元。ENIAC的问世具有划时代的意义，表明电子计算机时代的到来。在以后60多年里，计算机技术以惊人的速度发展，除此之外，没有任何一门技术的性能价格比能在30年内增长6个数量级。

ENIAC的主要元件是电子管，每秒钟能完成5000次加法运算，300多次乘法运算，比当时最快的计算工具快300倍。该机器使用了1500个继电器、占地170平方米，达30多吨，耗电150千瓦，耗资超40万美元，真可谓是"庞然大物"。用ENIAC计算题目时，首先根据题目的计算步骤预先编好一条条指令，再按指令连接好外部线路，然后启动它自动运行并计算出结果。当要计算另一个题目时，必须重复进行上述工作，所以只有少数专家才能使用。尽管这是ENIAC的明显弱点，但它使过去要借助机械分析机用7到20小时才能计算一条弹道的工作时间缩短到30秒，使科学家们从"奴隶般"的计算中解放出来。至今人们仍然公认ENIAC的问世标志了计算机时代的到来，它的出现具有划时代的伟大意义。

ENAC被广泛认为是世界上第一台现代意义上的计算机，美国人也一直为这点而骄傲。不过直到现在，英国人仍然认为，由著名的英国数学家图灵帮助设计的于1943年投入使用的一台帮助英国政府破译截获密电的电子计算机Colossus才是世界上的第一台电子计算机。英国人认为，之所以 Colossus 没有获得"世界第一"的殊荣，是因为英国政府将它作为军事机密，多年来一直守口如瓶。事实上究竟谁是"世界第一"对于我们并不重要，重要的是因为他们卓越的研究而改变了这个世界。

ENIAC 证明电子真空管技术可以大大地提高计算速度，但 ENIAC 本身存在两大缺点：一是没有存储器；二是用布线接板进行控制，电路连线烦琐耗时，要花几小时甚至几天时间，在很大程度上抵消了 ENIAC 的计算速度。为此，莫希利和埃克特不久后开始研制新的机型——电子离散变量自动计算机(Electronie Discrete Variable Automatic Computer，ED-VAC)。几乎与此同时，ENIAC 项目组的一个研究人员冯·诺依曼来到了普林斯顿高级研究院(Institute for Advanced Study，IAS)开始研制工作。这位美籍匈牙利数学家归纳了 ED-VAC 有如下几个特点：

①计算机的程序和程序运行所需要的数据以二进制形式存放在计算机的存储器中。

②程序和数据存放在存储器中，即程序存储的概念。计算机执行程序时，无需人工干预，能自动连续地执行程序，并得到预期的结果。

根据冯·诺依曼的原理和思想，决定了计算机必须由输入、存储、运算、控制和输出 5 个部分组成，所以冯·诺依曼也被誉为现代电子计算机之父。从第一台电子计算机诞生至今的 70 多年中，计算机技术以前所未有的速度迅猛发展。电子计算机的发展阶段通常以构成计算机的电子器件来划分，至今经历了电子管、晶体管、集成电路及大规模和超大规模集成电路 4 个发展阶段，正在向第 5 个阶段过渡，见表 1-1 所列。

表 1-1 计算机发展的 4 个阶段

部件	阶段			
	第一阶段（1946—1959 年）	第二阶段（1959—1964 年）	第三阶段（1964—1972 年）	第四阶段（1972 年至今）
主机电子器件	电子管	晶体管	中小规模集成电路	大规模、超大规模集成电路
内存	汞延迟线	磁芯存储器	半导体存储器	半导体存储器
外存储器	穿孔卡片、纸带	磁带	磁带、磁盘	磁带、磁盘、光盘等大容量存储器
处理速度(条/s)	几千条	几万条至几十万条	几十万条至几百万条	上千万条至万亿条

第一代计算机是电子管计算机，其特点是：体积庞大、运算速度慢（每秒几千次到几万次）、成本高昂、可靠性差、内存容量小，一般用于军事和科学研究工作。代表机型有 UNIVAC-I，通用性计算机，1951 年交付美国人口统计局使用。它的交付使用标志着计算机从实验室进入了市场，从军事应用领域转入了数据处理领域。

第二代计算机出现于 20 世纪 50 年代后期到 60 年代中期，采用晶体管作为基本物理器件。与第一代计算机相比，晶体管计算机体积小、成本低、功能强、可靠性高。与此同时，计算机软件也有了较大的发展，出现了监控程序，并发展成为后来的操作系统，高级程序设计语言 Basic、Fortran 和 Cobol 的推出使编写程序的工作变得更为方便并实现了程序兼容，同时使计算机工作效率大大提高。除了科学计算外，计算机还用于数据处理和事务处理。代表机型是 IBM-7000 系列。

第三代计算机的主要元件是小规模集成电路(Small Scale Integrated circuits，SSI)和中规模集成电路(Medium Scale Integrated circuits，MSI)。所谓集成电路，是用特殊的工艺将完整的电子线路制作在一个半导体硅片上形成的电路，与晶体管计算机相比，集成电路计算机的体积、重量、功耗都进一步减小，运算速度、逻辑运算功能和可靠性都进一步提高。软件方面操作系统进一步完善，高级语言种类增多，提出了结构化、模块化的程序设计思想，出现了结构化的程序设计语言 Pascal，出现了并行处理、多处理机、虚拟存储系统以及面向用户的应用软件。计算机的可靠性和存储容量进一步提高，外部设备种类繁多，使计算机和通信技术密切结合起来，广泛地应用到科学计算、数据处理、事务管理、工业控制等领域。这一时期的计算机同时向标准化、多样化、通用化、机种系列化方向发展。代表机型是 IBM-360 系列，其不仅是最早采用集成电路的通用计算机，也是影响最大的第三代计算机。

第四代计算机的特征是采用大规模集成电路(Large Scale Integrated circuits，LSI)和超大规模集成电路(Very Large Scale Integrated circuits，VLSI)。计算机重量和耗电量进一步减少，计算机性能价格比基本上以每 18 个月翻番的速度上升，符合著名的摩尔定律。操作系统向虚拟操作系统发展，各种应用软件产品丰富多彩，大大扩展了计算机的应用领域。代表机型是 IBM 4300 系列、3080 系列、3090 系列和 9000 系列。

随着集成度更高的超大规模集成电路(Super Large Scale Integrated circuits，SLSI)技术的出现，使计算机朝着微型化和巨型化两个方向发展，尤其是微处理器的发明，计算机在外观、处理能力、价格以及实用性等方面发生了深刻的变化。20 世纪 70 年代后期出现的微型计算机体积小重量轻、性能高功耗低、价格便宜，使得计算机异军突起，以迅猛的态势渗透到工业、教育、生活等各个领域。

我国在 1956 年制定《十二年科学技术发展规划》，由此开始了计算机研制的起步阶段。

1958 年研制出第一台电子计算机；

1964 年研制出第二代晶体管计算机；

1971 年研制出第三代集成电路计算机；

1977 年研制出第一台微机 DJS-050；

1983 年研制成功"银河 - I"超级计算机，运算速度超过 1 亿次/秒；

2003 年 12 月，我国自主研发出 10 万亿次曙光 4000A 高性能计算机；

2009 年，国防科大研制出"天河一号"，其峰值运算速度达到千万亿次/秒；

2013 年 5 月，国防科大研制出"天河二号"，其峰值运算速度达到亿亿次/秒；

2017 年 5 月，由国家并行计算机工程技术研究中心研制的"神威·太湖之光"成为世界上第一台突破十亿亿次/秒的超级计算机，创造了速度、持续性、功耗比三项指标世界第一的成绩。

1.1.2 计算机的特点、应用和分类

计算机能够按照程序确定的步骤，对输入的数据进行加工处理、存储或传送，以获得期望的输出信息，从而利用这些信息来提高工作效率和社会生产率以及改善人们的生活质量，计算机之所以具有如此强大的功能，能够应用于各个领域，这是由它的特点所决定的。

1.1.2.1 计算机的特点

（1）高速、精确的运算能力

目前世界上已经有超过每秒 10 亿亿次运算速度的计算机。2016 年 6 月公布的全球超级计算机 500 强排名显示，我国的"神威·太湖之光"以最快的速度排名世界第一，其实测运算速度最快可以达到每秒 12.54 亿亿次，是排名第二的"天河二号"超级计算机速度的 2.28 倍。微型计算机也能达到每秒亿次以上，使大量、复杂的科学计算问题得以解决，随着新技术的开发，计算机的工作速度还在迅速提高。

（2）准确的逻辑判断能力

计算机能够进行逻辑处理，也就是说它能够"思考"。电子计算机可以根据人们设定的条件对数据进行分类、比较、选择，进行逻辑运算和判断推理，这种"是非"判断功能，类似人脑的简单思维，这是计算机科学界一直想要努力实现的。虽然它现在的"思考"只局限在某一个专门的方面，还不具备人类思考的能力，但在信息查询等方面，已能够根据要求进行匹配检索，这已经是计算机的一个常规应用。

（3）强大的存储能力

计算机的存储性是计算机区别于其他计算工具的重要特征。计算机具有极强的数据存储能力，特别是通过外存储器，其存储容量可达到无限大。计算机能存储大量数字、文字、图像视频、声音等各种信息，"记忆力"大到惊人，例如，它可以轻易地"记住"一个大型图书馆的所有资料。计算机强大的存储能力不但表现在容量大，还表现在永久性，无论是以文字形式还是以图像的形式，计算机都可以长期保存。

（4）自动功能

计算机可以将预先编好的一组指令记下来，然后自动地逐条读取这些指令并执行，工作过程完全自动化，不需要人的干预，而且可以反复进行。

（5）网络与通信功能

计算机技术发展到今天，不仅可将一个个城市的计算机连成一个网络，而且能将一个个国家的计算机连在一个计算机网络上。目前最大、应用范围最广的"国际互联网"连接了全世界 200 多个国家和地区数亿台的各种计算机。在网络上所有计算机用户可以共享网上资料、交流信息和互相学习，将世界变得越来越小，计算机的这个功能，改变了世界人民的交流方式和获取信息的途径。

1.1.2.2 计算机的应用

计算机问世之初，主要用于数值计算，"计算机"也因此得名。如今的计算机几乎和所

有的学科相结合，在经济社会各方面起着越来越重要的作用。我国的计算机虽然起步较晚，但在改革开放后取得了很大的发展，缩短了与世界的差距，现在，计算机网络在交通、金融、企业管理、教育、邮电、商业等各个领域都得到了广泛的应用。

（1）科学计算

科学计算是指应用计算机处理科学研究和工程技术中遇到的数学计算，它与理论研究、科学实验一起称为当代科学研究的三种重要方法。今天，计算机"计算"能力的提高推进了许多科学研究的进展，例如，著名的人类基因序列分析计划、人造卫星的轨道测算等；国家气象中心使用计算机，不但能够快速、及时地对气象卫星云图数据进行处理，而且可以根据对大量历史气象数据的计算进行天气预测；在网络应用越来越深入生活的今天，"云计算"也将发挥越来越重要的作用，所有这些在没有使用计算机之前是根本不可能实现的。

（2）数据和信息处理

数据和信息处理也称为非数值计算，是指以计算机技术为基础，对大量数据进行加工处理，形成有用的信息，被广泛应用于办公自动化、事务处理、情报检索、企业管理和知识系统等领域，信息管理是计算机应用最广泛的领域。随着计算机科学技术的发展，计算机的"数据"不仅包括"数"，而且包括更多的其他数据形式，如文字、图像、声音等。计算机在文字处理方面已经改变了纸和笔的传统应用，它所产生的数据不但可以被存储、打印，还可以进行编辑、复制等，这是目前计算机应用最多的一个领域。

（3）过程控制

过程控制又称为实时控制，是指利用计算机对生产过程、制造过程或运行过程进行检测与控制，即通过实时监控目标对象的状态，及时调整被监控对象，使被监控对象能够正确地完成生产、制造或运行。

过程控制被广泛应用于各种工业环境中，这不只是控制手段的改变，而且还拥有众多优点：第一，能够替代人在危险有害的环境中作业；第二，能在保证同样质量的前提下连续作业，不受疲劳、情感等因素的影响；第三，能够完成人所不能完成的有高精度、高速度、时间性、空间性等要求的操作。

（4）计算机辅助

计算机辅助是计算机应用的一个非常广泛的领域，几乎所有过去由人进行的具有设计性质的过程都可以让计算机帮助实现部分或全部工作。计算机辅助系统是指通过人机对话，使计算机辅助人们进行设计、加工、计划和学习等工作。计算机辅助（或称为计算机辅助工程）主要有：计算机辅助设计（Computer Aided Design，CAD）、计算机辅助制造（Computer Aided Manufacturing，CAM）、计算机辅助教育（Computer Assisted/Aided Instruction，CAI）、计算机辅助技术（Computer Aided Technology/Test/Translation/Typesetting，CAT）、计算机仿真模拟（Computer Simulation）等。计算机模拟和仿真是计算机辅助的重要方面，如在计算机中起着重要作用的集成电路，它的设计、测试之复杂是人工难以完成的，只有计算机才能够做到；再如地震灾害的模拟，都可以通过计算机实现，它能够帮助科学家进一步认识被模拟对象的特性。对一般应用来说，如设计一个电路，使用计算机模拟就不需要使用电源、示波器和万用表等工具进行传统的预实验，只需要把电路图和使用的元器件通过软件输入到计算机中，就可以得到所需的结果，并可以根据这个结果修改设计。

（5）网络通信

计算机技术和数字通信技术的发展与融合产生了计算机网络，通过计算机网络，把多个独立的计算机系统联系在一起，实现了世界范围内的信息资源共享，并能交互式地交流信息，把不同地域、不同国家、不同行业、不同组织的人们联系在一起，缩短了人们之间的距离，改变了人们的生活和工作方式。通过网络，人们坐在家里通过计算机便可以预订机票、车票，可以购物，从而改变了传统服务业、商业单一的经营方式；通过网络，人们还可以与远在异国他乡的亲人朋友实时地传递信息。

（6）人工智能

人工智能（Artificial Intelligence，AI）是用计算机模拟人类的某些智力活动。人工智能是计算机科学的一个分支，它企图了解智能的实质，并生产出一种新的能以与人类智能相似的方式做出反应的智能机器，该领域的研究包括机器人、语言识别、图像识别、自然语言处理和专家系统等。人工智能从诞生以来，理论和技术日益成熟，应用领域也不断扩大，可以设想，未来人工智能带来的科技产品将会是人类智慧的"容器"。人工智能可以对人的意识、思维、行为和过程进行模拟及学习，人工智能不是人的智能，但能像人那样思考，也可能超过人的智能。人工智能的研究期望赋予计算机以更多人的智能，如机器翻译、智能机器人等，都是利用计算机模拟人类的智力活动。人工智能是计算机科学发展以来一直处于前沿的研究领域，其主要研究内容包括自然语言理解、专家系统、机器人以及定理自动证明等。目前人工智能已应用于机器人、医疗诊断、故障诊断、计算机辅助教育、案件侦破、经营管理、无人驾驶等诸多方面，人工智能是计算机当前和今后相当长一段时间的重要研究领域。

（7）多媒体应用

多媒体是包括文本（text）、图形（graphics）、图像（image）、音频（audio）、视频（video）、动画（animation）等多种信息类型的综合。多媒体技术是指人和计算机交互地进行上述多种媒介信息的捕捉、传输、转换、编辑、存储、管理，并由计算机综合处理为表格、文字、图形、动画、音频、视频等视听信息有机结合的表现形式。多媒体技术拓宽了计算机的应用领城，使计算机广泛应用于商业、服务业、教育、广告宣传、文化娱乐、家庭等方面。同时多媒体技术与人工智能技术的有机结合还促进了虚拟现实、虚拟制造技术的发展，使人们可以在计算机迷你的环境中感受真实的场景，通过计算机仿真制造零件和产品，让人们感受产品各方面的功能与性能。

（8）嵌入式系统

并不是所有计算机都是通用的，有许多特殊的计算机被用于不同的设备中，包括大量消费的电子产品和工业制造系统，都是把处理器芯片嵌入其中，完成特定的处理任务，这些系统称为嵌入式系统。嵌入式系统是用来控制或者监视机器、装置、工厂等大规模设备的系统，国内普遍认同的嵌入式系统定义为：以应用为中心，以计算机技术为基础，软硬件可裁剪，适应应用系统对功能、可靠性、成本、体积、功耗等严格要求的专用计算机系统。通常，嵌入式系统是一个控制程序存储在 ROM 中的嵌入式处理器控制板。事实上，所有带有数字接口的设备，如门禁、手表、微波炉、录像机、汽车等，都使用嵌入式系统，有些嵌入式系统还包含操作系统，但大多数嵌入式系统都是由单个程序实现整个控制逻辑。嵌入式系统的核心是由一个或几个预先编程好以用来执行少数几项任务的微处理器或者单片机组成，与通用计算机能够运行用户选择的软件不同，嵌入式系统上的软件通常是暂时不变的，所以经常称为"固件"。

1.1.2.3 计算机的分类

随着计算机技术和应用的发展，计算机的家族越来越庞大，种类越来越多，可以按照不同的方法对其进行分类。

按计算机处理数据的类型可分为：模拟计算机、数字计算机、数字和模拟计算机。模拟计算机是指专用于处理连续的电压、温度、速度等模拟数据的计算机。模拟计算机的主要特点是：参与运算的数值由不同的连续量表示，其运算过程是连续的，模拟计算机由于受元器件质量影响，其计算精度较低，应用范围较窄，目前已很少生产。数字计算机主要是指用于处理数字数据的计算机，数字计算机的主要特点是：参与运算的数值用离散的数字量表示，其运算过程按数字位进行计算，数字计算机由于具有逻辑判断等功能，是以近似人类大脑的"思维"方式进行工作，所以又被称为"电脑"。

按用途可将计算机分为：通用计算机和专用计算机。通用计算机能解决多种类型的问题，通用性强，如个人计算机(Personal Computer，PC)，通用计算机具有功能强、兼容性强、应用面广、操作方便等特点。专用计算机则配备有解决特定问题的软件和硬件，能够高速、可靠地解决特定问题，如在导弹和火箭上使用的计算机大部分都是专用计算机，专用计算机一般功能单一、操作复杂，用于完成特定的工作任务。

按计算机的性能、规模和处理能力，如按体积、字长、运算速度、存储容量、外部设备和软件配置等，可将计算机分为巨型机、大型通用机、微型机、工作站、服务器等。

(1)巨型机

巨型机是指速度最快、处理能力最强的计算机，也是计算机中价格最贵、功能最强的计算机，现在称其为高性能计算机。巨型机数量不多，但却有着重要和特殊的用途，如IBM公司的"红杉"超级计算机是世界上运算速度最快的巨型机。巨型机在军事方面，可用于战略防御系统、大型预警系统、航天测控系统等；在民用方面，可用于大区域中长期天气预报、大面积物探信息处理系统、大型科学计算和模拟系统等。

中国巨型机事业的开拓者之一、2002年国家最高科学技术奖获得者金怡濂院士，在20世纪90年代初提出了一个研制我国超大规模巨型计算机的全新的、跨越式的方案，这一方案把我国巨型机的峰值运算速度从每秒10亿次提升到每秒3000亿次以上，跨越了两个数量级，闯出了一条中国巨型机赶超世界先进水平的发展道路。

(2)大型通用机

大型通用机是对一类计算机的习惯称呼，其硬件配置高档，性能优越，可靠性强，具有较高的运算速度和较大的存储容量，但价格高昂，其特点是通用性强，具有较高的运算速度、极强的综合处理能力和极大的性能覆盖，运算速度为每秒100万次至几千万次，主要应用在科研、商业和管理部门。

在信息化社会中，信息资源的剧增带来了信息通信控制和管理等一系列问题，而解决这些问题正是大型通用机的特长。未来将赋予大型通用机更多的使命，它将覆盖企业所有的应用领域，如大型事务处理、企业内部的信息管理与安全保护、大型科学与工程计算等。

（3）微型机

微型机是微电子技术飞速发展的产物，自 IBM 公司于 1981 年采用 Intel 的微处理器推出 IBM PC 以来，微型机因其小、巧、轻、使用方便、价格便宜等优点在过去 30 多年中得到了迅速的发展，成为计算机的主流。微型机技术在近 10 年内发展速度迅猛，平均每两年芯片的集成度可提高一倍，性能提高一倍，价格降低一半。今天，微型计算机的应用已经遍及社会各个领域，从工厂生产控制到政府的办公自动化，从商店数据处理到家庭的信息管理，几乎无处不在。

随着社会信息化进程的加快，强大的计算处理能力对每一个用户必不可少，移动办公也成为了一种重要的办公方式。因此，一种可随身携带的"便携机"应运而生，笔记本型电脑就是其中的典型产品之一，它因适于移动和外出使用的特点深受用户欢迎。

微型机又可分为独立式微机（即人们日常使用的 PC 机）和嵌入式微机（或称嵌入式系统）。嵌入式微机作为一个信息处理部件安装在应用设备里，最终用户不直接使用计算机，使用的是该应用设备，如包含有微机的医疗设备及电冰箱、洗衣机、微波炉等家用电器等。

嵌入式微机一般是单片机或单板机。单片机是将中央处理器、存储器和输入/输出接口采用超大规模集成电路技术集成到一块硅芯片上，单片机本身的集成度相当高，所以 ROM、RAM 容量有限，接口电路也不多，适用于小系统中。单板机就是在一块电路板上把 CPU、一定容量的 ROM、RAM 以及 I/O 接口电路等大规模集成电路芯片组装在一起而成的微机，并配有简单外设，如键盘和显示器，通常电路板上固化有 ROM 或者 EPROM 的小规模监控程序。

PC 机的出现使得计算机真正面向个人，真正成为大众化的信息处理工具。现在，人们手持一部"便携机"，便可通过网络随时随地与世界上任何一个地方实现信息交流与通信。原来保存在桌面和书柜里的部分信息将存入随身携带的计算机中，人走到哪里，以个人机（特别是便携机）为核心的移动信息系统就跟到哪里，人类向着信息化的自由王国又迈进了一大步。

（4）工作站

工作站是一种高档的微型计算机，它是介于个人计算机和小型机之间的一种高档微机，相比微型机它有更大的存储容量和更快的运算速度，通常配有高分辨率的大屏幕显示器及容量很大的内部存储器和外部存储器，并且具有较强的信息处理功能和高性能的图形、图像处理功能以及联网功能。工作站主要用于图像处理和计算机辅助设计等领域，具有很强的图形交互与处理能力，因此在工程领域，特别是在计算机辅助设计领域得到了广泛应用，无怪乎人们称工作站是专为工程师设计的计算机。目前，多媒体等各种新技术已普遍集成到工作站中，使其更具特色，而它的应用领域也已从最初的计算机辅助设计扩展到商业、金融、办公领域，并频频充当网络服务器的角色。

（5）服务器

服务器，也称伺服器，是提供计算服务的设备。服务器作为网络的结点，存储、处理网络上 80% 的数据、信息，因此也被称为网络的灵魂。

由于服务器需要响应服务请求，并进行处理，因此一般来说服务器应具备承担服务并且保障服务的能力。服务器的构成包括处理器、硬盘、内存、系统总线等，和通用的计算机架构类似，但是由于需要提供高可靠的服务，因此在处理能力、稳定性、可靠性、安全性、可扩展性、可管理性等方面要求较高。服务器具有以下特点：

①可扩展性　服务器必须具有一定的"可扩展性"，这是因为企业网络不可能长久不变。特别是在当今信息时代，如果服务器没有一定的可扩展性，当用户增多时就不能胜任，一台价值几万，甚至几十万的服务器在短时间内就要遭到淘汰，这是任何企业都无法承受的。为了保持可扩展性，通常需要在服务器上具备一定的可扩展空间和冗余件（如磁盘阵列架位、PCI 和内存条插槽位等）。可扩展性具体体现在硬盘是否可扩充，CPU 是否可升级或扩展，系统是否支持 Windows NT、Linux 或 UNIX 等多种可选主流操作系统等方面，只有这样才能保证前期投资为后期充分利用。

②易用性　服务器的功能相对于 PC 机来说复杂许多，不仅指其硬件配置，更多的是指其软件系统配置。服务器要实现如此多的功能，没有全面的软件支持是无法想象的。但是软件系统一多，又可能造成服务器的使用性能下降，管理人员无法有效操纵。所以许多服务器厂商在进行服务器的设计时，除了在服务器的可用性、稳定性等方面要充分考虑外，还必须在服务器的易使用性方面下足功夫。

③可用性　对于一台服务器而言，一个非常重要的方面就是它的"可用性"，即所选服务器能满足长期稳定工作的要求，不能经常出问题。因为服务器所面对的是整个网络的用户，而不是单个用户，在大中型企业中，通常要求服务器是永不中断的。在一些特殊应用领域，即使没有用户使用，有些服务器也得不间断地工作，因为它必须持续地为用户提供连接服务，这就是要求服务器必须具备极高的稳定性的根本原因。

一般来说专门的服务器都要 7×24 小时不间断地工作，特别像一些大型的网络服务器，如大公司所用服务器、网站服务器，以及提供公众服务 iqde WEB 服务器等更是如此。对于这些服务器来说，也许真正工作开机的次数只有一次，那就是它刚买回全面安装配置好后投入正式使用的那一次，此后，它不间断地工作，一直到彻底报废。为了确保服务器具有较高的"可用性"，除了要求各配件质量过关外，还可采取必要的技术和配置措施，如硬件冗余、在线诊断等。

④易管理性　在服务器的主要特性中，还有一个重要特性，那就是服务器的"易管理性"。虽然我们说服务器需要不间断地持续工作，但再好的产品都有可能出现故障，拿人们常说的一句话来说就是：不是不知道它可能坏，而是不知道它何时坏。服务器虽然在稳定性方面有足够保障，但也应有必要的避免出错的措施，以及时发现问题，而且出了故障也能及时得到维护，这不仅可减少服务器出错的机会，同时还可大大提高服务器维护的效率，即服务器的可服务性（Service ability）。

服务器的易管理性还体现在服务器有无智能管理系统，有无自动报警功能，是不是有独立的管理系统，有无液晶监视器等方面，只有这样，管理员才能轻松管理，高效工作。

在网络环境下，根据服务器提供的服务类型不同，分为文件服务器、数据库服务器、应用程序服务器、WEB 服务器等。

近年来，随着因特网的普及，各种档次的计算机在网络中发挥着各自不同的作用，而服务器在网络中扮演着最主要的角色。服务器可以是大型机 、小型机、工作站或高档微机，可以提供信息浏览、电子邮件、文件传送、数据库等多种业务服务。

1.1.3　计算科学的研究与应用

（1）人工智能

人工智能（Artificial Intelligence，AI）是研究、开发用于模拟、延伸和扩展人的智能的理论、方法、技术及应用系统的一门新的技术科学。

人工智能是计算机科学的一个分支，它企图了解智能的实质，并生产出一种新的能与人类智能相似的方式做出反应的智能机器，该领域的研究包括机器人、语言识别、图像识别、自然语言处理和专家系统等。人工智能从诞生以来，理论和技术日益成熟，应用领域也不断扩大，可以设想，未来人工智能带来的科技产品，将会是人类智慧"容器"。人工智能可以进行人的意识、思维、行动、过程的模拟，是一门极富挑战性的科学，从事这项工作的人必须懂得计算机知识，心理学和哲学。

人工智能的主要内容是研究如何让计算机来完成过去只有人才能做的智能工作，让计算机有更接近人类的思维和智能实现人机交互，让计算机能够听懂人们说话，看懂人们的表情，能够进行人脑思维，核心目标是赋予计算机人脑一样的智能。人工智能由不同的领域组成，如机器学习、计算机视觉等。总的说来，人工智能研究的一个主要目标是使机器能够胜任一些通常需要人类智能才能完成的复杂工作，但不同的时代、不同的人对这种"复杂工作"的理解是不同的。

（2）网格计算

网格计算不仅是一种分布式计算，也是一门计算机科学。一个非常复杂的大型计算任务通常需要用大量的计算机或巨型计算机来完成，网格计算研究如何把一个需要非常巨大的计算能力才能解决的问题分成许多小的部分，然后把这些部分分配给许多计算机进行处理，最后把这些计算结果综合起来得到最终结果，从而圆满完成一个大型计算任务。对于用户来讲，他们关心的是任务完成的结果，并不需要知道任务是如何切分以及哪台计算机执行了哪个小任务，这样，从用户的角度看，就好像拥有了一台功能强大的虚拟计算机，这就是网格计算的思想。

随着计算机的普及，产生了计算机的利用率问题，越来越多的计算机处于闲置状态，分布式计算项目就可以解决计算机的闲置计算能力问题，互联网的出现使得连接调用所有这些拥有闲置计算资源的计算机系统成为现实。

网格计算是专门针对复杂科学计算的新型计算模式，这种计算模式是利用互联网把分散在不同地理位置的电脑组织成一个"虚拟的超级计算机"，其中每台参与计算的计算机就是一个"结点"，而整个计算是由成千上万个"结点"组成的"一张网格"，所以这种计算方式称为网格计算。这样组织起来的"虚拟的超级计算机"有两个优势：一是数据处理能力超强；二是能充分利用网上的闲置处理能力。

分布式计算比起其他算法具有以下优点：

①稀有资源可以共享；

②通过分布式计算可以在多台计算机上平衡计算负载；

③可以把程序放在最适合运行它的计算机上。

其中，共享稀有资源和平衡负载是计算机分布式计算的核心思想之一。如果我们说某项工作是分布式的，那么参与这项工作的一定不只是一台计算机，而是一个计算机网络，显然这种"蚂蚁搬山"的方式将具有很强的数据处理能力。

（3）中间件技术

中间件是介于应用软件和操作系统之间的系统软件。具体地说，中间件屏蔽了底层操作系统的复杂性，使程序开发人员面对一个简单而统一的开发环境，减少程序设计的复杂性，将注意力集中在自己的业务上，不必再为程序在不同系统软件上的移植而重复工作，从而大大减少了技术上的负担。中间件带给应用系统的不只是开发的简便、开发周期的缩短，也减少了系统的维护、运行和管理的工作量，还减少了计算机总体费用的投入。在中间件诞生之前，企业多采用传统的客户机/服务器的模式，通常是一台计算机作为客户机，运行应用程序，另外一台计算机作为服务器，运行服务器软件以提供各种不同的服务，这种模式的缺点是系统拓展性差。到了20世纪90年代初，出现了一种新的思想：在客户机和服务器之间增加一组服务，这种服务（应用服务器）就是中间件，这些组件是通用的，其他应用程序可以使用它们提供的应用程序接口调用组件，完成所需的操作。

随着Internet的发展，一种基于Web数据库的中间件技术开始得到广泛应用，在这种模式中，Internet Explorer若要访问数据库，则将请求发给Web服务器，再被转移给中间件，最后送到数据库系统，得到结果后通过中间件、Web服务器返回给浏览器。在这里，中间件是通用网关接口（Common Gateway Interface，CGI）、动态服务器页面（Active Server Page，ASP）或JSP（Java Server Page）等。

目前，中间件技术已经发展成为企业应用的主流技术并形成各种不同类别，如交易中间件、消息中间件、专有系统中间件、面向对象的数据存取中间件、远程调用中间件等。

（4）云计算

云计算（cloud computing）是分布式计算、网格计算、并行计算、网络存储及虚拟化计算机和网络技术发展融合的产物或者说是他们的商业实现，基于互联网的相关服务的增加、使用和交互模式，通常涉及通过互联网来提供动态易扩展且经常是虚拟化的资源。云计算具有很强的扩展性和需要性，可以为用户提供一种全新的体验，云计算的核心是可以将很多的计算机资源协调在一起，使用户通过网络就可以获取到无限的资源，同时获取的资源不受时间和空间的限制。

"云"实质上就是一个网络，狭义上讲，云计算就是一种提供资源的网络，使用者可以随时获取"云"上的资源，按需求量使用，并且可以看成是无限扩展的，只要按使用量付费就可以。"云"就像自来水厂一样，我们可以随时接水，并且不限量，按照自己家的用水量，付费给自来水厂就可以。从广义上说，云计算是与信息技术、软件、互联网相关的一种服务，这种计算资源共享池叫作"云"。云计算把许多计算资源集合起来，通过软件实现自动化管理，只需要很少的人参与，就能让资源被快速提供。也就是说，计算能力作为一种商品，可以在互联网上流通，就像水、电、煤气一样，可以方便地取用，且价格较为低廉。云计算是继互联网、计算机后在信息时代的一种新的革新，云计算是信息时代的一个大飞跃，未来的时代可能是云计算的时代。

　　总之，云计算不是一种全新的网络技术，而是一种全新的网络应用概念，云计算的核心概念就是以互联网为中心，在网站上提供快速且安全的云计算与数据存储服务，让每一个使用互联网的人都可以使用网络上的庞大计算资源与数据中心。

1.1.4　未来计算机的发展趋势

1.1.4.1　未来电子计算机的发展方向

　　（1）巨型化

　　巨型化是指计算机的计算速度更快、存储容量更大、功能更完善、可靠性更高，其运算速度可达到每秒万万亿次，存储容量超过几百 T 字节。巨型机的应用范围如今已日趋广泛，在航空航天、军事工业、气象、电子、人工智能等领域发挥着巨大作用。

　　（2）微型化

　　微型计算机从过去的台式机迅速向便携机、掌上机发展，其具备价格低廉、方便实用、软件丰富等特点，得到大众的青睐。随着微电子技术的进一步发展，微型计算机必将以更优的性价比受到广大消费者的欢迎。

　　（3）网络化

　　网络化指利用现代通信技术和计算机技术，把分布在不同地点的计算机互联起来，按照网络协议互相通信以共享软件、硬件和数据资源。目前，计算机网络在交通、金融企业管理、教育、电信、商业、娱乐等各行各业中得到了应用。

　　（4）智能化

　　智能化指计算机模拟人的感觉和思维过程的能力，智能化是计算机发展的一个重要方向。智能计算机具有解决问题和逻辑推理的功能以及知识处理和知识库管理的功能，未来的计算机将能接受自然语言的命令，有视觉、听觉和触觉，但可能不再有现在计算机的外形，体系结构也会不同。目前已研制出的机器人有的可以代替人从事危险环境中的劳动，有的能与人进行下棋等各种比赛，这都从本质上扩充了计算机的能力，使计算机成为可以越来越多地替代人的思维活动和脑力劳动的电脑。

1.1.4.2　未来新一代的计算机

　　计算机中最重要的核心部件是芯片，芯片制造技术的不断进步是推动计算机技术发展的动力。当前主要是用紫外光进行光刻操作，随着紫外光波长的缩短芯片上的线宽将会继续大幅度缩小，同样大小的芯片上可以容纳更多的晶体管，从而推动半导体工业继续前进。但是，当紫外光波长缩短到小于 193nm 时（蚀刻线宽 0.18 nm）、传统的石英透镜组会吸收光线而不是将其折射或弯曲。因此，研究人员正在研究下一代光刻技术，包括极紫外（Extreme Ultraviolet Lithography，EUV）光刻技术、离子束投影光刻技术（Ion Projection Lithography，IPL）、角度限制投影电子束光刻技术（SCALPEL）以及 X 射线光刻技术。

　　然而，以硅为基础的芯片制造技术的发展不是无限的，专家预言，随着晶体管的尺寸接近纳米级，不仅芯片发热等副作用逐渐显现，电子的运行也难以控制，晶体管将不再可靠。下一代计算机无论是从体系结构、工作原理、还是器件及制造技术，都应该进行颠覆性变革。目前有可能的技术至少有四种：纳米技术、光技术、生物技术和量子技术。

（1）模糊计算机

1956年，英国人查德创立了模糊信息理论。依照模糊理论，判断问题不是以是和非两种绝对的值或0和1两种数码来表示，而是取许多值，如接近、几乎、差不多及差得远等模糊值来表示，用这种模糊的、不确切的判断进行工程处理的计算机就是模糊计算机。模糊计算机是建立在模糊数学基础上的计算机，除具有一般计算机的功能外，还具有学习、思考、判断和对话的能力，可以立即辨识外界物体的形状和特征，甚至可以帮助人从事复杂的脑力劳动。日本仙台市的地铁列车在模糊计算机的控制下，自1986年以来一直安全、平稳地行驶着，车上的乘客可以不必攀扶拉手吊带，这是因为在列车行进中模糊逻辑"司机"判断行车情况的错误几乎比人类司机要少70%。1990年，日本松下公司把模糊计算机装在洗衣机里能根据衣服的肮脏程度、衣服的质料调节洗衣程序，我国有些品牌的洗衣机也装上了模糊逻辑芯片。人们还把模糊计算机装在吸尘器里，可以根据灰尘量以及地毯的厚实程度调整吸尘器的功率。模糊计算机还能用于地震灾情判断、疾病医疗诊断、发酵工程控制海空导航巡视等多个方面。

（2）生物计算机

微电子技术和生物工程这两项高科技的互相渗透为研制生物计算机提供了可能。20世纪70年代以来，人们发现脱氧核糖核（DNA）处在不同的状态下可产生有信息和无信息的变化，联想到逻辑电路中的0与1、晶体管的导通或截止、电压的高或低、脉冲信号的有或无等，激发了科学家们研制生物元件的灵感。1995年，来自各国的200多位有关专家共同探讨了DNA计算机的可行性，认为生物计算机是以生物电子模仿生物大脑和神经系统中的信息传递。根据蛋白质具有的开关特性，用蛋白质分子制成集成电处理等相关原理来设计的生物计算机也称仿生计算机，主要原材料是生物工程技术产生的蛋白质分子，并以此作为生物芯片来替代半导体硅片，利用有机化合物存储数据，信息以波的形式进行传播，当波沿着蛋白质分子链传播时，会引起蛋白质分子链中单键、双键结构顺序的变化，运算速度要比当今最新一代计算机快10万倍。它具有很强的抗电磁干扰能力，并能彻底消除电路间的干扰，能量消耗仅相当于普通计算机的十亿分之一，且具有巨大的存储能力。生物计算机具有生物体的一些特点，例如，能发挥生物本身的调节机能，自动修复芯片上发生的故障，还能模仿人脑的机制等。

（3）光子计算机

光子计算机是一种由光信号进行数字运算、逻辑操作、信息存贮和处理的新型计算机。它由激光器、光学反射镜、透镜、滤波器等光学元件和设备构成，靠激光束进入反射镜和透镜组成的阵列进行信息处理，以光子代替电子，光运算代替电运算。光的并行、高速决定了光子计算机的并行处理能力很强，具有超高运算速度。光子计算机还具有与人脑相似的容错性，系统中某一元件损坏或出错时，并不影响最终的计算结果。光子在光介质中传输所造成的信息畸变和失真极小，光传输、转换时能量消耗和散发热量极低，对环境条件的要求比电子计算机低得多。随着现代光学与计算机技术、微电子技术相结合，在不久的将来，光子计算机将成为人类普遍的工具。近30年来只读光盘（Compact Disc Read-

Only Memory，CD-ROM）、可视光盘（Video Compact Disc，VCD）和数字通用光盘（Digital Versatile Disc，DVD）的接踵出现，是光存储研究的巨大进展。光子计算机的关键技术，即光存储技术、光互联技术、光集成器件等方面的研究都已取得突破性的进展，为光子计算机的研制、开发和应用奠定了基础。现在日本和德国的一些公司都投入巨资研制光子计算机，预计未来将会出现更加先进的光子计算机。

（4）超导计算机

什么是超导？这是一个迷人的自然现象，在1911年被荷兰物理学家昂内斯发现。有一些材料，当它们冷却到接近零下273.15℃时，会失去电阻，流入它们中的电流会畅通无阻，不会白白消耗掉。这种情况，好比一群人拥入广场，如果大家不听招呼，各行其事，就会造成相互碰撞，使得行进受阻；但如果有人喊口令，大家服从命令听指挥，列队前进，就能顺利进入广场，超导体的情况就像这样。

在20世纪80年代后期，研究超导热突然席卷全世界，科学家发现了一种陶瓷合金在零下238℃时，出现了超导现象；我国物理学家找到一种材料，在零下141℃出现超导现象。目前，科学家还在为此奋斗，企图寻找出一种高温超导材料，甚至一种室温超导材料。一旦这些材料找到后，人们可以利用它制成超导开关器件和超导存贮器，再利用这些器件制成超导计算机。

在计算机诞生之后，超导技术的发展使科学家们想到用超导材料来替代半导体制造计算机。早期的工作主要是延续传统的半导体计算机的设计思路，只不过是将半导体材料制备的逻辑门电路改为用超导材料制备的逻辑门电路，从本质上讲并没有突破传统计算机的设计架构。而且，在20世纪80年代中期以前，超导材料的超导临界温度仅在液氦温区，实施超导计算机的计划费用昂贵。然而，研究在1986年左右出现重大转机，高温超导体的发现使人们可以在液氮温区外获得新型超导材料，于是超导计算机的研究又获得了各方面的广泛重视。超导计算机具有超导逻辑电路和超导存储器，其能耗小，运算速度是传统计算机无法比拟的，所以，世界各国的科学家们都在研究超导计算机，但还有许多技术难点有待突破。

（5）量子计算机

量子计算机是一类遵循量子力学规律进行高速数学和逻辑运算、存储及处理量子信息的物理装置。当某个装置处理和计算的是量子信息，运行的是量子算法时，它就是量子计算机。量子计算机的概念源于对可逆计算机的研究，研究可逆计算机的目的是为了解决计算机中的能耗问题。

量子计算机的特点主要有运行速度较快、处置信息能力较强、应用范围较广等，与一般计算机比起来，信息处理量越多，对于量子计算机实施运算也就越加有利，也就更能确保运算的精准性。

传统计算机与量子计算机之间的区别是传统计算机遵循着众所周知的经典物理规律，而量子计算机则是遵循着独一无二的量子动力学规律，是一种信息处理的新模式。在量子计算机中，用"量子位"来代替传统电子计算机的二进制位，二进制位只能用"0"和"1"两个状态表示信息，而量子位则用粒子的量子力学状态来表示信息，两个状态可以在一个"量子位"中并存，量子位既可以用于表示二进制位的"0"和"1"，也可以用这两个状态的组合来表示信息，正因为如此，量子计算机被认为可以完成传统电子计算机无法完成的复杂计算，其运算速度将是传统电子计算机无法比拟的。

1.1.5 信息技术

信息技术(Information Technology，IT)的飞速发展促进了信息社会的到来。半个多世纪以来，人类社会正由工业社会全面进入信息社会，其主要动力就是以计算机技术、通信技术和控制技术为核心的现代信息技术的飞速发展和广泛应用。纵观人类社会发展史和科学技术史，信息技术在众多的科学技术群体中逐渐显示出强大的生命力，随着科学技术的飞速发展，各种高新技术层出不穷，日新月异，但是最主要、发展最快的仍然是信息技术。

1.1.5.1 现代信息技术的内容

一般来说，信息技术包含三个层次的内容：信息基础技术、信息系统技术和信息应用技术。

（1）信息基础技术

信息基础技术是信息技术的基础，包括新材料、新能源、新器件的开发和制造技术。近几十年来，发展最快、应用最广泛、对信息技术以及整个高科技领域的发展影响最大的是微电子技术和光电子技术。微电子技术是随着集成电路，尤其是超大规模集成电路而发展起来的一门新的技术。微电子技术包括系统电路设计、器件物理、工艺技术、材料制备、自动测试以及封装、组装等一系列专门的技术，微电子技术是微电子学中各项工艺技术的总和。光电子技术是由光子技术和电子技术结合而成的新技术，涉及光显示、光存储、激光等领域，是未来信息产业的核心技术。

（2）信息系统技术

信息系统技术是指有关信息的获取、传输、处理、控制的设备和系统的技术。感测技术、通信技术、计算机与智能技术和控制技术是它的核心和支撑技术。感测技术就是获取信息的技术，主要是对信息进行提取、识别或检测并能通过一定的计算方式显示计量结果；通信技术，一般是指电信技术，国际上称为远程通信技术；计算机与智能技术是以人工智能理论和方法为核心，研究如何用计算机模拟、延伸和扩展人的智能；控制技术是指对组织行为进行控制的技术，控制技术是多种多样的，常用的控制技术有信息控制技术和网络控制技术两种。

（3）信息应用技术

信息应用技术是针对各种实用目的，如信息管理、信息控制及信息决策而发展起来的具体技术，如企业生产自动化、办公自动化、家庭自动化、人工智能和互联网技术等，它们是信息技术开发的根本目的所在。信息技术在社会的各个领域得到广泛的应用，显示出强大的生命力。

1.1.5.2 现代信息技术的发展趋势

（1）数字化

数字化，即是将许多复杂多变的信息转变为可以度量的数字、数据，再以这些数字、数据建立起适当的数字化模型，把它们转变为一系列二进制代码，引入计算机内部，进行统一处理，这就是数字化的基本过程。当今时代是信息化时代，而信息的数字化也越来越为研究人员所重视。早在 20 世纪 40 年代，克劳德·艾尔伍德·香农证明了采样定理，即在一定条件下，用离散的序列可以完全代表一个连续函数，这为数字化技术奠定了重要基础，也是未来的主要趋势。

（2）多媒体化

随着未来信息技术的发展，多媒体技术将文字声音图形、图像、视频等信息媒体与计算机集成在一起，使计算机的应用由单纯的文字处理进入文图声影集成处理，随着数字化技术的发展和成熟，以上每种媒体都将被数字化并容纳进多媒体的集合里，系统将信息整合在人们的日常生活中，以接近于人类的工作方式和思考方式来设计与操作。

（3）高速度、网络化、宽频带

目前，几乎所有的国家都在进行最新一代的信息基础设施建设，即建设宽频信息高速公路。尽管今天的互联网已经能够传输多媒体信息，但仍然被认为是一条频带宽度低的网络路径，被形象地称为一条花园小径，下一代的互联网技术的传输速率将可以达到数十吉字节/每秒，实现宽频的多媒体网络是未来信息技术的发展趋势之一。

（4）智能化

智能化是指事物在网络、大数据、物联网和人工智能等技术的支持下，所具有的能动地满足人的各种需求的属性。例如，无人驾驶汽车，就是一种智能化的事物，它将传感器物联网、移动互联网、大数据分析等技术融为一体，从而能动地满足人的出行需求，它之所以是能动的，是因为它不像传统的汽车，需要被动的人为操作驾驶。智能化是现代人类文明发展的趋势。

主要操作步骤扫描二维码，观看视频学习。

1.2　信息的表示与存储

计算机科学的研究主要包括信息的采集、存储、处理和传输，而这些都与信息的量化表示密切相关。本任务从信息的定义出发，对数据的表示、转换、处理、存储方法等进行讲述。

1.2.1　数据与信息

数据是对客观事物的符号表示，数值、文字语言图形、图像等都是不同形式的数据。信息（information）是现代生活和计算机科学中非常流行的词汇，一般来说，信息既是对各种事物变化和特征的反映，又是事物之间相互作用、相互联系的表征。人通过接收信息来认识事物，从这个意义上来说，信息是一种知识，是接收者原来不了解的知识。计算机科学中的信息通常被认为是能够用计算机处理的有意义的内容或信息，它们以数据的形式出现，如数值、文字语言、图形、图像等，数据是信息的载体。

数据与信息的区别是：数据处理之后产生的结果为信息，信息具有针对性、时效性，信息有意义，而数据没有。例如，当测量一个人的体重时，假定测量出体重是 100

千克，则写在测量表上的 100 千克实际上是数据。100 千克这个数据本身是没有意义的，但是当数据以某种形式经过处理描述或与其他数据比较时，便被赋予了意义。例如，这个人的体重是 100 千克，这才是信息，这个信息是有意义的是 100 千克，表示此人的体重。

信息同物质和能源一样重要，是人类生存和社会发展的三大基本资源之一。可以说信息不仅维系着社会的生存和发展，而且在不断地推动着社会和经济的发展。

1.2.2 计算机中的数据

ENIAC 是一台十进制的计算机，它采用十个真空管来表示每位十进制数。冯·诺依曼在研制 IAS 时，感觉这种十进制的表示和实现方式十分麻烦，故提出了二进制的表示方法，从此改变了整个计算机的发展历史。

二进制只有"0"和"1"两个数码，相对十进制而言，采用二进制表示不仅运算简单、易于物理实现，通用性强，更重要的优点是所占用的空间和所消耗的能量小得多，机器可靠性高。

计算机内部均用二进制来表示各种信息，但计算机与外部的交往仍采用人们熟悉和便于阅读的形式，如十进制数据、文字显示以及图形描述等。其间的转换，则由计算机系统的硬件和软件来实现。

1.2.3 计算机中数据的单位

计算机中数据的最小单位是位，存储容量的基本单位是字节。8 个二进制位称为 1 个字节（Byte），此外还有 KB、MB、GB、TB 等。

（1）位（bit）

位是度量数据的最小单位，在计算机技术中用二进制表示数据，1 位数据只能用 0 和 1 中的任意一个代码表示。

（2）字节（Byte）

一个字节（Byte）由 8 位（bit）二进制数字组成。早期的计算机并无字节的概念，20 世纪 50 年代中期，随着计算机逐渐从单纯用于科学计算扩展到数据处理领域，为了在体系结构上兼顾表示"数"和"字符"，就出现了"字节"。IBM 公司在设计其第一台超级计算机 STRETCH 时，根据数值运算的需要，定义机器字长为 64 位。对于字符而言，STRETCH 的打印机只有 120 个字符，本来每个字符用 7 位二进制数表示即可（因为 $2^7 = 128$，所以最多可表示 128 个字符），但其设计人员考虑到以后字符集扩充的可能决定用 8 位表示一个字符，这样 64 位字长可容纳 8 个字符，设计人员把它叫作 8 个"字节"，这就是字节的来历。为了便于衡量存储器的大小，存储容量统一以字节（Byte，B）为基本单位。

$$千字节 \quad 1KB = 1024B = 2^{10}B$$
$$兆字节 \quad 1MB = 1024KB = 2^{20}B$$
$$吉字节 \quad 1GB = 1024MB = 2^{30}B$$
$$太字节 \quad 1TB = 1024GB = 2^{40}B$$

（3）字长

字长是指计算机一次能够同时处理的二进制位数，即 CPU 在一个机器周期中最多能够并行处理的二进制位数。

字长是计算机（CPU）的一个重要指标，直接反映一台计算机的计算能力和运算精度，字长越长，计算机的处理能力通常越强。

计算机字长常常是字节的整倍数，如 8 位、16 位、32 位。发展到今天，微型机的字长已达到 64 位，大型机/巨型机已达 128 位。

1.2.4　进位计数制及其转换

日常生活中，人们使用的数据一般是十进制表示，其特点为逢十进位，即满十就向前一位数进一，例如，个位满十，在十位中加一；百位满十，在千位中加一。而计算机中所有的数据都是使用二进制表示的，但为了书写方便，也采用八进制或十六进制形式表示。下面介绍数制的基本概念及不同数制之间的转换方法。

1.2.4.1　进位计数制

多位数码中每一位的构成方法以及从低位到高位的进位规则称为进位计数制（简称数制）。如果采用 R 个基本符号（如 0，1，2…$R-1$）表示数值，则称 R 数制，R 称该数制的基数（Radix），而数制中固定的基本符号称为"数码"。处于不同位置的数码代表的值不同，与它所在位置的"权"值有关。任意一个 R 进制数 D 均可展开为：

$$(D)_k = \sum_{i=-\infty}^{n-1} \times R^i$$

其中 R 为计数的基数；k 为第 i 位的系数，可以为 0，1，2……$R-1$ 中的任何一个；R^i 称为第 i 位的权。表 1-2 给出了计算机中常用的几种进位计数制。

表 1-2 中，十六进制的数字符号除了十进制中的 10 个数字符号以外，还使用了 6 个英文字母：A、B、C、D、E、F，它们分别等于十进制的 10、11、12、13、14、15。

表 1-3 是十进制数 0~15 与等值二进制、八进制、十六进制数的对照表。

表 1-2　计算机中常用的几种进位计数制的表示

进位数	基数	基本符号	权	表示形式
二进制	2	0，1	2^i	B
八进制	8	0，1，2，3，4，5，6，7	8^i	O
十进制	10	0，1，2，3，4，5，6，7，8，9	10^i	D
十六进制	16	0，1，2，3，4，5，6，7，8，9，A，B，C，D，E，F	16^i	H

表 1-3　不同进制数的对照表二进制

十进制	二进制	八进制	十六进制
0	0000	00	0
1	0001	01	1

(续)

十进制	二进制	八进制	十六进制
2	0010	02	2
3	0011	03	3
4	0100	04	4
5	0101	05	5
6	0110	06	6
7	0111	07	7
8	1000	10	8
9	1001	11	9
10	1010	12	A
11	1011	13	B
12	1100	14	C
13	1101	15	D
14	1110	16	E
15	1111	17	F

1.2.4.2 R 进制转换为十进制

在十进制的表示方法中，567 可以用以下多项式表示：

$$(567)_D = 5 \times 10^2 + 6 \times 10^1 + 7 \times 10^0$$

将 R 进制数按权展开求和即可得到相应的十进制数。

例题：

$$(123)_H = (1 \times 16^2 + 2 \times 16^1 + 3 \times 16^0)_D$$
$$= (256 + 32 + 3)_D$$
$$= (291)_D$$
$$(123)_O = (1 \times 8^2 + 2 \times 8^1 + 3 \times 8^0)_D$$
$$= (64 + 8 + 3)_D$$
$$= (75)_D$$
$$(10110)_B = (1 \times 2^4 + 0 \times 2^3 + 1 \times 2^2 + 1 \times 2^1 + 0 \times 2^0)_D$$
$$= (16 + 4 + 2)_D$$
$$= (22)_D$$

1.2.4.3 十进制转换成 R 进制

将十进制数转换为 R 进制数时，可将此数分为整数和小数两部分分别进行转换，然后再拼接起来即可。将一个十进制整数转换成 R 进制数可以采用"除 R 倒取余"法，即将十进制整数连续地除以 R 取余数，直到商为 0，余数从最后一个到第一个按从左到右的顺序对应排列，首次取得的余数排在最右边。

小数部分转换成 R 进制数采用"乘 R 顺取整"法，即将十进制小数不断乘以 R 取整数，直到小数部分为 0 或达到要求的精度为止（当小数部分永远不会达到 0 时），所得的整数从小数点之后自左往右排列，取有效位数，首次取得的整数排在最左边。

例 1：将十进制数 36.875 转换成二进制数。

整数部分：

$36 \div 2 = 18 \cdots\cdots$ 余 0

$18 \div 2 = 9 \cdots\cdots$ 余 0

$9 \div 2 = 4 \cdots\cdots$ 余 1

$4 \div 2 = 2 \cdots\cdots$ 余 0　　　除 2 倒取余

$2 \div 2 = 1 \cdots\cdots$ 余 0

$1 \div 2 = 0 \cdots\cdots$ 余 1

将余数从下到上排列起来就是该整数的二进制数字，在本例中整数部分的二进制数字是 100100。

小数部分：

$0.875 \times 2 = 1.750$　整数部分 1 再取小数部分

$0.750 \times 2 = 1.500$　整数部分 1 再取小数部分　　乘 2 顺取整

$0.500 \times 2 = 1.000$　整数部分 1 小数部分为 0 不再取

将取出的整数部分从上到下排列起来就是该小数的二进制数字，在本例中小数部分的二进制数字是 0.111。

转换结果 $(36.875)_D = (100100.111)_B$

例 2：将十进制数 125.15 转换成八进制数，要求结果精确到小数点后 5 位。

整数部分：

$125 \div 8 = 15 \cdots\cdots$ 余 5

$15 \div 8 = 1 \cdots\cdots$ 余 7　　除 8 倒取余

$1 \div 8 = 0 \cdots\cdots$ 余 1

将余数从下到上排列起来就是该整数的八进制数字，在本例中整数部分的八进制数字是 175。

小数部分：

$0.15 \times 8 = 1.20$　整数部分取 1 再取小数部分

$0.20 \times 8 = 1.60$　整数部分取 1 再取小数部分

$0.60 \times 8 = 4.80$　整数部分取 4 再取小数部分　　乘 8 顺取整

$0.80 \times 8 = 6.40$　整数部分取 6 再取小数部分

$0.40 \times 8 = 3.20$　整数部分取 3

将取出的整数部分从上到下排列起来就是该小数的八进制数字，在本例中小数部分的八进制数字是 0.11463。

转换结果 $(125.15)_D \approx (175.11463)_O$

1.2.4.4　八进制转换为十六进制

二进制数虽然非常适合计算机内部的数据表示，但是书写起来位数比较长，很不方便，也不直观。因此，在书写程序和数据用到二进制数的地方，往往采用八进制数或十六进制数的形式表示。1 位八进制数相当于 3 位二进制数，1 位十六进制数相当于 4 位二进制数。根据这种对应关系，二进制数转换为八进制数/十六进制数时，以小数点为中心，向左右两边分组，每 3/4 位为一组，两头不足 3/4 位补 0 即可（表 1-4）。

表 1-4　八进制数与二进制数、十六进制数之间的关系

八进制数	对应的二进制数	十六进制数	对应的二进制数	十六进制数	对应的二进制数
0	000	0	0000	8	1000
1	001	1	0001	9	1001
2	010	2	0010	A	1010
3	011	3	0011	B	1011
4	100	4	0100	C	1100
5	101	5	0101	D	1101
6	110	6	0110	E	1110
7	111	7	0111	F	1111

例 1：将二进制数 $(10111101110.110101)_B$ 转换成八进制数。

$(\underline{010}\ \underline{111}\ \underline{101}\ \underline{110}.\ \underline{110}\ \underline{101})_B = (2756.65)_O$（整数高位补 0）
　2　　7　　5　　6　　　6　　5

例 2：将二进制数 $(10111101110.110101)_B$ 转换成十六进制数。

$(\underline{0101}\ \underline{1110}\ \underline{1110}.\ \underline{1101}\ \underline{0100})_B = (5EE.D4)_H$（小数位低位补 0）
　5　　E　　E　　　D　　4

同理，将八进制数或者十六进制数转换成二进制数，只要将 1 位转换成 3 位或 4 位二进制数即可。

例题 1：将八进制数 $(2654.62)_O$ 转换成二进制数。

$(2654.62)_O = (\underline{010}\ \underline{110}\ \underline{101}\ \underline{100}.\ \underline{110}\ \underline{010})_B$

例题 2：将十六进制数 $(2C6D.74)_H$ 转换成二进制数。

$(2C6D.74)_H = (\underline{0010}\ \underline{1100}\ \underline{0110}\ \underline{1101}.\ \underline{0111}\ \underline{0100})_B$

1.2.5　字符的编码

字符指类字形单位或符号，包括字母、数字、运算符号、标点符号和其他符号，以及一些功能性符号。字符是电子计算机或无线电通信中字母、数字、符号的统称，是计算机中最常用到的信息形式，其是数据结构中最小的数据存取单位，通常由 8 个二进制位（一个字节）来表示一个字符。

字符包括西文字符（字母、数字、各种符号）和中文字符，即所有不可做算术运算的数据。由于计算机是以二进制的形式存储和处理数据的，因此字符也必须按特定的规则进行二进制编码才能进入计算机。字符编码的方法很简单，首先确定需要编码的字符总数，然后将每一个字符按顺序确定序号，序号的大小无意义，仅作为识别与使用这些字符的依据。字符形式的多少涉及编码的位数，由于形式的不同，对西文与中文字符使用不同的编码。

1.2.5.1 西文字符的编码

计算机中的数据都是用二进制编码表示的，用以表示字符的二进制编码称为字符编码。美国信息交换标准码（American Standard Code for Information Interchange，ASCII）是计算机中最常用的字符编码，被国际标准化组织指定为国际标准。ASCII 码有 7 位码和 8 位码两种版本，国际通用的是 7 位 ASCII 码，用 7 位二进制数表示一个字符的编码，共有 $2^7 =$ 128 个不同的编码值，相应可以表示 128 个不同字符的编码，见表 1-5 所列。

表 1-5 中对大小写英文字母、阿拉伯数字、标点符号及控制符等特殊符号规定了编码，表中每个字符都对应一个数值，称为该字符的 ASCII 码值，其排列次序为 $b_6b_5b_4b_3b_2b_1b_0$，b_6 为最高位，b_0 为最低位。

表 1-5　7 位 ASCII 码表

$b_3b_2b_1b_0$ 位	$0b_6b_5b_4$ 位							
	000	001	010	011	100	101	110	111
0000	NUL	DLE	SP	0	@	P	`	p
0001	SOH	DC1	!	1	A	Q	a	q
0010	STX	DC2	"	2	B	R	b	r
0011	ETX	DC3	#	3	C	S	c	s
0100	EOT	DC4	$	4	D	T	d	t
0101	ENQ	NAK	%	5	E	U	e	u
0110	ACK	SYN	&	6	F	V	f	v
0111	BEL	ETB	'	7	G	W	g	w
1000	BS	CAN	(	8	H	X	h	x
1001	HT	EM	)	9	I	Y	i	y
1010	LF	SUB	*	:	J	Z	j	z
1011	VT	ESC	+	;	K	[	k	{
1100	FF	FS	,	<	L	\	l	|
1101	CR	GS	–	=	M	]	m	}
1110	SO	RS	.	>	N	↑	n	~
1111	SI	US	/	?	O	←	o	DEL

从 ASCII 码表中看出，有 34 个非图形字符，例如：

SP（Space）编码是 0100000　　　　　　空格
CR（Carriage Return）编码是 0001101　　回车
DEL（Delete）编码是 1111111　　　　　删除
BS（Back Space）编码是 0001000　　　　退格

其余 94 个可打印字符也称为图形字符，在这些字符中，从小到大的排列有 0~9、A~Z、a~z，且小写字母比大写字母的码值大 32，这样就比较容易记忆，例如：

a 字符的编码为 1100001，对应的十进制数是 97，则 b 的编码值是 98。

A 字符的编码为 1000001，对应的十进制数是 65，则 B 的编码值是 66。

0 数字字符的编码为 0110000，对应的十进制数是 48，则 1 的编码值是 49。

1.2.5.2　汉字的编码

ASCII 码是对英文字母、数字和标点符号进行了编码。为了使计算机能够处理、显示打印、交换汉字字符，同样也需要对汉字进行编码。我国于 1980 年发布了国家汉字编码标准《信息交换用汉字编码字符集、基本集》(GB 2312—1980)(简称 GB 码或国标码)。根据统计，该标准把最常用的 6763 个汉字分成两级：一级汉字有 3755 个，按汉语拼音字母的次序排列；二级汉字有 3008 个，按偏旁部首排列。由于一个字节只能表示 256 种编码，是不足以表示 6763 个汉字的，所以一个国标码用两个字节来表示一个汉字，每个字节的最高位为 0。

为避开 ASCII 码表中的控制码，该标准将 GB 2312—80 中的 6763 个汉字分为 94 行 94 列，代码表分 94 个区(行)和 94 个位(列)，由区号(行号)和位号(列号)构成了区位码，区位码最多可以表示 94×94 = 8836 个汉字，区位码由 4 位十进制数学组成，前两位为区号，后两位为位号。在区位码中，01~09 区为特殊字符，10~55 区为一级汉字，56~87 区为二级汉字。例如，汉字"中"的区位码为 5448，即它位于第 54 行、第 48 列。

区位码是一个 4 位十进制数，国标码是一个 4 位十六进制数。为了与 ASCII 码兼容，汉字输入区位码与国标码之间有一个简单的转换关系，具体方法是：将一个汉字的十进制区号和十进制位号分别转换成十六进制，再分别加上 20_H(十进制就是 32)，就成为汉字的国标码。例如，汉字"中"的区位码与国标码之间的转换如下：

区位码 5448_D　$(3630)_H$

国标码 8680_D　$(3630_H + 2020_H) = 5650_H$

二进制表示为：

$(00110110\ 00110000)_B + (00100000\ 00100000)_B = (01010110\ 01010000)_B$

1.2.5.3　汉字的处理过程

我们知道计算机内部只能识别二进制数，任何信息(包括字符、汉字、声音、图像等)在计算机中都是以二进制形式存放的。那么，汉字究竟是怎样被输入到计算机中，在计算机中是怎样存储，又经过何种转换，才在屏幕上显示或在打印机上打印出汉字的？

从汉字编码的角度看，计算机对汉字信息的处理过程实际上是各种汉字编码间的转换过程，这些编码主要包括：汉字输入码、汉字内码、汉字地址码、汉字字形码等。这一系列的汉字编码及转换、汉字信息处理中的各编码及流程如图 1-2 所示。

汉字输入 → 输入码 → 国标码 → 机内码 → 地址码 → 字形码 → 汉字输出

图 1-2　汉字信息处理系统模型

从图 1-2 中可以看到，通过键盘对每个汉字输入规定的代码，即汉字的输入码(如拼音输入码)。不论哪一种汉字输入方法，计算机都将每个汉字的汉字输入码转换为相应的国标码，然后再转换为机内码，就可以在计算机内存储中处理了。输出汉字时，先将汉字的机内码通过简单的对应关系转换为相应的汉字地址码，然后通过汉字地址码对汉字库进行访问，从字库中提取汉字的字形码，最后根据字形数据显示和打印出汉字。

（1）汉字输入码

为将汉字输入计算机而编制的代码称为汉字输入码，也叫外码，汉字输入码是利用计算机标准键盘上按键的不同排列组合来对汉字的输入进行编码。

（2）汉字内码

汉字内码是为在计算机内部对汉字进行存储、处理的汉字编码，它应满足汉字的存储、处理和传输的要求。当一个汉字输入计算机后转换为内码，才能在机器内传输、处理，如果用十六进制来表述，就是把汉字国标码的每个字节加上一个 80H（即二进制数10000000），所以汉字的国标码与内码存在下列关系：

汉字的内码=汉字的国标码+（8080）$_H$

例如，在前面已知"中"字的国标码为（5650）$_H$，则根据上述关系式得出：

"中"字的内码="中"字的国标码（5650）$_H$+（8080）$_H$=（D6D0）$_H$

二进制表示为：

（01010110 01010000）$_B$+（10000000 10000000）$_B$=（11010110 11010000）$_B$。

由此看出，西文字符的内码是 7 位 ASCII 码，一个字节的最高位为 0，每个西文字符的 ASCII 码值均小于128。为了与 ASCII 码兼容，汉字用两个字节来存储，区位码分别再加上 20$_H$，就成为汉字的国标码。在计算机内部为了能够区分是汉字还是 ASCII 码，将国标码每个字节的最高位由 0 变为 1（也就是说汉字内码的每个字节都大于128），变换后的国标码称为汉字内码。

1.2.5.4 汉字字形码

经过计算机处理的汉字信息，如果要显示或打印出来供阅读，则必须将汉字内码转换成人们可读的方块汉字。汉字字形码又称汉字字模，用于汉字在显示屏或打印机输出，汉字字形码通常有两种表示方式：点阵和矢量表示方式。

用点阵表示字形时，汉字字形码指的就是这个汉字字形点阵的代码。根据输出汉字的要求不同，点阵的多少也不同，简易型汉字为 16×16 点阵，普通型汉字为 24×24 点阵，提高型汉字为 32×32 点阵、48×48 点阵等。图 1-3 显示了"次"字的 16×16 字形点阵和代码。

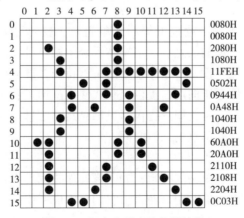

图 1-3 汉字字形点阵机器编码

在一个 16×16 的网格中用点描出一个汉字，如"次"字，整个网格分为 16 行 16 列，每个小格用 1 位二进制编码表示，有点的用"1"表示，没有点的用"0"表示。这样，从上到下，每一行需要 16 个二进制位，占两个字节，如第一行的点阵编码是 0080H。

点阵规模越大，字形越清晰美观，所占存储空间也越大，矢量表示方式存储的是描述汉字字型的轮廓特征。

1.2.5.5　汉字地址码

汉字地址码是指汉字库(这里主要指整字形的点阵式字模库)中存储汉字字形信息的逻辑地址码，需要向输出设备输出汉字时，必须通过地址码对汉字库进行访问。汉字库中，字形信息都是按规定顺序(大多数按标准汉字交换码中汉字的排列顺序)连续存放在存储介质中，所以汉字地址码也大多是连续有序的，而且与汉字内码间有着简单的对应关系，以简化汉字内码到汉字地址码的转换。

主要操作步骤扫描二维码，观看视频学习。

1.3　多媒体技术简介

多媒体技术(multimedia technology)是利用计算机对文本、图形、图像、声音、动画、视频等多种信息综合处理、建立逻辑关系和人机交互作用的技术。

真正的多媒体技术所涉及的对象是计算机技术的产物，而其他的单纯事物，如电影、电视、音响等，均不属于多媒体技术的范畴。

在计算机行业里，媒体(medium)有两种含义：一是指传播信息的载体，如语言、文字、图像、视频、音频等；二是指存贮信息的载体，如 ROM、RAM、磁带、磁盘、光盘等，主要的载体有 CD-ROM、VCD、网页等。多媒体是近几年才出现的新生事物，正在飞速发展和完善之中。

1.3.1　多媒体的特征

(1)交互性

人们日常可以通过看电视、读报纸等形式单向地、被动地接收信息，而不能够双向地、主动地编辑处理这些媒体的信息。在多媒体系统中用户可以主动地编辑、处理各种信息，具有人机交互功能，交互性是多媒体技术的关键特征，没有交互性的系统就不是多媒体系统。交互性是指多媒体系统向用户提供交互式使用、加工和控制信息的手段，从而为应用开辟了更加广阔的领域，也为用户提供了更加自然的信息存取手段，交互可以增加对信息的注意力和理解力，延长信息的保留时间。

(2)集成性

多媒体技术中集成了许多单一的技术，如图像处理技术、声音处理技术等。多媒体能够同时表示和处理多种信息，但对用户而言，它们是集成一体的，这种集成包括信息的统一获取、存储组织和合成等方面。

（3）多样性

多媒体信息是多样化的，同时也指媒体输入、传播、再现和展示手段的多样化。多媒体技术使人们的思维不再局限于单调的顺序和狭小的范围，这些信息媒体包括文字声音、图像、动画等，它扩大了计算机所能处理的信息空间，使计算机不再局限于处理数值、文本等，使人们能得心应手地处理更多的信息。

（4）实时性

实时性是指在多媒体系统中声音及活动的视频图像是强实时的（hard realtime）。多媒体系统提供了对这些媒体实时处理和控制的能力，除了像一般计算机一样能够处理离散媒体，如文本、图像外，它的一个基本特征就是能够综合地处理带有时间关系的媒体，如音频、视频和动画，甚至是实况信息媒体，这就意味着多媒体系统在处理信息时有着严格的时序要求和很高的速度要求。当系统应用扩大到网络范围之后，这个问题将会更加突出，会对系统结构、媒体同步、多媒体操作系统及应用服务提出相应的实时性要求，在许多方面，实时性已经成为多媒体系统的关键技术。

1.3.2　媒体的数字化

多媒体信息可以从计算机输出界面向人们展示丰富多彩的文、图、声信息，而这些信息在计算机内部都是转换成 0 和 1 的数字化信息后进行处理，并以不同文件类型进行存储的。

1.3.2.1　声音

声音是一种重要的媒体，其种类繁多，如人的语音、动物的声音、乐器声、机器声等。

（1）声音的数字化

声音的主要物理特征包括频率和振幅。声音用电表示时，声音信号在时间上和幅度上都是连续的模拟信号，而计算机只能存储和处理离散的数字信号，将连续的模拟信号变成离散的数字信号就是数字化。数字化的基本技术是脉冲编码调制，主要包括采样、量化、编码三个基本过程。

（2）声音文件格式

声音信息的文件格式有很多种，常用的有 WAV、MP3、VOC 文件等。WAV 为微软公司（Microsoft）开发的一种声音文件格式，它符合 RIFF（Resource Interchange File Format）文件规范，用于保存 Windows 平台的音频信息资源，被 Windows 平台及其应用程序所广泛支持。该格式也支持 MS ADPCM、CCITT A-Law 等多种压缩运算法，支持多种音频数字，取样频率和声道，标准格式化的 WAV 文件和 CD 格式一样，也是 44.1K 的取样频率，16 位量化数字，因此声音文件质量和 CD 相差无几，WAV 的打开工具是 WINDOWS 的媒体播放器。

WAV 通常使用三个参数来表示声音，量化位数、取样频率和采样点振幅。量化位数分为 8 位、16 位、24 位三种，声道有单声道和立体声之分，单声道振幅数据为 $n×1$ 矩阵点，立体声为 $n×2$ 矩阵点，取样频率一般有 110 25Hz（11kHz）、220 50Hz（22kHz）和 441 00Hz（44kHz）三种。不过尽管音质出色，但在压缩后的文件体积过大，相对其他音频格式而言是一个缺点，其文件大小的计算方式为：WAV 格式文件所占容量（B）=（取样频率×量化位数×声道）×时间 / 8（字节=8bit）。每一分钟 WAV 格式的音频文件的大小为 10MB，其大小不随音量大小及清晰度的变化而变化。

①WAV 是最接近无损的音乐格式，所以文件大小相对也比较大。

②MIPEG 是指采用 MPEG(. mp1/. mp2/. mp3)音频压缩标准进行压缩的文件。MPEG 音频文件的压缩是一种有损压缩，其中 MP3 文件因为其压缩比高、音质接近 CD、制作简单、便于交换等优点，非常适合在网上传播，是目前使用最多的音频格式文件，其音质稍差于 WAV 文件。

③RealAudio 文件是由 Real Network 公司推出的一种网络音频文件格式，采用了"音频流"技术，其最大的特点就是可以实时传输音频信息，尤其是在网速较慢的情况下，仍然可以较为流畅地传送数据，因此 RealAudio 主要适用于网络上的在线播放。现在的 RealAudio 文件格式主要有 RA(RealAudio)、RM(Real Media、RealAudio G2)、RMX(Real-Audio Secured)三种，这些文件的共性在于可以随着网络带宽的不同而改变声音的质量，在保证大多数人听到流畅声音的前提下，使带宽较宽的听众获得较好的音质。

④乐器数字接口(Musical Instrument Digital Interface，MIDI)文件规定了乐器、计算机、音乐合成器以及其他电子设备之间交换音乐信息的一组标准规定。MIDI 文件中的数据记录的是一些关于乐曲演奏的内容，而不是实际的声音，因此 MIDI 文件要比 WAV 文件小很多，而且易于编辑、处理。MIDI 文件的缺点是播放声音的效果依赖于播放 MIDI 的硬件质量，但整体效果都不如 WAV 文件，产生 MIDI 音乐的方法有很多种，常用的有 FM 合成法和波表合成法，MIDI 文件的扩展名有". mid"". rmi"等。

⑤VOC 文件是声霸卡使用的音频文件格式，它以". voc"作为文件的扩展名。

⑥其他的音频文件格式还有很多，例如，AU 文件主要用在 Unix 工作站上，它以". au"作为文扩展名；AIF 文件是苹果机的音频文件格式，它以". aif"作为文件的扩展名。

1.3.2.2　图像

所谓图像，一般是指自然界中的客观景物通过某种系统的映射，使人们产生的视觉感受，是多媒体中最基本、最重要的数据。图像有黑白图像、灰度图像、彩色图像、摄影图像等，如照片、图片和印刷品等。在自然界中，景和物有两种形态，即动和静。静止的图像称为静态图像，活动的图像称为动态图像，静态图像根据其在计算机中生成的原理不同，分为矢量图形和位图图像两种，动态图像又分为视频和动画，习惯上将通过摄像机拍摄得到的动态图像称为视频，而用计算机或绘画的方法生成的动态图像称为动画。图像是多媒体中最基本、最重要的数据。

(1)静态图像的数字化

一幅图像可以近似地看成是由许许多多的点组成的，因此它的数字化通过采样和量化就可以得到。图像的采样就是采集组成一幅图像的点，量化就是将采集到的信息转换成相应的数值，组成一幅图像的每个点称为一个像素，每个像素的值表示其颜色、属性等信息。存储图像颜色的二进制数的位数，称为颜色深度，如 3 位二进制数可以表示八种不同的颜色，因此 8 色图的颜色深度是 3，真彩色图的颜色深度是 24，可以表示 16 777 412 种颜色。

(2)动态图像的数字化

人眼看到的一幅图像消失后，还将在视网膜上滞留几毫秒，动态图像正是根据这样的原理而产生的。动态图像是将静态图像以每秒钟 n 幅的速度播放，当 $n \geqslant 25$ 时，显示在人眼中的就是连续的画面。

（3）点位图和矢量图

表达或生成图像通常有两种方法，点位图法和矢量图法。点位图法就是将一幅图像分成很多小像素，每个像素用若干二进制位表示像素的颜色属性等信息；矢量图法就是用一些指令来表示一幅图，如画一条 200 像素长的红色直线、画一个半径为 100 个像素的圆等。

（4）图像文件格式

.bmp 文件：Windows 采用的图像文件存储格式。

.gif 文件：供联机图形交换使用的一种图像文件格式，目前在网络上被广泛采用。

.tiff 文件：二进制文件格式，广泛用于桌面出版系统、图形系统和广告制作系统，也可以用于一种平台到另一种平台间图形的转换。

.png 文件：图像文件格式，其开发的目的是替代 gif 文件和 tiff 文件格式。

.wmf 文件：绝大多数 Windows 应用程序都可以有效处理的格式，其应用很广泛，是桌面出版系统中常用的图形格式。

.dxf 文件：一种向量格式，绝大多数绘图软件都支持这种格式。

（5）视频文件格式

.avi 文件：Windows 操作系统中数字视频文件的标准格式。

.mov 文件：QuickTime for Windows 视频处理软件所采用的视频文件格式，其图像画面的质量比 AVI 文件要好。

ASF（Advanced Stream Format）是高级流格式，主要优点包括：可本地或网络回访、媒体类型可扩充、部件下载以及扩展性好等。

WMV（Windows Media Video，Windows 媒体视频）是微软推出的视频文件格式。

1.3.3　多媒体数据压缩

多媒体信息数字化之后，其数据量往往非常庞大，为了存储处理和传输多媒体信息，人们考虑采用压缩的方法来减少数据量。通常是将原始数据压缩后存放在磁盘上或是以压缩形式来传输，仅当用到它时才把数据解压缩以还原，以此来满足实际的需要。数据压缩可以分为两种类型：无损压缩和有损压缩。

1.3.3.1　无损压缩

无损压缩是利用数据的统计冗余进行压缩，又称可逆编码，其原理是统计被压缩数据中重复数据的出现次数来进行编码。解压缩是对压缩的数据进行重构，重构后的数据与原来的数据完全相同。无损压缩能够确保解压后的数据不失真，是对原始对象的完整复制。

无损压缩的主要特点是压缩比较低，一般为 2：1~5：1，通常广泛应用于文本数据、程序以及重要图形和图像（如指纹图像、医学图像）的压缩。如压缩软件 WinZip、WinRAR 就是基于无损压缩原理设计的，可用来压缩任何类型的文件，但由于压缩比的限制，仅使用无损压缩技术不可能解决多媒体信息存储和传输的所有问题，常用的无损压缩算法包括行程编码、霍夫曼编码（Huffman）、算术编码、LZW（Lempel Ziv Welch）编码等。

（1）行程编码

行程编码（Run-Length Encoding，RLE）简单直观，编码和解码速度快，适于计算机绘制的图像如 bmp、avi 格式文件，像彩色照片，由于色彩丰富，采用行程编码压缩比会较小。

（2）熵编码

根据信源符号出现概率的分布特性进行码率压缩的编码方式称为熵编码，也叫统计编码，其目的在于在信源符号和码字之间建立明确的一一对应关系，以便在恢复时能准确地再现原信号，同时要使平均码长或码率尽量小。熵编码包括霍夫曼编码和算术编码。其中，算术编码的优点是每个传输符号不需要被编码成整数"比特"，虽然算术编码实现方法复杂一些，但通常算术编码的性能优于霍夫曼编码。

1.3.3.2 有损压缩

有损压缩又称不可逆编码，有损压缩是指压缩后的数据不能够完全还原成压缩前的数据，与原始数据不同但是非常接近的压缩方法。有损压缩也称破坏性压缩，以损失文件中某些信息为代价来换取较高的压缩比，其损失的信息多是对视觉和听觉感知不重要的信息，但压缩比通常较高，一般为几十到几百，常用于音频、图像和视频的压缩。典型的有损压缩编码方法有预测编码、变换编码、基于模型编码、分形编码及矢量量化编码等。

（1）预测编码

预测编码是根据离散信号之间存在着定相关性的特点，利用前面一个或多个信号对下一个信号进行预测，然后对实际值和预测值之差进行编码和传输，在接收端把差值与实际值相加，恢复原始值，在同等精度下，就可以用比较少的"比特"进行编码，达到压缩的目的。

（2）变换编码

变换编码是指先对信号进行某种函数变换，从一种信号空间变换到另一种信号空间，然后再对信号进行编码。例如，将时域信号变换到频域，因为在频域中声音、图像信号的能量相对集中在直流及低频部分，高频部分则只包含少量的细节，如果去除这些细节，并不影响人类对声音或图像的感知效果，所以对变换后的信号进行编码，能够大大压缩数据。

（3）基于模型编码

如果把以预测编码和变换编码为核心的基于波形的编码称作第一代编码技术，则基于模型的编码就是第二代编码技术。

基于模型编码的基本思想是：在发送端，利用图像分析模块对输入图像提取紧凑和必要的描述信息，得到一些数据量不大的模型参数；在接收端，利用图像综合模块重建原图像，这是对图像信息的合成过程。

（4）分形编码

分形编码法的目的是发掘自然物体（如天空、云雾、森林等）在结构上的自相似形，这种自相似形是图像整体与局部相关性的表现，分形编码正是利用分形几何中的自相似的原理来实现的，即对图像进行分块然后寻找各块之间的相似形。

（5）矢量量化编码

矢量量化编码也是在图像、语音信号编码技术中研究得较多的新型量化编码方法之一。在传统的预测和变换编码中，是将信号经某种映射变换变成一个数的序列，然后对其逐个地进行标量量化编码，而在矢量量化编码中，则是把输入数据几个一组地分成许多组，成组地量化编码，即将这些数看成一个 k 维矢量，然后以矢量为单位逐个矢量进行量化。矢量量化是一种限失真编码，其原理仍可用信息论中的信息率失真函数理论来分析。

主要操作步骤扫描二维码，观看视频学习。

1.4　计算机病毒及其防治

20 世纪 60 年代，被称为计算机之父的数学家冯·诺依曼在其遗著《计算机与人脑》中，详细论述了程序能够在内存中进行繁殖活动的理论，计算机病毒的出现和发展是计算机软件技术发展的必然结果。

1.4.1　计算机病毒的特征和分类

1.4.1.1　计算机病毒

当前，计算机安全的最大威胁是计算机病毒（computer virus），计算机病毒实质上是一种特殊的计算机程序，这种程序具有自我复制能力，可以非法入侵并隐藏在存储媒体中的引导部分、可执行程序或数据文件中。当病毒被激活时，源病毒能把自身复制到其他程序体内，影响和破坏程序的正常执行和数据的正确性。有些恶性病毒对计算机系统具有极大的破坏性，计算机一旦感染病毒，病毒就可能迅速扩散，这种现象和生物病毒侵入生物体并在生物体内传染一样。

在《中华人民共和国计算机信息系统安全保护条例》中，计算机病毒被明确定义为："计算机病毒，是指编制或者在计算机程序中插入的破坏计算机功能或者破坏数据，影响计算机使用并且能够自我复制的一组计算机指令或者程序代码。"计算机病毒一般具有寄生性、破坏性、传染性、潜伏性和隐蔽性的特征。

（1）寄生性

它是一种特殊的寄生程序，不是一个通常意义下的完整的计算机程序，而是寄生在其他可执行的程序中，因此，它能享有被寄生的程序所能得到的一切权利。

（2）破坏性

破坏是广义的，不仅仅是指破坏系统、删除或修改数据甚至格式化整个磁盘，而是破坏系统，或是破坏数据并使之无法恢复，从而给用户带来极大的损失。

（3）传染性

传染性是病毒的基本特性，计算机病毒往往能够主动地将自身的复制品或变种传染到其他未染毒的程序上，计算机病毒只有在运行时才具有传染性。此时，病毒寻找符合传染条件的程序或文件然后将病毒代码嵌入其中，达到不断传染的目的。判断一个程序是不是计算机病毒的最重要因素就是其是否具有传染性。

(4)潜伏性

病毒程序通常短小精悍，寄生在别的程序上使得其难以被发现，在外界激发条件出现之前，病毒可以在计算机内的程序中潜伏、传播。

(5)隐蔽性

计算机病毒是一段寄生在其他程序中的可执行程序，具有很强的隐蔽性，当运行受感染的程序时，病毒程序能首先获得计算机系统的监控权，进而能监视计算机的运行，并传染其他程序，但不到发作时机，整个计算机系统看上去一切如常，很难被察觉，其隐蔽性使广大计算机用户对病毒失去应有的警惕性。

1.4.1.2 计算机病毒的分类

计算机病毒的分类方法很多，按计算机病毒的感染方式，分为如下五类。

(1)引导区型病毒

通过读U盘、光盘及各种移动存储介质感染引导区型病毒，感染硬盘的主引导记录。当硬盘主引导记录感染病毒后，病毒就企图感染每个插入计算机进行读写的移动介质的引导区，这类病毒常常将其病毒程序替代主引导区中的系统程序，引导区型病毒总是先于系统文件装入内存储器，获得控制权并进行传染和破坏。

(2)文件型病毒

文件型病毒主要感染扩展名为 .com、.exe、.drv、.bin、.ovl、.sys 等可执行文件，通常寄生在文件的首部或尾部，并修改程序的第一条指令，当病毒程序执行时就先跳转去执行病毒程序进行传染和破坏，这类病毒只有当带毒程序执行时才能进入内存，一旦符合激发条件，它就会发作。

(3)混合型病毒

这类病毒既传染磁盘的引导区，也传染可执行文件，兼有上述两类病毒的特点。混合型病毒综合引导区型和文件型病毒的特性，比引导区型和文件型病毒的破坏性更强，这种病毒通过这两种方式来传染，更增加了病毒的传染性以及存活率，此种病毒也是最难杀灭的。

(4)宏病毒

宏病毒是一种寄存在文档或模板的宏中的计算机病毒，一旦打开这样的文档，其中的宏就会被执行，宏病毒就会被激活，转移到计算机上，并驻留在 Normal 模板上，从此以后，所有自动保存的文档都会"感染"上这种宏病毒，而且如果其他用户打开了感染病毒的文档，宏病毒又会转移到该计算机上。

(5)Internet 病毒

Internet 病毒又称网络病毒，广义上讲，可以通过网络传播，同时破坏某些网络组件(服务器、客户端、交换和路由设备)的病毒就是网络病毒。狭义上讲，局限于网络范围的病毒就是网络病毒，即网络病毒应该是充分利用网络协议及网络体系结构作为其传播途径或机制，同时网络病毒的破坏也应是针对网络的。

1.4.1.3　计算机感染病毒的常见症状

计算机病毒虽然很难检测，但是只要细心留意计算机的运行状况，还是可以发现计算机感染病毒的一些异常情况，比如：

①磁盘文件数目无故增多。

②系统的内存空间明显变小。

③文件的日期/时间值被修改成最近的日期或时间(用户自己并没有修改)。

④感染病毒后的可执行文件的长度通常会明显增加。

⑤正常情况下可以运行的程序却突然因内存区不足而不能载入。

⑥程序加载时间或程序执行时间比正常时明显变长。

⑦计算机经常出现死机现象或不能正常启动。

⑧显示器上经常出现一些莫名其妙的信息或异常现象。

1.4.1.4　计算机病毒的清除

如果计算机染上了病毒，文件被破坏，最好立即关闭系统，如果继续使用，会使更多的文件遭受破坏。针对已经感染病毒的计算机，专家建议立即升级系统中的防病毒软件，进行全面杀毒，一般的杀毒软件都具有清除/删除病毒的功能。清除病毒是指把病毒从原有的文件中清除掉，恢复原有文件的内容，删除是指把整个文件删除掉。经过杀毒，被破坏的文件有可能恢复成正常的文件，对未感染病毒的计算机建议打开系统中防病毒软件的"系统监控功能从注册表系统进程内存、网络等多方面对各种操作进行主动防御"。

用反病毒软件消除病毒是当前比较流行的做法，它既方便又安全，一般不会破坏系统中的正常数据，特别是优秀的反病毒软件都有较好的界面和提示，使用相当方便。通常，反病毒软件只能检测出已知的病毒并消除它们，不能检测出新的病毒或病毒的变种，所以各种反病毒软件的开发都不是一劳永逸的，要随着新病毒的出现而不断升级。目前较著名的反病毒软件都具有实时检测系统驻留在内存中，随时检测是否有病毒入侵的功能。目前较流行的杀毒软件有360杀毒、瑞星、诺顿、卡巴斯基、金山毒霸及江民杀毒软件等。

1.4.1.5　计算机病毒的发展

第一份关于计算机病毒理论的学术工作("病毒"一词当时并未使用)是1949年约翰·冯·诺伊曼以"Theory and Organization of Complicated Automata"为题的一场在伊利诺伊大学的演讲完成，后以"Theory of Self-reproducing Automata"为题出版，冯·诺伊曼在他的论文中描述了一个计算机程序如何复制其自身。

1980年，Jürgen Kraus于多特蒙德大学撰写他的学位论文"Self-reproduction of Programs"，论文中假设计算机程序可以表现出如同病毒的行为。

1983年11月，在一次国际计算机安全学术会议上，美国学者科恩第一次明确提出计算机病毒的概念，并进行了演示。

1984年，弗雷德·科恩(Fred Cohen)的论文《电脑病毒实验》中提出"病毒"一词。

1986年初，巴基斯坦兄弟编写了"大脑(Brain)"病毒，又被称为"巴基斯坦"病毒。

1987 年，第一个电脑病毒 C-BRAIN 诞生，由巴基斯坦兄弟巴斯特（Basit）和阿姆捷特（Amjad）编写，当时计算机病毒主要是引导型病毒，具有代表性的是"小球"和"石头"病毒。

1988 年，在我国财政部的计算机上发现最早入侵我国的计算机病毒。

1989 年，引导型病毒发展为可以感染硬盘的病毒，典型代表有"石头 2"。

1990 年，发展为复合型病毒，可感染 COM 和 EXE 文件。

1992 年，发展为可利用 DOS 加载文件的优先顺序进行工作，具有代表性的是"金蝉"病毒。

1995 年，当生成器的生成结果为病毒时，就产生了复杂的"病毒生成器"，幽灵病毒流行中国。典型病毒代表是"病毒制造机""VCL"。

1998 年，台湾大同工学院学生陈盈豪编制了 CIH 病毒。

2000 年，最具破坏力的 10 种病毒分别是：Kakworm、爱虫、Apology-B、Marker、Pretty、Stages-A、Navidad、Ska-Happy99、WM97/Thus、XM97/Jin。

2003 年，中国大陆地区发作最多的十种病毒分别是：红色结束符、爱情后门、FUN-LOVE、QQ 传送者、冲击波杀手、罗拉、求职信、尼姆达 II、QQ 木马、CIH。

2005 年 1~10 月，金山反病毒监测中心共截获或监测到的病毒达到 50 179 个，其中木马、蠕虫、黑客病毒占 91%，以盗取用户有价账号的木马病毒（如网银、QQ、网游）为主，病毒多达 2000 多种。

2007 年 1 月，病毒累计感染了中国 80% 的用户，其中 78% 以上的病毒为木马、后门病毒，熊猫烧香肆虐全球。

2010 年，越南全国计算机数量已达 500 万台，其中 93% 受过病毒感染，感染计算机病毒共损失 59 000 万亿越南盾。

2017 年 5 月，一种名为"想哭"的勒索病毒席卷全球，在短短一周时间里，上百个国家和地区受到影响。据美国有线新闻网报道，截至 2017 年 5 月 15 日，大约有 150 个国家受到影响，至少 30 万台计算机被病毒感染。

1.4.2　计算机病毒的预防

计算机感染病毒后用反病毒软件检测和消除病毒是被迫的处理措施，况且已经发现相当多的病毒在感染之后会永久性地破坏被感染程序，如果没有备份将不易恢复。所以，我们要进行针对性的防范。所谓防范，是指通过合理有效的防范体系及时发现计算机病毒的侵入，并能采取有效的手段阻止病毒的破坏和传播，保护系统和数据安全。

计算机病毒主要通过移动存储介质（如 U 盘、移动硬盘）和计算机网络两大途径进行传播，人们从工作实践中总结出一些预防计算机病毒的简易可行的措施，这些措施实际上是要求用户养成良好的使用计算机的习惯。具体归纳如下：

①安装有效的杀毒软件并根据实际需求进行安全设置，同时，定期升级杀毒软件并经常全盘查毒、杀毒。

②扫描系统漏洞，及时更新系统补丁。

③未经检测过是否感染病毒的文件、光盘、U 盘及移动硬盘等移动存储设备在使用前

应先用杀毒软件查毒再使用。

④分类管理数据，对各类数据、文档和程序应分类备份保存。

⑤尽量使用具有查毒功能的电子邮箱，尽量不要打开陌生的可疑邮件。

⑥浏览网页、下载文件时要选择正规的网站。

⑦关注目前流行病毒的感染途径、发作形式及防范方法，做到预先防范，感染后及时查毒以避免遭受更大损失。

⑧有效管理系统内建的 Administrator 账户、Guest 账户以及用户创建的账户，包括密码管理、权限管理等。

⑨禁止远程功能，关闭不需要的服务。

⑩修改 IE 浏览器中与安全相关的设置。

主要操作步骤扫描二维码，观看视频学习。

拓展知识

中国超级计算机

中国在超级计算机领域发展迅速，已经跃升到国际先进水平国家当中。中国是第一个以发展中国家的身份制造了超级计算机的国家，2011 年，中国拥有世界最快的 500 个超级计算机中的 74 个。中国在 1983 年就研制出第一台超级计算机银河一号，使中国成为继美国、日本之后第三个能独立设计和研制超级计算机的国家。中国以国产微处理器为基础制造出本国第一台超级计算机名为"神威蓝光"，在 2016 年 6 月 TOP500 组织发布的最新一期世界超级计算机 500 强榜单中，神威·太湖之光超级计算机和天河二号超级计算机位居前两位。

1. 中国超级计算机行业发展历史

中国的计算机行业起步并不算晚，通过学习苏联的计算机技术，1958 年 8 月 1 日中国第一台数字电子计算机——103 机诞生。进入 20 世纪 70 年代，中国对于超级计算机的需求日益激增，中长期天气预报、模拟风洞实验、三维地震数据处理，以至于新武器的开发和航天事业都对计算能力提出了新的要求，为此中国开始了对超级计算机的研发，并于 1983 年 12 月 4 日研制成功银河一号超级计算机，此后又成功研发了银河二号、银河三号、银河四号系列超级计算机，使我国成为世界上少数几个能发布 5~7 天中期数值天气预报的国家之一。并于 1992 年研制成功曙光一号超级计算机，在发展银河和曙光系列同时，中国发现向量型计算机由于自身的缺陷很难继续发展，因此需要发展并行型计算机，于是中国开始研发神威超级计算机，并在神威超级计算机基础上研制了神威蓝光超级计算机，2002 年联想集团成功研发深腾 1800 型超级计算机。

2. 中国超级计算机行业组成机构

银河系列、天河系列：国防科技大学计算机研究所

曙光系列：中科院计算技术研究所（曙光信息产业股份有限公司）

神威系列：国家并行计算机工程技术中心

深腾系列：联想集团

浪潮集团参与了部分超级计算机的研发生产工作，并有计划独立研发生产超级计算机。

3. 中国超级计算机行业发展历程

2010 年，"天河一号 A"让中国第一次拥有了全球最快的超级计算机，但因为后续未再升级，很快就被挤了下来。现在，中国又要争第一了，这次的目标是 100PFlops 以上，也就是每秒超过 10 亿亿次浮点运算(但不知道是最大性能还是峰值性能)，而所用平台是 Intel 提供的大约 10 万颗 Ivy Bridge-EP Xeon E5、10 万颗 Xeon Phi 组成的混合加速体系(另有一说总共最多 10 万颗)，如果成真，这台超级计算机的运行速度将是目前最快的"泰坦"(Titan)的大约五倍——后者最大性能 1.76PFlops、峰值性能 2.7PFlops。这项工程受到了中国政府部门，尤其是科技部的鼎力支持，将用来辅助中国的空间探索、健康研究，特别是在未来十年内应对人口老龄化、城市规划、高速交通系统建设等问题，可以用来开发解决交通拥堵的智能车牌、实时交通计算技术。中国将籍此在超级计算机领域称霸很长一段时间，中国的航天事业也将得到极大的促进，尤其是 2020 年载人登陆月球、2025 年载人探索火星。不过其他国家也不甘落后，如澳大利亚就在规划 1000PFlops 的更强大的超级计算机，也就是每秒 100 亿亿次的浮点性能，但要过几年才会实现。

2015 年 4 月 9 日，美国商务部发布了一份公告，决定禁止向中国等 4 个国家超级计算机中心出售"至强"(XEON)芯片，这一决定使天河二号升级受到阻碍。

2016 年 6 月，中国已经研发出了世界上最快的超级计算机"神威太湖之光"，目前落户在位于无锡的国家超级计算机中心，该超级计算机的浮点运算速度是世界第二快超级计算机"天河二号"(同样由中国研发)的 2 倍，达 9.3 亿亿次每秒。习近平总书记指出，天河二号超级计算机系统研制成功，标志着我国在超级计算机领域已走在世界前列，他希望同志们总结经验，再接再厉，坚持以我为主，勇于自主创新，不断强化前沿技术研究，为推动我国科技进步、建设创新型国家作出更大贡献。

2018 年，在最新公布的榜单中美国超算"顶点"扩大了领先优势，其处理器数量从 228 万多个增加到近 240 万个，浮点指令周期(PFLOPS)从半年前的每秒 12.23 亿亿次提升至每秒 14.35 亿亿次，"神威·太湖之光"的数据未发生变化，浮点指令周期依然为每秒 9.3 亿亿次，被由美国能源部下属劳伦斯利弗莫尔国家实验室开发的"山脊"(Sierra)超越。前 10 名中，美国占据 5 台，中国超算"神威·太湖之光"和"天河二号"分别位列第三、四名。本次榜单中，美国超算上榜总数为 109 台，创历史新低，但在总运算能力上，美国占比 38%，中国占比 31%，表明美国超算的平均运算能力更强。榜单还显示，中国企业在全球十大超算制造商中占据了前三名，其中联想以 140 台名列冠军，浪潮以 84 台名列亚军，中科曙光以 57 台名列季军，华为制造 14 台，位列第八。首次跻身超算十强的德国"超级 MUC-NG"就由联想公司制造，联想公司称，这台安装在莱布尼茨超级计算中心的超级计算机采用了联想开发的水冷技术，比气冷技术节电 45%，该超级计算机用于天体物理学、流体动力学和生命科学等研究的同时，减少了碳排放和运行总成本。

4. 中国在超级计算领域迅速崛起

2010 年 11 月，经过技术升级的中国"天河一号"曾登上榜首，但此后被日本超算赶超。2013 年 6 月，"天河二号"从美国超算"泰坦"手中夺得榜首位置，并在此后 3 年"六连冠"，直至 2016 年 6 月被中国"神威·太湖之光"取代。2018 年 6 月，美国超算"顶点"超越"四连冠"的"神威·太湖之光"登顶，"顶点"和"山脊"都由美国能源部下属实验室开发，架构相似，但超越"神威·太湖之光"成为第二名的"山脊"，其处理器数量维持在 157 万余个没有增加，而浮点指令周期则由 7.16 亿亿次提升到 9.46 亿亿次。

美国超级计算机专家田纳西大学教授、超级计算机 500 强榜单的联合制定者杰克·唐加拉(Jack Dongarra)对新华社记者说，这是由于"山脊"代码得到优化，重新运行后实现了更优秀的性能。相比而言，"神威·太湖之光"使用了近 1065 万个自主研发的"神威"芯片，可见单个芯片性能尚存在一定差距。

最新榜单第四到第十名依次为：中国"天河二号"、瑞士"代恩特峰"、美国"三一"、日本"人工智能桥接云基础设施"、德国"超级 MUC-NG"及美国"泰坦"和"红杉"。另外，与广达、华硕、台湾大等三大企业共同组队建造的新一代 AI 超级计算机主机"台湾杉二号"，本次挤进第 20 名，能源效率(Green500)排名列第 10 名，为中国台湾地区超级计算机入榜史上最佳成绩。

《纽约时报》曾在 2018 年 6 月 26 日题为《中国成超级计算器最高产国，建造速度远超美国》的报道指出，美国现在拥有全球最快的超级计算器，但 2018 年上半年的全球超级计算机 500 强榜单突显出中国建造超级计算器的速度远超美国。2018 年 6 月 25 日发布的榜单显示，中国企业和政府制造的超级计算器在 500 强榜单中占 206 台，逐渐成为最高产的超级计算器制造者，上榜的超级计算器中 124 台由美国企业和政府设计与制造。

超级计算是中国在技术领域迅速崛起的步骤之一，引发了美国对中国的宏伟计划和策略，以及这些进步的潜在经济和地缘政治影响的担忧。

2017 年秋，美国国会的两党咨询机构——美中经济安全审查委员会指出，超级计算是中国"政府齐心协力，实现主导先进技术的宏伟计划"的一部分，俄勒冈大学研究中国科学政策的专家萨特迈耶(Richard Suttmeier)指出，中国的起步很慢，但现在稳步推进。中国真正开始发展超级计算是十年前，最初吸收外国技术，然后逐步发展自己的技术。

超级计算机技术偶尔会成为美国与中国之间的贸易问题，如 2015 年，华盛顿拒绝向英特尔颁发许可证，致使其无法向中国的四个超级计算器实验室出售微处理器芯片，华盛顿称这四家超级计算器中心是在为中国军方研发技术。不过，超级计算机专家称，这项出口禁令促使中国加快了自己的发展速度，"中国吸取的教训是，不能依靠美国"。唐加拉教授说，"他们正在尝试用中国自己的技术取代所有西方技术"。

在 2018 年的 500 强榜单排名前五的制造商中，中国公司占三家。联想第一、浪潮第三、中科曙光第五。慧与(Hewlett-Packard Enterprise)和克雷(Cray)这两家美国公司分列第二和第四。

5. 中国超级计算机走向"绿色"

近年来，超算更加强调绿色节能，中国的进步也可圈可点，两台由中科曙光开发的超算进入了按能效排名的"绿色超算 500 强"前 10 名。

2015 年底至 2016 年底，中国超算曾三次进入"绿色超算"十强，此后该排名一直由日本、美国和瑞士等国占据。最新公布的榜单中，排名第一的是日本的"菖蒲系统B"，中科曙光的HKVDP系统和"先进计算系统Pre-E"分列第六和第十名。

中美两国在超级计算机领域"你超我赶"的形势仍在继续，唐加拉认为，非量子计算框架下的超级计算机算力仍有增长潜力，"并没有受到限制，我们还在不断升级"。

超级计算机的"下一顶皇冠"将是E级超算，即每秒可进行百亿亿次运算的超级计算机，要实现这一目标，超算的系统规模、扩展性、成本、能耗、可靠性等方面均面临挑战。据有关人士介绍，中科曙光2018年在达拉斯举办的超算大会上推出新产品，为实现E级计算奠定基础，2018年5月在天津举办的第二届世界智能大会上，中国国家超级计算天津中心也展示了新一代E级超算"天河三号"原型机。

作为新时代的大学生，重任在肩，党和国家给我们给予厚望。希望同学们谨记习近平总书记的教诲：当代中国青年要在感悟时代、紧跟时代中珍惜韶华，自觉按照党和人民的要求锤炼自己、提高自己，做到志存高远、德才并重、情理兼修、勇于开拓，在火热的青春中放飞人生梦想，在拼搏的青春中成就事业华章。

习 题

一、选择题

1. 当前使用的计算机，其主要的部件是由( )构成。

A. 电子管　　　　B. 集成电路　　　　C. 晶体管　　　　D. 大规模集成电路

2. 存储程序的概念是由( )提出来的。

A. 冯·诺依曼　　B. 贝尔　　　　　C. 巴斯卡　　　　D. 爱迪生

3. 为了防止计算机病毒，以下说法正确的是( )。

A. 不要将软盘和有病毒的软盘放在一起，防止感染

B. 定期对软盘进行格式化处理，可以有效地防止被病毒感染

C. 保持机房环境清洁，并经常喷洒消毒剂

D. 给电脑写入保护程序

4. 用计算机进行图书资料检索工作，属于计算机应用中的( )功能。

A. 科学计算　　B. 数据处理　　　C. 人工智能　　　D. 实时控制

5. 最早计算机的用途是( )。

A. 科学计算　　B. 自动控制　　　C. 系统仿真　　　D. 辅助设计

6. 关于计算机特点，以下论述错误的是( )。

A. 运算速度高　　　　　　　　B. 运算精度高

C. 具有记忆和逻辑判断能力　　D. 运行过程不能自动联系，需要人工干预

7. 个人计算机属于( )计算机。

A. 数字　　　　B. 大型　　　　　C. 小型　　　　　D. 微型

8. 计算机病毒是( )。

A. 计算机系统自生的　　　　　B. 一种人为编制的计算机程序

C. 主机发生故障时产生的　　　D 可传染疾病给人体的那种病毒

9. 按冯·诺依曼的观点，计算机由五大部分组成，它们是(　　)。

A. CPU、运算器、存储器、输入/输出设备

B. 控制器、运算器、存储器、输入/输出设备

C. CPU、控制器、存储器、输入/输出设备

D. CPU、存储器、输入/输出设备、外围设备

10. 我们一般按照(　　)，将计算机的发展划分为四代。

A. 体积的大小　　　　　　　　　　B. 处理速度的快慢

C. 价格的高低　　　　　　　　　　D. 使用元器件的不同

11. 十进制数 92 转换为二进制数是(　　)。

A. 01011100　　　B. 01101100　　　C. 10101011　　　D. 01011000

12. 存储 1000 个 16×16 点阵的汉字字形所需要的存储容量是(　　)。

A. 256KB　　　B. 32KB　　　C. 16KB　　　D. 31. 25KB

13. X =(10101)$_2$，Y =(21)$_8$，Z =(20)$_{10}$，W =(17)$_{16}$，这四个数由小到大的排列顺序是(　　)。

A. Z<X<W<Y　　　B. Y<Z<X<W　　　C. W<Z<Y<X　　　D. Y<X<W<Z

14. 为解决某一特定问题而设计的指令序列称为(　　)。

A. 文档　　　B. 语言　　　C. 程序　　　D. 系统

15. 为了防止计算机病毒的感染，应该做到(　　)。

A. 干净的 U 盘不要与来历不明的 U 盘放在一起

B. 长时间不用的 U 盘要经常格式化

C. 不要复制来历不明的 U 盘上的程序(文件)

D. 对 U 盘上的文件要进行重新复制

16. 计算机之所以能按照人们的意志自动进行工作，最直接的原因是采用了(　　)。

A. 二进制数值　　　　　　　　　　B. 存储程序思想

C. 程序设计语言　　　　　　　　　D. 高速电子元件

17. 汉字国标码规定，每个汉字用(　　)个字节表示。

A. 1　　　B. 2　　　C. 3　　　D. 4

18. 在微机中，1MB 准确等于(　　)。

A. 1024×1024 个字　　　　　　　　B. 1024×1024 个字节

C. 1000×1000 个字节　　　　　　　D. 1000×1000 个字

19. 在计算机领域中通常用 MIPS 来描述(　　)。

A. 计算机的运算速度　　　　　　　B. 计算机的可靠性

C. 计算机的可运行性　　　　　　　D. 计算机的可扩充性

20. 若在一个非零无符号二进制整数右边加两个零形成一个新的数，则新数的值是原数值的(　　)。

A. 四倍　　　B. 二倍　　　C. 四分之一　　　D. 二分之一

二、　填空题

1. 存储容量的基本单位是表示_____个进制位。

2. 10001101 转换成八进制为_____。

3. 世界上第一台电子计算机出现的时间为_____年，地点为_____国的_____大学。

4. 微型计算机系统可靠性可以用平均_____工作时间来衡量。

5. 计算机的语言发展经历了三个阶段，它们是：_____阶段、汇编语言阶段和_____阶段。

6. 8 位二进制数为一个_____，它是计算机中的基本存储单位。

7. 因特网 E-mail 服务的中文名称是_____。

8. 在计算机时代的划分中，采用集成电路作为主要逻辑元件的计算机属于第_____代。

9. 现代微机采用的主要元件是_____。

10. 计算机可分为数字计算机、模拟计算机和混合计算机，这是按_____进行分类的。

三、 论述题

1. 通过自己的了解和资料的查询，叙述 ENIAC 的相关知识。

2. 请叙述冯·诺依曼模型，并画出相应的示意图。

3. 拓展思维，想象一下未来计算机应该是怎样的，有哪方面的发展趋势？

4. 结合实际生活，总结一下防止计算机病毒，我们应该做的有哪些？

计算机系统

计算机系统是按人的要求接收和存储信息，自动进行数据处理和计算，并输出结果信息的机器系统，计算机系统是脑力的延伸和扩充，是近代科学的重大成就之一。计算机系统由硬件(子)系统和软件(子)系统组成，前者是借助电、磁、光、机械等原理构成的各种物理部件的有机组合，是系统赖以工作的实体；后者是用于指挥全系统按指定的要求进行工作的各种程序和文件。全面系统地掌握计算机软硬件组成和原理是后续学习的关键。

本单元涵盖以下内容：

1. 计算机硬件的组成及功能。
2. 计算机软件系统的组成及功能。
3. 计算机操作系统概念、功能、发展和类型。
4. Windows 10 操作系统。

2.1 计算机硬件系统

计算机硬件(computer hardware)是指计算机系统中由电子、机械和光电元件等组成的各种物理装置的总称。这些物理装置按系统结构的要求构成一个有机整体为计算机软件运行提供物质基础。简言之，计算机硬件的功能是输入并存储程序和数据，以及执行程序把数据加工成可以利用的形式，在用户需要的情况下，以用户要求的方式进行数据的输出。硬件是计算机的物质基础，没有硬件就不能称其为计算机。尽管各种计算机在性能、用途和规模上有所不同，但其基本结构都遵循冯·诺依曼型体系结构，人们称符合这种设计的计算机是冯·诺依曼计算机。冯·诺依曼型计算机由输入、存储、运算、控制和输出五个主要部分组成。

2.1.1 运算器

运算器(Arithmetic Unit，AU)是计算机处理数据和形成信息的加工厂，它的主要功能是对二进制数进行算术运算或逻辑运算，所以，也称其为算术逻辑部件(Arithmetic and Logic Unit，ALU)。所谓算术运算，就是数的加、减、乘、除以及乘方、开方等数学运算，而逻辑运算则是指逻辑变量之间的运算，即通过与、或、非等基本操作对二进制数进行逻辑判断。

计算机之所以能完成各种复杂操作，最根本的原因是运算器的运行。参加运算的数全部是在控制器的统一指挥下从内存储读到运算器，由运算器完成运算任务。

由于在计算机内，各种运算均可归结为相加和移位这两个基本操作，所以运算器的核心是加法器（adder）。为了将操作数暂时存放，将每次运算的中间结果暂时保留，运算器还需要若干个寄存数据的寄存器（register）。若一个寄存器既保存本次运算的结果而又参与下次的运算，它的内容就是多次累加的和，这样的寄存器又叫作累加器（Accumulator，ACC）。

运算器的处理对象是数据，处理的数据来自存储器，处理后的结果通常送回存储器或暂存在运算器中。数据长度和表示方法对运算器的性能影响极大。

以"1+2=?"为例来看计算机工作的全过程。在控制器的作用下，计算机分别从内存中读取操作数（01）1和（10）2，并将其暂存在寄存器A和寄存器B中。运算时，两个操作数同时传送至ALU，在ALU中完成加法操作。执行后的结果根据需要被传送至存储器的指定单元或运算器的某个寄存器中。

运算的性能指标是衡量整个计算机性能的重要因素之一，与运算器相关的性能指标包括计算机的字长和运算速度。

①字长　是指计算机运算部件一次能同时处理的二进制数据的位数。作为存储数据，字长越长，则计算机的运算精度就越高，作为存储指令，则计算机的处理能力就越强。目前普遍使用的Intel和AMD微处理器大多是32位字长的，也有64位的，意味着该类型的微处理器可以并行处理32位或64位二进制数的算术运算和逻辑运算。

②运算速度　计算机的运算速度通常是指每秒钟所能执行加法指令的数目，常用百万次/秒（Million Instructions Per Second，MIPS）来表示，这个指标更能直观地反映机器的速度。

2.1.2　控制器

控制器（Control Unit，CU）是计算机的心脏，由它指挥全机各个部件自动、协调地工作。控制器的基本功能是根据指令计数器中指定的地址从内存取出一条指令，对指令进行译码，再由操作控制部件有序地控制各部件完成操作码规定的功能。控制器也记录操作中各部件的状态，使计算机能有条不紊地自动完成程序规定的任务。

从宏观上看，控制器的作用是控制计算机各部件协调工作；从微观上看，控制器的作用是按一定顺序产生机器指令以获得执行过程中所需要的全部控制信号。这些控制信号作用于计算机的各个部件以使其完成某种功能，从而达到执行指令的目的。所以，对控制器而言，真正的作用是对机器指令执行过程的控制。

控制器由指令寄存器（Instruction Register，IR）、指令译码器（Instruction Decoder，ID）、程序计数器（Program Counter，PC）和操作控制器（Operation Controller，OC）四个部件组成。

2.1.2.1　机器指令

为了让计算机按照人的意识和思维正确运行，必须设计一系列计算机可以真正识别和执行的语言——机器指令。机器指令是一个按照一定格式构成的二进制代码串，它用来描述计算机可以理解并执行的基本操作。计算机只能执行指令，并被指令所控制。机器指令通常由操作码和操作数两部分组成。

①操作码　指明指令所要完成操作的性质和功能。

②操作数　指明操作码执行时的操作对象。操作数的形式可以是数据本身，也可以是存放数据的内存单元地址或寄存器名称。操作数又分为源操作数和目的操作数，源操作数指明参加运算的操作数来源，目的操作数指明保存运算结果的存储单元地址或寄存器名称。指令的基本格式由操作码、源操作数（或地址）、目的操作数地址组成。

2.1.2.2　指令的执行过程

计算机的工作过程就是按照控制器的控制信号自动、有序地执行指令的过程。指令是计算机正常工作的前提。所有程序都是由一条条指令序列组成的，一条机器指令的执行需要获得指令、分析指令、生成控制信号、执行指令，大致过程如图2-1所示：

取指令：将一条指令从主存中取到指令寄存器IR中的过程。程序计数器PC中的数值，用来指示当前指令在主存中的位置。当一条指令被取出后，PC中的数值将根据指令字长度而自动递增。

图2-1　指令执行过程

分析指令：指令译码器按照预定的指令格式，对取回的指令进行拆分和解释，识别区分出不同的指令类别以及各种获取操作数的方法。

生成控制信号：操作控制器根据指令译码器ID的输出（译码结果），按一定的顺序产生执行该指令所需的所有控制信号。

执行指令：在控制信号的作用下，计算机各部分完成相应的操作，实现数据的处理和结果的保存。

重复执行：计算机根据PC中新的指令地址，重复执行上述4个过程，直至执行到指令结束。

控制器和运算器是计算机的核心部件，这两部分合称为中央处理器（Central Processing Unit，CPU），在微型计算机中通常也称作微处理器（Micro Processing Unit，MPU）。微型计算机的发展与微处理器的发展是同步的。

时钟主频是指CPU的时钟频率，是微型计算机性能的一个重要指标，它的高低一定程度上决定了计算机处理速度的快慢。主频以吉赫兹（GHz）为单位，一般来说，主频越高，速度越快。由于微处理器发展迅速，微型计算机的主频也在不断地提高。目前"奔腾"（Pentium）处理器的主频已达到5GHz。

2.1.3　存储器

存储器是用来存储数据和程序的"记忆"装置，相当于存放资料的仓库。计算机中的全部信息，包括数据、程序、指令以及运算的中间数据和最后的结果都要存放在存储器中。存储器分为内存（又称主存）和外存（又称辅存）两大类。内存是主板上的存储部件，用来存储当前正在执行的数据、程序和结果，内存容量小，存取速度快，但断电后其中的信息全部丢失；外存是磁性介质或光盘等部件，用来存放各种数据文件和程序文件等需要长期保存的信息，外存容量大，存取速度慢，但断电后所保存的内容不会丢失。计算机之所以能够反复执行程序或数据，就是由于有存储器的存在。

2.1.3.1　内存

内存储器按功能又可分为随机存储器（Random Access Memory，RAM）和只读存储器（Read Only Memory，ROM），见表 2-1 所列。

表 2-1　内存的分类和特点

内存	随机存储器	可读可写，掉电消失
	只读存储器	只读不写，掉电不失
	高速缓冲存储器	速度快于内存，容量小于内存

（1）随机存储器

通常所说的计算机内存容量均指 RAM 容量，即计算机的主存。RAM 有两个特点：一是可读/写性，是指对 RAM 既可以进行读操作，又可以进行写操作。读操作时不破坏内存已有的内容，写操作时才改变原来已有的内容。二是易失性，即电源断开（关机或异常断电）时，RAM 中的内容立即丢失，因此微型计算机每次启动时都要对 RAM 进行重新装配。

RAM 又可分为静态随机存储器（Static RAM，SRAM）和动态随机存储器（Dynamic RAM，DRAM）两种。计算机内存条采用的是 DRAM，如图 2-2 所示。DRAM 中"动态"的含义是指每隔一个固定的时间必须对存储信息刷新一次。DRAM 是用电容来存储信息的，由于电容存在漏电现象，存储的信息不可能永远保持不变，为了解决这个问题，需要设计一个额外电路对内存不断地进行刷新。DRAM 的功耗低，集成度高，成本低。SRAM 是用触发器的状态来存储信息的，只要电源正常供电，触发器就能稳定地存储信息，无需刷新，所以 SRAM 的存取速度比 DRAM 快。但 SRAM 具有集成度低、功耗大、价格高的缺陷。

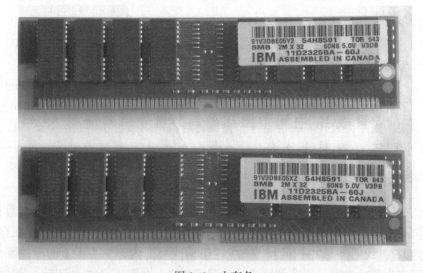

图 2-2　内存条

几种常用 RAM 简介如下：

①同步动态随机存储器（Synchronous Dynamic Random-access Memory，SDRAM）　是目前奔腾计算机系统普遍使用的内存形式，它的刷新周期与系统时钟保持同步，使 RAM 和 CPU 以相同的速度同步工作，减少了数据存取时间。

②双倍速率 SDRAM（Double Data Rate SDRAM，DDRSDRAM）　使用了更多、更先进的同步电路，它的速度是标准 SDRAM 的两倍。

③存储器总线式动态随机存储器（Rambus DRAM，RDRAM）　被广泛地应用于多媒体领域。

（2）只读存储器

CPU 对只读存储器（ROM）只取不存，ROM 里面存放的信息一般由计算机制造厂写入并经固化处理，用户是无法修改的，即使断电，ROM 中的信息也不会丢失。因此，ROM 中一般存放计算机系统管理程序，如监控程序、基本输入/输出系统模块 BIOS 等。

几种常用 ROM 简介如下：

①可编程只读存储器（Programmable ROM，PROM）　可实现对 ROM 的写操作，但只能写一次，其内部有行列式的镕丝，视需要利用电流将其烧断，写入所需信息。

②可擦除可编程只读存储器（Erasable PROM，EPROM）　可实现数据的反复擦写。使用时，利用高电压将信息编程写入，擦除时将线路曝光于紫外线下，即可将信息清空，EPROM 通常在封装外壳上会预留一个石英透明窗以方便曝光。

③电可擦可编程只读存储器（Electrically EPROM，EEPROM）　可实现数据的反复擦写，其使用原理类似 EPROM，只是擦除方式是使用高电场完成，因此不需要透明窗曝光。

（3）高速缓冲存储器

内存包括主存和高速缓存两部分，一般的微型计算机中都配置了高速缓冲存储器（Cache）。高速缓冲存储器主要是为了解决 CPU 和主存速度不匹配，为提高存储器速度而设计的。Cache 一般用 SRAM 存储芯片实现，因为 SRAM 比 DRAM 存取速度快而容量有限。

Cache 产生的理论依据——局部性原理。局部性原理是指计算机程序从时间和空间都表现出"局部性"：

①时间的局部性（Temporal Locality）　最近被访问的内存内容（指令或数据）很快还会被访问。

②空间的局部性（Spatial Locality）　靠近当前正在被访问内存的内存内容很快也会被访问。

内存读写速度制约了 CPU 执行指令的效率，那么如何既能缓解速度间的矛盾又节约成本？可通过设计一款小型存储器即 Cache，使其存取速度接近 CPU，存储容量小于内存，在其中存放 CPU 最经常访问的指令和数据。根据局部性原理，当 CPU 存取某一内存单元时，计算机硬件自动地将包括该单元在内的临近单元内容都调入 Cache，这样当 CPU 存取信息时，可先从 Cache 中进行查找，若有，则将信息直接传送给 CPU；若无，则再从内存中查找，同时把含有该信息的整个数据块从内存复制到 Cache 中。Cache 中内容命中率越高，CPU 执行效率越高。可以采用各种 Cache 替换算法（Cache 内容和内存内容的替换算法）来提高 Cache 命中率。

Cache 按功能通常分为两类：CPU 内部的 Cache 和 CPU 外部的 Cache。CPU 内部的 Cache 称为一级 Cache，它是 CPU 内核的一部分，负责在 CPU 内部的寄存器与外部的 Cache 之间的缓冲；CPU 外部的 Cache 称为二级 Cache，它相对 CPU 是独立的部件，主要用于弥补 CPU 内部 Cache 容量过小的缺陷，负责整个 CPU 与内存之间的缓冲。少数高端存储器还集成了三级 Cache，三级 Cache 是为读取二级缓存中的数据而设计的一种缓存，具有三级缓存的 CPU 中，只有很少的数据从内存中调用，这样大大地提高了 CPU 的效率。

（4）内存储器的性能指标

内存储器的主要性能指标有两个：存储容量和存取速度。

①存储容量 指一个存储器包含的存储单元总数，这一概念反映了存储空间的大小。目前常用的 DDR3 内存条存储容量一般为 2GB 和 4GB，好的主板可以到 8GB，服务器主板可以到 32GB。

②存取速度 一般用存储周期（也称读写周期）来表示。存取周期就是 CPU 从内存储器中存取数据所需的时间（读出或写入），半导体存储器的存取周期一般为 60~100ns。

2.1.3.2 外存

CPU 不能像访问内存那样直接访问外存，当需要某一程序或数据时，应先将其调入内存，然后再运行。但内存容量毕竟有限，这就需要配置另一类存储器——外部存储器（简称外存）。外存可存放大量程序和数据，且断电后数据不会丢失。常见的外部储存器有硬盘、U 盘和光盘等。

（1）硬盘

硬盘（hard disk）是微型计算机上主要的外部存储设备，它是由磁盘片、读写控制电路和驱动机构组成。硬盘具有容量大、存取速度快等优点，操作系统、可运行的程序文件和用户的数据文件一般都保存在硬盘上。

①内部结构 一个硬盘内部包含多个盘片，这些盘片被安装在一个同心轴上，每个盘片有上下两个盘面，每个盘面被划分为磁道和扇区。磁盘的读写物理单位是按扇区进行读写，硬盘的每个盘面有一个读写磁头，所有磁头保持同步工作状态，即在任何时刻所有的磁头都保持在不同盘面的同一磁道。硬盘读写数据时，磁头与磁盘表面始终保持一个很小的间隙，实现非接触式读写，维持这种微小的间隙，靠的不是驱动器的控制电路，而是硬盘高速旋转时带动的气流。由于磁头很轻，硬盘旋转时，气流使磁头漂浮在磁盘表面，硬盘及其内部结构如图 2-3 所示。其主要特点是将盘片、磁头、电机驱动部件乃至读/写电路等做成一个不可随意拆卸的整体并密封起来，所以防尘性能好，可靠性高，对环境要求不高。

②硬盘容量 一个硬盘的容量是由以下几个参数决定的，即磁头数 H（Heads）、柱面数 C（Cylinders）、每个磁道的扇区数 S（Sector）和每个扇区的字节数 B（Bytes）。

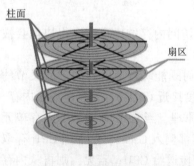

柱面

扇区

图 2-3 硬盘及其内部
结构示意图

将以上几个参数相乘，乘积就是硬盘容量，即：

硬盘总容量=磁头数(H)×柱面数(C)×磁道扇区数(S)×每扇区字节数(B)

③硬盘接口 硬盘与主板的连接部分就是硬盘接口。常见的有高级技术附件(Advanced Technology Attachment，ATA)、串行高级技术附件(Serial ATA，SATA)和小型计算机系统接口(Small Computer System Interface，SCSI)。ATA 和 SATA 接口的硬盘主要应用在个人电脑上，SCSI 接口的硬盘主要应用于中高端服务器和高档工作站中。硬盘接口的性能指标主要是传输率，也就是硬盘支持的外部传输速率。以前常用的 ATA 接口采用传统的 40 引脚并口数据线连接主板和硬盘，外部接口速度最大为 133MB/S，ATA 并口线的抗干扰性太差，且排线占空间，不利于计算机散热，故其逐渐被 SATA 取代。SATA 又称串口硬盘，它采用串行连接方式，传输率为 150MB/S，SATA 总线使用嵌入式时钟信号，具备更强的纠错能力，而且还具有结构简单、支持热插拔等优点。目前最新的 SATA 标准是 SATA3.0，传输率为 6GB/S。SCSI 是一种广泛应用于小型机上的高速数据传输技术，SCSI 接口具有应用范围广、带宽大、CPU 占用率低以及支持热插拔等优点。

④硬盘转速 是硬盘内电机主轴的旋转速度，也就是硬盘盘片在一分钟内所能完成的最大转数。转速快慢是标志硬盘档次的重要参数之一，也是决定硬盘内部传输率的关键因素之一，在很大程度上直接影响硬盘的传输速度，硬盘转速单位为 rpm(revolutions per minute)即转/分钟。

普通硬盘转速一般有 5400rpm 和 7200rpm 两种。其中，7200rpm 高转速硬盘是台式机首选，笔记本则以 4200rpm 和 5400Tm 为主。虽然已经发布了 7200rpm 的笔记本硬盘，但由于噪声和散热等问题，尚未广泛使用。服务器中使用的 SCSI 盘转速大多为 10 000rpm，最快为 15 000rpm，性能远超普通硬盘。

硬盘的容量有 320GB、500GB、750GB、1TB、2TB、3TB 等。目前市场上能买到的硬盘最大容量为 4TB。主流硬盘各参数为 SATA 接口、500GB 容量、7200rpm 转速和 150MB/S 传输率。

(2)闪速存储器(flash)

闪速存储器(Flash)是一种新型非易失性半导体存储器(通常称 U 盘)，如图 2-4 所示。它是 EEPROM 的变种，Flash 与 EEPROM 不同的是，它能以固定区块为单位进行删除和重写，而不是整个芯片擦写。它既继承了 RAM 存储器速度快的优点，又具备了 ROM 的非易失性，即在无电源状态

图 2-4 闪速存储器

仍能保持片内信息，不需要特殊的高电压就可实现片内信息的擦除和重写。

另外，USB 接口支持即插即用。目前的计算机都配有 USB 接口，在 Windows XP 及以上版本的操作系统下，无须驱动程序，通过 USB 接口即插即用，使用非常方便。近几年来，更多小巧、轻便、价格低廉、存储量大的移动存储产品在不断涌现并得到普及。

USB 接口的传输率有：USB1.1 为 12MB/S，USB2.0 为 480MB/S，USB3.0 为 5.0GB/S。

(3)光盘(optical disc)

光盘是以光信息作为存储信息的载体来存储数据的一种物品。光盘通常分为两类，一

类是只读型光盘，另一类是可记录型光盘，包括 CD-R、CD-RW（CD-Rewritable）、DVD-R、DVD+R。DVD+RW 等各种类型。

只读型光盘 CD-ROM 是用一张母盘压制而成，上面的数据只能被读取而不能被写入或修改，记录在母盘上的数据呈螺旋状，由中心向外散开，盘中的信息存储在螺旋形光道中。光道内部排列着一个个蚀刻的"凹坑"，这些"凹坑"和"平地"用来记录二进制 0 和 1。读 CD-ROM 上的数据时，利用激光束扫描光盘，根据激光在小坑上的反射变化得到数字信息。

一次写入型光盘 CD-R 的特点是只能写一次，写完后的数据无法被改写，但可以被多次读取，可用于重要数据的长期保存。在刻录 CD-R 盘片时，使用大功率激光照射 CD-R 盘片的染料层，通过染料层发生的化学变化产生"凹坑"和"平地"两种状态，用来记录二进制 0 和 1。由于这种变化是一次性的，不能恢复，所以 CD-R 只允许写入一次。

可擦写型光盘 CD-RW 的盘片上镀有银、铟、硒或碲材质以形成记录层，这种材质能够呈现出结晶和非结晶两种状态用来表示数字信息 0 和 1。CD-RW 的刻录原理与 CD-R 大致相同，通过激光束的照射，材质可以在结晶和非结晶两种状态之间相互转换，这种晶体材料状态的相互转换，形成了信息的写入和擦除，从而达到可重复擦除的目的。

CD-ROM 的后续产品为 DVD-ROM。DVD 采用波长更短的红色激光、更有效的调制方式和更强的纠错方法，具有更高的密度，并支持双面双层结构。在与 CD 大小相同的盘片上，DVD 可提供相当于普通 CD 片 8~25 倍的存储容量及 9 倍以上的读取速度。

蓝光光盘（Blue-ray Disc，BD）是 DVD 之后的下一代光盘格式之一，用以存储高品质的影音以及高容量的数据存储。蓝光的命名是由于其采用波长为 405nm 的蓝色激光光束来进行读写操作。通常来说，波长越短的激光能够在单位面积上记录或读取的信息越多，因此蓝光极大地提高了光盘的存储容量。

光盘容量：CD 光盘内最大容量大约是 700MB，DVD 光盘单面最大容量为 4.7GB、双面为 8.5GB，蓝光光盘单面单层为 25GB、双面为 50GB。

倍速：衡量光盘驱动器传输速率的指标是倍速。光驱的读取速度以 150KB/s 的单倍速为基准。后来驱动器的传输速率越来越快，就出现了 2 倍速、4 倍速直至现在的 32 倍速、40 倍速甚至更高。

2.1.3.3 层次结构

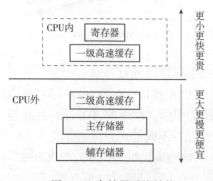

图 2-5 存储器系统结构

上面介绍的各种存储器各有优劣，但都不能同时满足存取速度快、存储容量大和存储价位低的要求。为了解决这三个相互制约的多种存储矛盾，在计算机系统中通常采用多级存储结构，即将速度、容量和价位各不相同的多种存储器按照一定体系结构连接起来，构成存储器系统。若只单独使用一种或孤立使用若干种存储器，会大大影响计算机的性能。如图 2-5 所示，存储器层次结构由上至下，速度越来越慢，容量越来越大，价位越来越低。

现代计算机系统基本都采用 Cache、主存和辅存三级存储系统，该系统分为"Cache—主存"层次和"主存—辅存"层次。前者主要解决 CPU 和主存速度不匹配问题，后者主要解决存储器系统容量问题。在存储系统中，CPU 可以直接访问 Cache 和主存，辅存则通过主存与 CPU 交换信息。

2.1.4　输入设备

输入设备(Input Devices)用来向计算机输入数据和信息，其主要作用是把人们可读的信息(命令、程序、数据、文本、图形、图像、音频和视频等)转换为计算机能识别的二进制代码输入计算机，供计算机处理，是人与计算机系统之间进行信息交换的主要装置之一。例如，用键盘输入信息，敲击键盘上的每个键都能产生相应的电信号，再由电路板转换成相应的二进制代码送入计算机。目前常用的输入设备有键盘鼠标器、摄像头扫描仪、光笔、手写输入板、游戏杆、语音输入装置等，还有脚踏鼠标、手触输入传感，其姿态越来越自然，使用越来越方便。

2.1.4.1　键盘

键盘(key board)是迄今为止最常用最普遍的输入设备，它是人与计算机之间进行联系和对话的工具，主要用于输入字符信息。自 IBM PC 推出以来，键盘有了很大的发展。键盘的种类繁多，目前常见的键盘有 101 键、102 键、104 键、多媒体键盘、手写键盘、人体工程学键盘、红外线遥感键盘、光标跟踪球的多功能键盘和无线键盘等。键盘接口规格有两种：PS/2 和 USB。

传统的键盘是机械式的，通过导线连接到计算机。每个按键为独立的微动开关，每个开关产生一个信号由键盘电路进行编码输入到计算机进行处理。虽然键盘在计算机发展过程中的变化不大，看似平凡，但是它在操作计算机中所扮演的角色是功不可没的，现在不论在外形、接口、内部构造和外形区分上均有不同的新设计。

键盘上的字符分布是根据字符的使用频度确定的。人的十根手指的灵活程度是不一样的，灵话的手指分管使用频率较高的键位，反之，不太灵活的手指分管使用频率较低的键位。将键盘一分为二，左右手分管两边，分别先按在基本键上，键位的指法分布如图 2-6 所示。

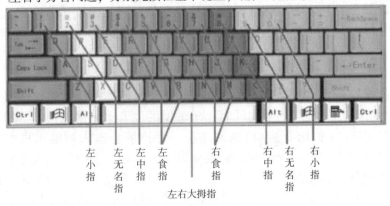

图 2-6　键盘手指分工

2.1.4.2 鼠标器

鼠标器(mouse)简称鼠标，通常有两个按健和一个滚轮，当它在平板上滑动时，屏幕上的鼠标指针也跟着移动，"鼠标器"正是由此得名。它不仅可用于光标定位，还可用来选择菜单、命令和文件，是多窗口环境下必不可少的输入设备。

IBM公司的专利产品TrackPoint是专门使用在IBM笔记本电脑上的点击设备。他在键盘的B键和G键之间安装了一个指点杆，上面套以红色的橡胶帽。它的优点是操作键盘时手指不必离开键盘去操作鼠标，而且减少鼠标器占用桌面上的位置。

常见的鼠标有：光电鼠标、激光鼠标、无线鼠标。

2.1.4.3 其他输入设备

输入设备除了最常用的键盘、鼠标外，现在已有很多种类，而且越来越接近人类的器官，如扫描仪、条形码阅读器、光学字符阅读器、触摸屏、手写笔、语音输入设备(麦克风)和图像输入设备(数码相机、数码摄像机)等都属于输入设备。

(1)图形扫描仪(Scanner)

图形扫描仪是一种图形、图像输入设备，它可以直接将图形、图像、照片或文本输入计算机中。如果是文本文件，扫描后经文字识别软件进行识别，便可保存文字。利用扫描仪输入图片在多媒体计算机中广泛使用，现已进入家庭。扫描仪通常采用USB接口，支持热插拔，使用便利。

(2)条形码阅读器

条形码阅读器是一种能够识别条形码的扫描装置，连接在计算机上使用。当阅读器从左向右扫描条形码时，就把不同宽窄的黑白条纹翻译成相应的编码供计算机使用。许多自选商场和图书馆都用它来帮助管理商品和图书。

(3)光学字符阅读器

光学字符阅读器(OCR)是一种快速字符阅读装置。它用许许多多的光电管排成一个矩阵，当光源照射被扫描的页文件时，文件中空白的白色部分会反射光线，使光电管产生一定的电压，而有字的黑色部分则把光线吸收，光电管不产生电压，这些有、无电压的信息组形成一个图案，并与OCR系统中预先存储的模板匹配，若匹配成功就可确认该图案是何字符。有些机器一次可阅读一整页的文件，称为读页机，有的则一次只能读一行。

(4)触摸屏

触摸屏由安装在显示器屏幕前面的检测部件和触摸屏控制器组成。当手指或其他物体触摸安装在显示器前端的触摸屏时，所触摸的位置由触摸屏控制器检测，并通过接口(RS-232串行口或USB接口)送到主机。触摸屏将输入和输出集中到一个设备上，简化了交互过程。与传统的键盘和鼠标输入方式相比触摸屏输入更直观，配合识别软件，触摸屏还可以实现手写输入，它在公共场所或展示、查询等场合应用比较广泛。缺点：一是价格因素，一个性能较好的触摸屏比一台主机的价格还要昂贵；二是对环境有一定要求，抗干扰的能力受限制；三是由于用户一般使用手指点击，所以显示的分辨率不高。

触摸屏有很多种类，按安装方式可分为外挂式、内置式、整体式、投影仪式；按结构和技术分类可分为红外技术触摸屏、电容技术触摸屏、电阻技术触摸屏、表面声波触摸屏、压感触摸屏、电磁感应触摸屏。

（5）语音或手写笔输入设备

语音或手写笔输入设备使汉字输入变得更为方便、容易，免去了计算机用户学习键盘键汉字输入法的烦恼，语音或手写笔汉字输入设备在经过训练后，系统的语言输入正确率在 90% 以上，但语音或手写笔汉字输入设备的输入速度还有待提高。

（6）光笔

光笔（Light Pen）是专门用来在显示屏幕上作图的输入设备。配合相应的软件和硬件，可以实现在屏幕上作图、改图和图形放大等操作。

（7）图像输入设备

图像输入设备是指将数字处理和摄影、摄像技术结合的数码相机、数码摄像机。能够将所拍摄的照片、视频图像以数字文件的形式传送给计算机，通过专门的处理软件进行编辑、保存、浏览和输出。

2.1.5　输出设备

输出设备（output devices）是把计算结果、数据或信息以数字、字符、图像、声音等形式表示出来。

输出设备的主要功能是将计算机处理后的各种内部格式的信息转换为人们能识别的形式（文字、图形、图像和声音）表达出来。例如，在纸上打印出印刷符号或在屏幕上显示字符、图形等。输出设备是人与计算机交互的部件，除常用的输出设备，如显示器、打印机外，还有绘图仪、影像输出、语音输出、磁记录设备等。

2.1.5.1　显示器

显示器也称监视器，是微型计算机中最重要的输出设备之一，也是人机交互必不可少的设备。显示器用于显示的信息不再是单一的文本和数字，也可显示图形、图像和视频等多种不同类型的信息。

（1）显示器的分类

可用于计算机的显示器有许多种，常用的有阴极射线管显示器（CRT）和液晶显示器（LCD）。CRT 显示器又有球面和纯平之分。纯平显示器大大改善了视觉效果，已取代球面CRT 显示器，成为 PC 的主流显示器。液晶显示器为平板式，体积小、重量轻、功耗少、辐射少，现用于移动 PC 和笔记本电脑及中、高档台式机。

CRT 显示器的扫描方式有两种，即逐行扫描和隔行扫描。逐行扫描指的是获取图像信号或在重现图像时，一行接着一行扫描，其优点是图像细腻、无行间闪烁。隔行扫描指的是先扫描 1、3、5、7 等奇数行信号，后扫描 2、4、6、8 等偶数行信号，存在行间闪烁，隔行扫描的优点是可以用一半的数据量实现较高的刷新率，但采用逐行扫描技术的图像更清晰稳定，相比之下，长时间观看眼睛不易产生疲劳感。

（2）显示器的主要性能

在选择和使用显示器时，应了解显示器的主要特性。

像素（Pixel）与点距（Pitch）：屏幕上图像的分辨率或清晰度取决于能在屏幕上独立显示点的直径，这种独立显示的点称作像素。屏幕上两个像素之间的距离叫点距，点距直接影响显示效果，点距越小，在同一个字符面积下像素数就越多，则显示的字符就越清晰。目前微型计算机常见的点距有 0.31mm、0.28mm、0.25mm 等，点距越小，分辨率就越高，显示器清晰度越高。

分辨率：每帧的线数和每线的点数的乘积即整个屏幕上像素的数目（列×行）就是显示器的分辨率，这个乘积数越大，分辨率就越高，它是衡量显示器的一个常用指标。常用的分辨率是：640×480、1024×768、1280×1024 等，如 640×480 的分辨率是指在水平方向上有 640 个像素，在垂直方向上有 480 个像素。

显示存储器（简称显存）：显存与系统内存一样，显存越大，可以储存的图像数据就越多，支持的分辨率与颜色数也就越高。计算显存容量与分辨率关系的公式如下：所需显存=图形分辨率×色彩精度/8。

每个像素需要 8 位（一个字节），当显示真彩色时，每个像素要用 3 个字节。能达到较高分辨率的显示器的性能较好，显示的图像质量更高。

显示器的尺寸：它以显示屏的对角线长度来度量。目前主流产品的屏幕尺寸以 17 英寸和 19 英寸为主。

（3）显示卡

微型计算机的显示系统由显示器和显示卡组成，如图 2-7 所示。显示卡简称显卡或显示适配器（display adapter）。显示器是通过显示器接口（即显示卡）与主机连接的，所以显示器必须与显示卡匹配，不同类型的显示器要配用不同的显示卡，显示卡主要由显示控制器、显示存储器和接口电路组成。显示卡的作用是在显示驱动程序的控制下，负责接收 CPU 输出的显示数据、按照显示格式进行变换并存储在显存中，再把显存中的数据以显示器所要求的方式输出到显示器。

 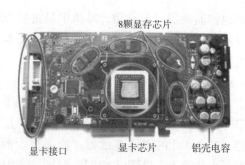

8颗显存芯片

显卡接口　　　　显卡芯片　　　铝壳电容

图 2-7　显示器和显示卡

根据采用的总线标准不同，显示卡有 ISA、VESA、PCI、VGA（Video Graphics Array）兼容卡（SVGA 和 TVGA 是两种较流行的 VGA 兼容卡）、加速图形接口卡（Accelerated Graphics Porter，AGP）和 PCI-Express 等类型，可插在扩展槽上。早期微型计算机中使用的 ISA、VESA 显示卡除了在原机器上使用外，在市场上已经很少能见到了。AGP 在保持了 SVGA 的显示特性的基础上，采用了全新设计的 AGP 高速显示接口，显示性能更加优良，AGP 按传输能力有 AGP2X、AGP4X、AGP8X。目前 PCI-Express 接口的显卡成为替代 AGP 的主流。

2.1.5.2 打印机

打印机是把文字或图形在纸上输出以供阅读和保存的计算机外部设备，是计算机目前最常用的输出设备之一，如图 2-8 所示。

图 2-8　点阵式、喷墨和激光打印机

一般微型计算机使用的打印机有点阵式打印机、喷墨打印机和激光打印机三种。

（1）点阵式打印机

点阵式打印机（dot-matrix printer）是利用打印钢针按字符的点阵打印出字符，每一个字符可由 m 行×n 列的点阵组成，一般字符由 7×8 点阵组成，汉字由 24×24 点阵组成。点阵式打印机常用打印头的针数来命名，如 9 针打印机、24 针打印机等。点阵式打印机主要由打印头、运载打印头、运载打印头的小车机构、色彩机构、输纸机构和控制电路等部分组成，打印头是点阵式打印机的核心部分，其中 24 针打印机可以打印出质量较高的汉字，是使用较多的点阵式打印机。

点阵式打印机在脉冲电流信号的控制下，由打印针击打的针点形成字符或汉字的点阵，这类打印机最大的优点是耗材（包括色带和打印纸）便宜，缺点是依靠机械动作实现印字，打印速度慢、噪声大、打印质量差、字符的轮廓不光滑、有锯齿形。

（2）喷墨打印机

喷墨打印机属于非击打式打印机，其工作原理是，喷嘴朝着打印纸不断喷出极细小的带电的墨水雾点，当它们穿过两个带电的偏转板时接受控制，然后落在打印纸的指定位置上，形成正确的字符，无机械击打动作。喷墨打印机的优点是设备价格低廉、打印质量高于点阵式打印机、能彩色打印、无噪声；缺点是打印速度慢、耗材（墨盒）贵。

（3）激光打印机

激光打印机属于非击打式打印机，其工作原理与复印机相似，涉及光学、电磁、化学等。简单地说，它将来自计算机的数据转换成光，射向一个充有正电的旋转的鼓上，鼓上被照射的部分便带上负电，并能吸引带色粉末，鼓与纸接触，再把粉末印在纸上，接着在一定压力和温度的作用下熔固在纸的表面。激光打印机的优点是无噪声、打印速度快、打印质量最好，常用来打印正式公文及图表；缺点是设备价格高、耗材贵，打印成本是三种打印机中最高的。

2.1.5.3 其他输出设备

在微型计算机上使用的其他输出设备有绘图仪、音频输出设备、视频投影仪等。

绘图仪有平板绘图仪和滚动绘图仪两类，通常采用"增量法"在 x 和 y 方向产生位移来绘制图形。视频投影仪是微型计算机输出视频的重要设备，目前有 CRT 和 LCD 投影仪。LCD 投影仪具有体积小、重量轻、价格低且色彩丰富的特点。

2.1.5.4 其他输入/输出设备

目前，还有不少设备同时集成了输入/输出两种功能，如调制解调器(modem)，它是数字信号和模拟信号之间的桥梁。一台调制解调器能将计算机的数字信号转换成模拟信号，通过电话线传送到另一台调制解调器上，经过解调，再将模拟信号转换成数字信号送入计算机，实现两台计算机之间的数据通信。又如光盘刻录机可作为输入设备，将光盘上的数据读入到计算机内存，也可作为输出设备将数据刻录到 CD-R 或 CD-RW 光盘中。

总之，计算机的输入/输出系统实际上包含输入/输出设备和输入/输出接口两部分。输入/输出设备简称 I/O 设备，也称外部设备，是计算机系统不可缺少的组成部分，是计算机与外部世界进行信息交换的中介，是人与计算机联系的桥梁。

2.1.6 计算机的结构

计算机硬件系统的五大部件并不是孤立存在的，它们在处理信息的过程中需要相互连接和传输。计算机的结构反映了计算机各个组成部件之间的连接方式。

2.1.6.1 直接连接

最早的计算机基本上采用直接连接的方式，运算器、存储器、控制器和外部设备等组成部件相互之间基本上都有单独的连接线路，这样的结构可以获得最高的连接速度但不易扩展，如由冯·诺依曼在 1952 年研制的计算机 IAS 基本上就采用了直接连接的结构。

IAS 是计算机发展史上最重要的发明之一，它是世界上第一台采用二进制的存储程序计算机，也是第一台将计算机分成运算器、控制器、存储器输入设备和输出设备等组成部分的计算机，后来把符合这种设计的计算机称为冯·诺依曼机。IAS 是现代计算机的原型，大多数现代计算机仍采用这样的设计。

2.1.6.2 总线结构

现代计算机普遍采用总线结构。所谓总线(bus)就是系统部件之间传送信息的公共通道，各部件由总线连接并通过它传递数据和控制信号。总线经常被比喻为"高速公路"，它包含了运算器、控制器、存储器和 I/O 部件之间进行信息交换和控制传递所需要的全部信号。按照传输信号的性质划分，总线一般又分为如下 3 类：

（1）数据总线

数据总线是一组用来在存储器、运算器控制器和I/O部件之间传输数据信号的公共通路。一方面是用于CPU向主存储器和I/O接口传送数据；另一方面是用于主存储器和I/O接口向CPU传送数据，它是双向的总线。数据总线的位数是计算机的一个重要指标，它体现了传输数据的能力，通常与CPU的位数相对应。

（2）地址总线

地址总线是CPU向主存储器和I/O接口传送地址信息的公共通路。地址总线传送地址信息，地址是识别信息存放位置的编号，地址信息可能是存储器的地址，也可能是I/O接口的地址，它是自CPU向外传输的单向总线。由于地址总线传输地址信息，所以地址总线的位数决定了CPU可以直接寻址的内存范围。

（3）控制总线

控制总线是一组用来在存储器、运算器、控制器和I/O部件之间传输控制信号的公共通路。控制总线是CPU向主存储器和I/O接口发出命令信号的通道，又是外界向CPU传送状态信息的通道。

总线在发展过程中已标准化，常见的总线标准有ISA总线、PCI总线、AGP总线和EISA总线等，分别简要介绍如下：

①ISA是采用16位的总线结构，适用范围广，有一些接口卡就是根据ISA标准生产的。

②PCI是采用32位的高性能总线结构，可扩展到64位，与ISA总线兼容。目前，高性能微型计算机主板上都设有PCI总线，该总线标准性能先进、成本较低、可扩充性好，现已成为奔腾级以上计算机普遍采用的外设接插总线。

③AGP总线是随着三维图形的应用面发展起来的一种总线标准，AGP总线在图形显示卡与内存之间提供了一条直接的访问途径。

④EISA总线是对ISA总线的扩展。

总线结构是当今计算机普遍采用的结构，其特点是结构简单清晰、易于扩展，尤其是在I/O接口的扩展能力方面，由于采用了总线结构和I/O接口标准，用户几乎可以随心所欲地在计算机中加入新的I/O接口卡。

为什么外设一定要通过设备接口与CPU相连，而不是如同内存那样直接挂在总线上呢？主要有以下几点原因：

①由于CPU只能处理数字信号，而外设的输入/输出信号有数字的，也有模拟的，所以需要由接口设备进行转换。

②由于CPU只能接收/发送并行数据，而外设的数据有些是并行的，有些是串行的，所以存在串/并信息转换的问题，这也需要接口来实现。

③外设的工作速度远低于CPU，需要接口在CPU和外设之间起到缓冲和联络作用。外设的工作速度大多是机械级的，而不是电子级的。

所以，每个外设都要通过接口与主机系统相连，接口技术就是专门研究CPU与外部设备之间的数据传递方式的技术。

2.1.6.3 主板

主板(main board)是配置计算机时的主要硬件之一。主板上配有插 CPU、内存条、显示卡、声卡、网卡、鼠标器和键盘等的各类扩展槽或接口，而光盘驱动器和硬盘驱动器则通过电缆与主板相连。主板的主要指标是：所用芯片组工作的稳定性和速度、提供插槽的种类和数量等。

在计算机维修中，人们把 CPU、主板、内存、显卡以及电源所组成的系统叫最小化系统。在检修中，经常用到最小化系统，一台计算机性能的好坏就是由最小化系统加上硬盘所决定的，最小化系统工作正常后，就可以在显示器上看到一些提示信息，并对后面的工作进行操作。

主要操作步骤扫描二维码，观看视频学习。

2.2 计算机的软件系统

软件系统是为运行管理和维护计算机而编制的各种程序、数据和文档的总称。软件系统如图 2-9 所示。

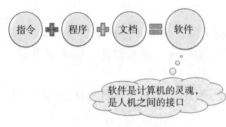

图 2-9 软件的构成

计算机系统由硬件(hardware)系统和软件(software)系统组成。硬件系统也称为裸机，裸机只能识别由 0 和 1 组成的机器代码，没有软件系统的计算机是无法工作的，它只是一台机器而已。实际上用户所面对的是经过若干层软件"包装"的计算机，计算机的功能不仅仅取决于硬件系统，在更大程度上是由所安装的软件系统决定的，硬件系统和软件系统互相依赖，不可分割。图 2-10 标识了计算机硬件、软件之间的关系，它们是种层次结构。其中硬件处于内层，应用软件在最外层，而软件则在硬件与用户之间，用户通过软件使用计算机的硬件。

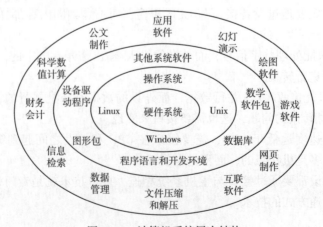

图 2-10 计算机系统层次结构

2.2.1　软件概念

软件(software)是一系列按照特定顺序组织的计算机数据和指令的集合,一般来讲软件被划分为系统软件、应用软件和介于这两者之间的中间件。软件并不只是包括可以在计算机(这里的计算机是指广义的计算机)上运行的电脑程序,与这些电脑程序相关的文档一般也被认为是软件的一部分。简单地说,软件就是程序加文档的集合体,另外也泛指社会结构中的管理系统、思想意识形态、思想政治觉悟、法律法规等。

软件是计算机的灵魂,没有软件的计算机毫无用处。软件是用户与硬件之间的接口,用户通过软件使用计算机硬件资源。

2.2.1.1　程序

程序是按照一定顺序执行的、能够完成某项任务的指令集合。计算机的运行要有时有序、按部就班,这就需要程序控制计算机的工作流程,实现一定的逻辑功能,完成特定的设计任务。Pascal 之父、结构化程序设计的先驱 Niklaus Wirth 对程序有更深层的剖析,他认为"程序=算法+数据结构"。其中,算法是解决问题的方法,数据结构是数据的组织形式。人在解决问题时,一般分为分析问题、设计方法和求出结果 3 个步骤,相应地,计算机解题也要完成模型抽象、算法分析和程序编写 3 个过程,不同的是计算机所研究的对象仅限于它能识别和处理的数据。因此,算法和数据的结构直接影响计算机解决问题的正确性和高效性。

2.2.1.2　程序设计语言

在日常生活中,人与人之间交流思想一般是通过语言进行的,人类所使用的语言一般称为自然语言,自然语言由字、词、句、段、篇等构成。而人与计算机之间的"沟通",或者说人们让计算机完成某项任务,也需用一种语言,这就是计算机语言,也称为程序设计语言。它由单词、语句、函数和程序文件等组成,是软件的基础和组成部分。随着计算机技术的不断发展,计算机所使用的"语言"也在快速地发展,并形成了体系。

(1)机器语言

在计算机中,指挥计算机完成某个基本操作的命令称为指令。所有指令的集合称为指令系统,直接用二进制代码表示指令系统的语言称为机器语言。

机器语言是唯一能被计算机硬件系统理解和执行的语言,因此,它的处理效率最高,执行速度最快,且无需"翻译"。但机器语言的编写、调试、修改、移植和维护都非常烦琐,程序员要记忆几百条二进制指令,这限制了计算机软件的发展。

(2)汇编语言

为了克服机器语言的缺点,人们想到直接使用英文单词或缩写代替晦涩难懂的二进制代码进行编程,从而出现了汇编语言。

汇编语言是一种把机器语言"符号化"的语言,它和机器语言的实质相同,都直接对硬件操作,但汇编语言使用助记符描述程序,例如,ADD 表示加法指令,MOV 表示传送指令等。汇编语言指令和机器语言指令基本是一一对应的。

相对机器语言，汇编语言更容易掌握。但计算机无法自动识别和执行汇编语言，必须进行编译，即使用语言处理软件将汇编语言编译成机器语言(目标程序)，再链接成可执行程序在计算机中执行。

(3)高级语言

汇编语言虽然比机器语言前进了一步，但使用起来仍然很不方便，编程仍然是一项极其烦琐的工作，而且汇编语言的通用性差，人们在继续寻找更加方便的编程语言，于是出现了高级语言。

高级语言是最接近人类自然语言和数学公式的程序设计语言，它基本脱离了硬件系统，如 Pascal 语言中采用"Write"和"Read"表示写入和读出操作，采用"+""－""×""÷"表示加、减、乘、除。目前常用的高级语言有 C++、C、Java、Visual Basic、Python 等。

很显然，用高级语言编写的源程序在计算机中是不能直接执行的，必须翻译成机器语言程序，通常有两种翻译方式：编译方式和解释方式。

编译方式是将高级语言源程序整个编译成目标程序，然后通过链接程序将目标程序链接成可执行程序的方式。将高级语言源程序翻译成目标程序的软件为编译程序，这种翻译过程称为编译。编译过程经过词法分析、语法分析、语义分析、中间代码生成、代码优化、目标代码生成 6 个环节，才能生成对应的目标程序，目标程序还不能直接执行，还需经过链接和定位生成可执行程序后才能执行。

解释方式是将源程序逐句翻译、逐句执行的方式，解释过程不产生目标程序，基本上是翻译一行执行一行，边翻译边执行。如果在解释过程中发现错误就给出错误信息，并停止解释和执行，如果没有错误就解释执行到最后。常见的解释型语言有 Basic 语言。

无论是编译程序还是解释程序，其作用都是将高级语言编写的源程序翻译成计算机可以识别和执行的机器指令。它们的区别在于：编译方式是将源程序经编译、链接得到可执行程序文件后，就可脱离源程序和编译程序而单独执行，所以编译方式的效率高，执行速度快；而解释方式在执行时，源程序和解释程序必须同时参与才能运行，由于不产生目标文件和可执行程序文件，解释方式的效率相对较低，执行速度慢。

2.2.2　软件系统及其组成

计算机软件分为系统软件(system software)和应用软件(application software)两大类，如图 2-11 所示。

2.2.2.1　系统软件

系统软件是指控制和协调计算机及外部设备，支持应用软件开发和运行的软件。系统软件的主要功能是调度监控和维护计算机系统，负责管理计算机系统中的各独立硬件，使得它们协同工作。系统软件使得底层硬件对计算机用户是透明的，用户在使用计算机时无需了解硬件的运行过程。

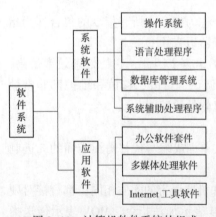

图 2-11　计算机软件系统的组成

系统软件主要包括操作系统(Operating System，OS)、语言处理系统、数据库管理系统和系统辅助处理程序等。其中最主要的是操作系统，它提供了一个软件运行的环境，如在微型计算机中使用最为广泛的微软公司的 Windows 系统。操作系统处在计算机系统中的核心位置，它可以直接支持用户使用计算机硬件，也支持用户通过应用软件使用计算机，如果用户需要使用系统软件，如语言处理系统和工具软件，也要通过操作系统提供支持。

系统软件是软件的基础，所有应用软件都是在操作系统上运行的。系统软件主要分为以下几类：

(1)操作系统

软件系统中最重要且最基本的是操作系统，它是最底层的软件。它控制计算机上运行的程序并管理整个计算机的软硬件资源，是计算机裸机与应用程序及用户之间的桥梁，没有它用户无法使用其他软件或程序。常用的操作系统有 Windows、Linux、DOS、Unix、MacOS 等。操作系统作为掌控一切的控制和管理中心，其自身必须是稳定和安全的，即操作系统自己不能出现故障，要确保自身的正常运行，还要防止非法操作和入侵。

(2)语言处理系统

语言处理系统是系统软件的另一大类型，早期的第一代和第二代计算机所使用的编程语言一般是由计算机硬件厂家随机器配置的。随着编程语言发展到高级语言，IBM 公司宣布不再捆绑语言软件，因此语言系统就开始成为用户可选择的一种产品化的软件，它也是最早开始商品化和系统化的软件。

(3)数据库管理系统

数据库(database)管理系统是应用最广泛的软件，用于建立、使用和维护数据库，把各种不同性质的数据进行组织，以便能够有效地进行查询、检索并管理这些数据，这是运用数据库的主要目的。各种信息系统，包括从一个提供图书查询的书店销售软件，到银行、保险公司这样的大企业的信息系统，都需要使用数据库。需要说明的是，有观点认为数据库属于系统软件，尤其是在数据库中起关键作用的数据库管理系统(DBMS)属于系统软件；也有观点认为，数据库是构成应用系统的基础，它应当被归类到应用软件中，其实这种分类并没有实质性的意义。

(4)系统辅助处理程序

系统辅助处理程序主要是指一些为计算机系统提供服务的工具软件和支撑软件，如编辑程序、调试程序、系统诊断程序等，这些程序主要是为了维护计算机系统的正常运行，方便用户在软件开发和实施过程中的应用，如 Windows 中的磁盘整理工具程序等，还有一些著名的工具软件如 Norton Utility，它集成了对计算机维护的各种工具程序。实际上，Windows 和其他操作系统都有附加的实用工具程序，因而随着操作系统功能的延伸，已很难严格划分系统软件和系统服务软件，系统软件的分类方法也在变化之中。

2.2.2.2 应用软件

应用软件是用户可以使用的各种程序设计语言，以及用各种程序设计语言编制的应用程序的集合，分为软件包和用户程序。应用软件包是利用计算机解决某类问题而设计的程序的集合，供多用户使用。

计算机软件中，应用软件种类最多，它们包括从一般的文字处理到大型的科学计算和各种控制系统的实现，有成千上万种，这类为解决特定问题而与计算机本身关联不多的软件统称为应用软件。常用的应用软件有：

（1）办公软件套件

办公软件是日常办公需要的一些软件，它一般包括文字处理软件、电子表格处理软件、演示文稿制作软件、个人数据库及信息管理软件等。常见的办公软件套件有微软公司的 Microsoft Office 和金山公司的 WPS 等。

（2）多媒体处理软件

多媒体技术已经成为计算机技术的一个重要方面，因此多媒体处理软件是应用软件领域中一个重要的分支，多媒体处理软件主要包括图形处理软件、图像处理软件、动画制作软件、音频视频处理软件、桌面排版软件等，如 Adobe 公司的 Illustrator、Photoshop、Flash、Premiere、Page-Maker、Lead Systems 公司的绘声绘影、Quark 公司的 Quark-press 等。

（3）Internet 工具软件

随着计算机网络技术的发展和 Internet 的普及，涌现出了许许多多基于Internet 环境的应用软件，如 Web 服务器软件、Web 浏览器、文件传送工具FTP、远程访问工具 Telnet、下载工具 Flash-Get 等。

主要操作步骤扫描二维码，观看视频学习。

2.3 操作系统

很多人认为将程序输入计算机中运行并得出结果是一个很简单的过程，其实整个执行情况错综复杂，影响因素较多，比如如何确保程序运行正确，如何保证程序性能最优，如何控制程序执行的全过程等，这其中操作系统起到了关键性的作用。

2.3.1 操作系统的概念

操作系统是介于硬件和应用软件之间的一个系统软件，它直接运行在裸机上，是对计算机硬件系统的第一次扩充，操作系统负责管理计算机中各种软硬件资源并控制各类软件运行，操作系统是人与计算机之间通信的桥梁，为用户提供了一个清晰、简洁、友好、易用的工作界面。用户通过使用操作系统提供的命令和交互功能实现对计算机的操作。

操作系统中的重要概念有进程、线程、内核态和用户态。

2.3.1.1 进程

进程（process）是操作系统中的一个核心概念。进程，顾名思义，是指进行中的程序，即：进程=程序+执行。

进程是程序的一次执行过程，是系统进行调度和资源分配的一个独立单位。或者说，进程是一个程序与其数据一同在计算机上顺利执行时所发生的活动，简单地说，就是一个正在执行的程序。一个程序被加载到内存，系统就创建了一个进程，程序执行结束后，该进程也就消亡了。进程和程序的关系犹如演出和剧本的关系。其中，进程是动态的，而程序是静态的；进程有一定的生命期，而程序可以长期保存；一个程序可以对应多个进程，而一个进程只能对应一个程序。

为什么要使用进程？在冯·诺伊曼体系结构中，程序常驻外存，当执行时才被加载到内存中。为了提高 CPU 的利用率，控制程序在内存中的执行过程，便引入了"进程"的概念。

在 Windows、Unix、Linux 等操作系统中，用户可以查看到当前正在执行的进程。有时"进程"又称"任务"，例如，图 2-12 所示是 Windows 10 的任务管理器，可按 Ctrl+Alt+Del 键启动。从图中可以看到共有 86 个进程正在运行，利用任务管理器可以快速查看进程信息或者强行终止某个进程。当然，结束一个应用程序的最好方式是在应用程序的界面中正常退出，而不是在进程管理器中删除一个进程，除非应用程序出现异常而不能正常退出时才这样做。

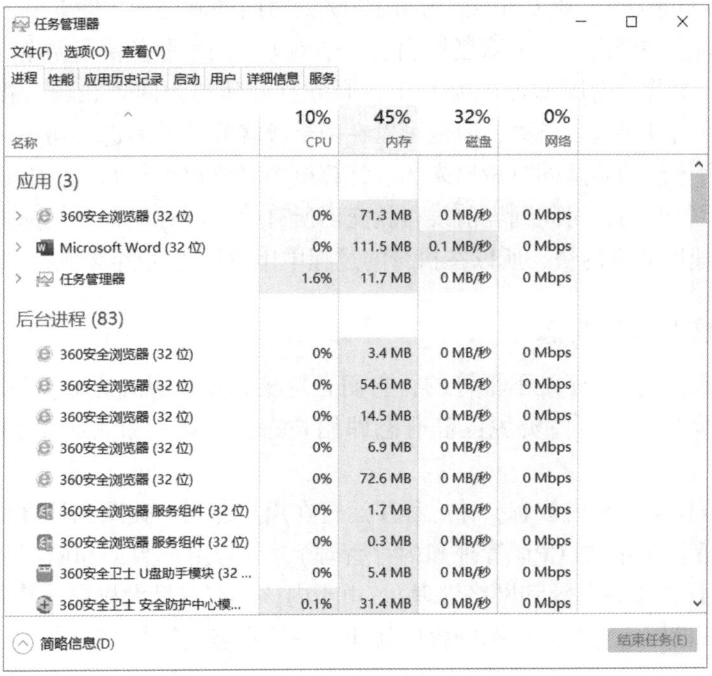

图 2-12　Windows 任务管理器

现代操作系统把进程管理归纳为："程序"成为"作业"进而成为"进程"，并按照一定规则进行调度。

程序是为了完成特定的任务而编制的代码，被存放在外存（硬盘或其他存储设备）上，根据用户使用计算机的需要，它可能会成为一个作业，也可能不会成为一个作业。

作业是程序被选中到运行结束并再次成为程序的整个过程。显然，所有作业都是程序，但不是所有程序都是作业。

进程是正在内存中被运行的程序，当一个作业被选中后进入内存运行，这个作业就成为进程。等待运行的作业不是进程。即所有的进程都是作业但不是所有的作业都是进程。

2.3.1.2 线程

随着硬件和软件技术的发展，为了更好地实现并发处理和共享资源，提高 CPU 的利用率，目前许多操作系统把进程再"细分"成线程(Threads)，这并不是一个新的概念，实际上它是进程概念的延伸。线程是进程的一个实体，是 CPU 调度和分限的基本单位，它是比进程更小的能独立运行的基本单位。线程基本不拥有系统资源，只拥有在运行中必不可少的资源(如程序计数器、一组寄存器和栈)，但是它可与同属一个进程的其他线程共享进程所拥有的全部资源。一个线程可以创建和撤销另一个线程，同一个进程中的多个线程可以并发执行。

使用线程可以更好地实现并发处理和共享资源，提高 CPU 的利用率。CPU 是以时间片轮询的方式为进程分配处理时间的。如果 CPU 有 10 个时间片，需要处理 2 个进程，则 CPU 利用率为 20%。为了提高运行效率，现将每个进程又细分为若干个线程(如当前每个线程都要完成 3 件事情)，则 CPU 会分别用 20%的时间同时处理 3 件事情，从而 CPU 的使用率达到了 60%。举例说明，一家餐厅拥有一个厨师、两个服务员和两个顾客，每个顾客点了三道不同的菜肴，则厨师可视为 CPU，服务员可理解为两个线程，餐厅即为一个程序，厨师同一时刻只能做一道菜，但他可以在两个顾客的菜肴间进行切换，使得两顾客都有菜吃而误认为他们的菜是同时做出来的。计算机的多线程也是如此，CPU 会分配给每一个线程极少的运行时间，时间到当前线程就交出所有权，所有线程被快速地切换执行，因为 CPU 的执行速度非常的快，所以在执行的过程中用户认为这些线程是"并发"执行的。

2.3.1.3 内核态和用户态

计算机世界中的各程序是不平等的，它们有特权态和普通态之分。特权态即内核态，拥有计算机中所有的软硬件资源；普通态即用户态，其访问资源的数量和权限均受到限制。

究竟什么程序运行在内核态，什么程序运行在用户态呢？关系到计算机根本运行的程序应该在内核态下执行(如 CPU 管理和内存管理)，只与用户数据和应用相关的程序则放在用户态中执行(如文件系统和网络管理)。由于内核态享有最大权限，其安全性和可靠性尤为重要，一般能够运行在用户态的程序就让它在用户态中执行。

2.3.2 操作系统的功能

操作系统可以控制所有计算机上运行的程序并管理所有计算机资源，是最底层的软件，它如魔术师一样可以奇迹般地将慢的速度变快，将少的内存变多，将复杂的处理变简单。例如，在裸机上直接使用机器语言编程是相当的困难的，各种数据转移均需要用户自己控制，对不同设备还要使用不同命令来驱动，一般用户很难胜任。操作系统将人类从繁重复杂的工作中解脱出来，让用户感觉使用计算机是一件容易的事情。

操作系统掌控着计算机中一切软硬件资源。那么，哪些资源受操作系统管理？操作系统又将如何管理这些资源？

首先，操作系统管理的硬件资源有 CPU、内存、外存和输入/输出设备。操作系统管理的软件资源为文件，操作系统管理的核心就是资源管理，如何有效地发掘资源、监控资源、分配资源和回收资源。操作系统设计和进化的根本就是采用各种机制、策略和手段极力提高对资源的共享，解决资源竞争。

另外，操作系统要掌控一切资源，其自身必须是稳定和安全的，即操作系统自己不能出现故障，确保自身的正常运行，并防止非法操作和入侵。

一台计算机可以安装几个操作系统，但在启动计算机时，需要选择其中的一个作为"活动"的操作系统，这种配置叫作"多引导"。有一点需要注意，应用软件和其他系统软件都与操作系统密切相关，一台计算机的软件系统严格意义上是"基于操作系统"的。也就是说，任何一个需要在计算机上运行的软件都需要合适的操作系统支持。因此人们把软件基于的操作系统作为一个"环境"，不同的操作系统环境下的各种软件有不同的要求，并不是任何软件都可以随意地在计算机上被执行。如 Microsoft Office 软件是 Windows 环境下的办公软件，它并不能运行于其他操作系统环境。

2.3.3　操作系统的发展

操作系统的发展是由"硬件成本不断下降"和"计算机功能和复杂性不断增加"两个因素驱动的。计算机产生之初是没有操作系统的，机器的整个执行过程完全由人来掌控，即单一控制终端、单一操作员模式。但是随着计算机越来越复杂、功能越来越多，人已经没有能力来直接掌控计算机，于是，人们编写操作系统来代替人掌控计算机，将人从日益复杂繁重的任务中解脱出来。

操作系统的发展大致经历了如下 6 个阶段：

第一阶段：人工操作方式（20 世纪 40 年代）

从第一台计算机诞生到 50 年代中期的计算机采用单一操作员、单一控制端（Single Opera-tor、Single Console，SOSC）的操作系统。SOSC 操作系统不能自我运行，它完全是由用户采用人工操作方式直接使用计算机硬件系统的。第一代计算机在运行时，用户独占全机且 CPU 等待人工操作，因此效率极低。

第二阶段：单道批处理操作系统（20 世纪 50 年代）

SOSC 之所以效率低，是因为机器和人速度不匹配，CPU 永远都在等待人的命令。如果将每个人需要运行的作业事先输入到磁带上，交给专人统一处理，并由专门的监督程序控制作业一个接一个地执行，则可以减少 CPU 的空闲时间，这就是批处理操作系统。这个时代的计算机内存中只能存放一道作业，所以称为单道批处理操作系统。在这一时期，出现了文件的概念，因为多个作业都存放在磁带上，必须要以某种方式进行隔离，这就抽象出一个区分不同作业的概念即文件。

第三阶段：多道批处理操作系统（20 世纪 60 年代）

单道批处理操作系统中 CPU 和输入/输出设备是串行执行的，CPU 和 I/O 设备的速度不匹配导致 CPU 一直等待 I/O 读写结束否则无法做其他工作。是否能让 CPU 和 I/O 并发执行呢？即当 I/O 读写一个程序时，CPU 可以正常执行另一个程序，这就需要将多个程序同时加载到计算机内存中，从而出现了多道批处理操作系统。在多道批处理操作系统中，操作系统能够实现多个程序之间的切换，它既要管理程序，又要管理内存，还要管理 CPU

调度，复杂程度迅速增加。

第四阶段：分时操作系统(20世纪70年代)

在批处理系统中，用户编写的程序只能交给别人运行和处理，执行结果也只能靠别人告知，这种对程序脱离监管的状态让用户无法接受。能否既让使用者亲自控制计算机，又能同时运行多道程序？这就是分时操作系统。计算机给每个用户分配有限的时间，只要时间片一到，就强行将CPU的使用权交给另一个程序。分时操作系统将机器等人转变为人等机器，如果时间片划分合理，用户就感觉好像自己在独占计算机，而实质上则是由操作系统以时间轮转的方式协调多个用户分享CPU。

分时操作系统最需要解决的难题是如何公平地分配和管理资源，这一时期的计算机系统需要面对竞争、通信、死锁、保护等一系列新功能，使得操作系统变得非常复杂。

第五阶段：实时操作系统(20世纪70年代)

随着信息技术的发展，计算机被广泛应用到工业控制领域，该领域的一个特殊要求就是计算机对各种操作必须在规定时间内作出响应，否则有可能导致不可预料的后果，为了满足这些应用对响应时间的要求，出现了实时操作系统。实时操作系统是指所有任务都在规定时间内完成的操作系统，需要注意，这里的"实时"并不表示反应速度快，而是表明反应要满足时序可预测性的要求。实时操作系统又分为软实时系统和硬实时系统，这里的软、硬特指对时间约束的严格程度。软实时系统在规定时间内得不到响应的后果是可以承受的，它的时限是一个柔性灵活的时限，失败造成的后果并不严重，如在网络中超时失败仅仅是轻微地降低了系统的吞吐量；硬实时系统有一个刚性的、不可改变的时间限制，超时失败会带来不可承受的灾难，如导弹防御系统。

实时操作系统中最重要的任务是进程或工作调度，只有精确、合理和及时的进度才能保证响应时间。另外，实时操作系统对可靠性和可用性要求也非常高。

第六阶段：现代操作系统(20世纪80年代至今)

网络的出现，触发了网络操作系统和分布式操作系统的产生，两者合称为分布式系统。分布式系统的目的是将多台计算机虚拟成一台计算机，将一个复杂任务划分成若干个简单的子任务，分别让多台计算机并行执行。网络操作系统和分布式操作系统的区别在于前者是在已有操作系统基础上增加网络功能，后者是从设计之初就考虑到多机共存问题。

2.3.4 操作系统的种类

操作系统的种类繁多，依其功能和特性可分为批处理操作系统、分时操作系统和实时操作系统等；依其同时管理用户数的多少分为单用户操作系统和多用户操作系统；依其有无管理网络环境的能力可分为网络操作系统和非网络操作系统。通常操作系统有以下5类。

2.3.4.1 单用户操作系统(Single User Operating System)

单用户操作系统的主要特征是计算机系统内一次只能支持运行一个用户程序，这类系统的最大缺点是计算机系统的资源不能充分被利用。微型计算机的DOS、Windows操作系统属于这类系统。

2.3.4.2　批处理操作系统(Batch Processing Operating System)

批处理操作系统是20世纪70年代运行于大、中型计算机上的操作系统，当时由于单用户、单任务操作系统的CPU使用效率低，I/O设备资源未被充分利用，因而产生了多道批处理系统。多道是指多个程序或多个作业(multi-programs or multi-jobs)同时存在和运行，故也称为多任务操作系统。IBM的DOS/VSE就属于这类系统。

2.3.4.3　分时操作系统(Time-Sharing Operating System)

分时操作系统是一种具有如下特征的操作系统：在一台计算机周围挂上若干台近程或远程终端，每个用户可以在各自的终端上以交互的方式控制作业运行。

在分时操作系统管理下，虽然各用户使用的是同一台计算机，但却能给用户一种"独占计算机"的感觉。实际上是分时操作系统将CPU时间资源划分成极短的时间片(毫秒量级)，轮流分给每个终端用户使用，当一个用户的时间片用完后，CPU就转给另一个用户，前一个用户只能等待下一次轮到。由于人的思考、反应和键入的速度通常比CPU的速度慢得多，所以只要同时上机的用户不超过一定数量，就不会有延迟的感觉，好像每个用户都独占着计算机。分时操作系统的优点是：第一，经济实惠，可充分利用计算机资源；第二，由于采用交互会话方式控制作业，用户可以坐在终端前边思考、边调整、边修改，从而大大缩短了解题周期；第三，分时操作系统的多个用户间可以通过文件系统彼此交流数据和共享各种文件，在各自的终端上协同完成共同任务。分时操作系统是多用户多任务操作系统，Unix是国际上最流行的分时操作系统，此外，Unix具有网络通信与网络服务的功能，也是广泛使用的网络操作系统。

2.3.4.4　实时操作系统(Real-Time Operating System)

在某些应用领域，要求计算机对数据能进行迅速处理。例如，在自动驾驶仪控制下飞行的飞机、导弹的自动控制系统中，计算机必须对测量系统测得的数据及时、快速地进行处理和反应，以便达到控制的目的，否则就会失去战机。这种有响应时间要求的快速处理过程叫做实时处理过程，当然，响应的时间要求可长可短，可以是秒、毫秒或微秒级的。对于这类实时处理过程，批处理操作系统或分时操作系统均无能为力，因此产生了另一类操作系统——实时操作系统。配置实时操作系统的计算机系统称为实时系统，实时系统按其使用方式可分成两类：一类是广泛用于钢铁、炼油、化工生产过程控制，武器制导等各个领域中的实时控制系统；另一类是广泛用于自动订购飞机票、火车票系统，情报检索系统，银行业务系统，超级市场销售系统中的实时数据处理系统。

2.3.4.5　网络操作系统(Network Operating System)

网络是将物理上分布(分散)的独立的多个计算机系统互联起来，通过网络协议在不同的计算机之间实现信息交换、资源共享。

通过网络，用户可以突破地理条件的限制，方便地使用远程的计算机资源，提供网络通信和网络资源共享功能的操作系统称为网络操作系统。

2.3.5　典型操作系统

典型操作系统主要包括 Windows、Linux、DOS 和 VxWorks 等。下面按照功能特征将操作系统分为四大类。

2.3.5.1　服务器操作系统

服务器操作系统是指安装在大型计算机上的操作系统，如 Web 服务器、应用服务器和数据库服务器等。服务器操作系统主要分为四大流派：Windows、Unix、Linux、NetWare。

Windows 是由美国微软公司开发的基于图形用户界面的操作系统，因其友好的用户界面、简便的操作方法，吸引着成千上万的用户，成为目前装机普及率最高的一种操作系统，最新的版本是 Windows10。

Unix 是美国 AT&T 公司 1971 年在 PDP-11 上运行的操作系统，它具有多用户、多任务的特点，支持多种处理器架构。最初的 Unix 是用汇编语言编写的，后来又用 C 语言进行了重写，使得 Unix 的代码更加简洁紧凑，并且易移植、易阅读、易修改，为 Unix 的发展奠定了坚实基础。但 Unix 缺乏统一的标准，且操作复杂、不易掌握，可扩充性不强，这些都限制了 Unix 的普及和应用。

Linux 是一种开放源码的类 Unix 操作系统，用户可以通过 Internet 免费获取 Linux 源代码，并对其进行分析、修改和添加新功能。Linux 是一个领先的操作系统，世界上运算速度最快的 10 台超级计算机上运行的都是 Linux 操作系统。不少专业人员认为 Linux 最安全、最稳定，对硬件系统最不敏感。但 Linux 图形界面不够友好，这是影响它推广的重要原因，而 Linux 开源带来的无特定厂商技术支持等问题也是阻碍其发展的另一因素。

NetWare 是 Novell 公司推出的网络操作系统，NetWare 最重要的特征是基于基本模块设计思想的开放式系统结构。NetWare 是一个开放的网络服务器平台，用户可以方便地对其进行扩充，NetWare 系统对不同的工作平台（如 DOSOS/2Macintosh 等）、不同的网络协议环境，如 TCP/IP 以及各种工作站操作系统提供了一致的服务，但 NetWare 的安装、管理和维护比较复杂，操作基本依赖于命令输入方式，并且对硬盘识别率较低，很难满足现代社会对大容量服务器的需求。

2.3.5.2　PC 操作系统

PC 操作系统是指安装在个人计算机上的操作系统，如 DOS、Windows、MacOS。

DOS（Disk Operating System）是第一个个人机操作系统，它是微软公司研制的配置在 PC 机上的单用户命令行界面操作系统。DOS 功能简单，对硬件要求低，但存储能力有限，而且命令行操作方式要求用户必须记住各种命令，使用起来很不方便。

Windows 与 DOS 的最大区别是其提供了图形用户界面，使得用户的操作变得简单高效，但它最初并不能称为一个真正的操作系统，它仅是覆盖在 DOS 系统上的一个视窗界面，不支持多道程序，后来演变的 Windows NT 才属于完整的支持多道程序的操作系统。Windows Vista 是 Windows NT 的后代，Windows 是一款既支持个人机又支持服务器的双料操作系统。

MacOS 是由苹果公司自行设计开发的，专用于 Macintosh 等苹果机，一般情况下无法在普通的图形用户界面计算机上安装。Mac OS 是基于 Unix 内核的操作系统，也是首个在商业领域成功的图形用户界面操作系统，它具有较强的图形处理能力，广泛用于桌面出版和多媒体应用等领域。Macintosh 的缺点是与 Windows 相比缺乏较好的兼容性，因此影响了它的普及。目前最新版本为 MacOS x10.15。

2.3.5.3 实时操作系统

实时操作系统是保证在一定时间限制内完成特定任务的操作系统，如 VxWorks。VxWorks 操作系统是美国风河（Wind River）公司于 1983 年设计开发的一种嵌入式实时操作系统，是嵌入式开发环境的关键组成部分，它具有良好的持续发展能力、高性能的内核以及友好的用户开发环境，在嵌入式实时操作系统领域占据一席之地。VxWorks 支持几乎所有现代市场上的嵌入式 CPU，包括 x86 系列、MIPS、PowerPC、Freescale Cold Fire、Inteli960、SPARC、SH-4、ARM、Strong-ARM 以及 x Scale CPU，它以其良好的可靠性和卓越的实时性被广泛地应用在通信、军事、航空、航天等高精尖技术及实时性要求极高的领域中，如卫星通信、军事演习、弹道制导、飞机导航等。

2.3.5.4 嵌入式操作系统

嵌入式操作系统是以应用为中心，以计算机技术为基础，软件硬件可裁剪，适应于应用系统对功能、可靠性、成本、体积、功耗要求严格的专用计算机系统，它与应用紧密结合，具有很强的专用性，必须结合实际系统需求进行合理的裁剪利用。

Palm OS 是 Palm 公司开发的专用于掌上电脑（Personal Digital Assistant，PDA）上的一种 32 位嵌入式操作系统，虽然其并不专门针对手机设计，但是 Palm OS 的优秀性和对移动设备的支持同样使其能够成为一个优秀的手机操作系统。Palm OS 与同步软件 HotSync 结合可以使掌上电脑与 PC 上的信息实现同步，把台式机的功能扩展到了手掌上。其最新的版本为 Palm OS 5.2，具有手机功能的 Palm PDA 如 Palm 公司的 Tungten W，而 Handspring 公司（已被 Palm 公司收购）的 Treo 系列则是专门使用 Palm OS 的手机。

主要操作步骤扫描二维码，观看视频学习。

2.4 Windows 10 操作系统

2.4.1 认识 Windows 10 操作系统

2.4.1.1 发展历程

2014 年 10 月 1 日，微软在旧金山召开新品发布会，对外展示了新一代 Windows 操作系统，将它命名为"Windows 10"，新系统的名称跳过了数字"9"。

2015 年 1 月 21 日，微软在华盛顿发布新一代 Windows 系统，并表示向运行 Windows7、Windows 8.1 以及 Windows Phone 8.1 的所有设备提供，用户可以在 Windows 10 发布后的第一年享受免费升级服务。2 月 13 日，微软正式开启 Windows 10 手机预览版更新推送计划；3 月 18 日，微软在中国官网上正式推出了 Windows 10 中文介绍页面；4 月 22 日，微软推出了 Windows Hello 和微软 Passport 用户认证系统，微软又公布了名为"Device Guard"（设备卫士）的安全功能；4 月 29 日，微软宣布 Windows 10 将采用同一个应用商店，既可展示给 Windows 10 覆盖的所有设备使用，同时支持 Android 和 iOS 程序；7 月 29 日，微软发布计算机和平板电脑操作系统 Windows 10 正式版。

2018 年 8 月 9 日，微软推送了 Windows 10 RS5 快速预览版 17733；9 月，微软宣布为 Windows 10 系统带来了 ROS 支持，所谓 ROS 就是机器人操作系统，此前这一操作系统只支持 Linux 平台，现在微软正在打造 ROS for Windows；10 月 9 日，微软负责 Windows10 操作系统交付的高管凯博（John Cable）表示，微软已经获得了用户文件被删除的报告，目前已经解决了秋季更新包中存在的所有问题，公司已经开始向测试用户重新提供 1809 版本的下载。

截至 2019 年 11 月 18 日，Windows 10 正式版已更新至 10.0.18363 版本，预览版已更新至 2020 更新 10.0.19023 版本。

2.4.1.2　系统功能

Windows 10 操作系统在易用性和安全性方面有了极大的提升，除了对云服务、智能移动设备、自然人机交互等新技术进行融合外，还对固态硬盘、生物识别、高分辨率屏幕等硬件进行了优化完善与支持。系统的具体功能如下：

（1）生物识别技术

Windows 10 所新增的 Windows Hello 功能带来一系列对于生物识别技术的支持。除了常见的指纹扫描之外，系统还能通过面部或虹膜扫描进行登录，当然，用户需要使用新的 3D 红外摄像头来获取这些新功能。

（2）Cortana 搜索功能

Cortana 可以用来搜索硬盘内的文件、系统设置、安装的应用，甚至是互联网中的其他信息。作为一款私人助手服务，Cortana 还能像在移动平台那样帮你设置基于时间和地点的备忘。

（3）平板模式

微软在照顾老用户的同时，也没有忘记随着触控屏幕成长的新一代用户。Windows 10 提供了针对触控屏设备优化的功能，同时还提供了专门的平板电脑模式，开始菜单和应用都将以全屏模式运行。如果设置得当，系统会自动在平板电脑与桌面模式间切换。

（4）桌面应用

微软放弃激进的 Metro 风格，回归传统风格，用户可以调整应用窗口大小，久违的标题栏重回窗口上方，最大化与最小化按钮也给了用户更多的选择和自由度。

（5）多桌面

如果用户没有多显示器配置，但依然需要对大量的窗口进行重新排列，那么 Windows 10 的虚拟桌面应该可以帮到用户。在该功能的帮助下，用户可以将窗口放进不同的虚拟桌面当中，并在其中进行轻松切换，原本杂乱无章的桌面也就变得整洁起来。

（6）开始菜单进化

微软在 Windows 10 当中带回了用户期盼已久的开始菜单功能，并将其与 Windows 8 开始屏幕的特色相结合。点击屏幕左下角的 Windows 键打开开始菜单之后，你不仅会在左侧看到系统关键设置和应用列表等，标志性的动态磁贴也会出现在右侧。

（7）任务切换器

Windows 10 的任务切换器不再仅显示应用图标，而是通过大尺寸缩略图的方式进行内容预览。

（8）任务栏的微调

在 Windows 10 的任务栏当中，新增了 Cortana 和任务视图按钮。与此同时，系统托盘内的标准工具也匹配上了 Windows 10 的设计风格，可以查看到可用的 WiFi 网络，或是对系统音量和显示器亮度进行调节。

（9）贴靠辅助

Windows 10 不仅可以让窗口占据屏幕左右两侧的区域，还能将窗口拖拽到屏幕的四个角落使其自动拓展并填充 1/4 的屏幕空间。在贴靠一个窗口时，屏幕的剩余空间内还会显示出其他开启应用的缩略图，点击之后可将其快速填充到这块剩余的空间当中。

（10）通知中心

Windows Phone 8.1 的通知中心功能也被加入到了 Windows 10 当中，让用户可以方便地查看来自不同应用的通知。此外，通知中心底部还提供了一些系统功能的快捷开关，如平板模式、便签和定位等。

（11）命令提示符窗口升级

在 Windows 10 中，用户不仅可以对 CMD 窗口的大小进行调整，还能使用辅助粘贴等熟悉的快捷键。

（12）文件资源管理器升级

Windows 10 的文件资源管理器会在主页面上显示出用户常用的文件和文件夹，让用户可以快速获取到自己需要的内容。

（13）新的 Edge 浏览器

为了追赶 Chrome 和 Firefox 等热门浏览器，微软淘汰掉了老旧的 IE，带来了 Edge 浏览器。Edge 浏览器虽然尚未发展成熟，但它的确带来了诸多的便捷功能，比如和 Cortana 的整合以及快速分享功能。

（14）计划重新启动

Windows 10 会询问用户希望在多长时间之后进行重启。

（15）设置和控制面板

Windows 8 的设置应用同样被沿用到了 Windows 10 当中，该应用会提供系统的一些关键设置选项，用户界面也和传统的控制面板相似。而从前的控制面板也依然会存在于系统当中，因为它依然提供着一些设置应用所没有的选项。

（16）兼容性增强

只要能运行 Windows 7 操作系统，就能更加流畅地运行 Windows 10 操作系统，其针对固态硬盘、生物识别、高分辨率屏幕等硬件都进行了优化支持与完善。

（17）安全性增强

除了继承旧版 Windows 操作系统的安全功能之外，还引入了 Windows Hello，Microsoft Passport、Device Guard 等安全功能。

（18）新技术融合

在易用性、安全性等方面进行了深入的改进与优化，针对云服务、智能移动设备、自然人机交互等新技术进行融合。

2.4.1.3　版本介绍

Windows 10 共有家庭版、专业版、企业版、教育版、移动版、移动企业版和物联网核心版 7 个版本（表 2-2）。

表 2-2　Windows 10 操作系统版本介绍

版本名称	主要功能
家庭版（Home）	Cortana 语音助手（选定市场）、Edge 浏览器、面向触控屏设备的 Continuum 平板电脑模式、Windows Hello（脸部识别、虹膜、指纹登录）、串流 Xbox One 游戏的能力、微软开发的通用 Windows 应用（Photos、Maps、Mail、Calendar、Groove Music 和 Video）、3D Builder
专业版（Professional）	以家庭版为基础，增添了管理设备和应用，保护敏感的企业数据，支持远程和移动办公，使用云计算技术。另外，它还带有 Windows Update for Business，微软承诺该功能可以降低管理成本、控制更新部署，让用户更快地获得安全补丁软件
企业版（Enterprise）	以专业版为基础，增添了大中型企业用来防范针对设备、身份、应用和敏感企业信息的现代安全威胁的先进功能，供微软的批量许可（Volume Licensing）客户使用，用户能选择部署新技术的节奏，其中包括使用 Windows Update for Business 的选项。作为部署选项，Windows 10 企业版将提供长期服务分支（Long Term Servicing Branch）
教育版（Education）	以企业版为基础，面向学校职员、管理人员、教师和学生，通过面向教育机构的批量许可计划提供给客户，学校能够升级 Windows 10 家庭版和 Windows 10 专业版设备
移动版（Mobile）	面向尺寸较小、配置触控屏的移动设备，如智能手机和小尺寸平板电脑，集成现有与 Windows 10 家庭版相同的通用 Windows 应用和针对触控操作优化的 Office。部分新设备可以使用 Continuum 功能，因此连接外置大尺寸显示屏时，用户可以把智能手机用作 PC
移动企业版（Mobile Enterprise）	以 Windows 10 移动版为基础，面向企业用户，提供给批量许可客户使用，增添了企业管理更新，以及及时获得更新和安全补丁软件的方式
专业工作站版（Windows 10 Pro for Workstations）	包括了许多普通版 Win10 Pro 没有的内容，着重优化了多核处理以及大文件处理，面向大企业用户以及真正的"专业"用户，如 6TB 内存、ReFS 文件系统、高速文件共享和工作站模式
物联网核心版（Windows 10 IoT Core）	面向小型低价设备，主要针对物联网设备。目前已支持树莓派 2 代/3 代、Dragonboard 410c（基于骁龙 410 处理器的开发板）、MinnowBoard MAX 及 Intel Joule

2.4.2　Windows 10 **基本操作和设置**

Windows 10 是微软发布的最后一个 Windows 独立操作系统，界面新颖、简单易操作。它结合了 Windows 7、Windows 8 的优点，深受新老用户的喜爱。

下面介绍 Windows 10 的基本操作和设置，首先要说明的是鼠标的基本操作。如果使用的是台式机或者笔记本，鼠标的操作一般分为简单的"单击"（点击一下鼠标的左键，用来选择）、"双击"（快速点击两次鼠标的左键，用来打开文件或程序）、"右键单击"（点击鼠标右键一次，用来弹出更多菜单选项）。平板电脑的操作是触屏的，"单击""双击"直接用手指点击屏幕即可，"右键单击"的操作需要长按屏幕一会，大概 1~2 秒，松开就会弹出更多菜单选项，然后再选择对应的操作。

图 2-13　个性化命令

2.4.2.1　**桌面图标设置**

我们升级或者安装 Windows 10 操作系统了以后，可能桌面只显示回收站，这样显然很不方便，那么该如何设置呢？

①右击桌面空白处，选择"个性化"命令（图 2-13）。

②在个性化设置窗口，选择主题，点击桌面图标设置（图 2-14）。

图 2-14　主题选项

③弹出"桌面图标设置"窗口，勾选需要的系统图标就可以将其显示在系统桌面了（图 2-15）。

2.4.2.2　**分屏显示**

有时，我们在同时运行多个任务时，需要把这几个窗口同时显示在屏幕上，这样操作比较方便，而且可以避免频繁切换窗口的麻烦。例如，我们想要把一个文件夹中的个别文件移动到另一个文件夹中，这时同时打开这两个文件夹窗口并二分屏显示就比较方便；或者同时，我们想要打开 QQ 窗口与好友交谈，这时可以三分屏显示 3 个窗口；又或者我们同时还想忙里偷闲看看视频，可以再打开视频窗口，这时就需要让四个窗口四分屏同时显示。那么如何才能快速地让多个窗口实现"二分屏/三分屏/四分屏"显示呢？

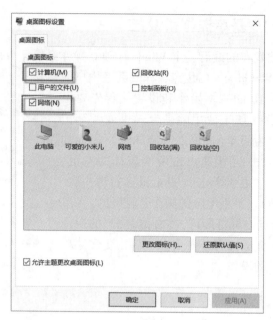

图 2-15 "桌面图标设置"窗口

（1）窗口的二分之一屏显示（二分屏）

①按住鼠标左键拖动某个窗口到屏幕左边缘或右边缘，直到鼠标指针接触屏幕边缘，会显示一个虚化的大小为二分之一屏的半透明背景（图 2-16）。

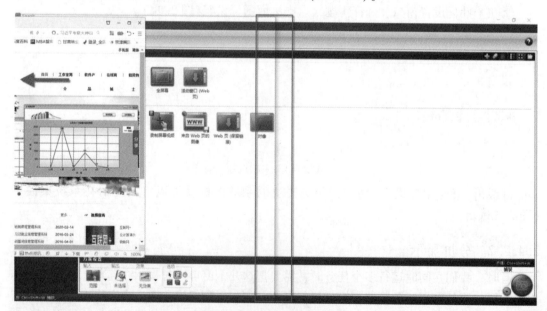

图 2-16 拖动窗口效果

②松开鼠标左键，当前窗口就会二分之一屏显示。同时其他窗口会在另半侧屏幕显示缩略窗口（图 2-17），点击想要在另二分之一屏显示的窗口，它就会在另半侧屏幕二分之一屏显示。

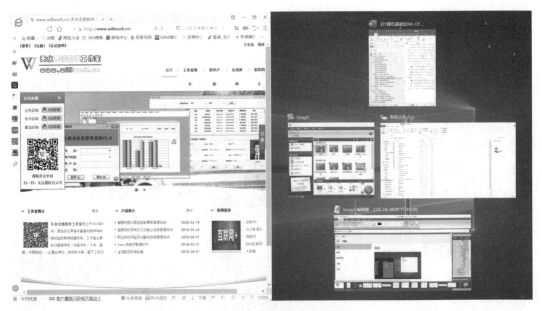

图 2-17　二分屏和缩略窗口效果

③如果把鼠标移动到两个窗口的交界处，会显示一个可以左右拖动的双箭头，拖动该双箭头就可以调整左右两个窗口所占屏幕的宽度(图 2-18)。

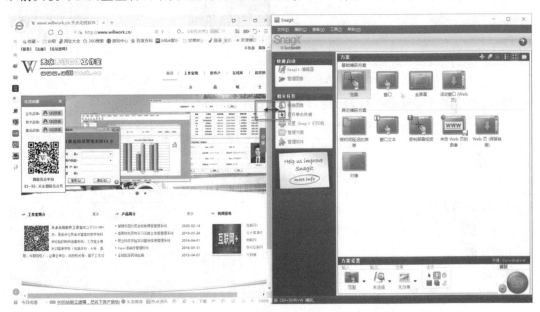

图 2-18　二分屏效果

注：使用键盘上的"Windows+←"或"Windows+→"也可以左右分屏，实现当前窗口的二分之一屏显示，然后再使用方向键选择另一边的窗口进行操作。

(2)窗口的三分之一屏显示(三分屏)

①按住鼠标左键拖动某个窗口到屏幕左边缘或右边缘，直到鼠标指针接触屏幕边缘，你就会看到显示一个虚化的大小为二分之一屏的半透明背景(图 2-16)，松开鼠标左键，

当前窗口就会二分之一屏显示。

②同时其他窗口会在另半侧屏幕显示缩略窗口(图 2-17),点击想要三分之一屏显示的一个窗口,它就会在另半侧屏幕二分之一屏显示(图 2-18)。

③按住鼠标左键拖动上面窗口到所在二分之一屏幕两个角中的任意一角,直到鼠标指针接触屏幕的一角,松开鼠标左键,当前窗口就会四分之一屏显示(图 2-19)。

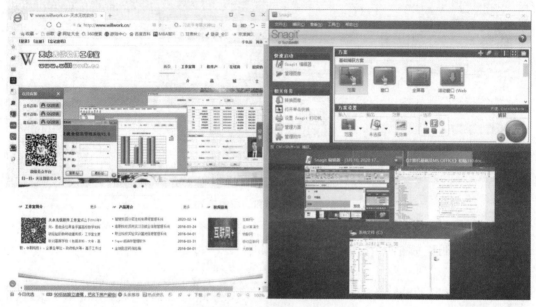

图 2-19 当前窗口四分之一屏效果

④此时,其他窗口会在剩下的四分之一屏幕显示缩略窗口,点击想要在当前四分之一屏显示的窗口即可实现最终的三分屏显示效果(图 2-20)。

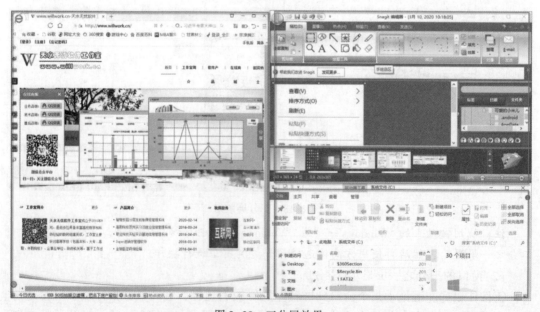

图 2-20 三分屏效果

（3）窗口的四分之一屏显示（四分屏）

①按住鼠标左键拖动某个窗口到屏幕任意一角，直到鼠标指针接触屏幕的一角，就会看到显示一个虚化的大小为四分之一屏的半透明背景（图2-21）。

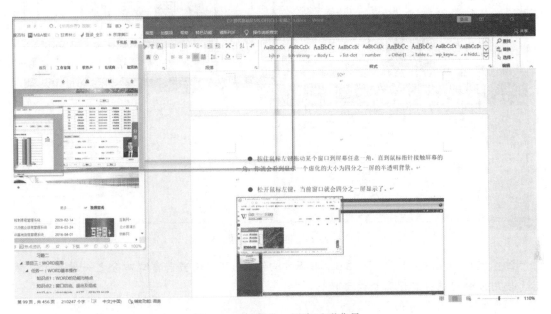

图2-21　四分之一屏半透明背景

②松开鼠标左键，当前窗口就会四分之一屏显示（图2-22）。

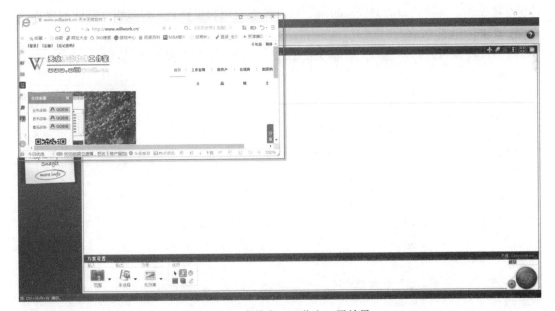

图2-22　当前窗口四分之一屏效果

③如果想要同时让4个窗口四分屏显示，那么就把4个窗口都拖动到屏幕一角，即能够实现四分之一屏显示（图2-23）。

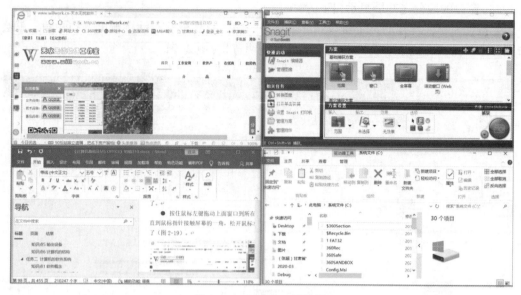

图 2-23　四分之一屏效果

注：使用"Win+左上/左下/右上/右下方向键"也可以使当前窗口四分之一屏显示，然后再使用方向键选择其他窗口继续操作。

2.4.2.3　通知和快速操作设置

在 Windows 10 的操作中心内允许用户查看并设置通知和快速操作选项，用户可随时更改设置来调整看到通知的方式和时间，以及哪些应用和设置是用户最重要的快速操作。

①单击【开始】菜单。

②依次选择"设置"/"系统"/"通知和操作"，打开"通知和操作"设置窗口（图 2-24）。

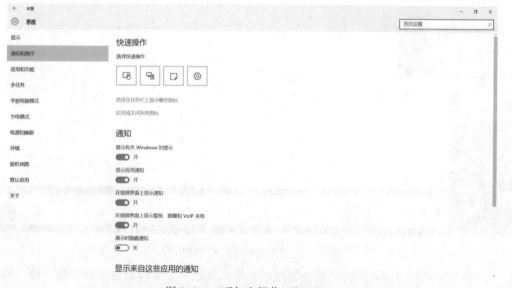

图 2-24　"通知和操作"设置窗口

③在"通知"选项下，可以打开或关闭所有通知，并且更改查看通知的时间和位置(图2-25)。

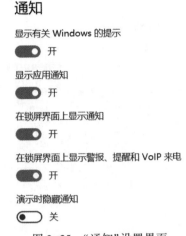

图2-25　"通知"设置界面

④在"显示来自这些应用的通知"选项下，可以更改个别发送方的通知设置，如打开或关闭通知发送方(图2-26)。

图2-26　打开或关闭通知发送方界面

⑤选择某个发送方的名称，可以打开或关闭通知横幅、设置锁屏界面隐私和通知声音等(图2-27)。

图2-27　发送方通知设置界面

⑥在"快速操作"下，拖动快速操作，可以对其进行重新排列，这是它们在操作中心底部显示的顺序(图2-28)。

图2-28 快速操作设置界面

2.4.2.4 固定日常文档

Windows 10开始菜单增加了一项新功能，可以将常用文档"固定"到开始菜单里。换句话说，新开始菜单不光可以拿来固定日常应用，也能固定日常文档。

①选择"开始"菜单，在"开始"屏幕里右键单击文档所使用的应用程序图标(图2-29)。

图2-29 "开始"屏幕界面

②弹出快捷菜单后，右键单击最近打开的文档，选择"固定到此列表"命令（图2-30），即可将当前文档固定到"开始"屏幕。

图2-30 固定文档操作界面

2.4.2.5 快速隐藏桌面图标

①在桌面空白处右键单击桌面，单击选择"查看"命令。

②取消级联菜单中的"显示桌面图标"命令，则桌面图标隐藏。若要重新显示图标，重新勾选"显示桌面图标"选项即可（图2-31）。

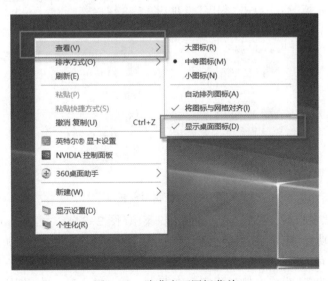

图2-31 隐藏桌面图标菜单

2.4.3 软件和硬件管理

2.4.3.1 软件管理

①在"开始"菜单上右键单击，选择"控制面板"命令(图2-32)。

图2-32 "开始"菜单右键命令

②打开"控制面板"后，点击"程序"选项(图2-33)。

图2-33 控制面板窗口

③打开"程序"窗口后，选择"程序和功能"菜单(图2-34)。

④在"程序和功能"窗口，点击左侧"启用或关闭Windows功能"选项，在弹出的"Windows功能"窗口，可以通过勾选需要的Windows功能来启用该功能(图2-35)。

⑤在"程序和功能"窗口右侧的程序列表框中，右键单击某一应用程序，可以卸载或更改该程序(图2-36)。

图 2-34　"程序"窗口界面

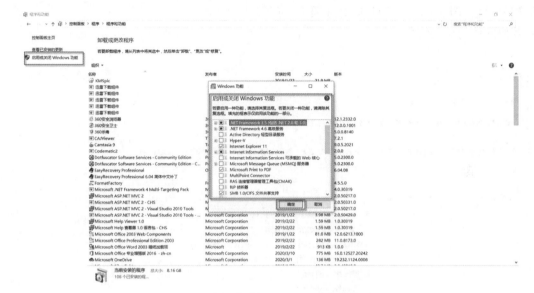

图 2-35　启用或关闭 Windows 功能操作界面

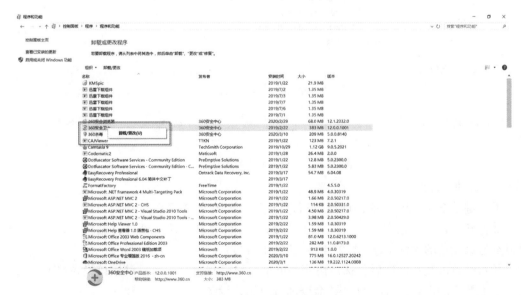

图 2-36　卸载或更改程序界面

2.4.3.2 硬件管理

（1）查看硬件信息

①使用快捷键"Windows+R"打开运行窗口，输入命令"dxdiag"，单击【确定】按钮（图2-37）。

②打开"DirectX诊断工具"窗口，在"系统"选项卡里，可以查看系统硬件，如处理器、内存等的相关信息（图2-38），点击其他选项卡，可以查看其他硬件的相关信息。

图2-37 "运行"窗口

图2-38 "DirectX诊断工具"窗口

（2）管理硬件设备

①右键单击"开始"菜单，选择"设备管理器"命令（图2-39）。

②打开"设备管理器"窗口后，在硬件列表里右键单击某一硬件，选择"属性"命令，可以查看该设备的属性信息（图2-40、图2-41）。

③右键单击某一硬件后，选择快捷菜单里的"禁用"命令，可以禁用该设备（图2-42），右键单击禁用的设备，选择"启用"命令即可启用该设备。

图 2-39　右键选择设备管理器界面

图 2-40　"设备管理器"窗口

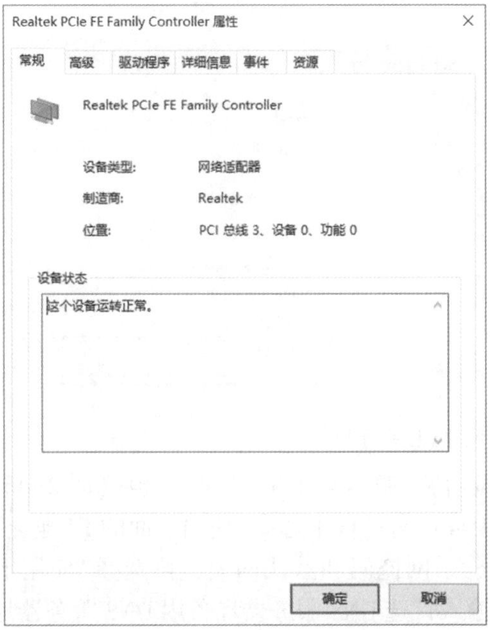

图 2-41　硬件"属性"窗口

图 2-42　禁用硬件设备操作界面

图 2-43　网络属性命令

2.4.4　Windows 10 网络配置与应用

网络配置的相关内容比较多，下面以最为常见的静态 IP 地址设置为例介绍其配置过程。

①右键单击系统桌面上的"网络"图标，点击快捷菜单上的"属性"命令（图 2-43）。

②打开"网络和共享中心"窗口，点击"更改适配器设置"选项（图 2-44）。

图 2-44　"网络和共享中心"窗口

③打开"网络连接"窗口，在"以太网"图标上右键单击，选择"属性"命令（图 2-45）。

图 2-45　"网络连接"窗口

④在"以太网属性"对话框中双击"Internet 协议版本 4（TCP/IPv4）"选项（图 2-46）。

⑤在打开的"Internet 协议版本 4（TCP/IPv4）"对话框中选择"使用下面的 IP 地址"单选按钮，然后根据实际情况分别输入 IP 地址、子网掩码和默认网关，再选择"使用下面的 DNS 服务器地址"单选按钮，根据实际情况输入首选 DNS 服务器和备用 DNS 服务器地址即可（图 2-47）。

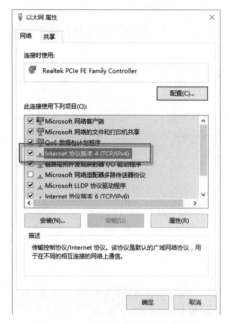

图 2-46　"以太网属性"对话框　　　　　图 2-47　IP 地址设置对话框

2.4.5　系统维护与优化

很多人都想知道让 Windows 10 流畅运行的方法是什么，其实通过系统维护和优化，使 Windows 10 流畅运行是非常简单的。

2.4.5.1　关闭 Windows Search

①打开"控制面板"，选择"系统和安全"选项（图 2-48）。

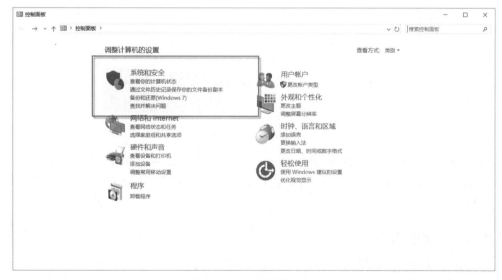

图 2-48　"控制面板"窗口

②打开"系统和安全"窗口，选择"管理工具"选项(图2-49)。

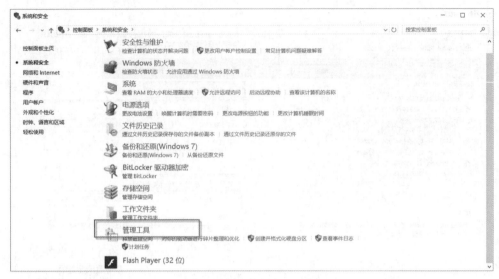

图2-49　"系统和安全"窗口

③在"管理工具"窗口，双击"服务"快捷方式图标(图2-50)。

图2-50　"管理工具"窗口

④打开"服务"窗口，找到Windows Search服务，点击右键选择"属性"命令，在"Windows Search的属性(本地计算机)"窗口选择启动类型选项为：禁用，单击"确定"按钮。(图2-51)。

2.4.5.2　关闭家庭组

①打开控制面板，选择"系统和安全"选项(图2-52)。
②打开"系统和安全"窗口，选择"管理工具"选项(图2-53)。

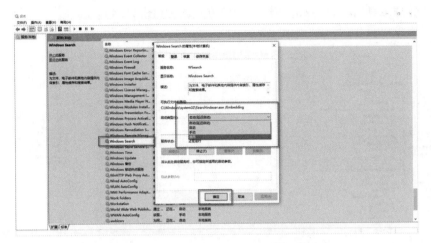

图 2-51 "Windows Search 的属性"设置

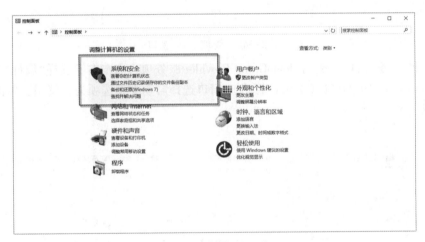

图 2-52 "控制面板"窗口

图 2-53 "系统和安全"窗口

③在"管理工具"窗口，双击"服务"快捷方式图标(图2-54)。

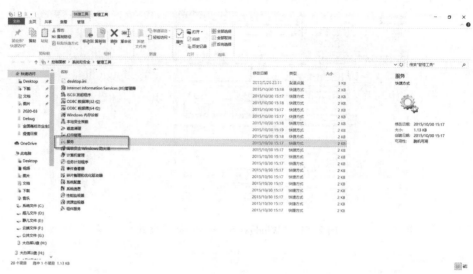

图2-54　"管理工具"窗口

④打开"服务"窗口，找到 HomeGroup Provider 服务项，点击右键选择"属性"命令，在"HomeGroup Provider 的属性(本地计算机)"窗口选择启动类型选项为：禁用，单击"确定"按钮(图2-55)。

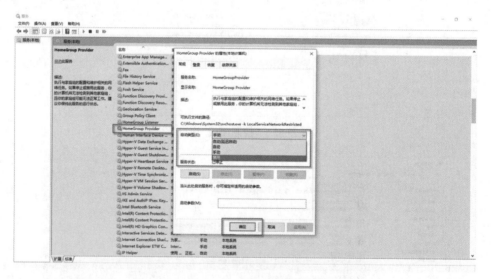

图2-55　"HomeGroup Provider 的属性"设置

⑤接下来用同样的方法，把 HomeGroup Listener 服务项禁用即可。这样就彻底禁用了Windows10 的家庭组功能了。

2.4.5.3　关闭磁盘碎片整理计划

①在 C 盘上，单击右键选择"属性"命令，打开 C 盘属性对话框(图2-56)。
②在"工具"选项卡中，单击"优化"按钮(图2-57)。

图 2-56　磁盘属性对话框

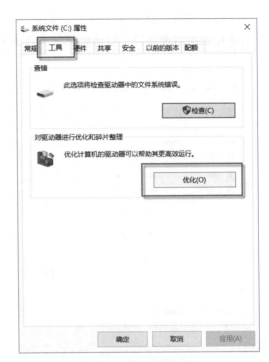

图 2-57　磁盘工具选项卡

③打开"优化驱动器"窗口，单击"更改设置"按钮，在打开的"优化驱动器"对话框中，取消选择"按计划运行(推荐)"(图2-58)。

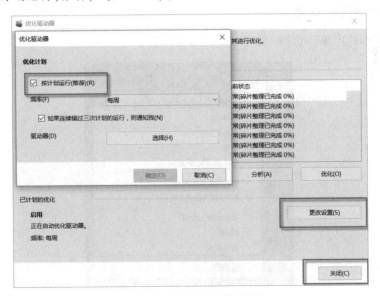

图 2-58　"优化驱动器"设置

2.4.5.4　C盘清理

①右键点击C盘，选择"属性"命令。

②在打开的"属性"对话框中，点击"磁盘清理"按钮（图 2-59）。

③在磁盘清理窗口，勾选要删除文件前面的复选框，单击"确定"按钮（图 2-60）。

图 2-59　C 盘属性窗口

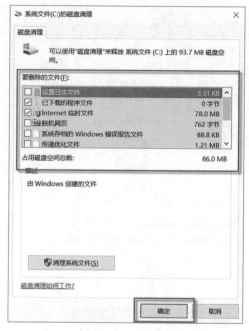

图 2-60　C 盘清理界面

2.4.5.5　关闭性能特效

①右键单击此电脑，选择"属性"命令（图 2-61）。

图 2-61　电脑"属性"菜单

②打开"系统"窗口，选择"高级系统设置"选项（图 2-62）。

③在打开的"系统属性"窗口中，选择"高级"选项卡，然后在"性能"选项里，单击"设置(S)..."按钮（图 2-63）。

图 2-62　"系统"窗口

④打开"性能选项"对话框后，在"视觉效果"选项卡里，单击"自定义"单选按钮，然后在列表框里取消勾选"淡入淡出或滑动菜单到视图"复选框、"在单击后淡出菜单"复选框、"在视图中淡入淡出或滑动工具提示"复选框，关闭淡入淡出效果（图 2-64）。

图 2-63　"系统属性"窗口　　　　　　图 2-64　"性能选项"设置界面

2.4.5.6　Windows 10 开机加速设置

①使用快捷键"Windows+R"打开运行窗口，输入命令"msconfig"，单击"确定"按钮（图 2-65）。

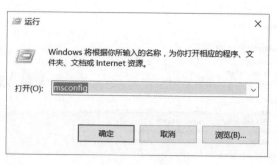

图 2-65　"运行"窗口

②打开"系统配置"窗口后，在"引导"选项卡里取消勾选"无 GUI 引导"复选框，单击"确定"按钮(图 2-66)。

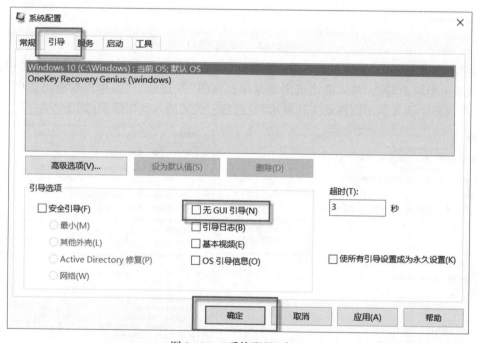

图 2-66　"系统配置"窗口

2.4.5.7　Windows 10 关机加速

①使用组合键"Windows+R"打开运行窗口，输入命令"gpedit. msc"，单击"确定"按钮(图 2-67)。

②打开"本地组策略编辑器"窗口，在左侧依次单击展开"管理模块/系统/关机选项"，然后在右侧详细信息列表框的"关闭会阻止或取消关机的应用程序的自动终止功能"上右键单击选择"编辑"命令(图 2-68)。

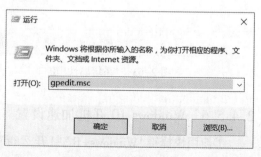

图 2-67　运行窗口界面

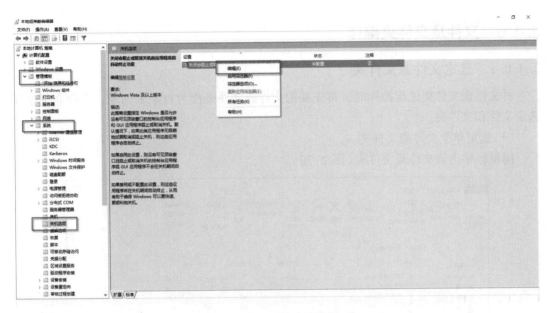

图 2-68 "本地组策略编辑器"窗口

③打开"关闭会阻止或取消关机的应用程序的自动终止功能"设置窗口，选择"已禁用"单选按钮，单击"确定"按钮(图 2-69)。

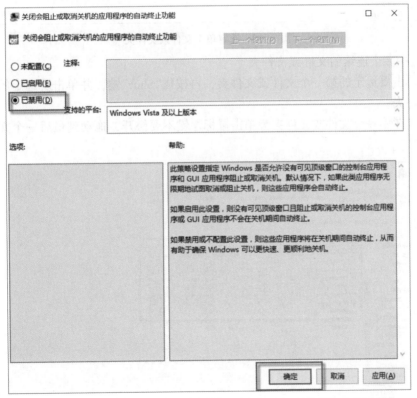

图 2-69 "关闭会阻止或取消关机的应用程序的自动终止功能"设置界面

2.4.6　文件及文件夹操作

2.4.6.1　选定文件或文件夹

对文件或文件夹进行操作时，首先要把文件或文件夹作为对象来选定。下面介绍怎样选定文件和文件夹。

（1）选定单个文件或文件夹

用鼠标单击该文件或文件夹（图2-70）。

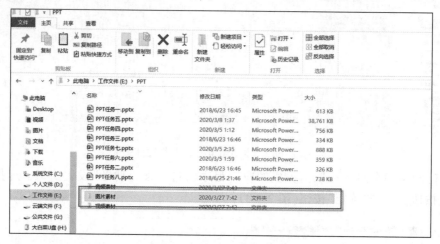

图2-70　选定单个文件或文件夹

（2）选中多个连续的文件或文件夹

①先单击要选定的第一个文件或文件夹，再按住"Shift"键，并单击要选定的最后一个文件或文件夹。

②或者在第一个文件或文件夹旁单击鼠标左键不要松开，拖动到最后一个文件或文件夹（图2-71）。

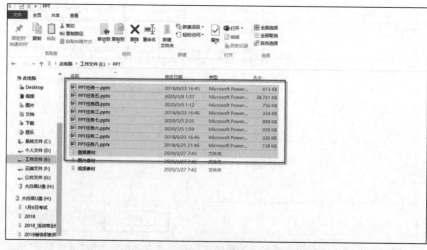

图2-71　选中多个连续的文件或文件夹

（3）选中多个不连续的文件或文件夹

先按住"Ctrl"键，然后再逐个单击要选定的文件或文件夹（图2-72）。

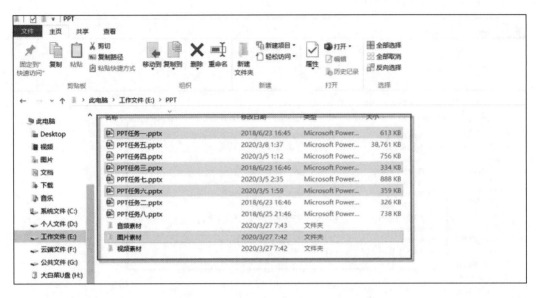

图2-72 选中多个不连续的文件或文件夹

（4）选定全部文件或文件夹

①在键盘上按住"Ctrl"+"A"，可以快速选中全部文件或文件夹（图2-73）。

②或者从第一个文件或文件夹旁单击鼠标左键不要松开，一直拖动到最后一个文件或文件夹。

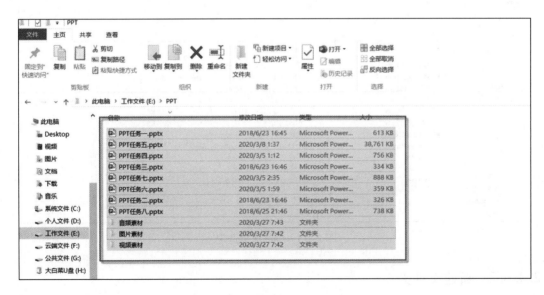

图2-73 选定全部文件或文件夹

（5）取消选定

①在选定的多个文件或文件夹中取消个别文件或文件夹时，先按住"Ctrl"键，单击要取消的文件或文件夹（图2-74）。

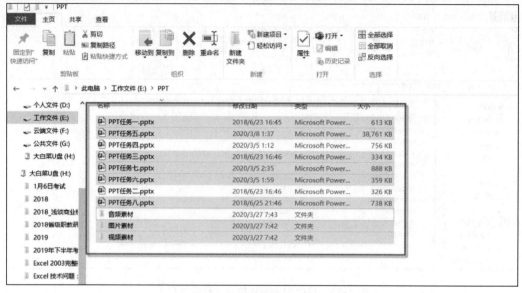

图 2-74　取消选定个别文件或文件夹

②若要全部取消选定，在非文件名的空白区域单击一下即可（图2-75）。

图 2-75　全部取消选定

2.4.6.2　新建文件夹

新建文件夹，首先要选定建立文件夹的位置才能创建。例如：在 E：\ PPT 目录下创建文件夹。

①双击"此电脑"，在"此电脑"窗口中找到 E 盘，双击打开(图 2-76)。

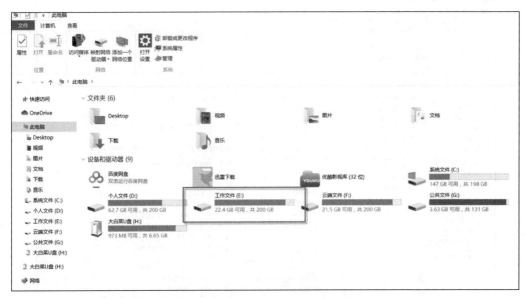

图 2-76 "此电脑"窗口

②打开 E 盘后，找到"PPT"文件夹，双击打开(图 2-77)。

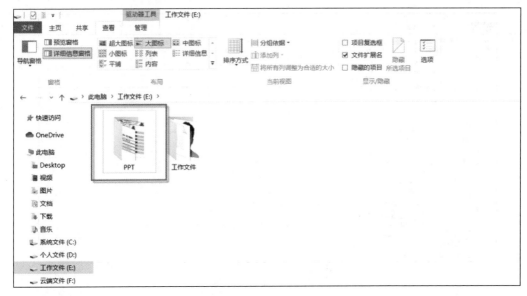

图 2-77 E 盘中的 PPT 文件夹

③在"PPT"文件夹中的任意空白处，单击鼠标右键，在弹出的快捷菜单中选择"新建"命令中的"文件夹"选项(图 2-78)。

④新建文件夹后，键入新名称后按回车键，或者单击该名称框外的任意位置，即可完成文件夹的创建(图 2-79)。

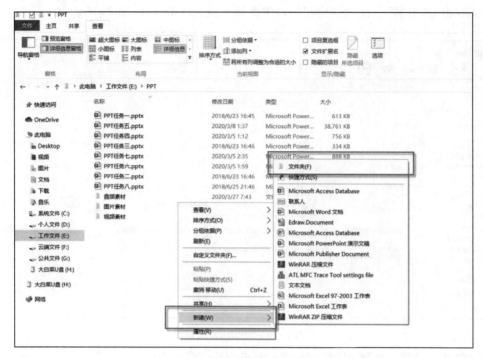

图 2-78　右键新建文件夹命令

图 2-79　命名文件夹

2.4.6.3　文件夹重命名

①选中要重命名的文件夹，选定的文件夹呈反蓝色显示（图 2-80）。

②单击功能区中的"重命名"命令按钮，或者单击鼠标右键利用快捷菜单选择"重命名"命令（图 2-81）。

③输入新的文件夹名称后，按回车键或者在空白区域单击，完成重命名。

图2-80 选定重命名文件夹

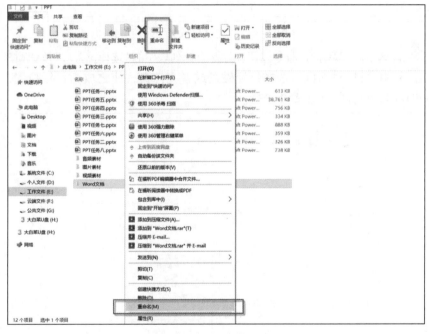

图2-81 重命名操作

注：文件或文件夹命名时一定要遵守命名规范。文件或者文件夹名称不得超过255个英文字符，如果使用中文字符则不能超过127个汉字；文件或文件夹名称不能使用空格开头；文件或文件夹名称中不能含有"?""/""\""""*""<"">""|"等字符；同一文件夹下，不能有两个相同名称的文件或者文件夹，如果相同则重命名不成功。

2.4.6.4 文件及文件夹的复制和移动

（1）文件及文件夹的复制

①选择要复制的文件或文件夹（图2-82）。

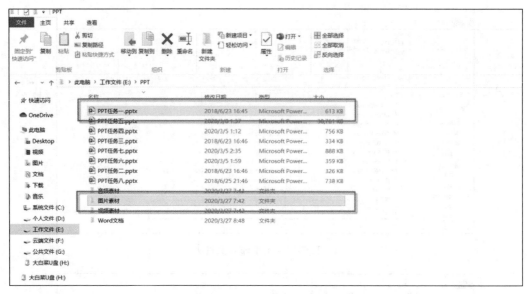

图 2-82　选定文件或文件夹

②单击功能区上的"复制到"命令按钮，选择下拉列表中的"选择位置..."按钮(图 2-83)。

③弹出"复制项目"对话框，选择目标磁盘或者文件夹，使之成为目标位置，单击"复制"按钮，即可完成复制操作(图 2-83)。

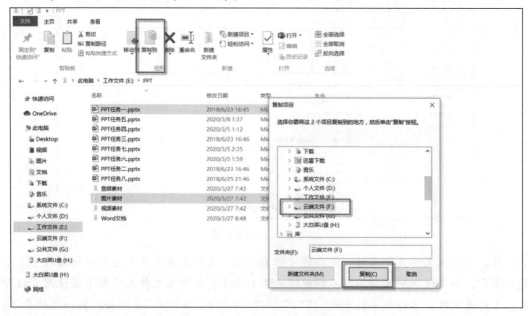

图 2-83　复制文件或文件夹操作

(2)文件及文件夹的移动

改变文件或文件夹在磁盘上存放位置的操作，叫作移动。

①选择要移动的文件或文件夹(图 2-82)。

②单击功能区上的"移动到"命令按钮(图 2-84)，选择下拉列表中的"选择位置..."按钮。

③弹出"移动项目"对话框，选择目标磁盘或者文件夹，使之成为目标位置，单击"移动"按钮，即可完成移动操作(图2-84)。

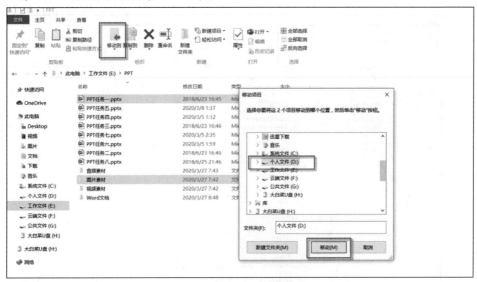

图2-84　移动文件或文件夹操作

④选中将要移动的文件或文件夹，按住鼠标左键向目标文件夹拖动，也可完成文件或文件夹的移动操作。

注：如果源文件与目标文件夹处于同一驱动器，则完成的是移动操作；如不在同一个驱动器，完成的是复制操作，若按住"Shift"键拖动，则可以完成不同驱动器间文件的移动。

2.4.6.5　文件及文件夹的删除

①选中要删除的文件或文件夹(图2-85)。

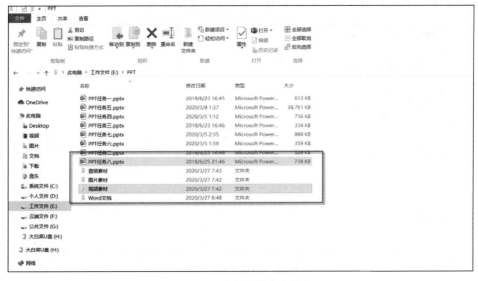

图2-85　选中文件或文件夹

②敲击键盘上的"Delete"键，或者点击窗口功能区上的"删除"按钮，也可以在选中的文件上点击鼠标右键选择"删除"命令(图 2-86)。

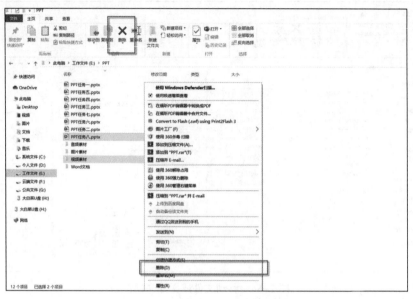

图 2-86　删除文件和文件夹操作

图 2-87　删除确认对话框

③弹出"删除项目"对话框，单击"是"按钮，文件则被删除到回收站(图 2-87)。

④打开回收站，可以看到刚刚删除的文件。如果想要还原某个文件或文件夹，可以先选定文件或文件夹，再点击功能区"还原选定的项目"按钮，或者在选定的文件和文件夹上点击右键选择"还原"命令，在弹出的对话框中确认后即可将文件或文件夹还原到删除前的位置(图 2-88)。

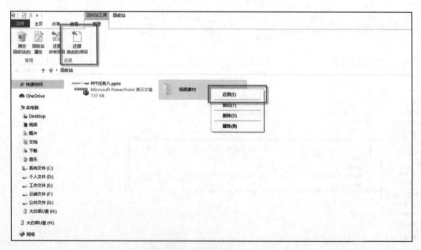

图 2-88　还原文件或文件夹

⑤如果要彻底删除回收站里的文件或文件夹，可以点击功能区的"清空回收站"按钮，或者在空白处点击右键选择"清空回收站"命令（图 2-89）。

图 2-89　清空回收站操作

2.4.6.6　隐藏文件或文件夹

①选中要隐藏的文件或文件夹（图 2-90）。

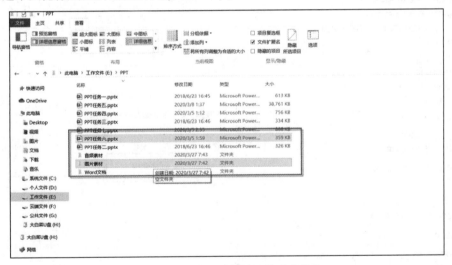

图 2-90　选中要隐藏的文件或文件夹

②点击窗口功能区的"隐藏所选项目"按钮（图 2-91），即可完成隐藏操作，或者在选中文件和文件夹上点击鼠标右键，选择"属性"命令（图 2-92），打开"属性"对话框后，勾选"隐藏"复选框，点击"确定"按钮，即可完成隐藏（图 2-93）。

主要操作步骤扫描二维码，观看视频学习。

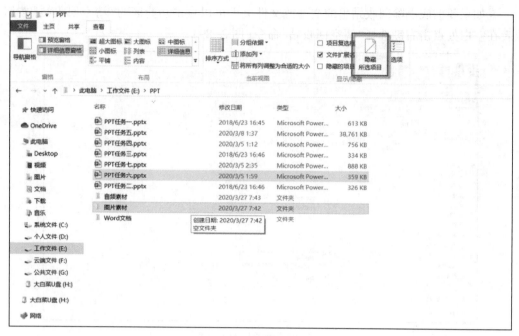

图 2-91　功能区"隐藏"按钮

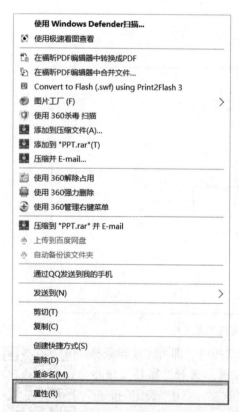

图 2-92　"属性"命令

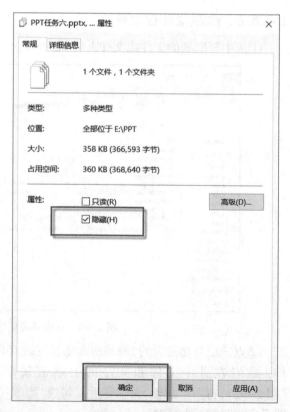

图 2-93　隐藏属性

拓展知识

华为、中兴事件给我们的启示

2019年5月16日，美国商务部以国家安全为由，将华为公司及其70家附属公司列入管制"实体名单"。封杀令一出，世界哗然。5月20日，谷歌表示将遵从美国政府的命令，尽快切断对华为在多种安卓硬件和软件上的支持，并不再向华为授权提供谷歌的各种移动应用。失去谷歌意味着华为失去了对安卓操作系统的全部使用权限。对此，华为以"华为有能力继续发展和使用安卓生态。华为和荣耀品牌的产品，包括智能手机和平板电脑，产品和服务在中国市场不受影响"来正面回应。截止到目前，除谷歌外，还有ARM、高通、英特尔等美国公司相继被爆出将与华为终止合作。在接受《面对面》专访时，华为技术有限公司主要创始人兼总裁任正非表示："'封杀令'，实质是科技实力的较量"。

科技是第一生产力，是国家实力的关键。美国一直占据科技世界领先的制高点，在中国迎头赶超的过程中，华为不是第一个被美国下达"封杀令"的中国企业。早在2018年4月，美国商务部网站发布公告，称中兴通讯违反了2017年与美国政府达成的和解协议，7年内禁止美国企业向中兴通讯出口任何技术、产品。据了解，当时在中兴通讯生产的智能手机和电信网络设备等产品中，美国企业供应的零部件占25%～30%，此禁令一出，中兴通讯一度面临破产倒闭的风险。

华为从容应对，中兴濒临破产，两家中国企业在美国的"封杀令"下有着截然不同的命运，这背后印证的除了中国整体科技创新实力不容小觑的事实外，还敲响了中国企业对于创新技术自主可控的警钟，进一步鞭策中国企业需在自主科技创新领域中不断前行。

得技术者得天下。任正非曾表示，"胜利一定是属于我们的，因为我们完全靠自己不靠美国"。华为的底气十足，来源于企业多年对于创新技术的深入研发和巨额投入。有报道称，华为在全球18万员工中，研究人员就占到了45%，每年的研发包括基础研究的投入占销售额的15%左右。2018年，华为在研发方面投入达到了150亿美元，未来5年，研发经费将达到1000亿美元。

多年的排兵布阵，华为已经开始收获果实：在硬件方面，已储备了足够的芯片和其他关键部件；在软件方面，打通了手机、电脑、平板、汽车、智能穿戴等终端，兼容全部安卓应用和所有Web应用的操作系统"鸿蒙"即将面世。无论是硬件还是软件，对"自主可控"的创新能力，让华为拥有了对抗世界强国的底气。

美国对中兴和华为的制裁核心到底是什么？归根结底体现在两个方面：芯片和软件系统。

1. 芯片发展现状

芯片作为在集成电路上的载体，广泛应用在手机、军工、航天等各个领域，是能够影响一个国家现代工业的重要因素，但是我国在芯片领域却长期依赖进口，缺乏自主研发。

国外巨头依靠在芯片领域长期积累的核心技术和知识产权，通过技术、资金和品牌方面的优势一直占据着集成电路的战略要地，特别是芯片生产环节中的制造技术、设计能力和编码技术等方面，常常会作为谈判筹码进行贸易制裁和出口禁运，中兴事件、华为事件就是典型案例。

芯片是半导体元件产品的统称，称为集成电路（integrated circuit）或称微电路（microcircuit）、微芯片（microchip）、晶片/芯片（chip），在电子学中是一种把电路（主要包括半导体设备，也包括被动组件等）小型化的方式，并时常制造在半导体晶圆表面上，将电路制造在半导体芯片表面上的集成电路又称薄膜（thin-film）集成电路。另有一种厚膜（thick-film）集成电路（hybrid integrated circuit）是把独立半导体设备和被动组件集成到衬底或线路板所构成的小型化集成电路。最先进的集成电路是微处理器（如计算机上的 CPU）或多核处理器的核心，可以控制计算机和所有的智能产品。

1946 年第一台电子计算机问世，其由 18 000 个电子管组成，重 30 吨左右，今天功能比第一台计算机高出无数倍的 CPU 集成电路芯片大小已经到纳米级。1949 年到 1957 年，维尔纳·雅各比（Werner Jacobi）、杰弗里·杜默（Jeffrey Dummer）、西德尼·达林顿（Sidney Darlington）、樽井康夫（Yasuo Tarui）等人都开发了集成电路原型，但现代集成电路是由杰克·基尔比在 1958 年发明的。1958 年由杰克·基尔比完成的第一个集成电路雏形包括一个双极性晶体管，三个电阻和一个电容器，杰克·基尔比也因此荣获 2000 年诺贝尔物理奖，基于杰克·基尔比的雏形，经过 60 多年的发展，现在已经进入 AI 芯片时代。

2. 中国芯片发展历程

中国芯片的发展自 1953 年起步，到 1965 年中国的第一块硅基数字集成电路研制成功，一路走来，伴随着中国集成电路产业从无到有的创业期。

1953 年，苏联援建的北京电子管厂开建，一度是亚洲最大的晶体管厂。

1956 年，国家发布《1956—1967 科技发展远景规划》，半导体作为国家生产与国防紧急发展领域，在黄昆、谢希德教授的主持下，北大创办了中国第一个半导体班，培养了中国新兴半导体事业的第一批骨干。

1957 年，林兰英突破封锁，研制成我国第一根硅单晶。

1965 年，第一批国内研制的晶体管和数字电路在河北半导体研究所鉴定成功，标志着中国第一块集成电路诞生。

1968 年，上海无线电十四厂首家制成 PMOS（P 型金属—氧化物—半导体）集成电路。

1969 年，四机部成立了华天科技的前身甘肃天水永红器材厂（749 厂）以及甘肃天水天光集成电路厂（871 厂）。

1976 年，中科院计算所采用中科院 109 厂（现中科院微电子研究所）研制的 ECL（发射极耦合逻辑电路），成功研制 1000 万次大型电子计算机。

1982 年，国务院成立电子计算机和大规模集成电路领导小组，制定了中国 IC 发展规划，提出"六五"期间要对半导体工业进行改造。

1985 年，中兴通讯前身——中兴半导体有限公司成立。

1987 年，华为公司成立，四年后组建了华为集成电路设计中心（海思半导体的前身），张忠谋创办台积电，开创了半导体专业代工的先河。

1988 年，清华大学成立清华大学科技开发总公司，是紫光集团前身。近年来，紫光集团逐步形成以集成电路为主导，从"芯"到"云"的高科技产业生态链，在全球信息产业中强势崛起。

1991 年，华为集成电路设计中心成立，是华为海思的前身。

1997 年，中科院计算所自主研发了"龙芯 1 号"通用处理器，采用动态流水线结构，定点和浮点最高运算速度均超过每秒 2 亿次，与英特尔的奔腾Ⅱ芯片性能大致相当。

2001 年，北京中星微电子有限公司研制出"星光一号"，是第一个打进国际市场的中国芯片。

2002 年，北京中星微电子有限公司研制出"星光二号"，是全球第一个音频视频同体的图像处理芯片；"星光三号"是中国第一块具有 CPU 驱动的图像处理芯片。

2003 年，北京中星微电子有限公司研制出"星光四号"，是中国第一块移动多媒体芯片；"星光五号"实现产业化，并被中国电信指定为可视通信芯片标准；北京大学微处理器研究开发中心研制成功北大众志-863 系列的 CPU 系统芯片；湖南中芯研制出我国第一片具有完全自主知识产权的数字图像与视频压缩编码解码芯片；万通研制出可应用于公共服务、企业用户、校园网、政府机构、家庭及个人用户的芯片"万通 1 号"；海淀区的电子政务领域正式推广使用具有我国自主知识产权芯片的网络计算机"方舟 2 号"；全国首家系统级芯片(SoC)设计平台"S698"在哈工大微电子中心搭建成功；华虹集体全面收回华虹 NEC 的经营权，创建中国第一家晶圆代工厂；中兴微电子公司成立。

2004 年，中科院计算所研发出实际性能与奔腾 4 水平相当的"龙芯 2 号"通用 CPU，比"龙芯 1 号"性能提高 10 至 15 倍；国防科技大学研制成飞腾处理器(CPU)，又称银河飞腾处理器；华为海思半导体成立。

2006 年，武汉新芯成立，开中部先河，集全球英才。

2009 年，中科院计算所研发出"龙芯 3 号"，3A1000 是我国首个四核 CPU 芯片。

2014 年，国务院发布《集成电路推进纲要》集中力量支持半导体产业；华大半导体有限公司成立。

2016 年，武汉长江存储成立。

2017 年，紫光集团研制成功了中国的第一颗 3D NAND 闪存芯片。

3. 中国芯片发展趋势

作为新一轮产业变革的核心驱动力和引领未来发展的战略技术，国家高度重视人工智能产业的发展。2017 年国务院发布《新一代人工智能发展规划》，对人工智能产业进行战略部署；在 2018 年 3 月和 2019 年 3 月的政府工作报告中，均强调指出要加快新兴产业发展，推动人工智能等研发应用，培育新一代信息技术等新兴产业集群壮大数字经济。

未来，中国人工智能市场规模将不断攀升。根据《新一代人工智能发展规划》，2020 年中国人工智能的技术与应用水平将发展至世界先进水平，同时核心产业规模超过 1500 亿。人工智能芯片作为核心硬件，配合以算法为核心的软件系统，搭载于智能移动终端将构建非常强大的产业链，预计 2030 年中国人工智能核心产业规模将超过 1 万亿元。目前我国自给率仍然较低，核心芯片缺乏，高端技术长期被国外厂商控制，芯片已成为中国第一大进口商品，严重威胁国家安全战略。2019 年 5 月，华为海思的一封员工信，再次把芯片推上了风口。在中兴事件、华为事件中，我们都已经看到了技术封锁对于中国厂商的强大威胁。

在这样的背景下，中国厂商突围的重要性和紧迫性愈发凸显。华为海思在这一轮贸易战中，身处战场正中，成为最受关注的焦点，扛起了"国芯"崛起的大旗，其他企业也意识到了自己的国之责任、社会担当，在技术和产业链上实现突围，虽不至于登顶，但已有了一战之力。相关企业如下：

海思半导体：是全球领先的无晶圆厂半导体和 IC 设计公司，致力于提供全面的连接和多媒体芯片组解决方案。

清华紫光展锐：致力于移动通信和物联网领域核心芯片的研发及设计，产品涵盖 2G/3G/4G/5G 移动通信芯片、物联网芯片、射频芯片、无线连接芯片、安全芯片、电视芯片等多个领域。

华大半导体：致力于智能卡、安全芯片和模拟电路等领域。

中兴微电子：致力于 TD 终端/系统芯片、高端核心路由器芯片、监控芯片、移动互联网、手机产品等领域。

智芯微电子：该公司涉及有芯片传感、通信控制，还有用电节能等领域。

汇顶科技：该公司的指纹识别芯片位于世界第二，仅次于苹果。

士兰微电子：主要负责家电企业变频器电机芯片提供。

大唐半导体：负责汽车电子芯片和智能安全芯片以及智能终端芯片的设计与生产。

敦泰科技：该公司主要向移动设备提供电容屏触控芯片，还有显示驱动芯片、指纹识别芯片和压力触控芯片等。

中星微电子：该公司的图像输入芯片占有全球 60% 以上的市场份额，该公司推出了全球首款集成神经网络处理器，也是开启安防监控智能化的一大领头公司。

4. 软件系统

华为、中兴事件后，核心专利技术缺乏的负面影响让每个中国人都充分意识到了现实——没有核心技术。此后爆发了前所未有的爱国热潮，并引发了业界一股活跃的自我研究芯片和软件系统的浪潮。

中兴新支点操作系统是一款基于 Linux 内核研发的操作系统，这款系统内置各种安全机制，已通过严格的安全测试，支持国产 CPU 和各种软硬件。

华为 HMS(Huawei Mobile Service)是与谷歌的 GMS 相对应的华为移动服务系统。

Yunos 6 系统是阿里巴巴独立开发的系统。经过多年的不断调试和改进，已经获得了一定的市场份额，形成了与 Android 和苹果 iOS 共存的第三套系统。

银河麒麟(Kylin)是由国防科技大学研制的一套具有中国自主知识产权的开源服务器操作系统，打破了国外操作系统的垄断。

"960OS"手机操作系统是同洲电子在国内首创自主研发的基于 Linux 内核的原生操作系统，使用 C、C++语言进行底层编写，采用二进制的基础形式输出，无二次编译，而安卓采用 Java 语言，是在原生型基础上二次编译后形成的系统。

中国操作系统(COS)是中国科学院软件研究所与上海联彤网络通讯技术有限公司联合研发的具有自主知识产权的操作系统，是继银河麒麟，YunOS、同洲 960 等之后又一款国产操作系统，基于 Linux 研发，可通过虚拟机实现安卓应用安装及使用。

5. 我们该做什么

唯有自主可控，方不会受制于人。中兴对外依存度极高，主要是缺乏核心技术，也就是没有自己的核心芯片，命运掌握在别人的手中，而华为并不惧怕其他国家的围剿，是因为华为有自己的技术。

习近平总书记在考察北京大学时说："重大科技创新成果是国之重器、国之利器，必须牢牢掌握在自己手上，必须依靠自力更生，自主创新。"他强调，"科技兴则民族兴，科技强则国家强""少年强则中国强""重器，靠拼搏奋斗铸成"。作为祖国未来的建设者必须要有"天下兴亡匹夫有责"的责任感。历史告诉我们，国家强大，人民才能富强，我们只有把个人命运与国家命运紧密相连，把个人梦想与国家梦想紧密结合才能有所为。想要成为时代的弄潮儿，就要有为人民谋幸福、报效国家的伟大理想。华为的成功告诉我们，能屹立于复杂的国际竞争环境而不倒，就是因为有一代又一代开创者的努力付出。两弹一星、航天航空技术、蛟龙号、港珠澳大桥等等，这些贡献者不仅为自己赢得了声誉，还为国家的强大奉献了自己的力量，而国家强大又是个人研发最大的保证。作为新时代中国青年要珍惜这个时代、担负时代使命，在担当中历练，在尽责中成长，让青春在新时代改革开放的广阔天地中绽放，让人生在实现中国梦的奋进追逐中展现出勇敢奔跑的英姿，努力成为德智体美劳全面发展的社会主义建设者和接班人！

习　题

一、选择题

1. 中央处理器(CPU)是一台计算机的核心组件，它主要是由(　　)等部分构成。
A. 控制器、存储器　　　　　　　　B. 运算器、控制器
C. 运算器、存储器　　　　　　　　D. 运算器、存储器、控制器

2. 计算机系统由硬件系统和软件系统组成。以下说法正确的是(　　)。
A. 计算机的硬件是指输入设备和输出设备
B. 计算机的软件系统是基于硬件而存在的
C. 计算机的硬件就是主机外面的部分，软件就是主机里面的部分
D. 计算机的硬件系统和软件系统是可以分开存在的

3. 操作系统是现代计算机系统不可缺少的组成部分，它负责计算机的(　　)。
A. 程序　　　　　　　　　　　　　B. 功能
C. 全部软、硬件资源　　　　　　　D. 进程

4. 下列存储器按照存取速度由快至慢排列，正确的是(　　)。
A. 主存>硬盘>Cache　　　　　　　B. Cache>主存>硬盘
C. Cache>硬盘>主存　　　　　　　D. 主存>Cache>硬盘

5. RAM是一种存储器，它的特点是(　　)。
A. 只能读取，无法写入　　　　　　B. 可以写入，无法读取
C. 可以写入，可以读取　　　　　　D. 不能写入，不能读取

6. Windows中的"剪切板"是(　　)。
A. 硬盘中的一块区域　　　　　　　B. 软盘中的一块区域
C. 高速缓存中的一块区域　　　　　D. 内存中的一块区域

7. 计算机能直接识别和执行的语言是(　　)。
A. 机器语言　　　B. 汇编语言　　　C. 高级语言　　　D. 数据库语言

8. 计算机系统由( )。

A. 主机和系统软件组成　　　　　　B. 硬件系统和应用软件组成

C. 硬件系统和软件系统组成　　　　D. 微处理器和软件系统组成

9. 要想让计算机上网，至少要在微机内增加一块( )。

A. 网卡　　　　B. 显示卡　　　　C. 声卡　　　　D. 路由器

10. 微型计算机系统是由( )组成。

A. 主机　　　　　　　　　　　　　B. 硬件系统和软件系统

C. 系统软件和应用软件　　　　　　D. 运算器、控制器和存储器

11. 下列哪个部件保存数据具有暂时性( )。

A. 硬盘　　　　B. 软盘　　　　C. RAM　　　　D. ROM

12. 在"格式化磁盘"对话框中，选中"快速"单选钮，被格式化的磁盘必须是( )。

A. 从未格式化的新盘　　　　　　　B. 曾格式化过的磁盘

C. 无任何坏扇区的磁盘　　　　　　D. 硬盘

13. 将一个应用程序最小化，表示( )。

A. 终止该应用程序的运行

B. 该应用程序窗口缩小到桌面上(不在任务栏)的一个图标按钮

C. 该应用程序转入后台不再运行

D. 该应用程序转入后台继续运行

14. 在 Windows 中，将整个桌面复制到剪贴板的操作是( )。

A. 按 Print Screen　　　　　　　　B. 按 Ctrl+Print Screen

C. 按 Alt+Print Screen　　　　　　D. 按 Shift+Print Screen

15. 在资源管理器右窗格中，如果需要选定多个非连续排列的文件，应按组合键( )。

A. Ctrl+单击要选定的对象　　　　　B. Shift+单击要选定的对象

C. Alt+单击要选定的对象　　　　　D. Tab+单击要选定的对象

16. 以下关于"剪贴板"的说法中，不正确的是( )。

A. 剪贴板是内存的一块区域

B. 剪贴板是硬盘的一块区域

C. 剪贴板只可保留最后一次剪切或复制的内容

D. 进行剪切或复制操作后重新启动计算机，剪贴板中的内容会消失

17. 关于 Windows 的菜单选项，下列说法( )是不对的。

A. 名字前带"。"的选项表明让用户对该选项选定或不选定

B. 带有三角标记的选项表示下面至少还有一级子菜单

C. 后面跟有省略号(…)的选项表示该选项有对话框

D. 颜色变灰的选项在当前条件下不能进行操作

18. 在资源管理器中，选择几个连续的文件的方法可以是：先单击第一个，再按住( )键单击最后一个。

A. Ctrl　　　　B. Shift　　　　C. Alt　　　　D. Ctrl+Alt

19. 在各类计算机操作系统中，分时系统是一种(　　)。

A. 单用户批处理操作系统　　　　B. 多用户批处理操作系统

C. 单用户交互式操作系统　　　　D. 多用户交互式操作系统

20. 在 Windows 的"回收站"中，存放的(　　)。

A. 只能是硬盘上被删除的文件或文件夹

B. 只能是软盘上被删除的文件或文件夹

C. 可以是硬盘或软盘上被删除的文件或文件夹

D. 可以是所有外存储器中被删除的文件或文件夹

二、填空题

1. 在同一时刻，Windows 系统中的活动窗口最多可以有_____个。

2. 在计算机技术指标中，MIPS 用来描述计算机的_____。

3. 既是输入设备，也是输出设备的是_____。

4. 外存储器中的信息，必须首先调入_____，然后才能供 CPU 使用。

5. 在 Windows 的资源管理器中，为了能查看文件的大小、类型和修改时间，应该在"查看"菜单中选择_____显示方式。

6. CPU 能够直接访问的存储器是_____。

7. 计算机硬件设备中，无需加装风扇的是_____。

8. DRAM 存储器的中文含义是_____。

三、论述题

1. 中兴事件和华为事件

美国东部时间 4 月 16 日，美国商务部正式对外宣布，将禁止美国公司向中兴通讯销售零部件、商品、软件和技术，整个禁止时间长达 7 年，一直持续到 2025 年 3 月 13 日。官方出示的理由是，中兴违反了美国限制向伊朗出售美国技术的制裁条款。最终，中兴通讯被迫更换了全部董事会成员，并交出了高达 14 亿美元的天价罚款，美国才撤销禁令，付出了非常沉重的代价。

2019 年 5 月 16 日，美国商务部以国家安全为由，将华为公司及其 70 家附属公司列入管制"实体名单"，禁止美企向华为出售相关技术和产品，封杀令一出，世界哗然。所幸有了中兴的前车之鉴后，华为早就未雨绸缪独立自主"去 A 化"（"A"为"American"，即去美化）。在经济上，放弃美国市场也不会有过大的影响。面对美国的多方面制裁，华为依然坚挺。

阅读完中兴事件和华为事件后，有什么启示？

2. 通过查阅资料，叙述机器语言、汇编语言、高级语言、数据库语言各有什么样的特色？

3. 说明计算机操作系统的发展历史及其分类。

4. 讨论并说明各级存储的特点。

单元3 Word应用

Microsoft Office 是由 Microsoft(微软)公司开发的一套基于 Windows 操作系统的办公软件套装，常用组件有 Word、Excel、Powerpoint 等。Microsoft Office Word 是 Microsoft 公司推出的 Office 软件中最常用的组件之一，它继承了 Windows 友好的图形界面，可方便地进行文字、图形、图像和数据处理，是常用的文档处理软件之一。用户只有掌握基本操作，才能使办公过程更加轻松、方便。自 1990 年 Word 开始商用以来，它经历了以下版本的演变：

Word 2. 0 For Windows 3. 0(1990 年)

Word 3. 0 For Windows 3. 1(1992 年)

Word 4. 0 (Office 4. X)(1993 年)

Word For Windows 95 (Version 7. 0)—(Office 95)(1995 年)

Word 97(Version 8. 0)—(Office 97)(1997 年)

Word 2000 (Version 9. 0)—(Office 2000)(1999 年)

Word 2002 (Version 10)—(Office Xp)(2001 年)

Word 2003 (Version 11)—(Office 2003)(2003 年)

Word 2007 (Version 12)—(Office 2007)(2007 年)

Word 2010 (Version 14)—(Office 2010)(2010 年)

Word 2013 (Version 15)—(Office 2013)(2012 年)

Word 2016 (Version 16)—(Office 2016)(2018 年)

本单元以 Word 2016 版本为例，通过具体实例从以下方面进行讲解：

1. Word 的功能及启动。

2. Word 排版技术。

3. 图文混排的编辑。

4. 表格的插入和应用。

5. 页面布局功能应用。

6. Word 高级应用。

3.1　Word 基本操作

3.1.1　Word 的功能与特点

3.1.1.1　Word 的功能

Word 是 Microsoft 公司的产品 Office 套件中的一个文字处理程序，用户可以使用它建立各种各样的文档。其主要功能包括：

（1）文字编辑功能

Word 软件可以在文档上编辑文字、图形、图像、声音、动画等数据，还可以插入来源不同的其他数据源信息；Word 软件可以提供绘图工具制作图形、设计艺术字、编写数学公式等功能，满足用户的多方面的文档处理需求。

（2）表格处理功能

Word 软件可以自动制表，也可以完成手动制表；可以制作各种类型的表格，包括柱形图、折线图等。同时，Word 制作的表格中的数据可以自动计算，并完成多种样式修饰。

（3）文件管理功能

Word 提供丰富的文件格式的模板，方便创建各种具有专业水平的信函、备忘录、报告、公文等文件。

3.1.1.2　Word 的功能

①直观的操作界面　Word 软件界面友好，提供了丰富多彩的工具，利用鼠标就可以完成选择、排版等操作。

②所见即所得　用户用 Word 软件编排文档，使得打印效果在屏幕上一目了然。

③多媒体混排　用 Word 软件可以编辑文字、图形、图像、声音、动画，还可以插入其他软件制作的对象等。

④强大的制表功能　Word 软件提供了强大的制表功能，可以方便地进行规则和不规则表格制作，也可以实现表格的修饰、转换、自动计算等。

⑤自动功能　Word 软件提供了文档的校正功能，可以自动实现文档的校对、语言处理、批注、修订、更改、比较、保护等，帮助用户自动编写摘要，为用户节省了大量的时间。

⑥批量信函生成　Word 软件提供了邮件合并功能，可以实现中英文信封、标签的批量合成。

⑦模板与向导功能　Word 软件提供了大量且丰富的模板，使用户在编辑某一类文档时，能很快建立相应的格式，而且 Word 软件允许用户自己定义模板，为用户建立有特殊需要的文档提供了高效而快捷的方法。

⑧丰富的帮助功能　Word 软件的帮助功能详细而丰富，提供了形象而便捷的帮助，

使得用户遇到问题时，能够找到解决问题的方法，为用户自学提供了方便。

⑨Web工具支持 因特网（Internet）是当今计算机应用最广泛、最普及的一个方面。Word软件提供了Web的支持，用户根据Web页向导，可以快捷而方便地制作出Web页（通常称为网页），还可以使用Word软件的Web工具栏，迅速地打开、查找或浏览包括Web页和Web文档在内的各种文档。

⑩超强兼容性 Word软件可以支持许多种格式的文档，也可以将Word编辑的文档以其他格式的文件存盘，这为Word软件和其他软件的信息交换提供了极大的方便。用Word可以编辑邮件、信封、备忘录、报告、网页等。

3.1.2 程序启动、退出及界面组成

3.1.2.1 Word 2016的启动方法

Word 2016的启动方法与其他Windows环境下的软件启动方法相同，主要有3种：
①使用命令 使用"开始">"Word 2016"。
②使用图标 双击桌面快捷图标。
③使用文档 直接双击Word 2016文档。

3.1.2.2 Word 2016的退出方法

①单击Word 2016窗口右上角的关闭按钮。
②通过"文件"菜单下的"关闭"命令退出。
③按下快捷键"Alt"+"F4"。

3.1.2.3 认识Word 2016工作窗口

Word 2016的操作界面主要由标题栏、文件菜单、快速访问工具栏、九大功能区、文档编辑区、状态栏等部分组成，如图3-1所示。在操作过程中还可能出现快捷菜单、窗格等元素。选用的视图不同，显示的屏幕元素也不同，用户自己也可以控制某些屏幕元素的显示或隐藏。

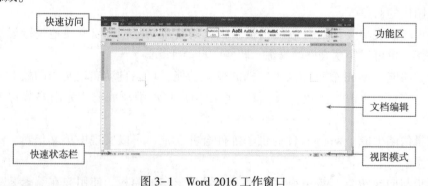

图3-1 Word 2016工作窗口

（1）标题栏

标题栏显示Word编辑的常用功能、创建的文档名。在标题栏按住鼠标左键可以移动窗口，其组成如下：

①单击 🔚 　这是 Word 2016 的保存按钮。

②快速访问工具栏　用户可以在"快速访问工具栏"上放置一些最常用的命令按钮。

该工具栏中的命令按钮不会动态变换 ▭▭▭▭▭。用户可以增加、删除"快速访问工具栏"中的命令项。其方法是：单击"快速访问工具栏"右边向下箭头按钮，在弹出的下拉菜单中选中或者取消相应的命令即可 ▭▭▭▭▭▭。如果选择"在功能区下方显示"选项，快速访问工具栏就会出现在功能区的下方，而不是上方，如图 3-2 所示。

图 3-2　在功能区下方显示的快速访问工具栏

③标题部分　它显示了当前编辑的文档名称。

④功能区显示选项　有 3 种模式：自动隐藏功能区、显示选项卡、显示选项卡和命令。

- 自动隐藏功能区：隐藏选项卡和命令组，如图 3-3 所示。
- 显示选项卡：隐藏命令组，仅显示选项卡，如图 3-4 所示。
- 显示选项卡和命令：始终显示选项卡和命令组，如图 3-5 所示。

图 3-3　自动隐藏功能区　　　　图 3-4　显示选项卡　　　　图 3-5　显示选项卡和命令

⑤窗口控制按钮　包含了"最小化"按钮、"最大化/还原"按钮和"关闭"按钮 。按"Alt+空格"键会打开控制菜单，通过该菜单也可以进行移动、最小化、最大化窗口和关闭程序等操作。

（2）功能区

在 Word 2016 中，功能区已经取代了传统的菜单和工具栏，主要组成为：

①"文件"菜单　包括文档的新建 、打开、保存、打印等命令，该菜单主要用于帮助用户对 Word 2016 文档进行文档基本操作及输出打印的功能(图 3-6)。

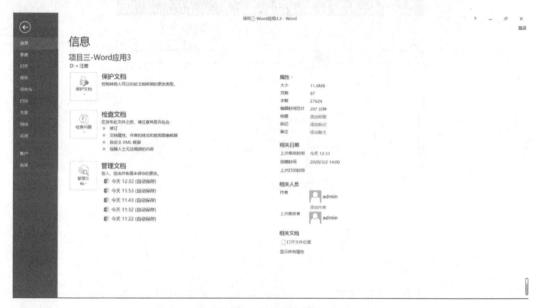

图 3-6　"文件"菜单

②"开始"选项卡　包括剪贴板、字体、段落、样式和编辑 5 个命令组，如图 3-7 所示，该选项卡主要用于帮助用户对 Word 2016 文档进行文字编辑和格式设置，是用户最常用的选项卡。

图 3-7　"开始"选项卡

③"插入"选项卡　包括页面、表格、插图、加载项、链接、批注、页眉和页脚、文本和符号等命令组，如图 3-8 所示，主要用于在 Word 2016 文档中插入各种元素。

图 3-8　"插入"选项卡

④"设计"选项卡　包括文档格式、页面背景等命令组，如图 3-9 所示，用于帮助用户设置 Word 2016 文档页面主题样式。

图 3-9 "设计"选项卡

⑤"布局"选项卡 包括页面设置、稿纸、段落、排列等命令组，如图 3-10 所示，用于帮助用户设置 Word 2016 文档页面样式。

图 3-10 "布局"选项卡

⑥"引用"选项卡 包括目录、脚注、引文与书目、题注、索引和引文目录等命令组，如图 3-11 所示，用于实现在 Word 2016 文档中插入目录等高级功能。

图 3-11 "引用"选项卡

⑦"邮件"选项卡 包括创建、开始邮件合并、编写和插入域、预览结果和完成等命令组，如图 3-12 所示。该选项卡的作用比较专一，专门用于在 Word 2016 文档中进行邮件合并操作。

图 3-12 "邮件"选项卡

⑧"审阅"选项卡 包括校对、见解、语言、中文简繁转换、批注、修订、更改、比较和保护等命令组，如图 3-13 所示，主要用于对 Word 2016 文档进行校对和修订等操作，适用于多人协作处理 Word 2016 文档。

图 3-13 "审阅"选项卡

⑨"视图"选项卡 包括文档视图、显示、显示比例、窗口和宏等命令组，如图 3-14 所示。主要用于帮助用户设置 Word 2016 操作窗口的视图类型，以方便操作。

图 3-14 "视图"选项卡

（3）标尺

在 Word 2016 中，默认情况下标尺是隐藏的。用户通过勾选"视图"选项卡中"显示"命令组的"标尺"选项来显示标尺，如图 3-15 所示。标尺包括水平标尺和垂直标尺，可以通过水平标尺查看文档的宽度，查看和设置段落缩进的位置、文档的左右边距、制表符的位置；可以通过垂直标尺设置文档上下边距。

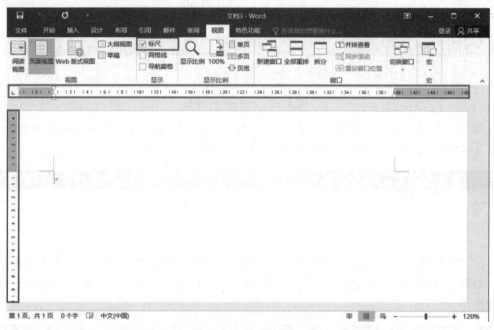

图 3-15　标尺的显示

（4）工作区

Word 2016 窗口中间最大的白色区域就是工作区，即文档编辑区。在工作区，用户可以进行输入文字，插入图形、图片，设置和编辑格式等操作。

在工作区，无论何时，都会有光标（一条竖线）不停闪烁，它指示下一个输入文字的位置。

在工作区另外一个很重要的符号是段落标记，它用来表示一个段落的结束，同时还包含了该段落所使用的格式信息，通过按回车键产生。如果不想显示段落标记，用户可以单击"文件"菜单后选择"选项"，在"选项"对话框左侧选择"显示"选项，然后在右侧的"始终在屏幕上显示这些格式标记"组中取消"段落标记"的选中状态，如图 3-16 所示。

（5）滚动条

Word 2016 提供了水平和垂直两种滚动条，使用滚动条可以快速移动文档浏览位置。在滚动条的两端分别有一个向上（向左）、向下（向右）的箭头按钮，在它们之间有一个矩形块，称为滚动块。

①单击向上（向左）、向下（向右）按钮，屏幕可以向相应方向滚动一行（或一列）。

②单击滚动块上部（左部）或下部（右部）的空白区域时，屏幕将分别向上（左）或向下（右）滚动一屏（相当于使用键盘上的"Pageup"键或"Pagedown"键）。以上操作当屏幕滚动时，文字插入点光标位置不变。

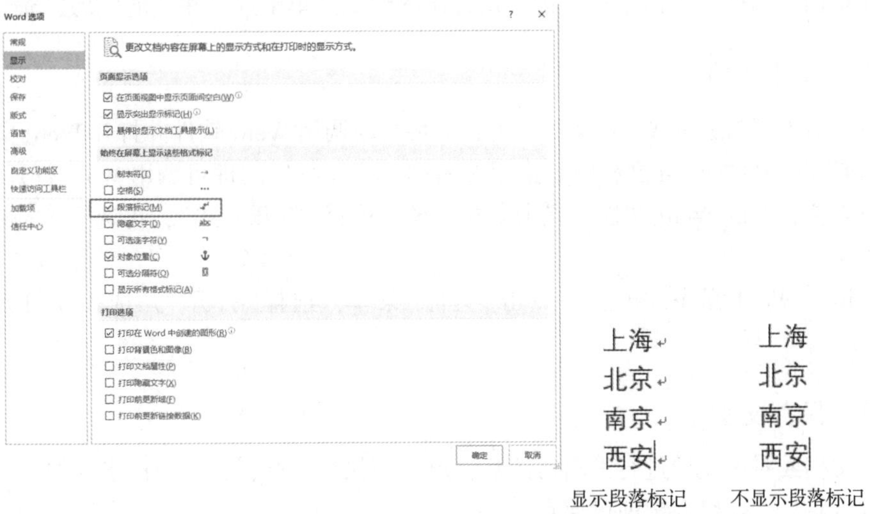

图 3-16　"段落标记"的设置

（6）状态栏

Word 2016 的状态栏包括："页面信息"区、"文档字数统计"区、"校对错误"区、"语言"区、"视图模式"区和"缩放窗口"区。

（7）视图模式

"视图模式"区中有 3 种主要功能，它们分别为：

①页面视图　在 Word 2016 中，页面视图是默认视图。在页面视图中，用户可以看到对象在实际打印的页面中的效果，即在页面视图中"所见即所得"。各文档页的完整形态，包括正文、页眉、页脚、自选图形、分栏等都按先后顺序和实际的打印格式精确显示出来。

②阅读视图　在阅读视图模式下，Word 将不显示选项卡、按钮组、状态栏、滚动条等，而在整个屏幕显示文档的内容。这种视图是为用户浏览文档而准备的功能，通常不允许用户再对文档进行编辑，除非用户单击"视图选项"按钮，在弹出的下拉菜单中选择"允许键入"命令。

③Web 版式视图　Web 版式视图相比普通视图的优越之处在于它显示所有文本、文本框、图片和图形对象；相比页面视图的优越之处在于它不显示与 Web 页无关的信息，如不显示文档分页、页眉页脚，但可以看到背景和为适应窗口而换行的文本，而且图形的位置与所在浏览器中的位置一致。

3.1.3　文档新建、打开、保存及关闭

3.1.3.1　创建新文档

启动 Word 2016 后，系统会自动创建一个空白文档，在 Word 2016 中，如果要创建新文档，常用的有以下几种方法：

①单击"文件"菜单，然后选择"新建"命令。

②按"Ctrl+N"组合键。

③在桌面空白区域单击鼠标右键，从弹出的快捷菜单中选择相关的"新建"命令。

3.1.3.2 打开文档

①直接对着要打开的 Word 文档双击，即可自动调用 Word 软件并打开 Word 文档。

②对着要打开的 Word 文档，点击鼠标右键，选择"打开"即可调用 Word 打开该文档。

③对着要打开的 Word 文档，点击鼠标右键，选择"打开方式"，再选择 Word 2016 即可打开该文档

④先运行 Word 程序，再直接点击"文件"菜单，选择"打开"并选择要打开的文件即可。

3.1.3.3 保存文档

新建文档或对旧文档进行编辑修改后，就必须保存文档，具体操作步骤如下：

①按"Ctrl"+"S"组合键即可保存。

②单击"文件"菜单，选择"保存"命令，选择保存路径后，即可打开"另存为"界面，在"保存位置"下拉列表中选择要保存的位置，在"文件名"对话框中输入文件名，在"保存类型"下拉列表框中选择所需的文件类型(如 Docx 或者 Doc 等)，单击"保存"按钮即可。

③单击图标 保存文档。

3.1.3.4 关闭文档

①单击"文件">"关闭"命令，即可关闭 Word 文档，但不退出 Word。

②单击 Word 窗口右上角的"关闭" 按钮，则关闭 Word 文档并退出 Word。

③右击任务栏上的 Word 图标，选择"关闭窗口"命令。

3.1.4 文本输入及基本编辑技术

3.1.4.1 文本输入

通过"即点即输"方式定位光标插入点后，就可开始录入文本了。如需中英文切换，可使用快捷键"Ctrl"+"Shift"。

3.1.4.2 符号、特殊符号输入

输入特殊符号可以使用 Word 2016 中"插入"选项卡"符号"命令组的"符号"命令，插入步骤为：

①单击要插入符号的位置。

②在"插入"选项卡上的"符号"命令组中，单击"符号"按钮，打开"符号"下拉框，如图 3-17 所示。

③在下拉列表中单击所需的符号。

如果要插入的符号不在列表中，请单击"特殊符号"。在"字符"框中，单击要插入的符号，然后单击"插入"，如图 3-18 所示。

图 3-17　"符号"下拉框　　　　　　　图 3-18　"符号"对话框

④单击"关闭"。

3.1.4.3　插入点的移动

在文档编辑区中有一条闪烁的短竖线，称为插入点。插入点的位置指示着将要插入的文字或图形的位置以及各种编辑修改命令将生效的位置。移动插入点有如下几种方法：

①利用鼠标移动插入点。

②使用键盘控制键移动插入点，键盘控制键的功能见表 3-1 所列。

表 3-1　控制键插入移动点的功能

键名	说明
←	移动光标到前一个字符键
→	移动光标到后一个字符键
↑	移动光标到前一行
↓	移动光标到后一行
Page Up	移动光标到前一页当前光标处
Page Down	移动光标到后一页当前光标处
Home	移动光标到行首
End	移动光标到行尾
Ctrl+Page Up	移动光标到上页的顶端
Ctrl+Page Down	移动光标到下页的顶端
Ctrl+Home	移动光标到文档首
Ctrl+End	移动光标到文档尾
Alt+Ctrl+Page Up	移动光标到当前页的开始
Alt+Ctrl+Page Down	移动光标到当前页的结尾
Shift+F5	移动光标到最近曾经修改过的 3 个位置

③利用定位对话框快速定位。

④返回上次编辑位置。按下"Shift"+"F5"键，就可以将插入点移动到执行最后一个动作的位置。Word 能记住最近 3 次编辑的位置，只要一直按住"Shift"+"F5"键，插入点就会

在最近三次修改的位置跳动。

3.1.4.4　文本基础编辑

在学会新建文档、输入文本、保存文档、打开文档的基本操作后，还必须了解文本的基本编辑操作，只有熟练地掌握这些基础的编辑操作，才可以为进一步学习文档排版打下良好基础。

（1）选定文本内容

选定文本内容是一切文本操作的基础，是学习办公类软件必须掌握的知识。选定文本有以下几种方法。

①用鼠标选取　将光标置于要选定文字的开始位置，按住鼠标左键不放并拖动鼠标到要选定文字的结束位置松开；或者按住"Shift"键，在要选定文字的结束位置单击，也可以选中这些文字。利用鼠标选定文字方法对连续的字、句、行、段的选取都适用。

②句的选取　按住"Ctrl"键，单击文档中的一个地方，鼠标单击处的整个句子就被选取。

③行的选取　行的选取可以分为单行选取和多行选取两种：

●选定一行文字：将鼠标移到该行左边首部，此时光标变成斜向右上方的箭头，单击即可选择整行文本。

●选择多行文本：在文档中按左键上下进行拖动可以选定多行文体；配合"Shift"键，在开始行的左边单击选中该行，按住"Shift"键，在结束行的左边单击，同样可以选中多行。

④段落的选取　将鼠标移到该段落左侧，待光标改变形状后双击，或者在该段落中的任意位置三击鼠标（快速按鼠标左键3次）即可选定整个段落。

⑤全文选取　将鼠标移到文档左侧，待鼠标改变形状后三击鼠标，或者按"Ctrl+A"键即可选定整篇文章。

（2）删除、移动和复制文本

选取文字的目的是为了对文本进行复制、删除、拖动、加格式等操作，下面介绍如何进行删除、移动和复制文本操作。

①删除文本　在文档的输入过程中免不了会出现错误的操作，有时必须通过删除文档中的文字来修正错误，具体的操作步骤如下：

●选定要删除的文本。

●按"Backspace"键或"Delete"键，可以删除文本。

②复制文本　对重复输入文字，利用复制和粘贴功能来输入会比较方便，常用的方法有以下两种：

●菜单命令法：先选定要重复输入的文字，使用"开始"选项卡或右键快捷菜单中的"复制"命令或快捷键"Ctrl"+"C"对文字进行复制；然后将光标置于要输入文本的地方，使用右键快捷菜单中的"粘贴"或快捷键"Ctrl"+"V"可以实现粘贴，这样可以免去很多输入的麻烦。

●鼠标拖动法：先选定要重复输入的文字，同时按"Ctrl"键和鼠标左键，拖动鼠标指针。此时，鼠标指针会变成一个带有虚线方框的箭头，光标呈虚线状，当光标移动到了要插入复制文本的位置后释放鼠标和"Ctrl"键，就可以实现文本的复制。还可以利用"剪贴板"进行复制。

在 Word 2016 中，不管采用哪一种复制方法，都会在粘贴的文本后面出现一个粘贴选项按钮 📋(Ctrl) ▾，单击该按钮可以展开粘贴命令菜单。在粘贴命令菜单中，有 3 种方式供大家选择："保留源格式""合并格式"和"仅保留文本"。

- 保留源格式：所粘贴的内容的属性不会改变。
- 合并格式：复制过来的内容将摒弃原来的格式，并自动匹配现有的格式(包括字体及大小)进行排版。
- 仅保留文本：表示只粘贴文本内容。

(3)移动文本

移动文本就是将选择的文本原样移到指定的地方。文本移动的方法主要有以下两种。

- 常规法：选择需要移动的文本，使用"开始"选项卡"剪贴板"命令组或右键快捷菜单中的"剪切"命令或快捷键"Ctrl"+"X"对文字进行剪切，然后将光标置于要输入文本的地方，使用右键快捷菜单中的"粘贴"命令或快捷键"Ctrl"+"V"可以实现粘贴。
- 鼠标拖动法：先选中要移动的文字，同时按鼠标左键，拖动鼠标指针，此时，鼠标指针会变成一个带有虚线方框的前头，光标呈虚线状，当光标移动到了要插入文本的位置后释放鼠标，就可以实现文本的移动。

(4)查找、替换与定位

在文档的编辑过程中，经常要查找某些内容，有时还需要对某一内容进行统一替换。对于比较长的文档来说，如果人工逐字逐句进行查找或替换，不仅费时费力，而且很容易出现遗漏。利用 Word 2016 提供的查找和替换功能，可以很方便地完成这些工作，如图 3-19 所示。

图 3-19 "查找和替换"对话框

①查找 要想在文档中查找内容，可以单击"开始"选项卡"编辑"命令组中的"查找"命令，也可以利用快捷键"Ctrl"+"F"来打开导航窗格进行查找，或通过"高级查找"命令打开如图 3-19 所示的"查找和替换"对话框，查找完成插入点定位于被找到的文本位置上，具体步骤如下：

- 设置开始查找的位置(如文档的首部)，Word 默认从插入点开始查找。
- 单击"开始"选项卡"编辑"命令组中的"高级查找"命令，打开"查找和替换"对话框。
- 在"查找内容"文本框中输入要查找的文本。
- 单击"查找下一处"按钮，即可在文档中进行查找。如果要继续查找，可以再次单击"查找下一处"按钮。

● 如果要结束查找，可以单击"取消"按钮，关闭对话框。

注：如果对查找有更高的要求，可以单击"更多"按钮，Word 2016 将在对话框中显示更多的搜索选项，如"搜索方向""区分大小写"等。

②替换　要在当前文档中用新的文本替换原来的文本，可以使用 Word 2016 的替换功能。具体步骤如下：

● 设置开始替换的位置。

● 单击"开始"选项卡"编辑"命令组中的"替换"命令或利用"Ctrl+H"组合键，打开"查找和替换"对话框。

● 在"查找内容"文本框中输入要查找的文本，然后在"替换为"文本框中输入新的文本。

● 若要替换所有查找到的内容，则可以单击"全部替换"按钮，若是对查找到的内容进行有选择的替换，则应单击"查找下一处"按钮，逐个进行查找；如果要替换当前查找到的文本，则单击"替换"按钮，否则单击"查找下一处"按钮继续查找。

注：我们用 Word 的查找和替换功能，不仅可以查找和替换字符，还可以查找和替换字符格式(如查找或替换字体、字号、字体颜色等格式)，操作步骤如下所述：

● 打开 Word 2016 文档窗口，在"开始"选项卡的"编辑"分组中依次单击"查找"/"高级查找"按钮。

● 在打开的"查找和替换"对话框中单击"更多"按钮，以显示更多的查找选项。

● 在"查找内容"编辑框中单击鼠标左键，使光标位于编辑框中。然后单击"查找"区域的"格式"按钮，如图 3-20 所示。

● 在打开的格式菜单中单击相应的格式类型(如"字体""段落"等)。

● 打开"查找字体"对话框，可以选择要查找的字体、字号、颜色、加粗、倾斜等选项，并单击"确定"按钮。

● 返回"查找和替换"对话框，单击"查找下一处"按钮查找格式。

图 3-20　查找替换字符格式

注：如果需要将原有格式替换为指定的格式，可以切换到"替换"选项卡，指定想要替换成的格式，并单击"全部替换"按钮。

③定位　如果在文档编辑中要将光标定位在指定的位置，需使用 Word 2016 的定位功能，如图 3-21 所示。在"查找和替换"对话框中选择定位选项，可以将光标置于页、节、题注、脚注和表格等多种目标下进行定位，前提是在文档编辑中用到这些功能。

（5）拼写与语法检查

用户在使用 Word 文档输入文本时，经常会在一些字词的下面看到红色和蓝色的波浪线。这些波浪线是由 Word 的拼写和语法检查功能提供的，这种功能非常有利于用户发现在编辑过程中出现的拼写或语法错误。下面介绍 Word 2016 文档中对拼写和语法进行校对的具体步骤。

①打开 Word 文档，切换至"审阅"选项卡，在"校对"组中单击"拼写和语法"按钮，如图 3-22 所示。

②打开"语法"对话框，此时会定位到第一个有拼写和语法错误的地方，对有错误的词组进行修改后，查找下一个错误即可，如图 3-23 所示。

③如果没有语法错误，将弹出信息窗口，单击"确定"即可，如图 3-24 所示。

主要操作步骤扫描二维码，观看视频学习。

图 3-21　"定位"对话框

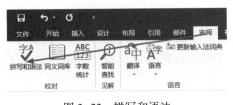

图 3-22　拼写和语法

图 3-24　"拼写和语法检查"信息窗口

图 3-23　"拼写和语法检查"对话框

3.2　Word 排版技术

在后面的课程中，我们将以"中国探月"报刊为例来讲解各个知识点的应用(图 3-25)。

图 3-25　"中国探月"报刊

3.2.1　文字格式设置

Word 2016 中提供了丰富的字符格式，通过选用不同的格式可以使所编辑的文本显得更加美观和与众不同。下面我们来学习有关设置字符格式的基本操作，包括字体、字号、字体颜色、特殊格式、字符缩放等。

3.2.1.1　设置字体

Word 2016 提供了许多种字体，并且可添加更多其他的字体。如"宋体""楷体""仿宋""黑体"等中文字体，以及 Times New Roman、Arial 等英文字体。系统默认的中文字体是宋体，英文字体为 Times New Roman。

设置字体的具体操作如下：

①在文档中选中需要设置字体的文本，选择"开始"选项卡，单击"字体"命令组中的"字体"下拉列表右侧的下三角按钮，弹出如图 3-26 所示的"字体"下拉列表。在该下拉列表中选择所需的字体，效果如图 3-27 所示。

图 3-27　设置文本字体效果

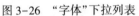

图 3-26　"字体"下拉列表　　　图 3-28　悬浮窗口中设置文本字体

　　②选中需要设置字体的文本，在出现的悬浮窗口中设置文本字体，如图 3-28 所示。

　　③选中需要设置字体的文本，单击鼠标右键，在弹出菜单中选择"字体"命令，弹出的"字体"选项卡如图 3-29 所示。在该选项卡中的"中文字体"下拉列表中选择所需的中文字体，在"西文字体"下拉列表中选择所需的西文字体，单击"确定"按钮即可。

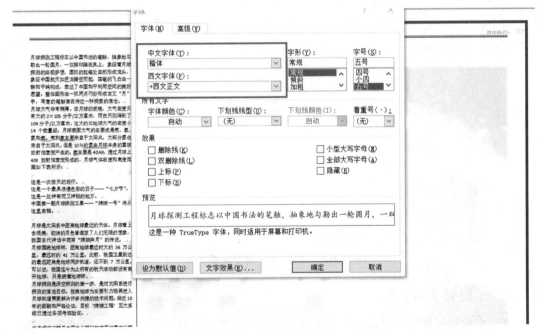

图 3-29　"字体"选项卡

图 3-30 "字体"对话框中设置字号

3.2.1.2 设置字号

字号是指字体的大小。我国字体大小的计量单位是"号",而西方国家的计量单位是"磅"。"磅"与"号"之间的换算关系是:9磅字相当于五号字。在文章中使用不同的字号,如标题比正文字号大一些,会使整篇文章具有层次感,更加方便阅读。设置字号的具体操作如下:

①在文档中选中需要设置字号的文本。

②在选项卡用户界面中的"开始"选项卡中,单击"字体"命令组中的"字号"下拉列表右侧的下三角按钮,在弹出的"字体"对话框中选择所需的字号,如图3-30所示,或者在"字体"选项卡中的"字号"列表框中选择需要的字号,如图 3-31所示。

图 3-31 "字体"命令组中设置字号

3.2.1.3 设置字体颜色

在文本设置过程中,可以为文本设置不同的颜色来突出显示某一部分。设置字体颜色的具体操作步骤如下:

①在文档中选中需要设置字体颜色的文本。

②在选项卡用户界面中的"开始"选项卡中的"字体"命令组中单击"字体颜色"按钮右侧的下三角按钮，弹出如图 3-32 所示的"字体颜色"下拉列表。

③在该下拉列表中选择需要的颜色即可。

④如果"字体颜色"下拉列表中没有需要的颜色，可选择"其他颜色"选项，弹出"颜色"对话框，默认打开"标准"选项，如图 3-33 所示。

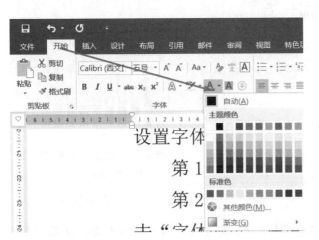

图 3-32　"字体颜色"下拉列表

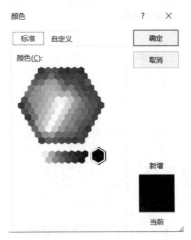

图 3-33　"标准"选项卡

⑤在该选项卡中选择需要的颜色，单击"确定"按钮。

3.2.1.4　设置特殊格式

有时为了强调某些文本，经常需要设置特殊格式，主要包括加粗、倾斜、下划线等。设置特殊格式的具体操作步骤如下：

①在文档中选中需要设置特殊格式的文本。

②选项卡用户界面中的"开始"选项卡中的"字体"命令组中的"加粗"按钮 **B** 加粗文本，加强文本的渲染效果；单击"倾斜"按钮 *I* 倾斜文本；单击"下划线"按钮 U 为文本添加下划线，单击"下划线"按钮 U 右侧的下三角按钮，弹出"下划线"下拉列表，如图 3-34 所示。

图 3-34　"下划线"下拉列表

③在该下拉列表中选择"其他下划线"选项，可弹出如图 3-35 所示的"字体"对话框，打开"字体"选项卡，在该选项卡中的"下划线线型"下拉列表中可设置其他类型的下划线；选择"下划线颜色"选项，弹出如图 3-36 所示的"下划线颜色"下拉列表，在该列表框中可设置下划线的颜色。

图 3-35　"字体"对话框

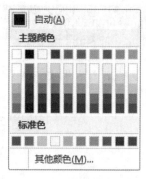

图 3-36　"下划线颜色"下拉列表

注：加粗、倾斜和下划线按钮都是双向开关，即单击一次可对文本进行设置，再次单击则取消设置。

3.2.1.5　设置字符缩放

设置字符缩放的具体操作步骤如下：

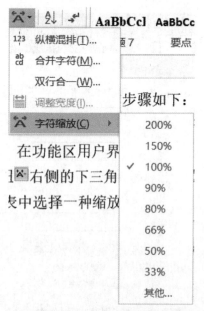

图 3-37　"字符缩放"下拉列表

①在文档中选中需要设置字符缩放的文本。

②在选项卡用户界面中的"开始"选项卡中的"段落"命令组中选择"中文版式"按钮 右侧的下三角按钮，弹出如图 3-37 所示"字符缩放"下拉列表，在该下拉列表中选择一种缩放比例。

如果"字符缩放"下拉列表中提供的缩放比例不符合要求，可打开"字体"对话框中的"高级"选项进行设置，如图 3-38 所示。

③在该选项中的"缩放"下拉列表中选择需要的缩放比例。

④在"间距"下拉列表中选择"标准""加宽"或"紧缩"选项，在其后的"磅值"微调框中输入相应的数值。

⑤在"位置"下拉列表中选择"标准""提升"或"降低"选项，在其后的"磅值"微调框中输入相应的数值。

⑥在"高级"选项中选中"为字体调整字间距"复选框，在其后的微调框中输入相应的数值，调整字与字之

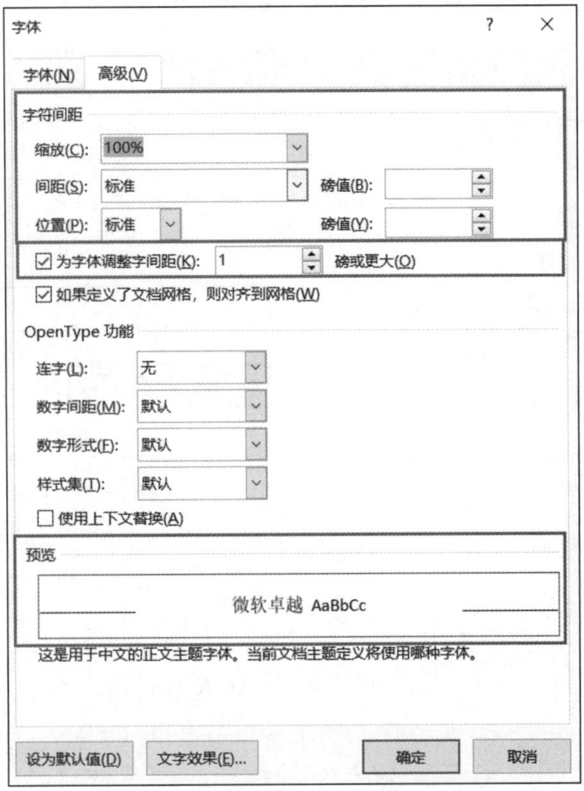

图 3-38　"字体"对话框高级选项

间的间距。

⑦在"预览"区中预览设置字符的效果，单击"确定"按钮完成设置。

3.2.2　段落排版

除了对文本进行格式设置外，还必须掌握段落的格式化设置方法，即学习怎样对一个段落的整体布局进行格式设置，如设置段落的缩进和对齐、行距和间距等。与段落格式相关的设置都可利用"开始"选项卡"段落"命令组和利用"段落"对话框两种方式进行。

3.2.2.1　设置段落对齐方式

在 Word 中常用的段落对齐方式有 5 种，分别是左对齐、居中对齐、右对齐、两端对齐和分散对齐。

①利用"开始"选项卡"段落"命令组相关命令进行段落对齐操作，具体步骤如下：

• 选中要设置对齐方式的段落。

• 在"段落"命令组中选择一种对齐方式，如单击"居中对齐"按钮，如图 3-39 所示。

②利用"段落"命令组的对话框启动器进行设置，具体步骤如下：

• 选中要设置对齐方式的段落。

• 单击"段落"命令组的对话框启动器按钮，打开"段落"对话框，如图 3-40 所示，在

"对齐方式"下拉列表框中选择需要的对齐方式，并单击"确定"按钮完成操作，如图3-41所示。

图3-40 "段落"设置对话框

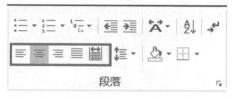

图3-39 对齐方式

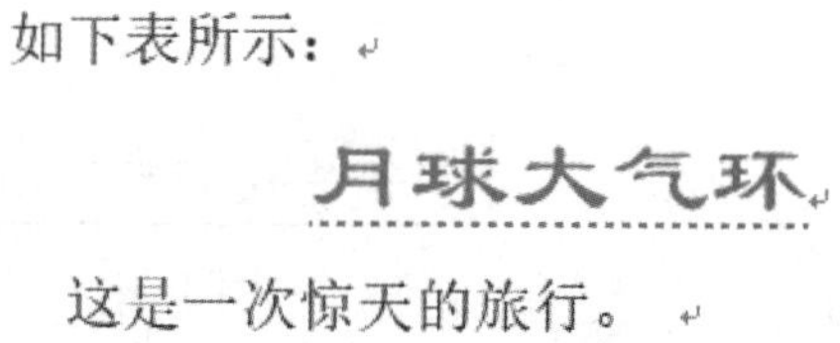

如下表所示：

月球大气环

这是一次惊天的旅行。

图3-41 段落"对齐方式——居中"效果的设置

注：用户可以将插入点移到需要设置对齐方式的段落中，按快捷键"Ctrl"+"J"设置两端对齐；按快捷键"Ctrl"+"E"设置居中对齐；按快捷键"Ctrl"+"R"设置右对齐；按快捷键"Ctrl"+"Shift"+"J"设置分散对齐。

图3-42 设置行距

3.2.2.2 设置行距和段落间距

①行距就是行和行之间的距离，设置行距的步骤如下：

● 选中要设置行距的文字段落。

● 单击图3-42中"行距和段落间距"下拉列表框中的下拉箭头，选择"1.5倍行距"，然后单击"确定"按钮，就可以改变所选段落的全部行距了。

● 单击"段落"命令组的对话框启动器按钮，打开"段落"对话框进行设置，如图3-43所示。

②设置段落间距的步骤如下：

● 把光标定位在要设置的段落中。

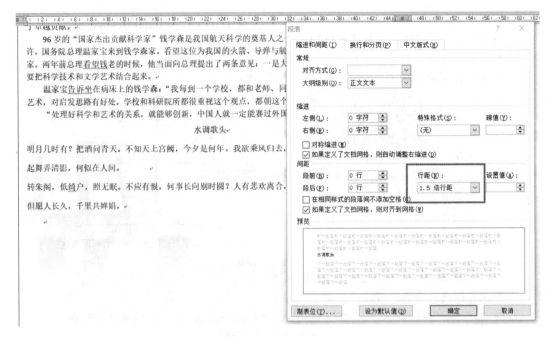

图 3-43 设置行距

● 单击图 3-44 中"行距和段落间距"下拉列表框中的下拉箭头，选择"增加段落前的空格"或"增加段落后的空格"，然后单击"确定"按钮，就可以改变文本的段落间距了。

● 在"段落"对话框中的"间距"选项区中，单击"段后"设置框中的向上箭头设置间距为"0.5行"，然后单击"确定"按钮，这样该段落和后面的段落之间的距离就拉开了，如图 3-45 所示。

3.2.2.3 设置段落缩进

缩进段落就是增加段落的边缘与页边距的距离。段落的缩进有首行缩进、左缩进、右缩进和悬挂缩进 4 种形式，设置段落缩进可以使用"段落"对话框和"段落"命令组等几种方法来实现。

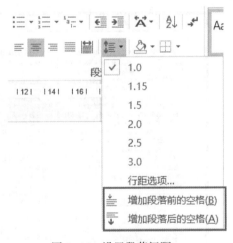

图 3-44 设置段落间距

①使用"段落"对话框设置缩进　可以精确地设置段落缩进量，具体步骤如下：
● 选择要设置缩进的段落。
● 打开图 3-46"段落"对话框，在"缩进和间距"选项中的"缩进"选项区中可以精确地设置缩进量，在"左"和"右"文本框中设置缩进量，可以调整选定段落左右边界的大小，如图 3-47 在"特殊格式"下拉列表框中设置特殊格式的缩进，其中"首行缩进"只缩进段落首行，而"悬挂缩进"则可以缩进除段落首行外的所有行。
● 缩进值可以在右侧的输入框中设置。

来自于太阳风，但是10%的氦由月球本身

放射性衰变产生的。氩主要是40AR，通过

40K 放射性衰变形成的，月球气体密度和

围如下表所示：

月球大气环

这是一次惊天的旅行。

这是一个最具浪漫色彩的日子——"

这是一处神奇而又神秘的地方。

中国第一颗月球探测卫星——"嫦娥

将从这里启程。

月球是太阳系中距离地球最近的天体

看上去很美，皎洁的月色曾激发了人们无

象，我国古代神话中就有"嫦娥奔月"的

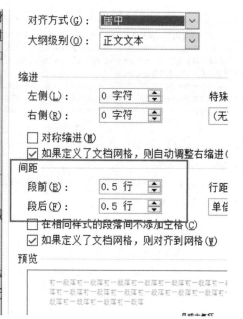

图 3-45　设置段落间距

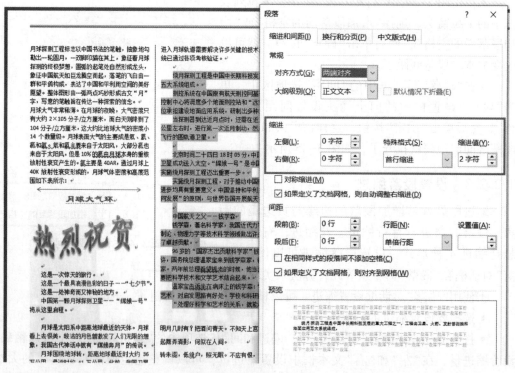

图 3-46　"段落"对话框

②使用"段落"命令组按键设置缩进　"段落"命令组上有"减少缩进量"按钮和"增加缩
进量"按钮，单击即可减少或增加一个字的缩进量，如图 3-48 所示。

图 3-47 特殊格式的缩进 　　　　　图 3-48 段落缩进按钮

③利用标尺设置段落缩进　通过标尺可以比较直观地设置段落的缩进距离，Word 2016 标尺栏中有 4 个小滑块，它们分别代表 4 种段落缩进方式，功能如下：

- 首行缩进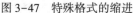：拖动可以改变光标所在行文本的左缩进。
- 悬挂缩进 ：拖动可以改变文本除第一行外的所有行的左缩进。
- 左缩进 ：拖动可以改变文本整个段落的左缩进。
- 右缩进 ：拖动可以改变文本整个段落的右缩进。

注：如果相邻的两段都通过"段落"对话框设置间距，则两段间距是前一段的"段后"值和后一段的"段前"值之和。

3.2.2.4　边框和底纹的设置

当设置了字符格式和段落格式后，整个文档会比较规范和美观。除此之外，还可以为文档中各元素添加边框和底纹，添加边框可以使文档的各个部分很好地区分开来，而添加底纹可以使整个文档不会显得过于空白，起到了一定的美化作用。

（1）添加边框

步骤如下：

①选定需要添加边框的文本或段落。

②单击功能区用户界面中的"开始"选项卡中的"段落"命令组的对话框启动器按钮，在弹出的图 3-49 下拉列表中选择合适的边框样式即可；或者在下拉列表中选择"边框和底纹"选项，弹出"边框和底纹"对话框，默认打开"边框"选项卡，如图 3-50 所示。

③在该对话框中的"设置"选区中选择边框类型；在"样式"列表框中选择边框的线型。

④单击"颜色"下拉列表后的下三角按钮，打开"颜色"下拉列表，如图 3-51 所示，在该下拉列表中选择需要的颜色。

⑤如果在"颜色"下拉列表中没有用户需要的颜色，可选择"其他颜色"选项，弹出"颜色"对话框。在该对话框中选择需要的标准颜色或者自定义颜色，如图 3-52 所示。

图 3-49 边框下拉列表

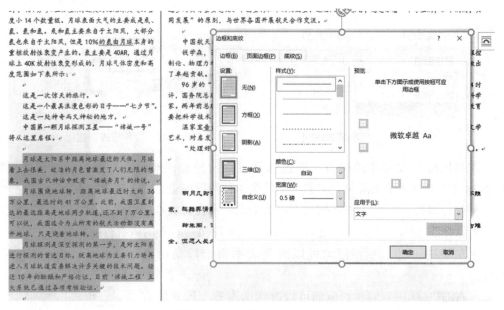

图 3-50 "边框"选项卡

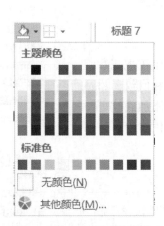

图 3-51 "颜色"下拉列表

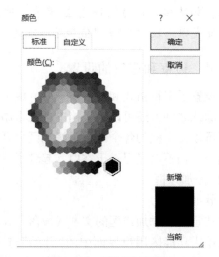

图 3-52 "颜色"对话框

⑥在"宽度"下拉列表中选择边框的宽度。

⑦在"应用于"下拉列表中选择边框的应用范围。

⑧设置完成后，单击"确定"按钮即可为文本或段落添加边框。

（2）添加底纹

为文本或段落添加底纹的具体操作步骤如下：

①选定需要添加底纹的文本或段落。

②点击功能区用户界面中的"开始"选项卡中的"段落"命令组的对话框启动器按钮，在弹出的下拉列表中选择"边框和底纹"选项，弹出"边框和底纹"对话框，打开"底纹"选项，如图 3-53 所示。

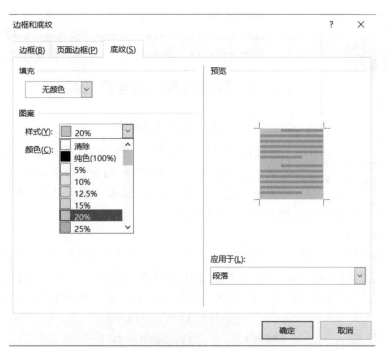

图 3-53　"底纹"选项卡

③在该选项卡中的"填充"选区中的下拉列表中选择"其他颜色"选项，在弹出的如图 3-54 所示的"颜色"对话框中选择其他的颜色。

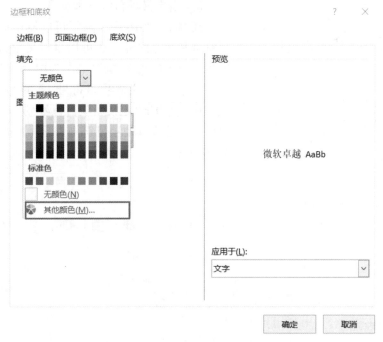

图 3-54　"颜色"对话框

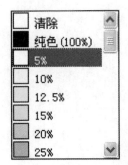

图 3-55 "样式"下拉列表

④单击"样式"下拉列表后的下三角按钮，打开"样式"下拉列表，如图 3-55 所示。在该下拉列表中选择底纹的样式比例。

⑤设置完成后，单击"确定"按钮即可为文本或段落添加底纹。

3.2.3 项目符号与编号的应用

3.2.3.1 项目符号和编号

使用项目符号和编号列表，可以对文档中并列的项目进行组织，或者将顺序的内容进行编号，以便这些项目的层次结构更清晰、更有条理。Word 2016 分别提供了 7 种标准的项目符号和编号，并且允许用户自定义项目符号和编号。

（1）添加项目编号

Word 2016 提供了自动添加项目编号的功能。在"开始"选项卡"段落"命令组中点击"编号"按钮，在打开的图 3-56 下拉列表中选择适合的编号样式，设置完成后，在以"1.""（1）""a""一、"等字符开始的段落中按"Enter"键，下一段开始将会自动出现"2.""（2）""b""二、"等字符。

（2）选择项目符号

在"开始"选项卡"段落"命令组中点击"项目符号"按钮，在打开的图 3-57 下拉列表中选择适合的项目符号。

（3）自定义项目符号和编号

在 Word 2016 中，除了可以使用提供的 7 种项目符号和编号之外，还可以自定义项目符号样式和编号。单击段落工具栏"符号"中"编号"右侧的下拉按钮，单击"定义新项目符号"下的"定义新编号格式按钮"，弹出"定义新项目符号/定义新编号格式"对话框，选择其他项目符号为图片，如图 3-58、图 3-59 所示。

图 3-56 创建编号列表

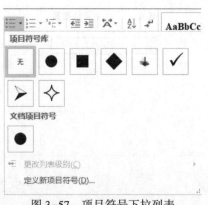

图 3-57 项目符号下拉列表

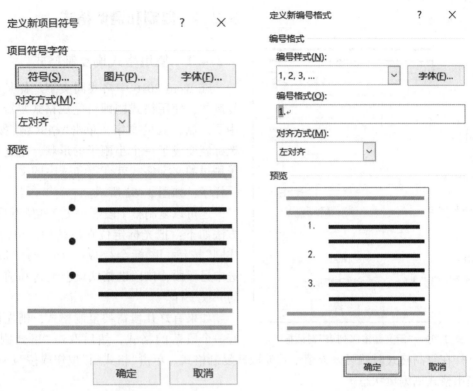

图 3-58　"定义新项目符号"对话框　　　图 3-59　"定义新编号格式"对话框

（4）删除项目符号

对于不再使用的项目符号或编号可以即时的将其删除，具体步骤如下。

●选择要删除其项目符号或编号的文本。

●重新单击"开始"选项卡"段落"命令组中的"项目符号"按钮或"编号"按钮，即可删除其项目符号或编号。

3.2.3.2　添加多级列表

单击"开始"选项卡"段落"命令组中的"多级列表"按钮，在打开的图 3-60 下拉列表中选择适合的列表样式，如果需要自定义新的多级列表，则在下拉菜单中单击"定义新的多级列表"即可，如图 3-61 所示。在 Word 中可以拥有 9 个层级，在每个层级里面还可以根据需要设置不同的形式和格式，此处不再一一赘述。

图 3-60　"多级列表"下拉菜单

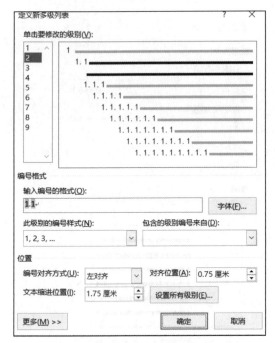

图 3-61　"定义新多级列表"对话框

3.2.4　复制和清除格式

3.2.4.1　使用格式刷复制格式

在 Word 2016 中格式同文字一样是可以复制的，使用格式刷即可完成格式复制。选中要复制格式的文字，单击"格式刷"按钮，鼠标就变成了一个小刷子的形状，用这把刷子刷过的文字格式就变得和选中的文字格式一样了，如图 3-62 所示：

还可以复制整个段落和文字的所有格式。方法如下：把光标定位在段落中，单击"格式刷"按钮，鼠标会变成一个小刷子形状，选中另一段，该段的格式就会变得和前一段的一模一样。

如果有好几段需要复制格式，则先设置好一个段落的格式，然后双击"格式刷"按钮，这样在复制格式时就可以连续给其他段落复制格式。单击"格式刷"按钮或按"Esc"键即可退出格式刷编辑状态。

3.2.4.2　快速清除格式

对文本设置各种格式后，若需要还原为默认格式，则可在"字体"命令组中单击"清除格式"按钮，选中需要清除格式的文字，点击快速清除按钮即可清除字符格式，如图 3-63 所示。

主要操作步骤扫描二维码，观看视频学习。

图 3-62　"格式刷"图标

图 3-63　清除格式效果

3.3　图文混排

3.3.1　绘制与编辑自选图形

3.3.1.1　绘制自选图形

Word 2016 中的自选图形是指用户自行绘制的线条和形状，用户还可以直接使用 Word 2016 提供的线条、箭头、流程图、星星等形状组合成更加复杂的形状。在 Word 2016 中绘制自选图形的步骤如下所述：

①打开 Word 2016 文档窗口，切换到"插入"选项卡。在"插图"命令组中单击"形状"按钮，并在打开的形状面板中单击需要绘制的形状（如选中"箭头总汇"区域的"右箭头"选项），如图 3-64 所示。

②将鼠标指针移动到 Word 2016 页面位置，按下左键拖动鼠标即可绘制双箭头。如果在释放鼠标左键以前按下 Shift 键，则可以绘制完全水平的双箭头。将图形大小调整至合适大小后，释放鼠标左键完成自选图形的绘制，如图 3-65 所示。

注：如绘制椭圆等图形，按住 Ctrl 键，则可以在两个相反方向同时改变形状大小。

图 3-64　"绘图工具"格式选项卡

月球大气环

图 3-65　自选图形效果

3.3.1.2　编辑自选图形

选中要编辑的图形，点击"绘图工具格式"选项卡，选择"形状样式"命令组，点击右下角按钮弹出"设置形状格式"窗格，然后对所选图形进行编辑，如图 3-66 所示：

图 3-66 "设置形状格式"对话框

3.3.1.3 将多个对象组合成一个整体

组合多个图形有以下两种方式，如图 3-67 所示。

①选择需要组合的图形，单击鼠标右键，在弹出的菜单中选择"组合"命令，即可将图形进行组合。

②选择需要组合的图形，单击"排列"命令，在弹出的菜单中单击"组合"按钮。

注：如果要应用"形状样式"命令组"主题样式"中未提供的颜色和渐变效果，也可以单击图 3-68 所示的按钮进行设置。

• 使用阴影和三维效果增加绘图中形状的吸引力。

• 对齐画布上的对象：按住"Ctrl"键并选择要对齐的对象，或在"排列"命令组中，单击"对齐"以从各种对齐命令中进行选择。

• 删除整个或部分绘图：选择绘图画布或要删除的图形对象，按"Delete"键。

图 3-67 "对象组合"效果   图 3-68 "形状样式"命令组

3.3.2　插入与编辑艺术字

Word 2016 中提供的创建艺术字工具，可以创建出各种各样的艺术效果，并以此完善文档的最终效果。插入艺术字的具体步骤如下：

①将光标置于要插入艺术字的位置或选中要转换为艺术字的文字，然后单击"插入"选项卡"文本"命令组中的"艺术字"按钮，打开如图 3-69 所示界面。

②从弹出的菜单中单击选择需要的艺术字体，在文档中出现如图 3-70 所示的文本框，在文本框中输入所需要的文字，并设置艺术字的字体和大小等属性，即可插入艺术字。

③插入艺术字后，在"绘图工具格式"选项卡中会出现"艺术字样式"命令组，如图 3-71 所示，可根据自己的需求，对艺术字文本填充、文本轮廓、文本效果等进行设置调整。

④也可以单击"艺术字样式"右下角的按钮，打开图 3-72"设置形状格式"窗格，在文本选项中设置文字效果。

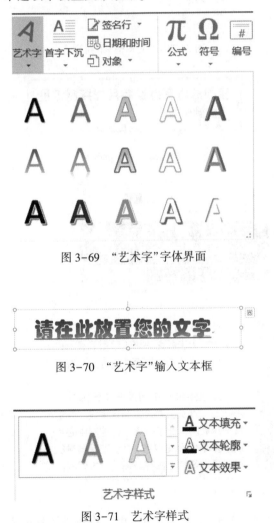

图 3-69　"艺术字"字体界面

图 3-70　"艺术字"输入文本框

图 3-71　艺术字样式

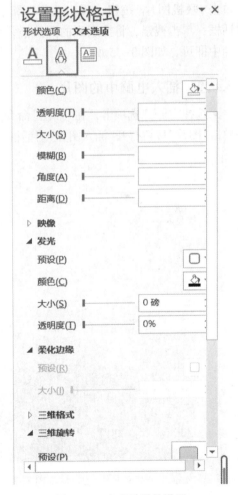

图 3-72　文字效果的设置

3.3.3　插入与编辑文本框

在"插入"选项卡，单击"文本"命令组中的"文本框"按钮，选择需要的文本框样式，再直接输入文本内容即可，如图3-73、图3-74所示。文本框的编辑与自选图形编辑方法类似，因此不再赘述。

3.3.4　插入与编辑联机图片和本地图片

3.3.4.1　插入联机图片

选择"插入"选项卡，在"插图"命令组中单击"联机图片"按钮，弹出"插入图片"对话框；单击搜索，将搜索到的图片插入到文档中即可，如图3-75所示。

3.3.4.2　插入电脑中的图片

●选择"插入"选项卡，在"插图"命令组中单击"图片"按钮打开"插入图片"对话框。

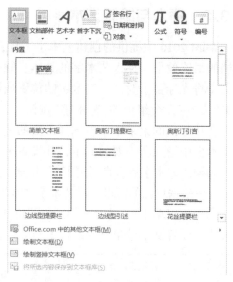

图3-73　"文本框"下拉列表

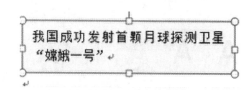

图3-74　文本框效果

绕月探测工程是中国中长期科技发展的重大工程之一，工程由卫星、火箭、发射尝测控和地面应用五大系统组成。

测控系统在中国原有航天测控网基础上，首次引入天文测量手段，并进行国际联网，北京航天飞行控制中心米调度多个地面测控站和"远望"号测量船对卫星进行持续跟踪与测控；中国科学院有关单位承担建设的地面应用系统，

图3-75　插入联机图片

●在对话框中找到所需插入的图片，选中图片单击"插入"按钮，即可将所需图片插入文档中，如图3-76所示。

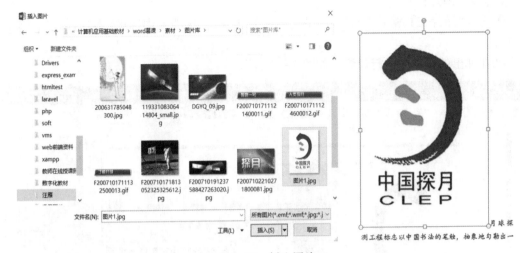

图 3-76　插入图片

3.3.4.3　联机图片与本地图片的编辑

（1）设置图片大小与旋转

①选择"图片工具格式"选项卡。

②在图 3-77 所示的"图片工具格式"选项卡中选择"大小"命令组并打开。

③在弹出的窗口中进行设置，如图 3-78 所示。

图 3-77　"图片工具格式"选项卡

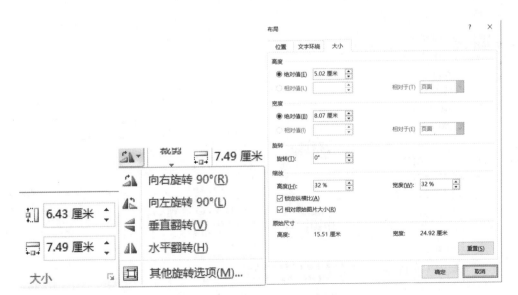

图 3-78　设置图片大小与旋转

（2）设置图片样式

①选择"图片工具格式"选项卡，在"图片工具格式"选项卡中选择"图片样式"命令组并打开。

②在弹出的窗口中进行设置，如图3-79所示。

图3-79　"设置图片格式"对话框

（3）设置图片环绕方式

①选择"图片工具格式"选项卡，在"图片工具格式"选项卡"排列"命令组中单击"环绕文字"选项并打开。

②在弹出的窗口中进行设置，如图3-80所示。

图3-80　设置图片环绕方式

3.3.4.4 插入屏幕截图

在编辑文档时利用 Word 2016 提供的屏幕截图功能和屏幕剪辑功能截取屏幕中的图片，更加方便用户插入需要的图片，它可以实现对屏幕中任意部分的随意截取。

①在"插入"选项卡下的"插图"命令组中单击"屏幕截图"按钮。

②在打开的"可用视窗"列表中将列出当前打开的所有程序窗口，选择需要插入的窗口截图，如图 3-81 所示。该窗口的截图将被插入文档插入点光标处。

图 3-81 "屏幕截图"设置

3.3.5 SmartArt 图形的应用

3.3.5.1 插入 SmartArt 图形

①单击"插入"选项卡。

②在"插图"命令组中选择"SmartArt"按钮 ，这时将弹出一个"选择 SmartArt 图形"对话框，在其左侧显示了 8 大类图形，如图 3-82 所示。

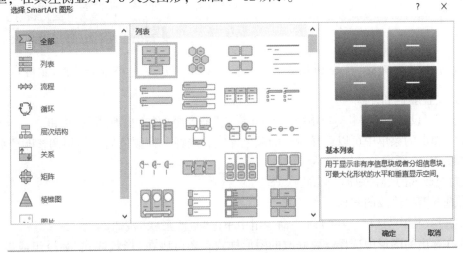

图 3-82 "选择 SmartArt 图形"对话框

3.3.5.2　编辑 SmartArt 图形

（1）更改布局和类型

①单击 SmartArt 图形区域内的空白处，即可将整个图形选中。

②选择"设计"选项卡，在"版式"命令组中单击▪按钮。

③在弹出的菜单中可以选择更改的图形，如图 3-83 所示。

（2）输入文本内容

①选择"设计"选项卡。

②单击"创建图形"命令组中的"文本窗格"按钮即可打开"文本窗格"。

③单击需要输入内容的文本框输入文字，在右侧相应的图形中也会即刻显示输入的内容，如图 3-84 所示。

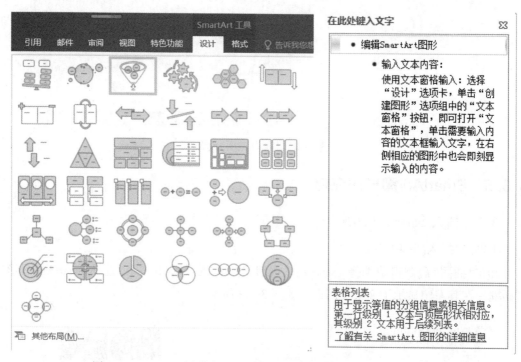

图 3-83　SmartArt 图形类型　　　　　图 3-84　文本窗格

（3）设置颜色和样式

①进入"设计"选项卡，单击"SmartArt 样式"命令组中的"更改颜色"按钮。

②在弹出的菜单中可以选择所需的颜色样式，选择一种颜色后，得到调整颜色后的效果，如图 3-85 所示。

（4）更改 SmartArt 图形

①选择需要修改的图形。

②选择"格式"选项，在"形状"命令组中单击"更改形状"按钮。

③在弹出的图形中选择需要修改的图形样式，还可以在"形状样式"命令组或者"设置形状格式"窗格中设计 SmartArt 图形的样式，如图 3-86、图 3-87 所示。

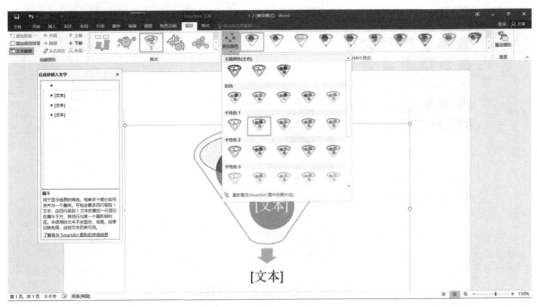

图 3-85　设置颜色和样式

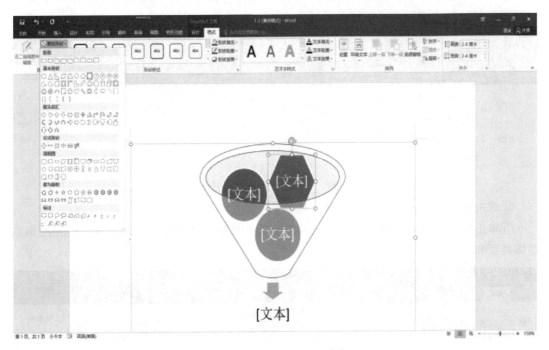

图 3-86　更改 SmartArt 形状

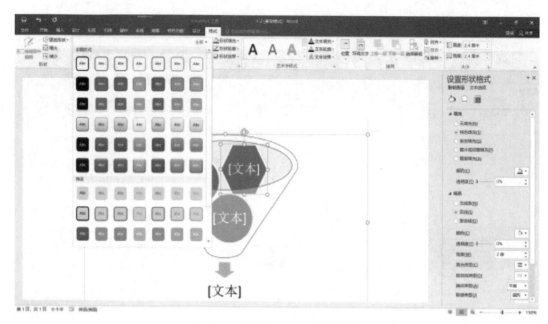

图 3-87　更改 SmartArt 形状样式

（5）调整 SmartArt 图形大小

①单击 SmartArt 图形中要更改大小的形状。

②单击"格式"选项，在图 3-88"形状"命令组中单击"增大"按钮，即可将图形增大。

③单击"减小"按钮，可以将图形减小。

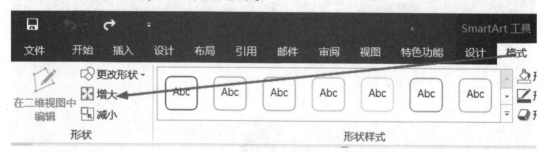

图 3-88　SmartArt 图形大小的设置

④单击整个 SmartArt 图形中的空白区域，将其选中。

⑤单击"格式"选项，在图 3-89"大小"命令组中可以设置参数，调整 SmartArt 图形的整体高度和宽度。

图 3-89　SmartArt 图形的整体高度和宽度的设置

3.3.6　插入公式

在编写理工类著作或论文时，经常需要处理复杂的数学公式。启动公式编辑器的具体方法如下：

①在文档中确定插入位置。

②单击"插入"选项卡下的"符号"命令组在此处键入公式。

③单击"公式"命令，可打开内置的"公式"选项，如图3-90所示。

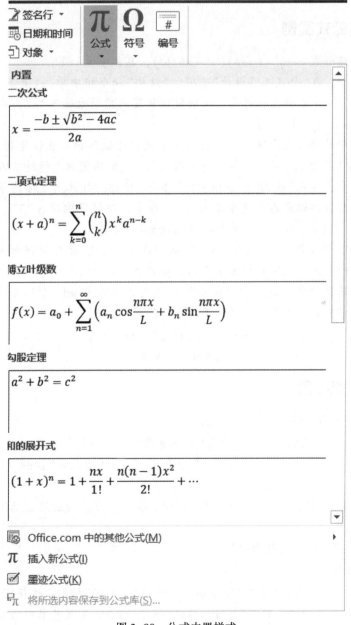

图3-90　公式内置样式

④如果内置格式中没有所需要的公式，选择"插入新公式"命令，即可启动如图3-91所示的"公式工具设计"选项卡。

⑤在"公式工具设计"中，提供了"工具""符号"和"结构"3类选项，以便完成各种数学公式的编辑，用户可在页面上出现的编辑公式框中输入需要的内容。

图3-91 "公式工具设计"选项卡

案例1 编辑公式实例

在文档中创建公式 $a^3 \pm b^3 = (a \pm b)(a^2 \mp ab + b^2)$，具体步骤如下：

①在编辑区中，在"公式工具设计"选项卡"结构"命令组中单击"上下标"按钮，打开上下标符号菜单，从中选择上标符号，在底数编辑区内用键盘输入"a"，在上标编辑区中输入"3"。

②单击键盘中的向右方向键"→"，或者单击鼠标左键使插入点恢复到正常输入位置。在"符号"命令组中选择"±"符号，即可将其插入到公式编辑框中光标所在的位置处。

③在编辑区中，单击"结构"命令组中"上下标"按钮，打开上下标符号菜单，从中选择上标符号，在底数编辑区内用键盘输入"b"，在上标编辑区中输入"3"。将插入点恢复到正常输入位置，然后选择符号区的"="插入到光标处。

④选择"结构"命令组中的"括号"按钮，从中选择"( )"，然后用前面3个操作步骤键入公式中所包含的内容。用同样的方法可以完成剩余部分的输入。

⑤在公式编辑区外单击鼠标即可退出编辑状态并返回Word。插入公式如图3-92所示，它将成为文档中的一个独立对象，类似于一张图片。

$$a^3 \pm b^3 = (a \pm b)(a^2 \mp ab + b^2)$$

图3-92 公式样文

案例2 制作流程图

1. 文档建立与页面设置

①新建一个Word文档，将其保存为"森林资源调查流程图"。

②在"布局"选项卡中的"页面设置"命令组中，单击"页边距"按钮，选择"自定义边距"命令。

③在"页面设置"对话框的"页边距"选项中，将上、下、右边距设为"2.5厘米"，左边距设为"3厘米"。

④单击"确定"按钮完成页面设置。

2. 插入艺术字

①在"插入"选项卡上的"文本"命令组中，单击"艺术字"按钮，选择艺术字样式。

②输入"森林资源调查流程图"字样，单击"确定"按钮，完成艺术字的插入，如图3-93所示。

图 3-93　插入艺术字

3. 创建画布

在 Word 2016 中创建绘图时，首先必须插入一个绘图画布，绘图画布可以帮助用户排列绘图中的对象并调整其大小。

①单击文档中要创建绘图的位置。

②在"插入"选项卡上的"插图"命令组中，单击"形状"按钮，选择"新建绘图画布"，如图 3-94 所示。文档中将插入一个如图 3-95 所示的绘图画布。

③单击绘图画布，按住鼠标左键拖动下方的拖动柄，使绘图画布铺满整个页面。

注：绘图画布的作用是将图形中的各部分整合在一起，并在文档中定位图形的位置。本案例中，如果流程图不是绘制在画布中，将不能使用连接符始终连接在一起。

4. 插入流程图元素

①在"绘图工具格式"选项卡"插入形状"命令组中，选择"流程图"元素面板中的"决策"图形。

②在画布上拖动鼠标到适当大小，松开鼠标左键，即可在画布上绘出如图 3-96 所示图形，在形状样式选项栏中选择"形状轮廓"中的"绿色"样式。

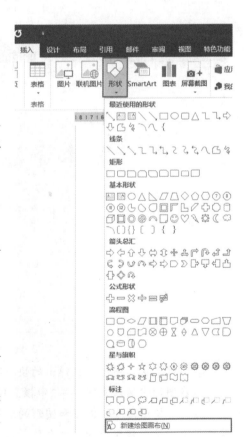

图 3-94　画布设置选项

图 3-95　绘图画布

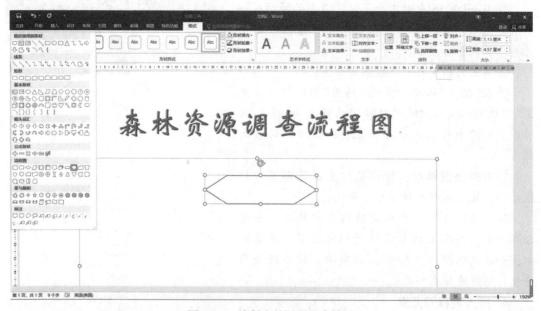

图 3-96　绘制出的图形元素效果

③右键单击该图形，在弹出的快捷菜单中选择"添加文字"选项。

④在图形中输入文字——"申报立项"。

⑤为了使图形中的文字和图形的边框紧密接触，可单击"自选图形"，然后将鼠标移至其边框上，等光标变为四个方向的箭头形状时，单击鼠标右键，在弹出的快捷菜单中选择"设置自选图形格式"窗格，打开如图 3-97 所示的"设置自选图形格式"窗格。

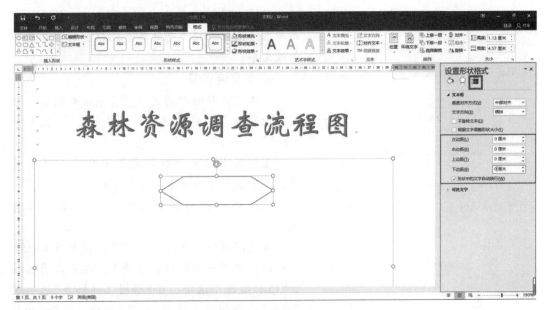

图 3-97　设置自选图形格式对话框

⑥在"文本框"选项卡的"内部边距"区中，将左、右、上、下边距均设为"0 厘米"即可。

⑦要改变已经绘制好的流程图类型，可选定要改变的图形对象。

⑧在"绘图工具格式"选项卡"插入形状"命令组中，单击"形状编辑"按钮，选择"更改形状"命令。

⑨在打开的"流程图"元素面板中选择相应的图形类型，如图 3-98 所示。

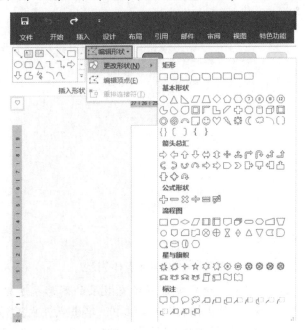

图 3-98　插入形状

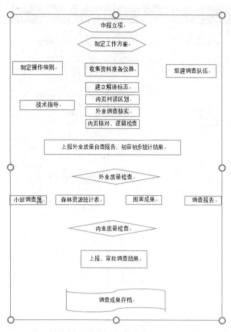

图 3-99　绘制流程图中所在图形元素

⑩使用同样的方法，按照图 3-99 所示，在画布上绘出此流程所需的各个流程图图形元素并加注文字。

5. 美化流程图

①调整流程图中的文字。首先分别选定各个图形中的文字，将字形设置为"加粗"，且水平"居中"对齐。

②图形中的文字只能设置水平方向居中对齐，而不能设置垂直方向居中对齐。

③使用拖动的方法分别调整各流程图的大小。

④使图形对象在画布上对齐：在画布上拖动鼠标选定中间一系列的流程图型，也可以通过按住"Ctrl"键逐个选定。在"绘图工具格式"选项卡"排列"命令组中，单击"对齐"按钮，选择"对齐所选对象"，如要居于画布中间，还可以选择"左右居中"，如图 3-100 所示。

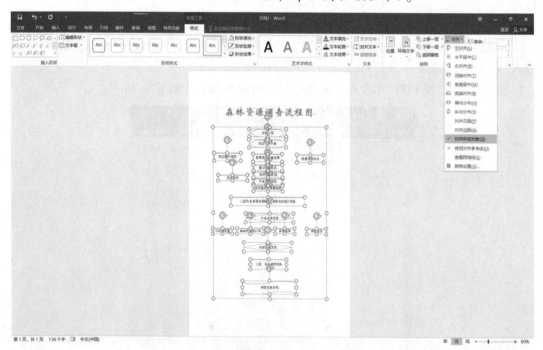

图 3-100　图形元素对齐设置

⑤设置图形对象的填充样式：选定要设置填充效果的图形，这里是选择全部的流程图。在"绘图工具格式"选项卡"形状样式"命令组中，单击点开内置样式表，如图 3-101 所示，选择"细纹效果—绿色、强调颜色 6"样式，得到如图 3-102 所示的效果。

图 3-101　主题样式　　　　图 3-102　图形元素应用文本框样式后效果

6. 连接工作流程

以上只画了流程图的框，缺少连接线，下面为流程图的各个框之间添加连接符。连接符的作用是使用线条来连接形状并保持他们之间的连接，连接符可以让读者更准确地快速地把握整个流程的走向。连接符看起来是线条，但是它将始终与其附加的形状相连，也就是说，无论怎样拖动各种形状，只要它们是以连接符相连的，就会始终连在一起。Word中提供了直线、肘形线和曲线3种线形的连接符用于连接对象。

（1）添加直线箭头连接符

①在绘图画布空白处单击，显示"绘图工具格式"选项卡，在"插入形状"命令组中，单击点开所有内置形状，选择如图 3-103 所示的"直线箭头连接符"。

②在两个需要添加连接符的图形之间拖动鼠标，当鼠标移动到图形对象上时，图形会显示连接点，这些点表示可以附加连接符线的位置。用鼠标在两个图形之间拖动连接符即可将两个图形连接在一起，如图 3-104 所示。

图 3-103　直线箭头连接符

图3-104　图形直线连接符

(2)添加折线(肘形)连接符

①在"绘图工具格式"选项卡下"插入形状"命令组中，单击点开所有内置形状，选择"线条"组中的"肘形箭头连接符"。

②用鼠标从"制定操作细则"图形左侧的连接点上开始，拖动连接符到"外业质量检查"图形左侧的连接点即可添加这两个图形的折线连接符，如图3-105所示。

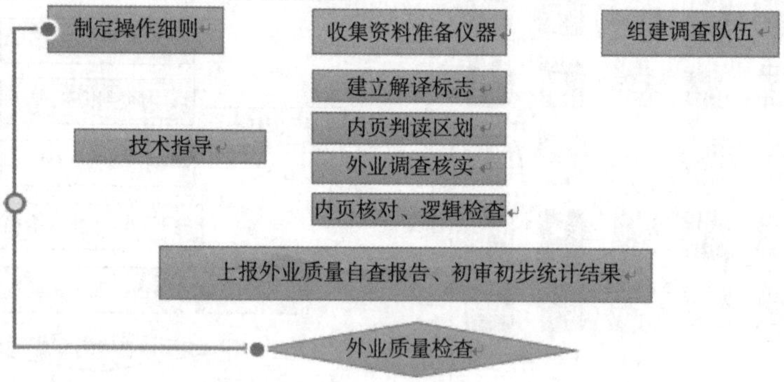

图3-105　图形折线连接符

③单击选择此肘形连接符，使用鼠标拖动肘形连接符上的小黄点可以调整肘形线的幅度。依次用连接符将各个流程图连接到一起，如图3-106所示。

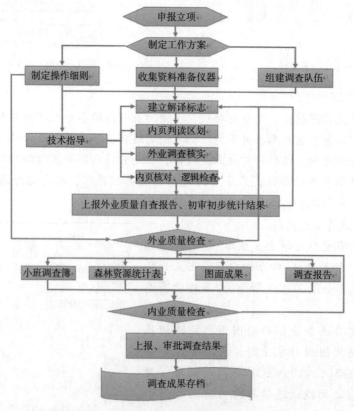

图3-106　流程图元素与所有连接线连接后效果

（3）调整连接符

①在连接过程中若发现有一条连接符连接错了，需要进行调整，首先需要解除连接符的锁定，移动连接符的任一端点，则该端点将解除锁定或从对象中分离；然后便可以将其锁定到同一对象的其他连接位置。

②并不是所有的连接符都连接到图形连接点的，如图3-107所示的"内业质量检查"和"外业质量检查"之间，这种连接的缺陷就是不能始终保持与其连接的形状相连。要注意不要随便移动这种普通连接的图形位置。

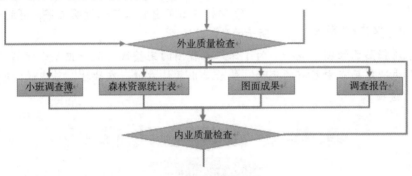

图3-107　流程图连接

7. 给流程添加文字说明

在流程图中，除了流程图形和连接符，还会有一些辅助性的说明文字，这些说明文字一般是通过文本框来实现的。

①在图3-108所示的"绘图工具格式"选项卡下"插入形状"命令组中，单击"文本框"按钮，选择"绘制文本框"。

②在画布上拖动鼠标到适当大小，松开鼠标左键，即可在画布上绘制出一矩形文本框，如图3-109所示。

图3-108　"绘图工具格式"选项卡

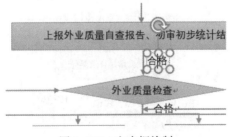

图3-109　文本框绘制

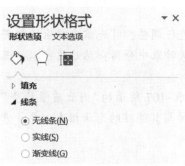

图 3-110 设置文本框线条

③在文本框内输入文字，这里输入的是"不合格"。

④选定此文本框单击右键，在快捷菜单上选择"设置形状格式"，在打开的"设置形状格式"窗格中单击"形状选项"。

⑤将"线条"选项设置为"无线条"，取消文本框的线条，如图 3-110 所示。

⑥拖动文本框到合适的位置，并设置合适的大小。

⑦同样在画布中输入其他说明文字，得到如图 3-111 所示的最终效果图。

⑧整个流程图已经制作成功。为了保证流程图的完整性，最好把整个流程图组合成一个整体，即先选定画布中所有的元素，然后单击鼠标右键，在快捷菜单中的"组合"菜单中选择"组合"选项。

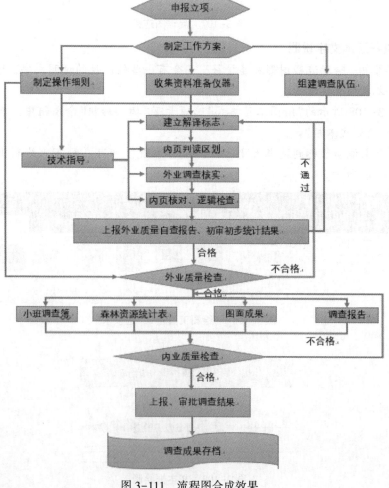

图 3-111 流程图合成效果

案例 3 使用 SmartArt 制作组织结构图

Word 2016 提供了 6 类 SmartArt 图形，分别是组织结构图、循环图、射线图、棱锥图、维恩图、目标图。灵活使用 SmartArt 图形可以使文档更加美观，图示说明更加清晰。下面以制作"某医院组织结构图"为例练习 SmartArt 图形的使用。

1. 文档建立与页面设置

①新建一个 Word 文档，将其保存为"某医院组织结构图"。

②在"布局"选项卡中的"页面设置"组中，单击"页边距"按钮，选择"自定义边距"命令。

③在"页面设置"对话框。在"页边距"选项中，将上、下、右边距设为"2.5 厘米"，左边距设为"3 厘米"，单击"确定"按钮完成页面设置。

2. 插入艺术字

①在"插入"选项卡上的"文本"命令组中，单击"艺术字"，选择第 3 行第 3 列艺术字样式。

②输入"某医院组织结构图"，完成艺术字的插入，并将其"居中"，如图 3-112 所示。

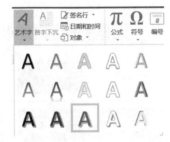

图 3-112 设置艺术字

3. 插入 SmartArt 图形

①在"插入"选项卡上的"插图"命令组中，单击"SmartArt"按钮，选择层次结构中的组织结构图样式，如图 3-113 所示，点击确认。

②确认后文档中就会插入如图 3-114 所示的组织结构图，默认情况下包含两级关系，5 个文本框。

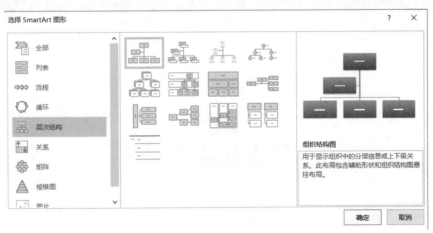

图 3-113 组织结构图样式

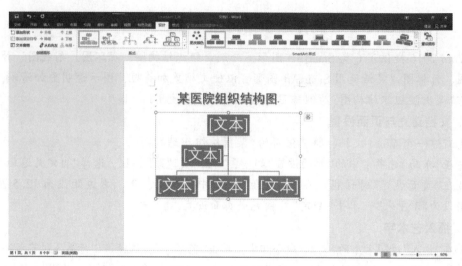

图 3-114　组织结构图

4. 在 SmartArt 图形中添加文字

①默认形状的 5 个文本框中有一个是"助理"，在本例中不需要此级别，可以选中纵向第二个文本框，按"Delete"键删除，然后按照左侧文本输入框提示，在第一层输入"董事会"，在下一级的三个文本中分别输入"行政副院长""院长""业务副院长"，完成第一级和第二级层次的输入，如图 3-115 所示。

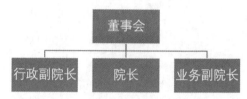

图 3-115　组织结构图中文本内容

②"行政副院长"管辖 3 个部门，分别是"院办""后勤部"及"采购部"。点击"行政副院长"内容所在文本框，在"SmartArt"工具面板"设计"选项卡下点击"添加形状"命令组右下角的启动对话框按钮，在下拉列表中选择"在下方添加形状"命令，如图 3-116 所示。为"行政副院长"添加下级部门，添加之后，新加文本框为选中状态，如图 3-117 所示。

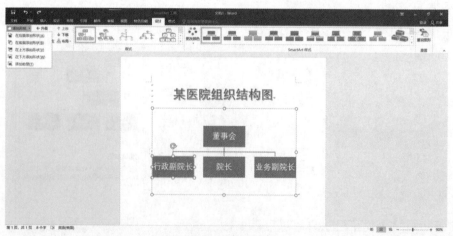

图 3-116　添加形状

③在新加文本框中输入"院办"，剩余两个部门与"院办"同级别，所以再确认"院办"文本框为选中状态，点击"SmartArt"工具面板"设计"选项卡下"添加形状"命令组右下角的下拉箭头。在下拉列表中选择"在后面添加形状"命令，如图3-118所示，重复两次。这样就为院办添加了两个同级别的文本框，分别输入"后勤部"及"采购部"，如图3-119所示。

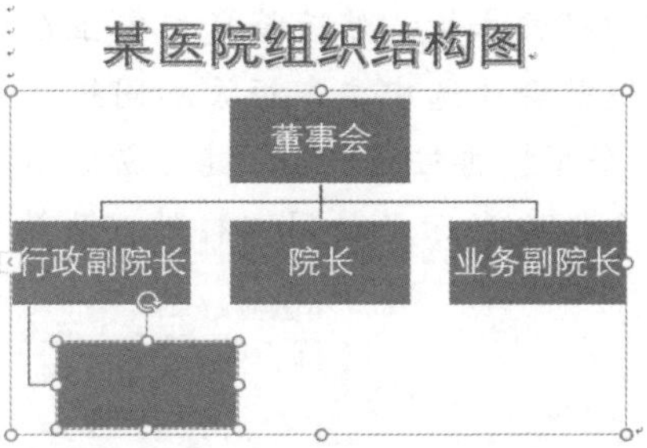

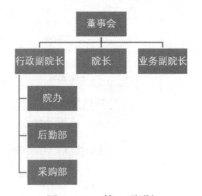

图3-117　添加形状后的效果

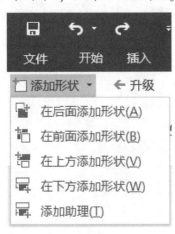

图3-118　"添加形状"下拉列表

图3-119　第一项明细

④用同样的方法为"院长""副院长"文本框添加下级文本框并输入相应文字，如图3-120所示。

⑤按图3-121所示效果继续完成其他级别的输入。注意"添加形状"命令中"在前面、后面添加形状"指的是给选中文本框增加同级别文本框。"在上方、下方添加形状"指给选中文本添加上级、下级文本框。

图3-120　分层显示效果

图3-121　第三级结构添加后效果

⑥除了用鼠标点击命令完成操作外，还可以在SmartArt图形旁边的文本导航框里快速进行同级文本和下级文本的添加。例如，现在给"医务部"添加4个下级部门，首先选中

"医务部"文本框，然后将鼠标定位在出现的文本导航框中的"医务部"3个字后面，按下回车键就会给选中文本框添加同级。录入状态也会在新加文本框中，这时输入"药房药库"4个字，再按下"Tab"键，新添加的"药房药库"文本框就会成为"医务部"的下级，如图3-122所示。使用同样的方法为"医务部"再添加3个下级，如图3-123所示。

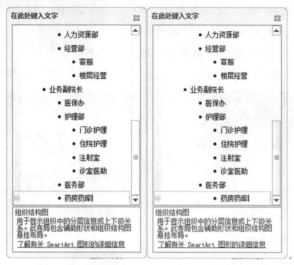

图3-122　文字层次关系

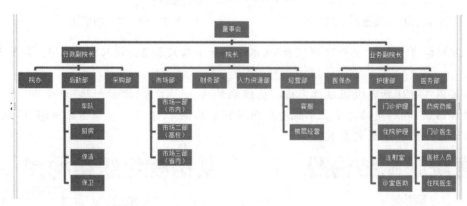

图3-123　下级设置完成

5. 组织结构图修饰

SmartArt 图形和艺术字、自选图形类似，都可以使用系统预设的样式快速设置图形样式。SmartArt 工具由"设计"选项卡和"格式"选项卡构成，其中"格式"选项卡里"创建图形"命令组的主要作用是完成级别文本框的创建、调整。"布局"命令组中提供了不同布局的预设图形供选择使用，"更改颜色"即用不同的色系标示不同的级别，"SmartArt"命令组提供了预设的样式选用，如图3-124所示。"格式"选项卡与艺术字中"格式"选项卡类似，不再赘述。下面可以使用样式、颜色、外观快速完成"某医院组织结构图"的修饰，如图3-125至图3-127所示。

主要操作步骤扫描二维码，观看视频学习。

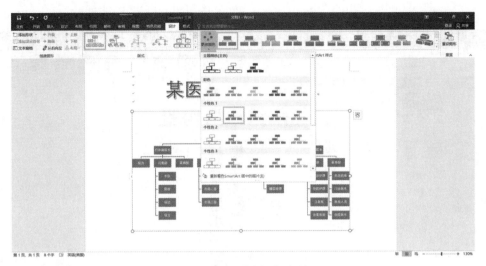

图 3-124　更改颜色选项

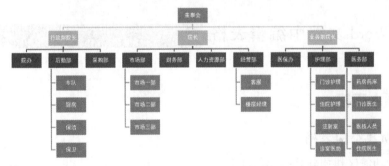

图 3-125　颜色应用后效果

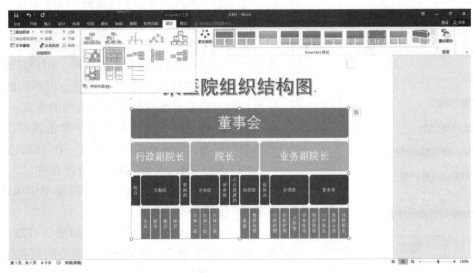

图 3-126　应用新设计

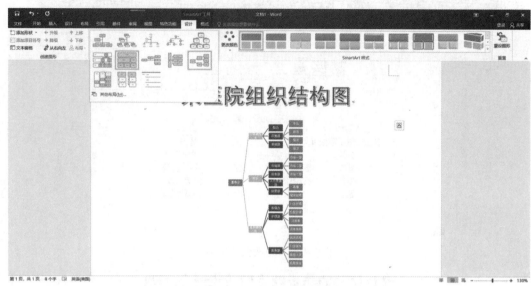

图 3-127　纵向层次效果

3.4　在 Word 文档中编辑表格

3.4.1　插入表格

3.4.1.1　新建空白表格

（1）通过功能区快速新建表格

图 3-128　插入表格对话框

①选择"插入"选项卡"表格"命令组中的"表格"按钮。

②弹出一个下拉界面，该下拉界面的上方是一个由 8 行 10 列方格组成的虚拟表格，用户只要将鼠标在虚拟表格中移动，虚拟表格就会以不同的颜色显示，同时会在页面中模拟出此表格的样式。

③用户根据需要在虚拟表格中单击就可以选定表格的行列值，即在页面中创建了一个空白表格。

（2）通过"插入表格"对话框新建表格

①在"表格"命令组"表格"下拉菜单中单击"插入表格"按钮。

②打开"插入表格"对话框，如图 3-128 所示。在"列数"和"行数"框设置或输入表格的列和行的数目。最大行数为"32767"，最大列数为"63"。

③单击"确定"按钮即可创建出一张指定行和列的空白表格，表中的一些标记如图3-129所示。

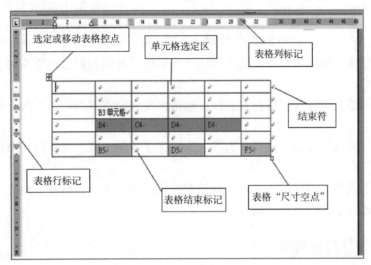

图3-129　表格中的符号标记

（3）手绘表格

①在"插入"选项卡"表格"命令组中单击"表格"按钮。

②在弹出的下拉菜单中单击"绘制表格"命令，鼠标会变成笔的形状，在页面上表格的起始位置按住鼠标左键并拖动，会在页面用笔划出一个虚线框，松开鼠标即得到一个表格的外框。

③绘制外框后，在中间可以根据需要绘制出横纵的表线。

（4）使用快速表格功能（使用内置表格）

①在"插入"选项卡"表格"命令组中单击"表格"按钮。

②在弹出的下拉菜单中用鼠标指向"快速表格"，弹出二级下拉菜单，从中选择需要的表格类型。

3.4.1.2　表格内容填写

表格建好后，可向表格输入内容。单元格是一个最小的文本编辑区，其中文本的键入和编辑操作与Word正文编辑区的操作基本相同。在单元格中单击鼠标，可将插入点定位在单元格中；按"Tab"键可使插入点移到右侧的单元格；按"Shift"+"Tab"键可使插入点移到左侧单元格，并选定其中的文本，也可以使用键盘的方向键移动插入点。

3.4.2　表格的基本操作

3.4.2.1　选择操作区域

选择"表格工具"中的"布局"选项卡，如图3-130所示，在"表"命令组中单击"选择"按钮，会弹出一个下拉菜单，可以根据需要从中选择插入点所在单元格或是行、列，甚至是整个表格。

图 3-130 "表格工具"中"布局"选项卡

①选择单元格　鼠标放至单元格左边线，当鼠标变成向右斜黑色箭头时，单击鼠标选中单元格。

②选择行　将鼠标移至表格行左边线，当鼠标变成向右斜空心箭头时，单击鼠标选中表格整行。

③选择列　将鼠标移至表格列上边线，当鼠标变成向下黑色箭头时，单击鼠标选中表格整列。

④选择整个表格　将鼠标插入表格内任意单元格内，这时表格左上角会出现带方框的四箭头，单击此标志选中整个表格。

3.4.2.2　调整行高和列宽

①使用表格尺寸控点，拖动调整。

②使用鼠标拖动列标志改变列宽，同理，拖动行标志改变行高。同时按住鼠标左键和 Alt 键，水平标尺上即显示列宽的数值。

③使用"自动调整"命令　在"表格工具"中的"布局"选项卡"单元格大小"命令组中单击"自动调整"按钮，在菜单中选择"根据内容自动调整表格"。根据表格中文字的数量自动调整表格列宽。如果列宽固定，不管输入什么内容，都不会自动调节列宽，但文字太长无法在一行显示时，会自动调整行高，如图 3-131 所示。

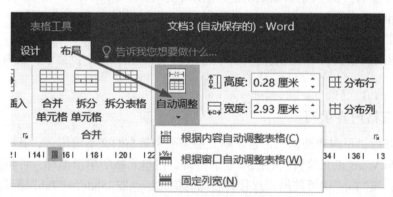

图 3-131　自动调整表格的设置

④精确设置列宽和行高　在"表格工具"中的"布局"选项卡"单元格大小"命令组中单击右下角按钮，或者在"表格工具"中的"布局"选项卡"表"命令组中单击"属性"按钮，可在"表格属性"对话框进行精确设置，或在"表格工具"中的"布局"选项卡"单元格大小"命令组中进行精确设置。行高有两种格式，一种是固定行高，不论行中内容能不能完整显示，都始终保持此高度；另一种是最小行高，如果该行中文字达不到指定的高度，也保持此高度，而一旦行中内容高度超过此设置，就会自动增加行高。

在"表格工具"中的"布局"选项卡"单元格大小"命令组，通过表格"行高度"框和"列宽度"框进行设置。

3.4.2.3 插入与删除行、列和单元格

①增加行和列　选择"表格工具"中的"布局"选项卡"行和列"命令组，如图3-132所示，单击鼠标右键，选择插入"行"或"列"。快速增加一行，可将插入点定位在行尾标记前，然后按"Enter"键即可；或者将插入点定位在最后一个单元格的段落标记前，按"Tab"键，增加单元格。

图3-132 "表格工具"中"行和列"命令组

②删除行、列和单元格　选择"表格工具"中的"布局"选项卡"行和列"命令组，单击"删除"按钮。

③删除整个表格　选中整个表格，按"Backspace"键。

3.4.2.4 拆分与合并单元格

①拆分表格　将表格分成上下两个表格。选择"表格工具"中的"布局"选项卡"合并"命令组，如图3-133所示，单击"拆分表格"按钮，或使用快捷键"Ctrl"+"Shift"+"Enter"。

②合并表格　只要将表格之间的空行删除即可。

③拆分单元格　选择"表格工具"中的"布局"选项卡"合并"命令组，单击"拆分单元格"按钮。

④合并单元格　选择"表格工具"中的"布局"选项卡"合并"命令组，单击"合并单元格"按钮。

另外，在图3-134所示的"表格工具"中的"布局"选项卡"绘图"命令组，单击"橡皮擦"按钮，此时鼠标呈橡皮状态，单击需要合并的单元格之间的框线，即可擦除该框线，即实现了单元格合并。

图3-133 "表格工具"中"布局"命令组

图3-134 橡皮擦工具

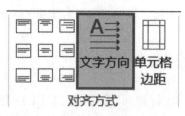

图 3-135 "文字方向"选项卡

图 3-136 "文字方向"对话框

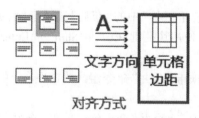

图 3-137 "单元格边距"按钮

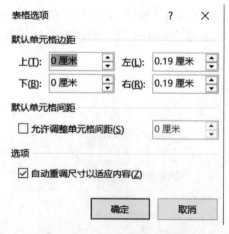

图 3-138 "表格选项"对话框

3.4.2.5 表格中文本的编辑

（1）设置表格文字格式

①设置表格中的文字方向 "表格工具"中的"布局"选项卡"对齐方式"命令组，单击"文字方向"按钮，如图 3-135 所示；也可在选定的单元格上右击，在弹出的快捷菜单上选择"文字方向"命令，打开"文字方向"对话框，如图 3-136 所示。

②设置单元格中文字的对齐方式 在"表格工具"中的"布局"选项卡"对齐方式"命令组中进行设置；也可在右键快捷菜单中指向"单元格对齐方式"中设置。

（2）设置文字至表格线的距离

将插入点置于表格的任意单元格中，单击"表格工具"中的"布局"选项卡，在图 3-137 所示的"对齐方式"命令组中单击"单元格边距"按钮，弹出图 3-138 所示的"表格选项"对话框。在"表格选项"对话框中，在"上""下""左"和"右"4 个微调框中可以分别调整单元格内文字到上、下、左、右表格框线的距离。

如果要单独调整某个单元格内文字与框线的距离，则按下面方法进行。选定需要调整的单元格，在"表格工具"中的"布局"选项卡"表"命令组中单击"属性"按钮，弹出"表格属性"对话框，点击"选项"按钮，打开"单元格选项"对话框，取消选中"与整张表格相同"复选框后，就可以分别调整指定单元格内文字与上、下、左、右框线之间的距离了，如图 3-139 所示。

（3）表格的对齐方式和环绕方式

表格的对齐方式是指表格相对于页面的位置，有 3 种对齐方式：左对齐、居中和右对齐，设置方法为：选定整个表格后，单击"开始"选项卡"段落"命令组中的对齐按钮，直接进行设置；或者打开图 3-140 所示的"表格属性"对话框"表格"选项卡，在其中的"对齐方式"区设置表格的对齐方式。

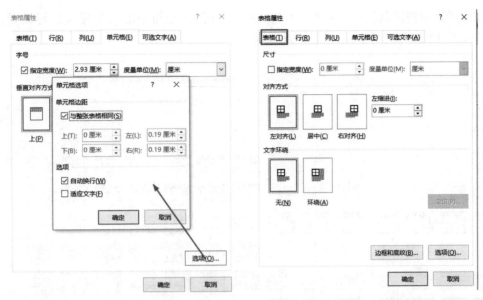

图 3-139 "单元格选项"对话框   图 3-140 "表格属性"对话框"表格"选项卡

　　表格的对齐方式，是指表格与周围文字的关系，在"表格属性"对话框"表格"选项卡进行表格的对齐方式设置。

3.4.2.6 设置表格边框和底纹

　　设置表格的框线首先要把光标插入到表格中的任何一个单元格中，然后通过下面三种方法进行设置：

　　①利用快捷菜单中的"边框样式"命令。

　　②利用"表格工具设计"选项卡中的"表格样式"命令组中的"边框和底纹"按钮，如图 3-141 所示。

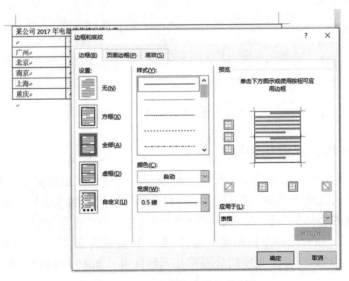

图 3-141 "边框和底纹"对话框

③利用"表格工具设计"选项卡中的"表格样式"命令组中的自带样式进行设置，如图 3-142、图 3-143 所示。

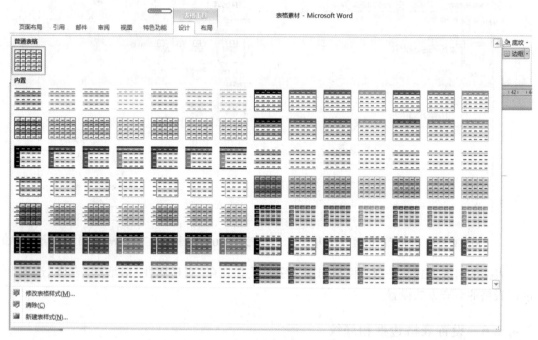

图 3-142　表格样式

某公司 2017 年电器销售情况统计表					
	一季度（台）	二季度（台）	三季度（台）	四季度（台）	合计	销售排名
广州	521	554	702	389		
北京	546	786	666	356		
南京	458	562	801	684		
上海	356	965	856	524		
重庆	432	659	756	425		

图 3-143　设置表格样式效果

3.4.2.7　表格和文本相互转换

在 Word 中，可将用段落标记、逗号、制表符、空格或其他特定字符作分隔符的文本转化为表格。在将文字转换成表格时，Word 自动将分隔符转换成表格列边框线。

将文字转换成表格的方法是：选定要转换的文字，在"插入"选项卡"表格"命令组中单击"表格"按钮，在弹出的下拉菜单中选择"文本转换成表格"命令，打开"将文字转换成表格"对话框，在对话框指定文字的分隔符和列数即可，如图 3-144 所示。

（1）文本转换成表格

将录入的文本全部选中，打开"插入"中的"表格"选项区小三角，选择"文本转换成表格"命令，弹出"文本转换成表格"对话框，如图 3-145 所示。将"列数"设置为"7"，在"文字分割位置"栏中选择"制表符"（也可选择其他）单选钮，最后单击"确定"按钮，生成 7 行 5 列的表格，如图 3-146 所示。

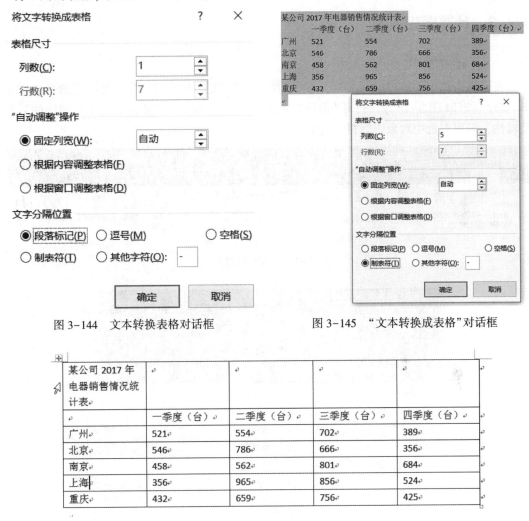

图 3-144　文本转换表格对话框　　　　图 3-145　"文本转换成表格"对话框

某公司 2017 年电器销售情况统计表				
	一季度（台）	二季度（台）	三季度（台）	四季度（台）
广州	521	554	702	389
北京	546	786	666	356
南京	458	562	801	684
上海	356	965	856	524
重庆	432	659	756	425

图 3-146　文本转换为表格后效果

（2）表格转换文本

选中图 3-146 中的表格，打开"插入"选项卡中的"表格"选项区小三角，选择"表格转换成文本"命令，弹出"表格转换成文本"对话框，即可将表格转换成文本。

3.4.2.8　调整表格

（1）添加表标题

选中第一个单元格，依次选择"表格""插入""行在上方"命令，然后合并插入行的单元格,并输入标题即可。

(2)绘制斜线箭头

将光标定位在第二行、第一列,执行"表格""绘制表格"命令,鼠标指针变成铅笔形后,在单元格中画出一条斜线,并在斜线的两侧分别输入内容,再分别设置其对齐方式为"右对齐"和"左对齐"。

3.4.3 计算表格数据

3.4.3.1 表格排序

在表格中选中要排序的行或列,在"表格工具"中的"布局"选项卡"数据"命令组中单击"排序"按钮(图3-147),打开"排序"对话框(图3-148),按照需要选择要排序的对象及属性,即可对选中对象进行排序计算。

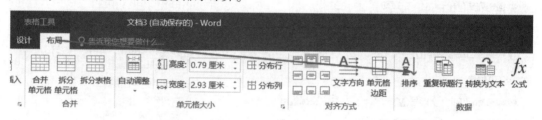

图3-147 表格"排序"

图3-148 "排序"对话框

3.4.3.2　表格公式

Word 计算公式中，用"A、B、C…"代表表格的列；用"1、2、3…"代表表格的行。"Left、Right、Above、Below"代表公式计算时引用数据位置参数。将插入点移到准备显示计算结果的单元格中，在"表格工具"中的"布局"选项卡"数据"命令组中单击"公式"按钮（图3-149），打开"公式"对话框。如图3-150 所示，在"粘贴函数"列表框中选择计算函数，在"编号格式"列表框中选择结果显示的格式。

图 3-149　表格公式设置

某公司2017年电器销售情况统计表						
	一季度（台）	二季度（台）	三季度（台）	四季度（台）	合计	销售排名
广州	521	554	702	389	2166	
北京	546	786	666	356	2354	
南京	458	562	801	684		
上海	356	965	856	524		
重庆	432	659	756	425		

公式

公式(F):

=SUM(left)

编号格式(N):

粘贴函数(U):　　　　　　　粘贴书签(B):

确定　　取消

图 3-150　Word"公式"应用对话框

注：将公式复制到其他单元格后，选中目标单元格后，应按"F9"键更新域。

3.4.3.3　域的更新

Word 还有一个非常不错的优点，就是对数据进行更新。例如，张三的语文成绩输入错误，那么将他的分数改过来之后，总分和平均分也要改，这时只需选中张三的平均分所在的单元格，单击鼠标右键，在快捷菜单中选择"更新域"命令，平均分就被改过来了。如果总分也是通过公式计算出来的，那么用同样的方法也可以更新总分。

案例　制作个人简历表

1. 新建一张表格

①把光标移到需要插入表格的位置。

②制作 11 行 5 列的表格，如图 3-151 所示。

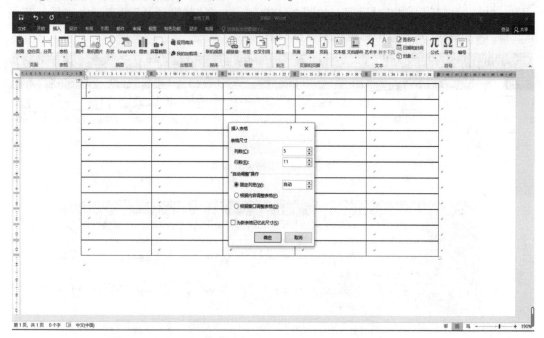

图 3-151　新建表格

③用合并单元格的方法合并"贴照片处""主要经历"和"备注"区域。

④用"表格工具"中的"布局"选项卡"绘图"命令组中的"橡皮擦"擦除不需要的线条，用"铅笔"绘制需要的线条。重复以上方法制作"性别"和"民族"等单元格。

2. 设置表格字符格式

①选中表名"个人简历表"，设置字体为"华文楷体"，字号为"三号"。

②选中全部表格，设置字体为"华文楷体"，字号为"四号"。

③将表头文字设置为居中对齐，将表格中文字均设置为水平居中、垂直居中。

3. 设置表格的边框和底纹

为了美化表格或突出表格的某一部分，可以为表格添加边框和底纹。

①将光标移到表格中，在"表格工具"中的"设计"选项卡"边框"命令组单击"边框"按钮，在下拉菜单中选择"边框和底纹"命令，打开"边框和底纹"对话框，如图 3-152 所示。

②选择"边框"命令组，点击"笔样式"按钮，在线型列表框中选择"双线型"，点击"笔画粗细"按钮，在"宽度"下拉列表框中选择"2.25 磅"选项，如图 3-153 所示。

③单击"确定"按钮，完成边框的设置。

④用相同的方法设置内网格线为 1.0 磅的单实线，效果如图 3-154 所示。

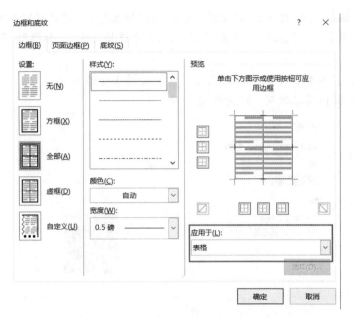

图 3-152 "边框和底纹"对话框

图 3-153 线型粗细选择

个人简历表

姓 名	张三运	性别	男	民族	汉	帖照片处
曾用名						
政治面貌						
家庭住址						
主要经历						
年 月至 年 月		在何地区何部门			证明人	
备注						

图 3-154 个人简历表设置边框后效果

⑤选择"边框和底纹"对话框的"底纹"选项，在"填充"下拉列表框中选择"水绿色"，在"图案"选项区域的"样式"下拉列表框中选择"5%"，如图3-155所示。

⑥单击"确定"按钮，完成底纹的设置，效果如图3-156所示。

主要操作步骤扫描二维码，观看视频学习。

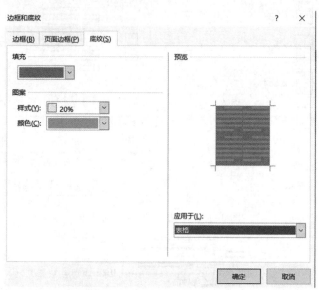

图3-155　表格底纹设置

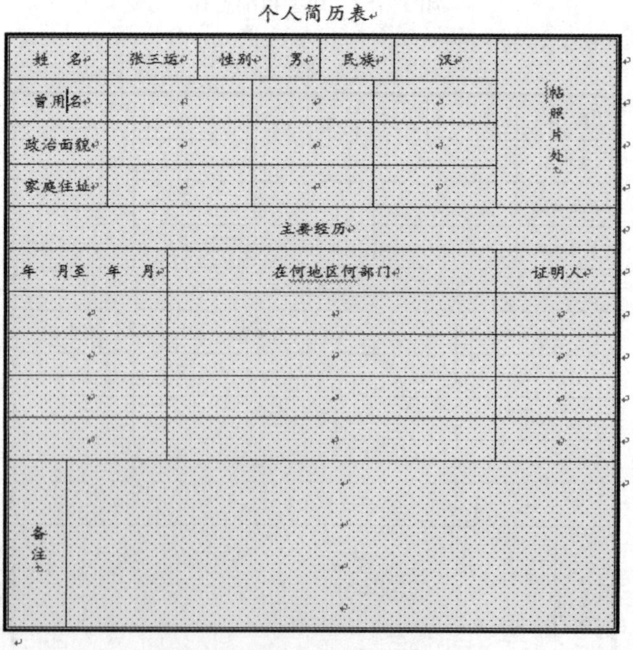

个人简历表

姓　名	张三运	性别	男	民族	汉	粘贴照片处
曾用名						
政治面貌						
家庭住址						
主要经历						
年　月至　年　月		在何地区何部门			证明人	
备注						

图3-156　添加底纹后的表格效果

3.5 页面布局

在 Word 2016 中，将所有与页面内容布局有关的设置功能全部集中到了"布局"选项卡中，单击"布局"选项卡可显示如图 3-157 所示的命令组。该命令组由"页面设置""稿纸""段落"和"排列"4 个部分组成，下面学习页面布局的操作方法。

图 3-157 "布局"选项卡

3.5.1 页面设置

3.5.1.1 设置纸张大小和方向

①单击"布局"选项卡，在"页面设置"命令组中单击"纸张大小"按钮，在弹出的下拉菜单中可以选择预设的多种纸张大小，如图 3-158 所示；也可以通过单击"页面设置"命令组右下角的启动对话框按钮打开"页面设置"对话框进行设置，如图 3-159 所示。

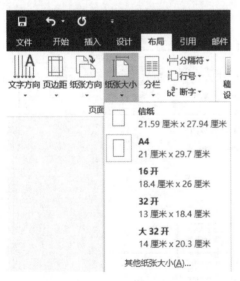

图 3-158 "页面设置"对话框

图 3-159 "纸张"参数设置图

②单击"布局"选项卡，在"页面设置"命令组中单击"纸张方向"按钮，在弹出的下拉菜单中可以设置页面方向为"纵向"或"横向"，或打开页面设置对话框进行设置，如图 3-160所示。

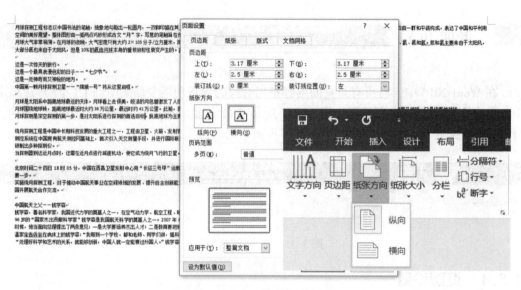

图 3-160 "纸张方向"设置

3.5.1.2　设置页边距

①单击"布局"选项卡"页面设置"命令组中的"页边距"按钮，打开如图 3-161 所示的内置"页边距"样式，如果样式中没有所需要的，可选择"自定义边距"命令，打开"页面设置"对话框，如图 3-162 所示。

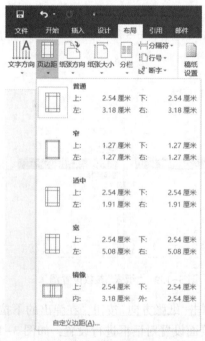

图 3-161　"页边距"选项

图 3-162　"页面设置"中的"页边距"对话框

②单击"布局"选项卡"页面设置"命令组中的"文字方向"按钮命令，弹出内置的文字方向样式，如图 3-163 所示。如果样式中没有所需要的，可选择"文字方向选项"命令，打开文字方向设置对话框，如图 3-164 所示。

选择某一文字方向时，要确定应用于"整篇文档"还是"插入点之后"。

注： 在一篇文档中，要想实现文字"纵横混排"效果，要将需要设置特殊文字方向的字符放入"文本框"中。

3.5.1.3　设置页面颜色

①打开"设计"选项卡"页面背景"命令组，单击"页面颜色"按钮，在弹出的菜单中选择一种颜色，如图 3-165 所示。

图 3-163　内置"文字方向"样式

图 3-164　"文字方向"设置对话框图

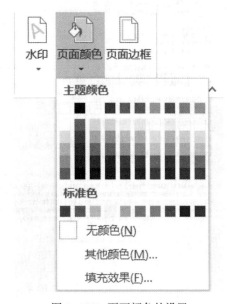

图 3-165　页面颜色的设置

②还可以通过"设计"选项卡，在"页面背景"命令组中打开"页面颜色"下拉菜单选择"填充颜色"中的渐变、纹理、图案和图片对页面进行设置，如图3-166、图3-167所示。

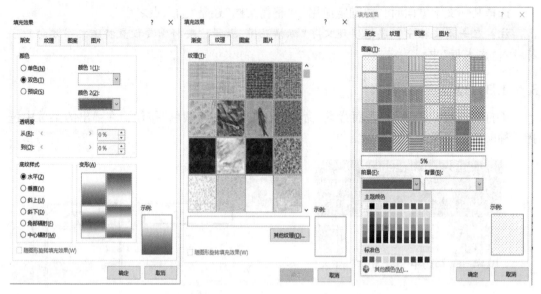

图3-166 "填充效果"对话框

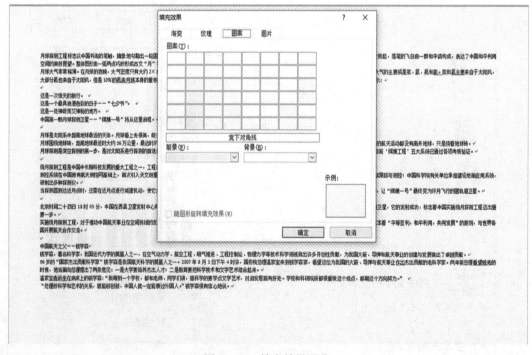

图3-167 填充效果图片

3.5.1.4　设置页面边框

用户不但可以为文本和段落设置边框，还可以设置整个页面的边框。

①在"设计"选项卡"页面背景"命令组中单击"页面边框"按钮。

②在弹出的"边框和底纹"对话框中选择页面边框进行设置，如图3-168所示。

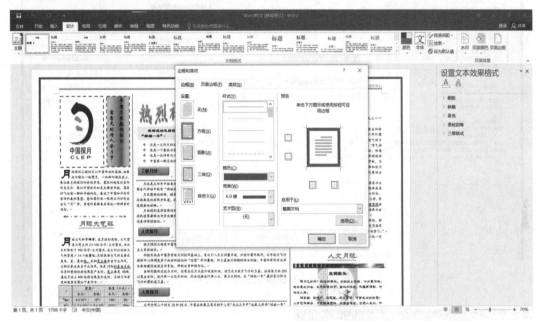

图3-168　页面边框的设置

③该选项卡中的设置与"边框"选项中的设置类似，不同的是多了一个"艺术型"下拉列表，如图3-169所示，在该下拉列表中选择所需要的边框类型。

④设置完成后，单击"确定"按钮即可设置整个页面的边框，如图3-170所示。

3.5.1.5　对文档设置水印效果

①选择"设计"选项卡，在"页面背景"命令组中单击"水印"按钮。

②在弹出的下拉菜单中可以选择一种预设水印样式，这时页面中将自动添加半透明的水印底纹效果，如图3-171所示。

3.5.2　设置页眉、页脚和页码

3.5.2.1　页眉与页脚的设置

（1）从库中添加页眉和页脚

①选择"插入"选项卡，在"页眉和页脚"命令组中单击"页眉"按钮。

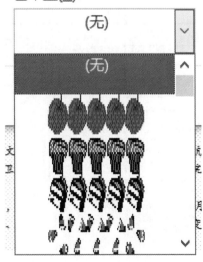

图3-169　"艺术型"下拉列表

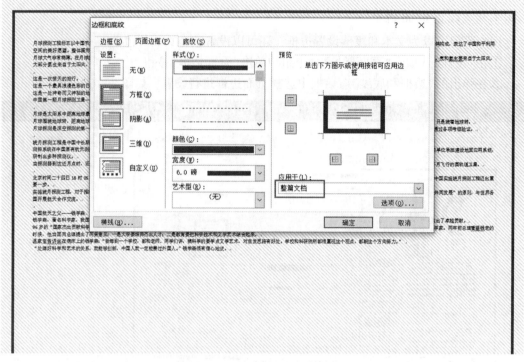

图 3-170　样文设置边框的效果

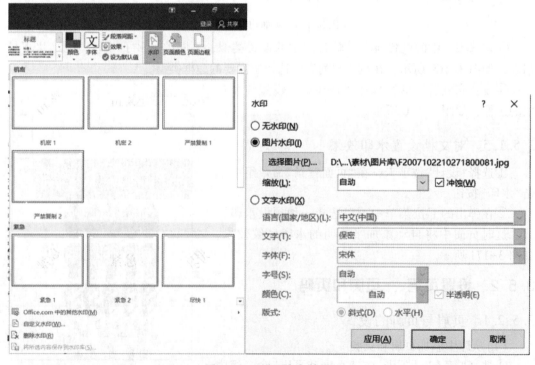

图 3-171　设置水印效果

②在弹出的下拉菜单中可以选择预设的页眉样式，如图 3-172 所示。

③通过"页眉和页脚工具设计"选项卡可以对页眉或页脚进行编辑，如页眉或页脚奇偶页的设置等；若要返回至文档正文，需要单击"设计"选项卡上的"关闭页眉和页脚"，如图 3-173 所示。

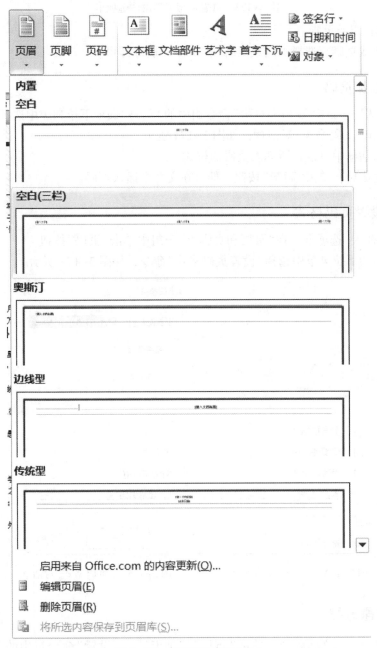

图 3-172　页眉和页脚的插入

图 3-173　页眉页脚工具设计选项卡

（2）删除页眉或页脚

双击页眉或页脚，选择页眉或页脚按"Delete"删除即可。

3.5.2.2　添加页码

①在"插入"选项卡"页眉和页脚"命令组中的"页码"选项下拉列表中选择"设置页码格式"选项，弹出"页码格式"对话框，如图 3-174 所示。

②在该对话框中可设置所插入页码的格式。

③设置完成后，单击"确定"按钮，即可在文档中插入页码。

3.5.2.3　设置页码格式

①选择"插入"选项卡，在"页眉和页脚"命令组中单击"页码"按钮。

②在弹出的下拉菜单中选择"设置页码格式"命令，如图 3-175 所示。

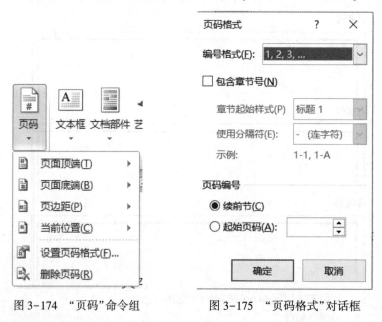

图 3-174　"页码"命令组　　　　　图 3-175　"页码格式"对话框

3.5.3　设置分栏

①选中要分栏的文档内容，单击"布局"选项卡"页面设置"命令组中的"分栏"按钮，打开如图 3-176 所示的内置"分栏"样式。如果样式中没有所需要的，可选择"更多分栏"命令，打开"分栏"对话框，如图 3-177 所示。

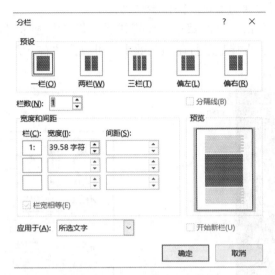

图 3-176　内置"分栏"模式　　　　　　图 3-177　设置"分栏"对话框

②单击选择"三栏"，再单击"确定"按钮，分栏效果如图 3-178 所示。

③如果要显示分隔线，可在"分栏"对话框中选中"分隔线"复选框。

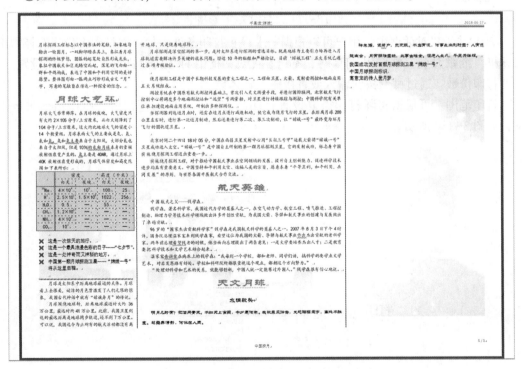

图 3-178　设置"三分栏"后的文档排版效果

3.5.4 打印文档

页面设置完成后，通过"打印预览"可以看到实际的打印效果。预览时，依然可以对文本进行常规的编辑。操作步骤为：

①单击"文件"菜单，在打开下拉菜单中选择"打印"命令，如图 3-179 所示。在对话框的右边直接显示打印预览效果，可以拖动右下方"显示比例"按钮，选择放大、单页、多页预览。

图 3-179 "打印文档"选项卡

②在"打印"对话框中，用户可以根据需求设置打印条件，如一次打印多份、选择哪部打印机、纸张大小、单/双面打印等，都可在此对话框中的"设置"进行具体选项的设置。

打印份数：通过微调按钮输入或直接输入具体数字。

打印范围：可根据实际打印需要设置打印所有页、打印所选内容、打印当前页等选项，如图 3-180 所示。

图 3-180 打印页数及范围设置

打印方式：选择双面或单面打印、打印顺序、横向或纵向打印、装订位置及色彩等，如图 3-181 所示。

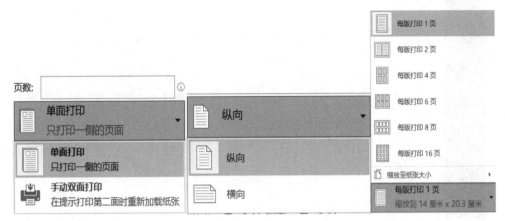

图 3-181 打印方式设置

打印机属性：单击"打印机属性"按钮，弹出图 3-182 所示的左侧对话框，可进行打印布局、纸张选择、纸张质量的设置；单击"高级"按钮弹出图 3-182 所示的右侧对话框，可进行纸张规格、输出份数、打印图形质量和色彩、文档选项、打印机功能的调整，不同打印机其高级选项功能不同。

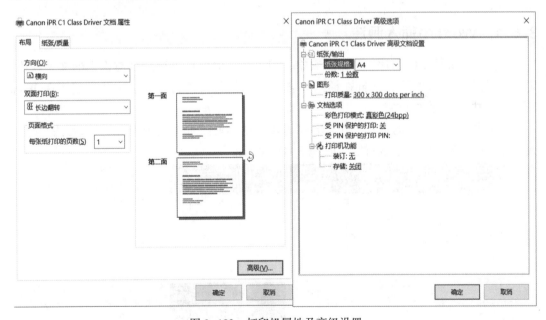

图 3-182 打印机属性及高级设置

③如果需要进一步的设置，可以单击"页面设置"命令打开"页面设置"对话框来进行设置，设置完成后单击"确定"按钮即可，如图 3-183 所示。

主要操作步骤扫描二维码，观看视频学习。

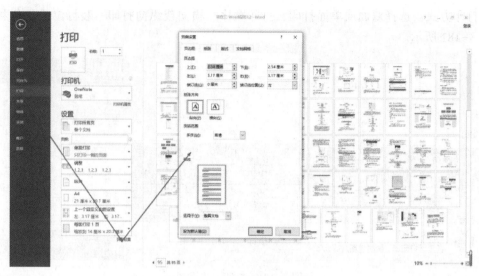

图 3-183 "页面设置"对话框

3.6 Word 高级应用

3.6.1 Word 中插入题注

题注是对文档中的图片、公式、表格、图表和其他项目进行编号与识别的文字片段。Word 可以自动插入题注，并且在插入时自动对这些题目进行编号。本节介绍了在 Word 2016 文档中插入题注的方法。

①选中文档中插入的图片，在"引用"选项卡的"题注"命令组中单击"插入题注"按钮，或单击右键菜单中的"插入题注"，如图 3-184 所示。

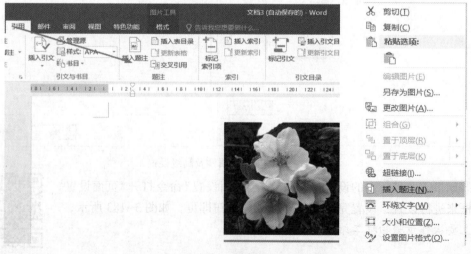

图 3-184 "插入题注"按钮

图 3-185　新建标签

图 3-186　修改编号格式

②打开"题注"对话框，在"标签"下拉列表中选择标签类型，此时在"题注"文本框中将显示该类标签的题注样式，如果不符合所需要求，可以单击"新建标签"按钮打开"新建标签"对话框，在"标签"文本框中输入新的标签样式，单击"确定"按钮后即可将新建的标签添加到"标签"下拉列表中。单击"题注"对话框中的"确定"按钮，创建的题注将被添加到文档中，如图 3-185 所示。

③在"题注"对话框中单击"编号"按钮，打开"题注编号"对话框。在对话框的"格式"下拉列表中选择编号的格式，如图 3-186 所示，完成设置后单击"确定"按钮。

④完成题注的添加后，按"Ctrl"+"Shift"+"S"快捷键打开"应用样式"对话框，在对话框中单击"修改"按钮，如图 3-187 所示。

⑤打开"修改样式"对话框，对题注的样式进行修改，设置文字的字体、字号以及对齐方式，设置完成后单击"确定"按钮，如图 3-188 所示。

⑥题注格式发生改变，在题注标签的后面输入需要的文字，此时获得的题注如图 3-189 所示。

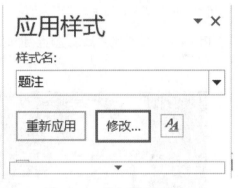

图 3-187　单击"修改"按钮

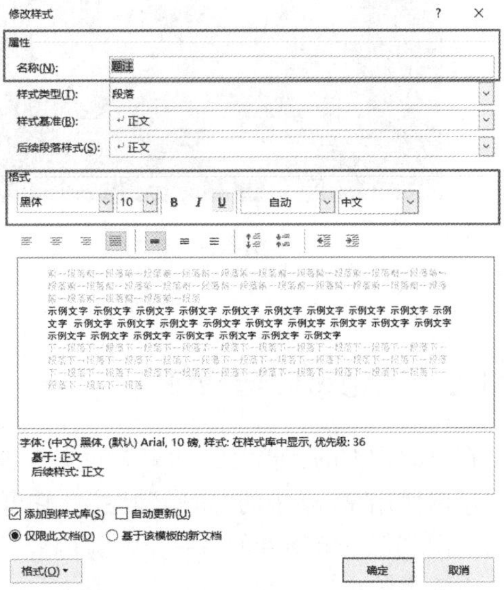

图 3-188　"修改样式"对话框

⑦在文档中接着插入图片，在"题注"命令组中单击"插入题注"按钮，打开"题注"对话框，可以看到题注自动更改了编号，单击"确定"按钮，如图3-190所示。

图3-189　修改后的题注

图3-190　添加新的题注

⑧用Word为第2张图添加题注，同时输入说明文字，添加题注后的效果如图3-191所示。

图3-191　添加题注后的效果

3.6.2　文档审阅与修订

在审阅别人的文档时，如果想对文档进行修订，但又不想破坏原文档的内容或者结构时，可以使用Word中的"审阅"功能，它可以使多位审阅者对同一篇文档进行修订，作者只需要浏览每个审阅者的每一条修订内容，决定接受或拒绝修订即可。

审阅内容包括正文、文本框、脚注和尾注以及页眉和页脚等的修订，可以添加新内容，也可以删除原有的内容。为了保留文档的版式，Word在文档的文本中只显示一些标记元素，而其他元素则显示在页边距的批注框中。

3.6.2.1 设置用户信息

一篇文档可以有多个审阅者，每个审阅者都有自己的标记，所以在修订文档之前，要对用户信息进行设置或修改。

①选择"审阅"选项卡，打开如图 3-192 所示的工具组。

②在该工具组中单击"修订"命令按钮下的黑色小箭头，打开如图 3-193 所示的"修订选项"对话框。

③点击"更改用户名"按钮，打开"Word 选项"对话框，更改的用户信息会在批注框内显示出来。

图 3-192 "审阅"选项卡

图 3-193 设置修订用户信息

3.6.2.2 审阅与修订

①打开"审阅"选项卡，单击"修订"命令组按钮，此时文档会处于修订状态。

②修订完毕后，作者要根据需要对修订进行接受或拒绝。将光标定位在需要接受的修订处，单击"审阅"选项卡上"更改"命令组的"接收"按钮，在弹出的下拉列表中选择"接受此修订"选项即可；将光标定位在需要拒绝的修订处，单击"审阅"选项卡上"更改"命令组的"拒绝"按钮，在弹出的列表中选择"拒绝更改"选项即可，或通过右键菜单接受或拒绝修订。

如图 3-194 所示，在修订状态下，文档经过了修改后，相关修改内容会被标记出来，以提醒审阅者。一般删除线标记表示原内容被删除，下划线标记表示新添加内容。现在对图 3-195 所示文档做删除"通知"，增加"邀请"的修订，分别执行两次接受处理后，对图 3-196 所示文档做增加"下午"文字的修订，执行拒绝处理后，效果如图 3-197所示。

参会通知邀请书

尊敬的张女士：

请于 2020 年 7 月 15 日下午 14：30 前往万利酒店三楼会议厅参

加"高等院校信息化教学手段应用"研讨会，并准备好发言提纲。

祝工作愉快！

甘肃省信息化教学委员会

2020 年 6 月 25 日

图 3-194 显示修订标记的效果

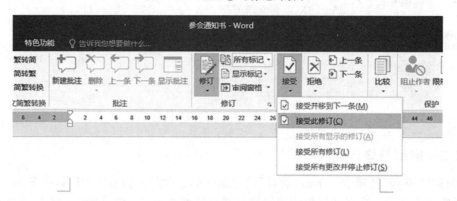

参会通知邀请书

尊敬的张女士：

请于 2020 年 7 月 15 日下午 14：30 前往万利酒店三楼会议厅参

加"高等院校信息化教学手段应用"研讨会，并准备好发言提纲。

祝工作愉快！

甘肃省信息化教学委员会

2020 年 6 月 25 日

图 3-195 执行"接收此修订"命令

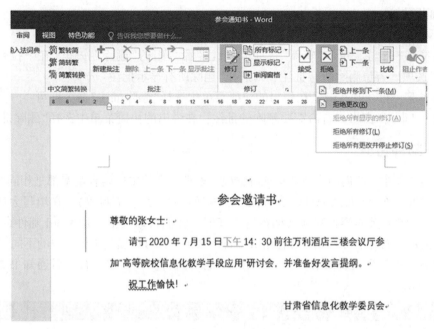

图 3-196　执行"拒绝更改"命令

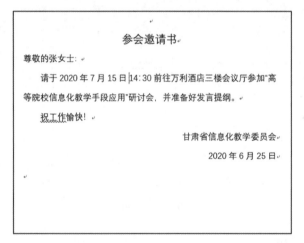

图 3-197　修订后的最终效果

3.6.2.3　添加批注

（1）插入批注

将光标移到需插入批注的文本或对象处，单击"审阅"选项卡"批注"命令组的"新建批注"按钮，在文档中会出现如图 3-198 所示的标志，审阅者可在批注框中输入想表达的文字内容。

个人简历表

> 王鹏　几秒以前
> 不规格表制作

图 3-198　插入"批注"后效果

（2）删除批注

对于不需要的批注直接将其删除即可，删除批注的方法有以下3种：

①选择某一批注，单击"审阅"选项卡"批注"命令组的"删除"按钮，在下拉列表中选择"删除"选项。若想删除所有批注，则选择"删除所有显示批注"选项。

②选择某一批注并右击，在弹出的快捷菜单中选择"删除批注"命令即可。

③打开"审阅"窗格，右击需要删除的批注，在弹出的快捷菜单中选择"删除批注"。

3.6.3　邮件合并

在日常工作中，我们经常会遇见这种情况：处理的文件主要内容基本都是相同的，只是具体数据有变化而已（如批量打印准考证、准考证、明信片、信封等）。在填写大量格式相同，只修改少数相关内容，其他文档内容不变时，我们可以灵活运用 Word 邮件合并功能，不仅操作简单，而且还可以设置各种格式、打印效果好，可以满足不同客户的不同需求。

下面我们以某会议通知书为例，使用邮件合并进行操作，邮件合并后通知书的效果如图 3-199 所示。

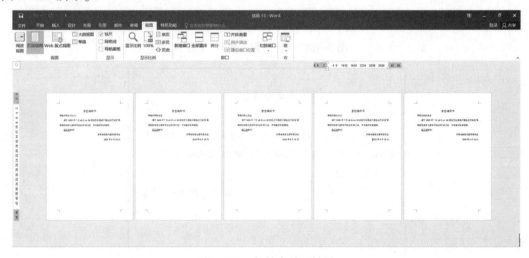

图 3-199　邮件合并后效果

3.6.3.1　创建数据源

批量制作任务通知书的前提是有一个接受任务的工作人员信息表，也就是数据源。可以利用 Word 或 Excel 制作数据源，本实例使用 Word 表格制作一份邮件合并数据源，如图 3-200 所示。

姓名	性别	联系电话	通讯地址
李永兰	女	18109381235	甘肃省兰州市安宁区
李斯	男	17793881211	甘肃省平凉市崆峒区
张山	男	18093881234	甘肃省天水市麦积区
周久	女	15109341345	甘肃省天水市秦州区
赵阳	男	15339781105	甘肃省陇南市武都区

图 3-200　邮件合并数据源

3.6.3.2　制作会议通知书

①新建一个 Word 文档，输入参会通知书的基本内容并做基本排版，如图 3-201 所示。与效果图相比，没有输入"姓名""先生或女士"。

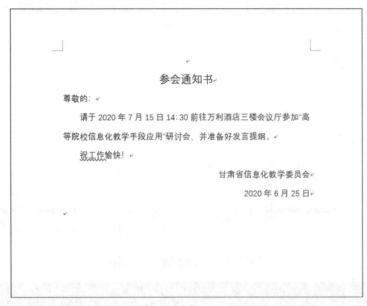

图 3-201　参会通知书的文本内容

②选择"邮件"选项卡，如图 3-202 所示，点击"开始邮件合并"命令按钮右边的下拉列表，选择"信函"选项。

图 3-202　"邮件"选项卡

③单击工具栏中"选择收件人"按钮下的"使用现有列表"打开数据源，如图 3-203 所示。

④将光标定位在"尊敬的"文本后面，单击工具栏上的"插入合并域"按钮旁边的下拉箭头，在"域"列表框中选择"姓名"选项，如图 3-204 所示。

⑤将光标定位在"尊敬的《姓名》"文本后面，点击 规则 按钮，选择"如果-那么-否则"选项，出现如图 3-205 所示的对话框。"性别"选项根据收信人的性别来确定称呼。在本实例中，如果性别为"男"，则插入文字"先生"，否则插入文字"女士"。插入 Word 域后的任务通知书如图 3-206 所示。

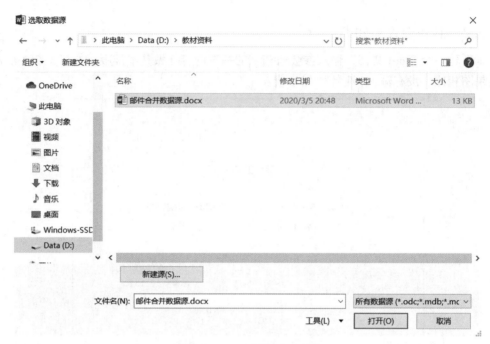

图 3-203　"选取数据源"对话框

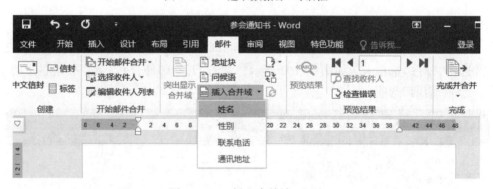

图 3-204　"插入合并域"选项

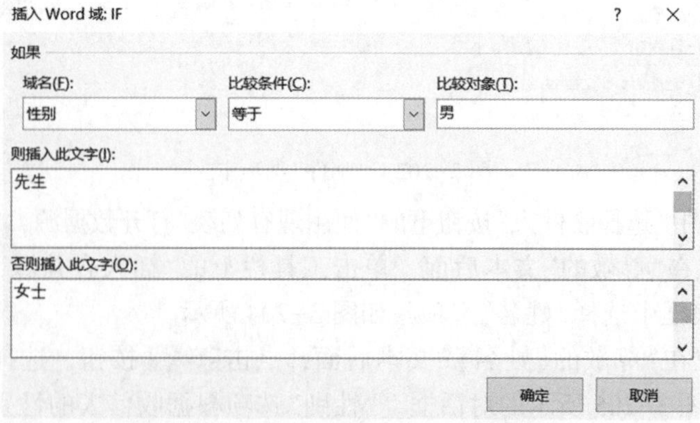

图 3-205　"插入 Word 域：IF"对话框

⑥对插入的域进行简单的排版后，单击工具栏上的"预览结果"按钮查看数据合并后的结果，正确无误后，单击"完成并合并"按钮下的"编辑单个文档"，弹出如图 3-207 所示的对话框，选择"全部"按钮。单击"确定"按钮即生成全部文档，单击工具栏上的"合并到打印机"按钮即可将合并结果直接传送到打印机进行打印。

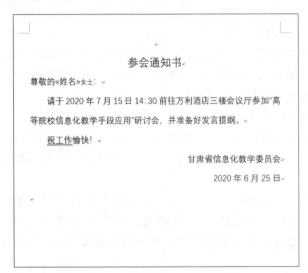

图 3-206　插入 Word 域后的文本内容

图 3-207　合并到新文档

拓展知识

精通 Word，　助力职场

对于职场办公人员来说，Word 是大家最常使用的办公软件之一，但是人们对于 Word 使用技巧和方法的掌握却是千差万别。经常看到公司新进的办公文员在利用办公软件处理一些表格、文字的时候效率非常低，而且有的功能都不会使用，下面告诉大家一些小技巧。

Microsoft Office Word 通过将一组功能完备的撰写工具与易于使用的 Microsoft Office Fluent 用户界面相结合，来帮助用户创建和共享具有专业外观的内容。下面是 Office Word 助力您职场的 10 个方面。

(1)减少设置格式的时间，将主要精力集中于撰写文档

Microsoft Office Fluent 用户界面可在需要时提供相应的工具，使用户轻松快速地设置文档的格式。用户可以在 Microsoft Office Word 中找到适当的功能来更有效地传达文档中的信息。使用"快速样式"和"文档主题"，用户可以快速更改整个文档中文本、表格和图形的外观，使之符合用户喜欢的样式或配色方案。

(2)借助 SmartArt 图示和新的制图工具更有效地传达信息

新的 SmartArt 图示和新的制图引擎可以帮助用户使用三维形状、透明度、投影以及其他效果创建外观精美的内容。

（3）使用构建基块快速构建文档

Microsoft Office Word 中的构建基块可用于通过常用的或预定义的内容（如免责声明文本、重要引述、提要栏、封面以及其他类型的内容）构建文档。这样就可以避免花费不必要的时间在各文档间重新创建或复制粘贴这些内容，还有助于确保在组织内创建的所有文档的一致性。

（4）直接从 Microsoft Office Word 另存为 PDF 或 XPS

Microsoft Office Word 2007 及以上版本提供了与他人共享文档的功能，用户无需增加第三方工具，就可以将 Word 文档转换为可移植文档格式（PDF）或 XML 文件规范（XPS）格式，从而有助于确保与使用任何平台的用户进行广泛交流。

（5）直接从 Microsoft Office Word 中发布和维护博客

用户可以直接从 Microsoft Office Word 发布博客。可以将 Microsoft Office Word 配置为直接链接到用户的博客网站，使用丰富的 Word 体验来创建包含图像、表格和高级文本格式设置功能的博客。

（6）使用 Microsoft Office Word 和 Microsoft Office Sharepoint Server 控制文档审阅过程

通过 Microsoft Office Sharepoint Server 中内置的工作流服务，用户可以在 Microsoft Office Word 中启动和跟踪文档的审阅和批准过程，帮助加速整个组织的审阅周期，而无需强制用户学习新工具。

（7）将文档与业务信息连接

使用新的文档控件和数据绑定创建动态智能文档，这种文档可以通过连接到后端系统进行自我更新。组织可以利用新的 XML 集成功能来部署智能模板，以协助用户创建高度结构化的文档。

（8）删除文档中的修订、批注和隐藏文本

使用文档检查器检测并删除不需要的批注、隐藏文本或个人身份信息，以帮助确保在发布文档时不会泄露敏感信息。

（9）使用三窗格审阅面板比较和合并文档

使用 Microsoft Office Word 可以轻松地找出对文档所做的更改。它可以通过一个新的三窗格审阅面板来帮助用户查看文档的两个版本，并清楚地标出删除、插入和移动的文本。

（10）减小文件大小并提高恢复受损文件的能力

新的 Ecma Office Open Xml 格式可使文件大小显著减小，同时可提高恢复受损文件的能力。这些新格式可大大节省存储和带宽需求，并可减轻 IT 人员的负担。

习 题

一、 选择题

1. 关于 Word 保存文档的描述不正确的是（   ）。

A. “常用”工具栏中的“保存”按钮与文件菜单中的“保存”命令选项同等功能

B. 保存一个新文档，“常用”工具栏中“保存”按钮与文件菜单中“另保存”命令选项同等功能

C. 保存一个新文档，文件菜单中的"保存"命令选项与文件菜单中的"另保存"命令选项同等功能

D. 文件菜单中的"保存"命令选项与文件菜单中的"另保存"命令选项同等功能

2. 在 Word 中，（　　　）不能够通过"插入"/"图片"命令插入。

A. 剪贴画　　　　　B. 艺术字　　　　　C. 组织结构图　　　　　D. 视频

3. 下列 Word 的段落对齐方式中，能使段落中每一行(包括未输满的行)都能保持首尾对齐的是（　　　）。

A. 左对齐　　　　　B. 两端对齐　　　　　C. 居中对齐　　　　　D. 分散对齐

4. Word 文档使用的默认扩展名为（　　　）。

A. Wps　　　　　B. Txt　　　　　C. Docx　　　　　D. Dotp

5. 在 Word 中，若要将某个段落的格式复制到另一段，可采用（　　　）。

A. 字符样式　　　　　B. 拖动　　　　　C. 格式刷　　　　　D. 剪切

6. Word 文档编辑中，文字下面有红色波浪线表示（　　　）。

A. 对输入的确认　　　　　　　　B. 可能有语法错误

C. 可能有拼写错误　　　　　　　D. 已修改过的文档

7. 在 Word 中，为了保证字符格式的显示效果和打印效果一致，应该设定的视图方式是（　　　）。

A. 普通视图　　　　　B. 页面视图　　　　　C. 大纲视图　　　　　D. 全屏幕模式

8. 在 Word 编辑状态下，当前编辑文档中的字体是宋体，选择了一段文字使之反显，先设定了楷体，又设定了黑体，则（　　　）。

A. 文档全文都是楷体　　　　　　B. 被选择的内容仍是宋体

C. 被选择的内容变成了黑体　　　　D. 文档全部文字字体不变

9. 双击一个扩展名为 .Doc 或 .Docx 的文件，则系统默认是用（　　　）来打开它。

A. 记事本　　　　　B. Word　　　　　C. 画图　　　　　D. Excel

10. 打开一个 Word 文档，通常指的是（　　　）。

A. 把文档的内容从内存中读入，并显示出来

B. 把文档的内容从磁盘调入内存，并显示出来

C. 为指定文件开设一个空的文档窗口

D. 显示并打印出指定文档的内容

二、填空题

1. 在 Word 操作中，要想使所编辑的文件保存后不被别人查看，可以在安全性的_____"选项"中设置。

2. Word 在正常启动之后会自动打开一个名为_____的文档。

3. 在 Word 中，只有在_____视图下才可以显示水平标尺和垂直标尺。

4. Word 文档使用的默认扩展名为_____。

5. Word 文档编辑中，_____文字下面有绿色波浪线表示。

6. 在 Word 操作，要插入"尾注或脚注"，可通过工具按钮中的_____命令完成。

7. 使用 Word 制表时，选择"表格"菜单中的_____命令可以调整行高和列宽。

8. 在 Word 中，"插入题注"主要是针对_____对象的。

9. 为了保证打印出来的工作表格式清晰、美观，完成页面设置后，在打印之前通常要进行_____。

10. 插入"下一页分节符"通过_____下的_____设置完成。

11. Word 中，统计文档字数，通过_____下的_____命令完成。

12. 对 Word 文档进行修改后，要显示修改标记，通过_____下的_____设置完成。

三、 操作题

设计一个你们专业的招生宣传广告，要求如下：

1. 内容自行编辑，但必须包含标题、培养目标、课程设置、就业趋势、实训条件的文字简介。

2. 标题设置成艺术字形式。

3. 文本正文设置成三栏，用分隔线分开，第三栏宽度大于其他两栏宽度。

4. 第一栏内容主要为培养目标和课程设置，课程设置通过表格表示。

5. 第二栏内容主要为就业趋势，对不同单位的需求通过图表表示。

6. 第三栏内容主要为实训条件，插入本专业的实训室图片。

7. 要求设计美观、大方，体现视角效果。

单元4 Excel应用

Microsoft Office Excel 是 Microsoft(微软)公司开发的基于 Windows 操作系统的最早的 Office 组件之一。Microsoft Office Excel 软件能够方便地制作人们日常工作中的各种表格，同时，Excel 还提供了大量的函数，在表格中可以直接运用这些函数进行财务、统计、工程以及投资等领域的数据计算和分析、制作各种分析报表、绘制各种图表。自 1990 年 Excel 开始商用以来，它的版本的演变与 Microsoft Office Word 同步，用户通过对软件的组成及功能了解和学习，可以进行工作中的各种数据分析处理，使办公过程更加轻松。

本单元以 Excel 2016 版本为例，通过具体实例从以下方面进行学习：

1. Excel 基本操作。
2. 格式化工作表。
3. 公式与函数。
4. 数据库操作。
5. 图表及打印设置。

4.1 Excel 基本操作

4.1.1 Excel 功能和作用

4.1.1.1 Excel 功能

(1)数据记录与整理

孤立的数据包含的信息量太少，而过多的数据又让人难以理清头绪，利用表格的形式将它们记录下来并加以整理是一个不错的方法。

大到多表格视图的精确控制，小到一个单元格的格式设置，Excel 几乎能为用户做到他们在处理表格时想做的一切。除此以外，利用条件格式功能，用户可以快速地标识出表格中具有特征的数据而不必费力逐一查找。利用数据有效性功能，用户还可以设置何种数据允许被记录，而何种不能。对于复杂的表格，分级显示功能可以帮助用户随心所欲地调整表格阅读模式，既能"一览众山小"，又能明察秋毫。

（2）数据计算

Excel 的计算功能与算盘、普通电子计算器相比，完全不可同日而语。四则运算、开方、乘幂这样的计算只需用简单的公式来完成，只要借助了函数，则可以执行非常复杂的运算。

内置充足又实用的函数是 Excel 的一大特点，函数其实就是预先定义的、能够按一定规则进行计算的功能模块。在执行复杂计算时，只需要先选择正确的函数，然后为其指定参数，它就能瞬间返回结果。Excel 内置了三百多个函数，分为多个类别，利用不同的函数组合，用户几乎可以完成绝大多数领域的常规计算任务。在以前，这些计算任务都需要专业计算机研究人员进行复杂编程才能实现，现在任何一个普通的用户只需要点几次鼠标就可以实现。

（3）数据分析

要从大量的数据中获取信息，仅仅依靠计算是不够的，还需要利用某种思路和方法进行科学地分析，数据分析也是 Excel 擅长的一项工作。

（4）商业图表制作

所谓一图胜千言，一份精美切题的商业图表可以让原本复杂枯燥的数据表格和总结文字立即变得生动起来。Excel 的图表图形功能可以帮助用户迅速创建各种各样的商业图表，直观形象地传达信息。

（5）信息传递和共享

Excel 不但可以与其他 Office 组件无缝链接，而且可以帮助用户通过 Intranet 与其他用户进行协同工作，方便地交换信息。

4.1.1.2　Excel 作用

①它能够方便地制作出各种电子表格，使用公式和函数对数据进行复杂的运算；用各种图表来表示数据直观明了；利用超级链接功能，用户可以快速打开局域网或 Internet 上的文件，与世界上任何位置的互联网用户共享工作簿文件。

②Excel 为我们提供了强大的网络功能，用户可以创建超级链接获取互联网上的共享数据，也可以将自己的工作簿设置成共享文件，保存在互联网的共享网站中，让世界上任何一个互联网用户分享。

③将数据从纸上存入 Excel 工作表中，此时数据的处理和管理已发生了质的变化，数据从静态变成动态，能充分利用计算机自动、快速地进行处理。在 Excel 中不必进行编程就能对工作表中的数据进行检索、分类、排序、筛选等操作，利用系统提供的函数可完成各种数据的分析。

4.1.2　Excel 的启动、退出及窗口组成

4.1.2.1　Excel 2016 的启动

启动 Excel 2016 的方法有以下 3 种：

①依次选择"开始""所有程序""Microsoft Office""Microsoft Office Excel 2016"菜单，启动软件。

②首先在桌面上创建 Excel 2016 的快捷方式，然后双击其快捷图标，启动软件。

③双击任意 Excel 工作簿文件的名称，就会启动 Excel 软件，并在其中打开该工作簿文件。

执行上述任一操作后，都会启动 Excel 2016，显示出如图 4-1 所示的用户界面。

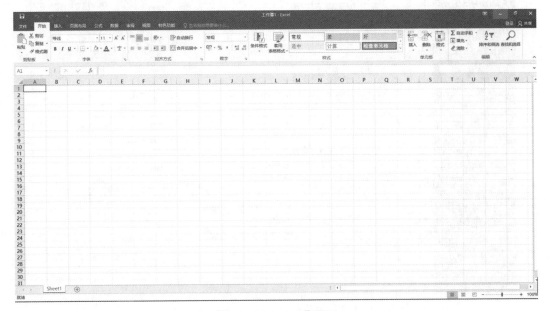

图 4-1　Excel 工作界面

4.1.2.2　认识工作界面

（1）Excel 中的功能区

启动后，显示屏幕上就会出现如图 4-1 所示的 Excel 工作界面，Excel 2016 的工作窗口主要包括快速访问工具栏、标题栏、窗口控制按钮、功能区、名称框、编辑栏、工作表编辑区、工作表选项卡和视图控制区。

①文件选项卡　Microsoft Office 自 2010 年之后提供了一种称为 Microsoft Office Backstage 视图的新增功能，它是功能区的配套功能。单击"文件"菜单后，可以看到 Microsoft Office Backstage 视图（图 4-2），可以在其中管理文件及其相关数据，创建、保存、打印、检查隐藏的元数据或个人信息以及设置选项。简而言之，可通过该视图对文件执行所有无法在文件内部完成的操作。

②其他选项卡　Excel 2016 的功能区在默认情况下由开始、插入、页面布局、公式、数据、审阅、视图等选项卡组成。各选项卡是面向任务的，每个选项卡以特定任务或方案为主题组织其中的功能控件。例如，"开始"选项卡以表格的日常应用为主题设置其中的功能控件，其中包含了实现表格的复制、粘贴，设置字体、字号、表格线、数据对齐方式以及报表样式等常见操作的功能控件。每个选项卡中的控件又细分为几个命令组，每个组中再放置实现具体功能的控件。图 4-1 显示出的是"开始"选项卡中的内容。

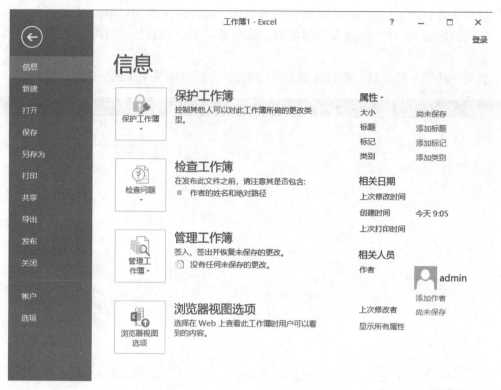

图 4-2 Microsoft Office Backstage 视图

功能区中的选项卡是动态的，为了减少屏幕混乱，某些选项卡平时是隐藏的，在执行相应的操作时，它们会自动显示出来。例如，在图 4-1 中没有显示出"图表工具"选项卡，但若在工作表中插入了图表，当图表被激活后，Excel 就会自动在功能区中添加一个"图表工具"选项卡，这就是 Office 2016 的"Load Test"选项卡。

③命令组 Excel 将一些选项和按钮，以面向任务的方式放置在不同的命令组中，每个命令组能够完成某种类型的子任务。例如，在图 4-1 中，剪贴板、字体和对齐方式等都是组，每个组都与某项特定任务相关。剪贴板中包括有实现工作表复制和粘贴等功能的控件，字体组则包括了设置字体大小、型号、颜色等功能的控件。

④快速访问工具栏 位于 Excel 界面左上角的是快速访问工具，其中包含一组独立于当前所显示的选项卡的命令，无论用户选择哪个选项卡，它将一直显示，为用户提供操作的便利。在默认情况下，快速访问工具栏中包括保存、撤销和恢复最近操作的 3 个工具按钮，但它其实是一个可自定义的工具栏，用户可将经常使用的命令按钮添加到其中。

⑤标题栏 位于功能区最上边，显示当前正在编辑的工作簿文件的名称。

（2）工作表区

工作表区是 Excel 为用户提供的"正常办公区域"。它由多个工作表构成，每个工作表相当于人们日常工作中的一张表格，可在其中的网格内填写数据、执行计算、处理财务数据、绘制图表，并在此基础上制作各种类型的工作报表。

①工作表 就是人们平常所说的电子表格，是 Excel 中用于存储和处理数据的主要文档。它与我们日常生活中的表格基本相同，由一些横向和纵向的网格组成，横向的称为

行，纵向的称为列，在网格中可以填写不同的数据。Excel 2016/2007 的一个工作表最多可有 1 048 576 行、16 384 列数据（而 Excel 2003 为 65 536 行、256 列）。当前正在使用的工作表称为活动工作表。图 4-1 展示的是 Sheet1 工作表的界面。

②工作表标签和插入新工作表　工作表标签代表工作表的名称。图 4-1 中的 ▸ Sheet1 ⊕ 是工作表标签，代表了一个工作表。Sheet1 往往不够使用，选中 Sheet1，单击右键菜单中的"插入"按钮或 Sheet1 右边的 ⊕ 按钮就会在后面插入一个新工作表 Sheet2，再单击一次就会插入新工作表 Sheet3，等等。当存在多个工作表，其中某些工作表的标签不可见时，可以通过标签导航按钮 ◂ ▸ 前后滚动工作表标签，显示出被遮住的工作表标签。

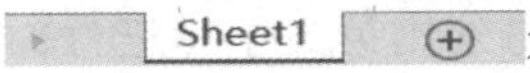

单击工作表标签按钮可使对应的工作表成为活动工作表，双击工作表标签按钮改变它们的名称，因为 Sheet1、Sheet2 这样的名称不能说明工作表的内容，把它们改为"学生名单""成绩表"这样有实际意义的名称更合适。

在默认情况下，Excel 2016 只打开一个工作表，可以通过点击"文件"菜单下的"选项"打开 Excel 选项对话框，如图 4-3 所示，改变"新建工作簿时"下的"包含的工作表数"选项的值，使得新建一个工作簿后生成多个工作表。

图 4-3　Excel 选项对话框

③行标题　Excel 2016 的一个工作表由 1 048 576 行组成，每行用一个数字进行编号，称为行标题。在图 4-1 中，左边的数字按钮 1、2、3…都是行标题。

单击行标题可以选定其对应的整行单元格，如果右击行标题，将显示相应的快捷菜单。上下拖动行标题下端的边线，可增减该行的高度。

④列标题　Excel 2016 允许一个工作表最多可包括 16 384 列，每列用英文字母进行标识，称为列标题，工作表上的 A、B、C、D…就是列标题。当列标题超过 26 个字母时就用两个字母表示，如 AA 表示第 27 列，AB 表示第 28 列……当两个字母的列标题用完后，就用 3 个字母标识，最后的列标题是 XFD。

单击列标题可选定该列的全部单元格，如果右击列标题，将显示相应的快捷菜单。左右拖动某列标题右端的边线，可增减该列的宽度，双击列标题的右边线可自动调整该列到合适的宽度。

在当前单元格使用快捷键"Ctrl"+"↓"可以跳转到最后一行，使用"Ctrl"+"↑"跳转到第一行，使用"Ctrl"+"→"跳转到最右一列，"Ctrl"+"←"跳转到第一列。

⑤单元格、单元格区域　工作表实际上是一个二维表格，单元格就是这个表格中的一个"格子"。单元格由它所在的行、列标题所确定的坐标来标识和引用，在标识或引用单元格时，列标题在前面，行标题在后面，如 A1、B5。

当前正在使用的单元格称为活动单元格，其边框不同于其他单元格，是粗黑色的实线，且右下角有一黑色的实心方块，称为填充柄。活动单元格代表当前正在用于输入或编辑数据的单元格，图 4-1 中的 A1 单元格就是活动单元格，从键盘输入的数据就会出现在该单元格中。

单元格是输入数据、处理数据及显示数据的基本单位，数据输入和数据计算都在单元格中完成，单元格中的内容可以是数字，文本或计算公式等。单元格区域是指多个连续单元格的组合，例如，"A2:B4"代表一个单元格区域，包括 A2，B2，A3，B3，A4，B4 单元格；只包括行标题或列标题的单元格区域代表整行或整列，例如，1:1 表示第一行的全部单元格组成的区域，1:j 则表示由第 1~5 行全部单元格组成的区域；A:A 表示第一列全部单元格组成的区域；A:D 则表示由 A、B、C、D 这 4 列的全部单元格组成的区域。

⑥全选按钮、插入函数按钮 *fx* 、名称框和编辑栏　工作表的行标题和列标题交叉处的按钮 ▣ 称为全选按钮，单击它可以选中当前工作表中的所有单元格。

fx 是插入函数按钮，单击它时将弹出"插入函数"对话框，通过此对话框可向活动单元格的公式中输入函数。

名称框用于指示活动单元格的位置，在任何时候，活动单元格的位置都将显示在名称框中。名称框还具有定位活动单元格的能力，比如要在单元格 B5 中输入数据，可以直接在名称框中输入 B5，按回车键后，Excel 就会使 B5 成为活动单元格。此外，名称框还具有为单元格定义名称的功能。

编辑栏用于显示、输入和修改活动单元格中的公式或数据。当在一个单元格中输入数据时，用户会发现输入的数据同时也会出现在编辑栏，事实上，在任何时候，活动单元格中的数据都会出现在编辑栏中，当单元格中数据较多时，可以直接在编辑栏中输入、修改数据。

⑦工作表查看方式与工作表缩放　工作表下边框的右侧提供的 ▦▢▥ 3 个按钮用于切换工作表的查看方式，其中▦是普通查看方式，这是 Excel 显示工作表的默认方式，图 4-1 就是用这种方式显示工作表的；▢是页面布局显示方式，单击它将以打印页面的方式显示工作表；▥是分页预览方式，如果工作表数据较多，需要多张打印纸才能打印完成时，在此查看方式下，Excel 将以缩小方式显示出整个工作表的数据，并在工作表中显示出一些页边距的分割线，相当于将所有打印出的纸张并排在一起查看。

工作表缩放工具 100% ⊖ ▽ ⊕ 可以用放大或缩小的方式查看工作表中的数据，单击⊕可以放大工作表，单击⊖可以缩小工作表，每单击一次缩放 10%，当然，左右拖动其中的▽按钮也可以缩放工作表。

4.1.3　工作簿创建、 打开与保存

在 Excel 中创建的文件称为工作簿，工作簿是 Excel 管理数据的文件单位，相当于人们日常工作中的"文件夹"，它以独立的文件形式存储在磁盘上。在 Excel 2016 中的默认扩展名是".xlsx"。工作簿由独立的工作表组成，可以是一个，也可以是多个。Excel 2003 及早期版本中最多可包括 255 个工作表，Excel 2007 之后一个工作簿内的工作表个数仅受内存限制，可以无穷。对于新建的工作簿，系统会将其自动命名为"工作簿 1.Xlsx"。在默认情况下，Excel 2016 的一个工作簿包含一个工作表，名字为 Sheet1。Excel 可同时打开若干个工作簿，每个工作簿对应一个窗口。

4.1.3.1　建立新工作簿

可以建立一个只含有几个空白工作表的工作簿，也可以基于 Excel 模板建立具有某种格式的工作簿。所谓模板，就是指一个已经输入内容，并设置好了表格式样(如设置好了标题、字体、字形及表格网格线等)的由 Excel 或其他人建立好的工作簿。根据它建立工作簿，只需在其中进行少量的数据修改就可以建立起需要的表格，如通讯录或财务的资产负债表等，这种建表的方式可以利用别人的工作成果，减少表格内容输入以及版面设计所花费的时间，以提高工作效率。

启动 Excel 之后，它会自动建立并打开一个新工作簿，其默认名称为"工作簿 1.xlsx"(一般情况下后缀名是不用输入的，系统自动加载)。如果在打开了一个工作簿的同时，还要建立另外一个新工作簿，则选择"文件"下的"新建"菜单项，显示图 4-4 所示的 Excel Backstage 视图，其中提供了创建工作簿的许多模板和方法。

4.1.3.2　保存工作簿

保存工作簿的方法很简单，其操作步骤如下：

①单击快速访问工具栏上的"保存"按钮；或单击"文件"菜单中的"保存"或"另存为"选项；或按下组合键"Ctrl"+"S"。若选择"另存为"，则出现"另存为"对话框。如果工作簿第一次保存，同样会出现"另存为"对话框(图 4-5)。

②选择保存文件的文件夹。

③在"文件名"框中输入工作簿的文件名，然后单击"确认"按钮。

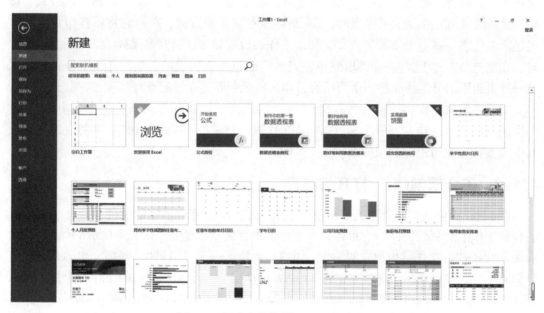

图 4-4　新建工作簿的 Backstage 视图

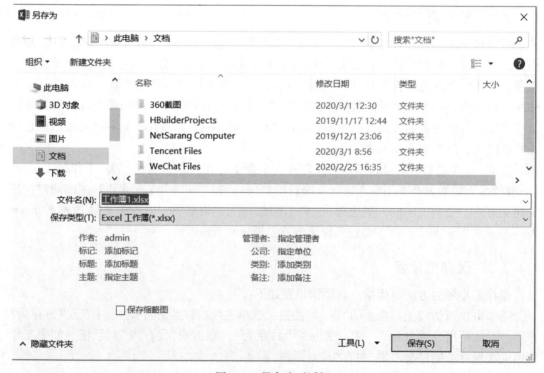

图 4-5　另存为对话框

④在保存文件时可以点击"工具"下的"常规选项"（图4-6），在弹出的常规选项对话框中对文件进行加密，其后打开文件时需输入设置好的密码方可打开此文件，并对该文件进行浏览操作（图4-7）。设置修改权限密码能防止对此文档进行误编辑。

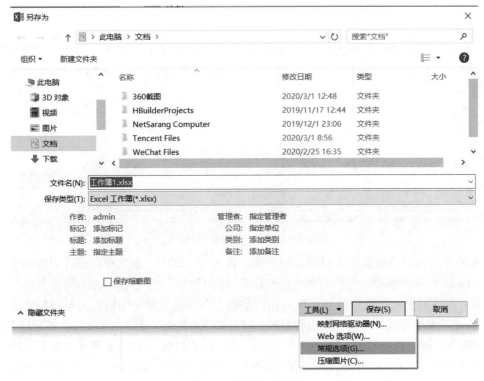

图4-6　存储常规选项

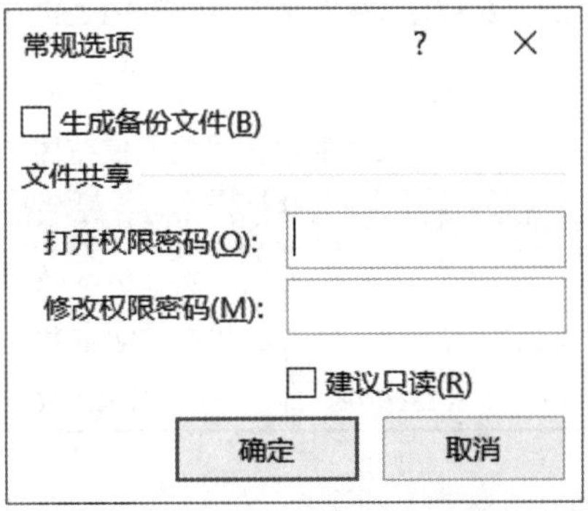

图4-7　另存为对话框中的常规选项对话框

4.1.4　工作表数据输入和编辑

我们在日常工作和学习中需要处理不同形式的数据，如姓名、保险号、人员编号、工资、学习成绩、电话号码等，此时需要将这些数据输入到计算机中，才能对这些数据进行信息分析和处理。如何快捷而准确地输入原始资料数据，是工作时首先需要解决的问题，Excel提供了强大的数据输入功能。

4.1.4.1　认识 Excel 数据类型

Excel 中的数据类型可以大致分为数值型、日期和时间型、文本型、逻辑值和错误值 5 种不同类型。

（1）数值

数值型数据是 Excel 中使用最广泛的数据类型，可以表现为货币、小数、百分数、科学记数法、各种编号、邮政编码、电话号码等多种形式，图 4-8 所示即为 Excel 数据的各种表现形式。

图 4-8　Excel 中的数据表现形式

图 4-8 仅是数值型数据表现形式的示例，在实际工作中，数值可能还有更多的表现形式。请注意图中的"编码""货币"和"中文形式"栏的数据，它们看上去不像是数值，而更像文本，但这种形式是通过数字的格式化设定的，在这些单元格中输入的是纯数值。

Excel 能够处理较大数值范围内的数据，但并非没有限制。表 4-1 是 Excel 单元格中数值的最大取值范围，可以看出，数字的精度为 15 位，对于超出 15 位有效数字的数据，15 位以后数字将被 Excel 改变为 0，并在单元格中用科学记数法表示，对超出 15 位有效数字的小数，超出部分将被截去。例如，在某单元格中输入 123456789123456789 将被显示为 1.23457E+17，其实际保存的值为 123456789123456000；输入 1.23456789123456789 后实际保存在单元格中的值为 1.23456789123456。

表 4-1　Excel 的数值最大取值范围

功　能	最大限制	功　能	最大限制
数字精度	15 位	最小负数	$-2.2250738585072E-308$
单元格中可输入的最大数值	$9.99999999999999E307$	最小正数	$2.229E-308$
最大正数	$1.79769313486231E308$	最大负数	$-2.2250738585073E308$

（2）日期和时间

日期和时间在 Excel 中是按数值型数据处理的。也就是说，在 Excel 中日期和时间型数据是按数值进行运算和存储的。

Excel 以序列号的形式存储和计算日期，序列号是一个小数，整数部分表示日期，小数部分表示时间。在默认情况下，1900 年 1 月 1 日的序列号是 1，1900 年 1 月 2 日的序列号为 2……，而 2012 年 4 月 24 日的序列号是 41023，这是因为它距 1900 年 1 月 1 日有 41023 天。

在工作表中所见到的各种形式的日期，如"2004 年 3 月 26 日星期五""2004-3-26"

"99-12-21""17：23P"等，在 Excel 中都是数字，它们经过格式化之后就会显示为对应的日期和时间样式，但在 Excel 中存储的则是其对应的序列数，例如，2012 年 4 月 24 日在 Excel 中保存的实际值为 41023。

（3）文本

文本就是人们常见的各种文字符号，如人们常见的姓名、报刊杂志、表格标题等都是文本。在默认情况下，数值在 Excel 的单元格中靠单元格的右线对齐，而文本在单元格中是靠左对齐，当然，人们可根据实际需要，对单元格内容的对齐方式进行重新设置。

（4）逻辑值

在日常生活中常常会遇到假设或判定方面的问题，如明天会下雨吗？ A 大于 B 吗？李明的妻子明天要生小孩，会是个男孩吗？这类问题的答案只能是正确或不正确两个值之中的一个，不会出现第三个答案，在计算机中用逻辑值来表示这种类型的数据，在 Excel 中用 True 和 False 两个值来表示，True 表示正确，False 表示错误。

（5）错误值（此项内容可以在学习完公式与函数后再学习）

有时，在单元格中会显示出#####、#DIV/0!、#N/A、#NAME?、#NULL!、#NUM!、#REF、#VALUE! 等内容，这些是错误值。严格意义上讲，错误值不能称为一种数据类型，它们是由于公式或调用函数发生了错误而产生的结果，这些错误值的含义及产生原因见表4-2。在默认情况下，错误值和逻辑值在单元格中采用居中对齐方式。

表 4-2　Excel 中的错误值的含义及产生原因

错误值	错误原因
########	单元格所含的数字、日期或时间比单元格宽，或者单元格的日期、时间公式产生了一个负值，就会产生#####错误。可以拖动列标之间的边界来修改列宽，使单元格中的所有数据都显示出来
#VALUE!	①在需要输入数字或逻辑值时输入了文本，Excel 不能将文本转化为正确的数据类型； ②输入或编辑数组公式时，按了"Enter"键； ③把单元格引用公式和函数作为数组常量输入； ④把一个数值区域赋给了只需要单一参数的运算符或函数，如在 B1 单元格中输入格式" = SIN(A1:A5)"就会产生#VALUE! 错误
#DIV/O	①输入的公式中包含明显的除数零，例如：=5/0； ②在公式中，除数使用了指向空单元格或包含零值单元格的单元格引用（在 Excel 中如果运算对象是空白单元格，Excel 将此空值当作零值），都会产生这种错误
#NAME?	①在公式中输入文本时没有使用双引号。Microsoft 将其解释为名称，但这些名字没有定义； ②函数的名称拼写错误； ③删除了公式中使用的名称，或者在公式使用了定义的名称； ④名字拼写有错
#N/A	①内部或自定义工作表函数中缺少一个或多个参数； ②数组公式中使用的参数的行数或列数与包含数组公式的区域的行数或列数不一致； ③在未排序的表中使用 Vlookup、Hlookup 或 Match 工作表函数来查找值

(续)

错误值	错误原因
#REF	删除了公式引用的单元格区域
#NUM	计算产生的数值太大或太小，Excel 不能表示在需要数字参数的函数中使用了非数字参数的内容
#NULL!	在公式的两个区域中加入了空格从而要求交叉区域，但实际上这两个区域并无重叠区域

4.1.4.2 工作表中的基本数据输入

（1）基本输入方法

Excel 中的数据类型除了逻辑值和错误值通常是公式产生的以外，其他几种类型的数据都需要输入，其基本操作过程为：

①可用鼠标单击该单元格，或通过移动键盘上的方向键使要输入数据的单元格成为活动单元格。

②从键盘上输入数据。

③按"Enter"键后，本列的下一单元格将成为活动单元格，也可用键盘方向键或鼠标选择下一个要输入数据的单元格，当光标离开输入数据的单元格时，数据输入就算完成了。

例：输入如图 4-9 所示表格数据。

××班级助学金情况汇总表									
序号	姓名	出生日期	学生代码	身份证号	手机号码	账号	补贴（元）	大写	打款日期
1	张三	2000/11/2	JSJ-001	123456200011020123	13812345678	6213004310002020001	¥4,300.00	肆仟叁佰元整	二〇二〇年六月三十日
2	李四	2000/1/22	JSJ-002	123456200011220123	18912345678	6213004310002020002	¥3,300.00	叁仟叁佰元整	二〇二〇年七月一日
3	王五	2001/9/8	JSJ-003	123456200109081234	13612345678	6213004310002020003	¥3,300.00	叁仟叁佰元整	二〇二〇年七月二日
4	赵六	2002/7/12	JSJ-004	123456200207123456	17712345678	6213004310002020004	¥2,300.00	贰仟叁佰元整	二〇二〇年七月三日

图 4-9　某班级助学金情况汇总表

（2）输入数值

数值的输入可以采用普通记数法与科学记数法，例如，输入 123343，可在单元格中直接输入 123343，也可以输入 1.23343E5；0.0083 可以直接输入，也可以输入 8.3E-3 或 8.3e-3，其中 E 或 e 表示以 10 为底的幂。

输入正数时，前面的"+"可以省略，输入负数时，前面的"-"不能省略，但可用圆括号表示负数，例如，输入 78，可在单元格中直接输入 78，-78 可输入(78)，"( )"表示负数。

输入纯小数时，可省掉小数点前面的 0，如 0.98 可输入为.98。

对于较大的数据，为了便于查看阅读，在输入完成后，可以将它分节显示，例如，在某单元格中输入"122121212121212"后，单击"开始"选项卡中"数字"功能组中的","按钮，Excel 会将该数据显示为"122，121，212，121，212.00"；也可以在输入时就按数据的分节形式输入，在对应的单元格中输入"122，121，212，121，212"。

分数在 Excel 中表现为"ac/b"形式，其中的 a 是整数部分，c 是分子，b 是分母，如输入"13 21/98"，应该先输入 13 且后面必须有空格，再输入 21/98 即可；对于没有整数部分的分数，也必须输入整数部分"0"，即输入"0 1/8"，0 后面的空格也不能省略，如果直接输入"1/8"，Excel 将认为输入的是"1 月 8 日"，因为在 Excel 中，"/"和"-"是年月日之间的间隔符，所以 Excel 会将你的输入误以为某个日期。Excel 可以对分数进行各种算术运算。

（3）输入文本

文本数据是指出现在一对英文半角引号（""）中的文字和符号串，它可以是包含有字母、汉字、数字各种符号组成的字符串。在实际输入非全部由数字构成的文本时，不需要输入""，可直接输入文本内容。

在默认情况下，一个单元格中只显示 8 个字符（指 8 个英文字符，对于汉字来说就是 4 个汉字），如果输入的文本宽度超过了单元格宽度，应该接着输入，表面上它会覆盖右侧单元格中的数据，实际上它仍是本单元格的内容，并未丢失，不要因为看见输入的内容已到达该单元格的右边界就把后面的内容输入到右边的单元格中，这样会给工作表数据的格式化带来麻烦。

①非数字型文本的输入　非数字型文本的输入操作很简单，只需用鼠标单击要输入文本单元格，然后直接输入相关的文字符号即可。

②特殊符号的输入　如果在输入文本的过程中，涉及到特殊符号，除了可以应用输入法提供的特殊符号外，也可选择"插入"选项卡中的"符号"，Excel 就会显示出如图 4-10 所示的符号对话框。选择字体，选择需要的符号，使用鼠标双击即可完成输入。

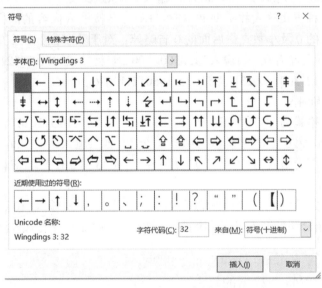

图 4-10　Excel 的符号对话框

③数学公式的输入　如果需要在 Excel 中输入数学公式，如：

$$f(\chi,\ \mu,\ \sigma) = \frac{1}{\sqrt{2\pi}\sigma}e^{\left(\frac{(\chi-\mu)^2}{2\sigma^2}\right)}$$

●使用公式编辑器：单击"插入"选项卡中的"文本"组中的"对象"按钮，在 Excel 弹出的"对象"对话框中选择"新建"，并选择"对象类型"列表框中的"Microsoft 公式 3.0"，Excel 将会显示公式编辑器，如图 4-11 所示。该公式编辑器提供了各种数学符号，用它可以建立各种复杂的数学数字型文本的输入。

图 4-11　Excel 公式编辑器

● 使用公式工具：单击"插入"选项卡中的"公式"进入到公式编辑状态，出现如图 4-12 所示的"公式工具"与"绘图工具"活动选项卡，依据选项卡中的设计进行相应选择就可以完成公式的输入和编辑。

图 4-12　公式工具

④数字型文本输入　日常生活中有许多数字型的文本，如身份证号码、各种银行号、QQ 号码、股票代码等，虽然它们由 0~9 的数字组成，但不需要进行普通的数字计算。在输入数字组成的字符串时，为了不与相应的数值混淆，需要在输入数据的前面输入英文状态下的单引号"'"，或输入 ="数字串"（用等号后英文状态下的双引号将数字引起来），如输入邮政编码 430065，则应输入 '430065 或输入 ="430065"。

此外，采用这种方式输入数字型文本时，Excel 会按输入内容的原样存储数据，不会将文本数字最前面的 0 及小数点最后面的 0 省略掉；对于数字位数较多的文本，也不会将15 位数右边的数字设置为 0。如输入 '12.300、'00231 及 '510238198012112876，则对应单元格的内容即为：12.300、00231 及 510238198012112876。

（4）输入日期和时间

输入年月日的格式为"年/月/日"或"年-月-日"。如"2015/3/26"，可输入"2015/3/26"，也可输入"15/3/26"，或者输入"2015-3-26"，或者输入 15-3-26。

输入月份和日期的格式为"月/日"或"月-日"，如"3 月 26 号"，应该输入"3/26"，或者输入"3-26"。

输入时间的格式为"时：分"，如输入"10 点 12 分"，则应输入"10：12"。

按"Ctrl"+"；"组合键可输入当前系统日期，按"Ctrl"+"Shift"+"；"组合键可输入当前系统时间。

4.1.4.3　工作表中特殊数据的输入

（1）输入公式

公式是对工作表中的数值进行计算的等式，是 Excel 中极其重要的内容，其中包含对单元格和各种函数的引用，是 Excel 完成各种复杂计算的基础。公式要以等号（=）或加号（+）开始，接着在其右边输入公式的内容。

按"Ctrl"+"'"组合键，或依次单击"公式""公式审核""显示公式"命令按钮，可在公式结果与公式本身之间进行切换。

（2）相同数据的输入

在制作工作中的报表时，常常会遇到具有相同数据的表格，在 Excel 中，相同数据的输入方法主要有以下几种：

①复制相同数据　如果要建立具有相同数据的工作表，可以采用复制的方法进行相同数据的复制。选中要复制的单元格数据按快捷键"Ctrl"+"C"进行复制，再选中要复制到的位置按"Ctrl"+"V"进行粘贴，或者采用右键菜单进行复制粘贴。

②用填充复制或"Ctrl"键输入相同数据　在一个表格的同一行，或同一列，或同一区域包含有相同数据的情况时可用填充复制或"Ctrl"键快速输入。例如，图4-9所示某班级助学金情况汇总表中的入学时间列，这一列区域具有相同的值，可以通过两种方法进行输入：

使用"Ctrl"键。首先用鼠标选中要输入相同数据的单元格区域（也可以是多个不连续的独立单元格）。选中 E3:E6. 然后输入数据，输入后按住"Ctrl"键，再按"Enter"键，则所有被选中的单元格中都被输入了相同的数据。

使用填充柄进行复制。在 E3 单元格输入"2020 年 9 月"后按"Enter"键。用鼠标单击 G2 单元格，会看见该单元格右下角有一个黑色的小方块，这个小方块称为填充柄，将鼠标指向此小方块并按下鼠标左键，然后向下拖动鼠标，鼠标拖过的单元格就都被填入了相同的值。

（3）编号的输入

在不同的表格中，常会看见各种不同形式的编号，这些编号往往都具有一定的规律，有等差数列形式，有等比数列形式，还有的编号具有特殊的格式，在输入这类数据时要具体问题具体分析。总的来说，大概可以分为下面几种类型：

①复制输入连续编号、等差、等比性质的数字　有规律的连续编号，或具有等差、等比性质的数字，应该采用复制或序列填充的方式进行输入，这样可以充分利用 Excel 的自动计算功能，提高工作效率，如表格要处理的序号、职工编号、电话号码、手机号码、零件编号等。例如，图4-9 中所示某班级助学金情况汇总表中的序号列，在 Excel 中比较合理快速的输入方式是拖动填充柄，先选中 A3 单元格，输入数字 1 之后在 A4 单元格中输入数字 2 按住左键拖动选中 A3:A4 区域，将鼠标指向填充柄并向下拖动鼠标，鼠标拖过的单元格都会填入序列数字。

②填充产生连续的编号　当输入的数据较多，比如要输入电话号码 62460000 ~ 62480000，共有 20 000 个数据，采用上面的输入方法虽然方便，但不好控制鼠标的拖放过程，对于这类数据的输入，应该采用序列填充的方式进行输入。如电话号码 62460000 放在 A1 单元格，62460001 放在 A2 单元格，依次向下，则采用序列填充方式输入的过程如下：

●在 A1 单元格中输入起始电话号码"62460000"。

●保持 A1 单元格的选中状态，点击"开始""编辑""填充"命令按钮，从弹出的下拉列表框中选择"序列"选项，系统将弹出"序列"对话框，如图4-13 所示。

●选中"序列"对话框中的"列"和"等差序列"单选按钮，在"步长值"文本框入"1"，在"终止值"中输入"62480000"。

●单击"确定"按钮，所有电话号码的输入就完成了。可以通过终止值和步长值控制序列的个数。

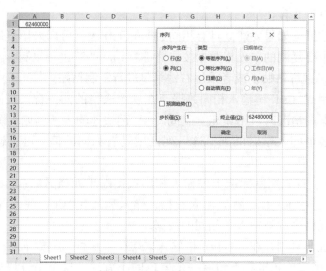

图 4-13　序列对话框

③利用自定义格式产生特殊编号　在日常生活中，人们常会遇到各种具有特殊格式的编号，如图 4-9 中的"学生代码"，它就是一个有特殊格式的连接编号，第 1 个的代码是 JSJ-001，第 2 个人的代码是 JSJ-002，以此类推。在生活中有太多这样的编号，比它更为复杂的编号也不计其数，利用 Excel 单元格的自定义格式进行这类编号的输入非常便捷。

●选中要输入的单元格，单击"开始"选项卡中的"数字"组中的右下箭头，Excel 会弹出"设置单元格格式"对话框。

●或者右键单击选中单元格，在弹出的右键菜单中选中"设置单元格格式"选项，也会弹出对话框，如图 4-14 所示。

图 4-14　设置单元格格式对话框

●将相同的字符使用英文半角双引号括起来，数字用 0 代表，三个 0 表示有三位数字，也就是在类型框里输入“JSJ-000”，利用这种方法，在输入前面提到的第 1 个编码时，只需要输入 1，输入第 2 个编码时，只需要人 2，Excel 就会自动将输入的 1 转化为“JSJ-001”，将输入的 2 转化成“JSJ-002”。

4.1.4.4 数据填充序列的设置

Excel 为用户提供了一些常用的文本序列，此外，用户也可以对常用的序列进行自定义，以实现拖动时自动填充文本的需要。

(1)内置序列的输入

对于经常使用的一些数据序列，如月份、星期和季度等，Excel 已经将它们内置在系统中，在输入这些数据时，只需要输入第 1 个数据，其余的可以采用填充复制的方法由 Excel 自动产生。如图 4-15 所示，采用 Excel 内置的填充序列自动输入月份、星期和季度等数据。

例如，当需要在工作表中输入“一月”“二月”……“十二月”时，只需要在第 1 个单元格中输入“一月”，然后向右(或向下)拖动“一月”所在单元格的填充柄，Excel 将会自动将“二月”“三月”……依次填入到鼠标器拖过的单元格中。

	A	B	C	D	E	F	G	H	I	J	K	L	M	N
1														
2		一月	二月	三月	四月	五月	六月	七月	八月	九月	十月	十一月	十二月	
3		january	February	March	April	May	June	July	August	September	October	November	December	
4		jan	Feb	Mar	Apr	May	Jun	Jul	Aug	Sep	Oct	Nov	Dec	
5		mon	Tue	Wed	Thu	Fri	Sat	Sun						
6		Monday	Tuesday	Wednesday	Thursday	Friday	Saturday	Sunday						
7		星期一	星期二	星期三	星期四	星期五	星期六	星期日						
8		一	二	三	四	五	六	日						
9		第一季	第二季	第三季	第四季									
10		甲	乙	丙	丁	戊	己	庚	辛	壬	癸			
11		子	丑	寅	卯	辰	巳	午	未	申	酉	戌	亥	
12														
13														
14														

图 4-15 Excel 内置填充序列

(2)自定义序列

Excel 无法预知所有用户的常用数据序列，不能将太多的数据序列都内置于系统中，但它允许每个用户在系统中添加数据序列，无论谁都可以将常用的数据列表以自定义的形式加入到系统中，然后就可以像内置序列一样操作这些数据。自定义序列是一种较为有效的数据组织方式，它为那些不具规律而又经常重复使用的数据提供了一种较好的输入方案，极大地满足了每个用户的需要。

单击“文件”菜单中的“选项”进入 Excel 选项对话框，点击如图 4-16 所示的“编辑自定义列表”按钮，进入“自定义序列”对话框(图 4-17)，在左侧选择“新序列”，然后在右侧的输入序列框中输入自定义的序列，每项用英文逗号或回车符隔开，点击“添加”按钮，这样自己定义的一个序列就会存储到 Excel 中，也可以将单元格已有的内容导入序列，将工作中经常用到的序列内容存储起来，这样方便使用。自定义的新序列可以由用户删除，系统定义的序列不能够删除。

4.1.4.5 通过数据验证控制输入数据满足要求

“数据验证”用于规范允许在单元格中输入或必须在单元格中输入的数据格式及类型。通过设置“数据验证”，可以提供一些规范数据录入的信息提示，避免用户输入无效数据，还可以在用户输入无效数据时弹出提示，帮助用户更正错误。

图 4-16　Excel 选项中的编辑自定义列表

图 4-17　自定义序列对话框

"数据验证"选项位于"数据"选项卡"数据工具"命令组。点击"数据验证"选项右边的下拉箭头，在弹出的下拉菜单中选择"数据验证"，如图 4-18 所示。

图 4-18　数据验证命令

选定要设置"数据验证"的单元格，单击"数据验证"命令，弹出"数据验证"对话框。该对话框包括"设置""输入信息""出错警告""输入法模式"4个选项卡，所有设置都在该对话框中完成，如图4-19所示。

"出错警告"选项卡可设置用户输入无效数据时弹出提示信息，可在"出错警告"选项卡中进行相关设置。选择输入无效数据时显示的出错警告样式，包括"停止""警告""信息"三种样式，同时，设置其对应的"标题"和"错误信息"，如图4-20所示。

图4-19　数字验证对话框

图4-20　数据验证的出错警告设置

"输入信息"选项卡可以设置提供一些规范数据录入的信息提示，避免用户输入无效数，如图4-21所示。"输入法模式"选项卡用来设置是否打开中文输入法，包括"随意""打开"和"关闭(英文模式)"共三项，默认为"随意"，如图4-22所示。

图4-21　输入信息设置

图4-22　数据验证中的输入法模式

对"数据验证"各选项卡完成设置后，单元格将出现以下效果，如图4-23所示。

若用户没有按要求输入数据，Excel将弹出一个与设置对应的对话框，如图4-24所示。

主要操作步骤扫描二维码，观看视频学习。

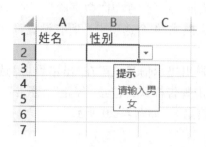

图 4-23　设置了数据验证的单元格

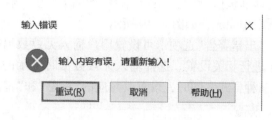

图 4-24　输入错误提示

4.2　格式化工作表

4.2.1　设置单元格格式

单元格是 Excel 处理数据的基本单位，数据的输入、计算及格式化等操作都离不开单元格，Excel"开始"选项卡中的许多功能按钮都与单元格格式化有关，如图 4-25 所示。

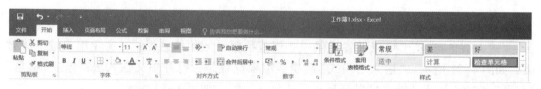

图 4-25　"开始"选项卡中常用的格式操作按钮

选项卡中的字体、对齐方式、数字、样式工具组里的各项命令基本包含了 Excel 中内容的格式设置。鼠标停留在某个命令上方，会显示出该命令的作用说明。这些按钮常用来对单元格或单元格区域进行格式化，其中某些按钮的右边有下三角形标记，单击此下三角按钮就会弹出更多的设置选项。

注意格式刷按钮，它是格式化单元格过程中最常用的控件，用途是把一个单元格的格式应用在其他单元格上。方法是先选中其格式要被应用的单元格，再单击格式刷按钮，然后单击要应用此格式的单元格或选中要应用其格式的文本。

在默认情况下，Excel 单元格对齐方式是文本靠单元格的左边对齐，数值靠单元格的右边对齐。在一般情况下，使用 Excel 的默认对齐方式就可以了，但有时需要特殊的对齐方式，如斜线表头（在 Excel 中不应该存在这样的表头）、旋转字体、垂直居中等，这时可通过 Excel 的对齐方式进行设置。

4.2.1.1　合并多个单元格实现跨列居中

一般给表格的标题设置为跨列居中。以图 4-9 所示表格为例，标题设置步骤如下：

①设置标题的字体字号　在"字体"选项组中，选择字体字号，加粗等设置如图 4-26 所示，也可进入"设置单元格格式"对话框中的"字体"选项卡进行设置如图 4-27 所示。

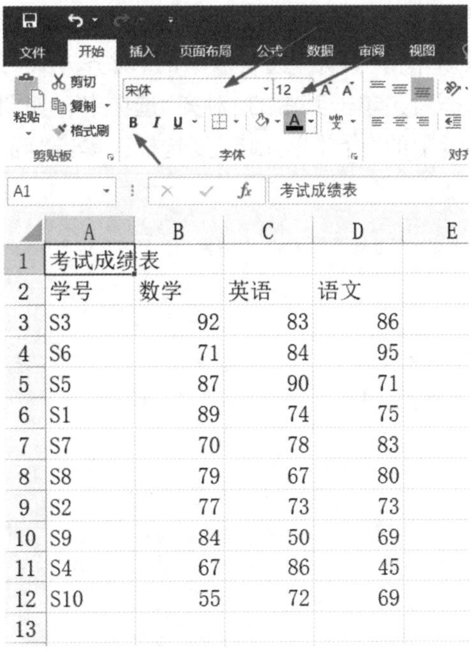

图 4-26　单元格字体格式设置

图 4-27　设置单元格格式对话框中的字体选项卡

②合并单元格 选中 A1:D1 单元格区域，单击"开始"选项卡中的"对齐方式"组中的

合并后居中 · 按钮。此步骤也可以通过单元格的"设置单元格格式"对话框进行设置，先选中 A1:D1 单元格区域，然后单击"开始"选项卡中的"对齐方式"组中的对话框启动器，弹出"设置单元格格式"对话框后，单击其中的"对齐"选项卡，如图 4-28 所示，最后选中格式对话框中的"文本控制"组中的"合并单元格"复选框，单击"确定"按扭即可。

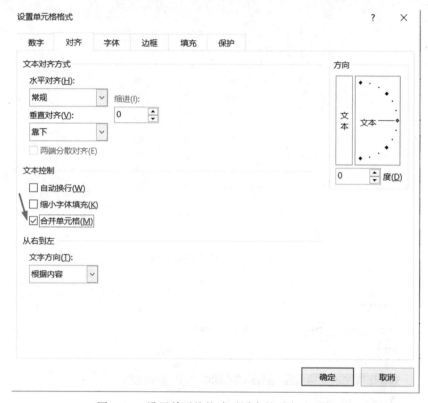

图 4-28 设置单元格格式对话中的对齐选项卡

注：有时一个表的表头文字内容比较多，为了适合打印纸张的大小，需要把表头的内容分成 2 行或 3 行，这时就需要应用单元格内文本换行的方法，在 Word 中换行使用换行符，也就是按下 Enter 键，但在 Excel 中 Enter 键表示完成某单元格的输入，并不会按需要在单元格内换行，因此可采用"Alt+Enter"组合键换行，或单击"开始"选项卡中的"对齐方式"组中的"自动换行"命令按钮。

4.2.1.2 文本、数据的格式设置

（1）文本格式设置

使用 Word 编辑、排版文档时，文本的格式化大致包括字体、字型、修饰、对齐方式及字体颜色设置等内容，在 Excel 中，文本格式化也包括这些内容，设置方法基本与 Word 相同，在此不再赘述。

（2）格式化数据

有时在一个单元格中输入的内容会与显示内容不一致，显示出的内容其实就是经过格

式化后的效果，Excel 提供了两种数据格式设置。其一为 Excel 的自动数据格式，其二为用户使用 Excel 提供的数据格式进行设置后的数据显示效果。

①Excel 的自动数据格式　存储在 Excel 单元格的数字、日期、时间等都是纯数字，没有经过格式化，当用户输入这些数字后，Excel 会自动对它进行格式化。例如，输入"02362460111"时，Excel 认为它是一个数字，数字前面的 0 显然可以丢掉；输入"12/5"时，Excel 认为输入的是日期，因为当它发现 2 个或 3 个数字用"/"（或"-"）作为隔符时，则认为该数字是一个日期。

有时候，Excel 的默认数字格式会导致一些问题，如果确实需要显示"12/5"这个分数，除了 4.1 中讲到的输入时控制格式之外，还可以先对单元格格式进行设置，再进行数据输入。

②使用系统提供的数据格式　Excel 提供了许多数据格式，包括数据的精确度、显示方式等内容（货币：美元、欧元、人民币，百分比等），常见的数据格式设置有以下几种：数据的精确度、以百分比显示数据、数据的分节显示等。

以上格式的设置都是通过"设置单元格格式"对话框来实现的。设置时，选择要设置数据格式的单元格，打开"设置单元格格式"对话框，进入"数字"选项卡，如图 4-29 所示，用户可根据需求，选择一种数据格式进行设置。

图 4-29　设置数字的格式

注：格式设置仅仅对数据的显示形式起作用，而单元格中的内容仍然是数字，它可以参与数据的一切运算。

4.2.2 设置列宽和行高

4.2.2.1 工作表的行、列操作

（1）选择行、列

选择单行的操作方法是：单击要选择的行号就可以选择该行。

选择连续多行的操作方法是：把鼠标指针移到最前面的行标上，按下鼠标并拖动指针到最后的行号上，这样鼠标指针拖过的行都会被选中，在拖动的过程中会出现一个较粗的箭头形指针。

连续行的选择还可以先点鼠标选中第1行，然后按下 Shift 键，再单击要选择的最后一行。

不连续行的选择是按下"Ctrl"键，再用鼠标依次单击要选择的行号。

列的选择方法与行的选择方法大致相同，此处不再赘述。

（2）删除行、列

删除行、列的操作步如下：

①选中要删除的行或列。

②单击"开始"选项卡中的"单元格"组中的"删除"选项按钮。

③右击删除行列的行号或列标，然后从弹出的快捷菜单中选择"删除"选项，如图 4-30 所示。

图 4-30 开始选项卡中的删除命令

（3）插入行、列

有时用户在表中输入数据时，中间少输入了行数据，这时可以在相应位置加一行数据。插入一行或一列数据的方法如下：

①选中要插入行（或列）的下一行（或右一列）。

②单击"开始"选项卡中的"单元格"组中的"插入"选项按钮（图 4-31）。

图 4-31 开始选项卡中的插入命令

4.2.2.2 设置行高和列宽

（1）调整行高

在默认情况下，Excel 工作表中的所有行高都是一样的，但有时需要不同行高的表格。

①选中要调整行高的行中的任一单元格。

②单击"开始"选项卡中的"单元格"组中的按钮中的下三角按钮，从弹出的快捷菜单中选择"行高"子菜单命令，如图4-32所示，在弹出的对话框中输入新的行高数值。

③把鼠标指针移向要调整行高的行号下边的表格线附近，当鼠标指针变成黑色的十字形时按下左键并拖动鼠标，这样就可增加或减少该行的行高。如果要同时调整多行的高度，可以先选中多行，然后拖动选中区域中任意行号的下边线，向下(增加行高)或向上(减少行高)。

（2）调整列宽

单元格预设了8个字符的宽度，当输入的字符超过8个时，多余的符号不会显示出来(或者向右边的单元格扩展)，但不会丢失，用户可自己调整单元格的列宽以显示出单元格的所有内容。调整列宽的方法与调整行高的方法相似，可参照执行。

除此之处，Excel还有更简单的列宽、行高调整方法，即双击要改变列宽的列的右线(或要调整行高的下边线)，Excel会自动调整该列的宽度(或行高度)以适应该列最宽(或该行最高)的数据单元格。

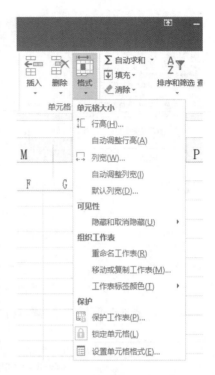

图4-32　开始选项卡中的格式命令

4.2.3　条件格式

对于不同的数据，可按不同的条件设置其显示格式。例如，把学生成绩表中所有不及格成绩显示为红色，可以非常轻松地看出其中不及格的成绩情况；对于企业的销售表，把其中利润较小的或无利润的数据设置为黄色，而将利润最大的数据设置为绿色，可以使用户在查看这些数据时一目了然。

4.2.3.1　Excel 条件格式概述

Excel 中的条件格式是指基于某种条件更改单元格区域中数据的表现形式，如果条件成立，就基于该条件设置单元格区域的格式(如设置单元格的背景、用图形符号表示数据)如果条件不成立，就不设置单元格区域的格式。下面以图4-33所示的某超市销售情况表为例，演示不同条件格式规则设置效果。

	A	B	C	D	E	F
1	某超市2019年销售情况统计表					
2		第一季度	第二季度	第三季度	第四季度	
3	酱油	105	95	92	90	
4	大米	320	220	250	200	
5	鸡蛋	560	520	780	650	
6	纯净水	820	840	1500	900	
7	咖啡	68	55	48	88	
8	火锅底料	210	230	220	320	
9	方便面	380	460	410	430	
10	饮料	920	910	1600	1200	
11	抽纸	80	86	70	76	
12						

图4-33　条件格式示例——某超市销售情况表

4.2.3.2　条件格式类型

（1）突出显示单元格规则

对单元格区域设置一定的条件，将按指定

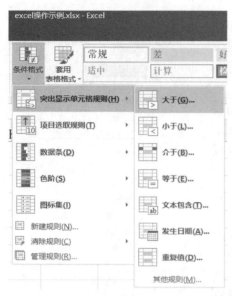

图4-34 条件格式中突出显示单元格规则

的规则突出显示该区域中满足条件的单元格。默认的规则用某种色彩填充单元格背景，例如，如果单元格的值大于、小于或等于某指定值，就将单元格的背景填充为绿色，突出显示该单元格中的值。如图4-34、图4-35是突出显示表中销售量小于100的数据情况，该图的制作方法为：

①选择B3:E11区域，单击图4-34中"突出显示单元格规则"菜单中的"小于"命令。

②在弹出的对话框中的"为小于以下值的单元格设置格式"文本框中输入100，在"设置为"下拉列表中选择一种条件格式。

从图4-34中可以看出，"突出显示单元格规则"还包括"文本包含"规则，此规则可以对包括某个指定文本的单元格设置显示方式，其中的"发生日期"是以系统当前日期为参照突出显示昨天、上周、上个月、今天、明天、下周等单元格中的内容。

	A	B	C	D	E
1		某超市2019年销售情况统计表			
2		第一季度	第二季度	第三季度	第四季度
3	酱油	105	95	92	90
4	大米	320	220	250	200
5	鸡蛋	560	520	780	650
6	纯净水	820	840	1500	900
7	咖啡	68	55	48	88
8	火锅底料	210	230	220	320
9	方便面	380	460	410	430
10	饮料	920	910	1600	1200
11	抽纸	80	86	70	76

小于 ? ×

为小于以下值的单元格设置格式：

100 　　设置为 浅红填充色深红色文本 ∨

确定　取消

图4-35 突出显示规则效果

（2）项目选取规则

对选中单元格区域中小于或大于某个给定阈值的单元格实施条件格式（图4-36）。单击此规则中的"值最大的10项""值最大的10%项""高于平均值"等条件，Excel都会显示出一个条件设置对话框，从中可以设置单元格中的条件格式，图4-37是突出显示数据中10%最大销售量的情况。

注：虽然"项目选取规则"中的规则都是10%，但它可以修改，可以将增加框中的10改为1~100的数值，就可以设置任意百分比数据的条件格式。

图 4-36　条件格式中项目选取规则

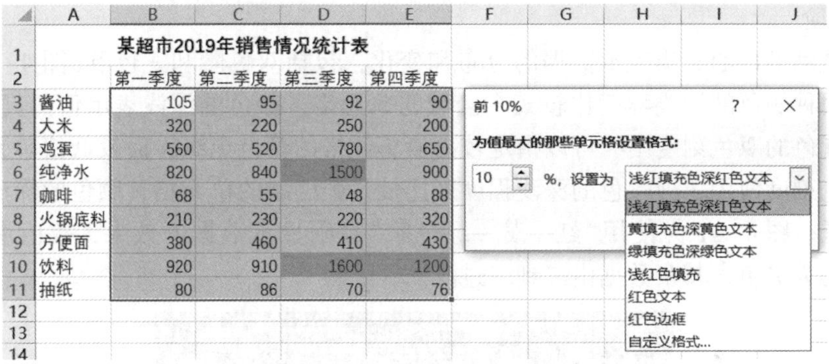

图 4-37　项目选取规则效果

（3）数据条

数据条以彩色条型图直观地显示单元格数据，如图 4-38 所示。

图 4-38　条件格式中数据条规则

数据条的长度代表单元格中的数值，数据条越长，表示值越高，数据条越短，表示值越低。在观察大量数据中的较高值和较低值时，数据条尤其有用，图4-39是以渐变填充绿色数据条显示的工作表。

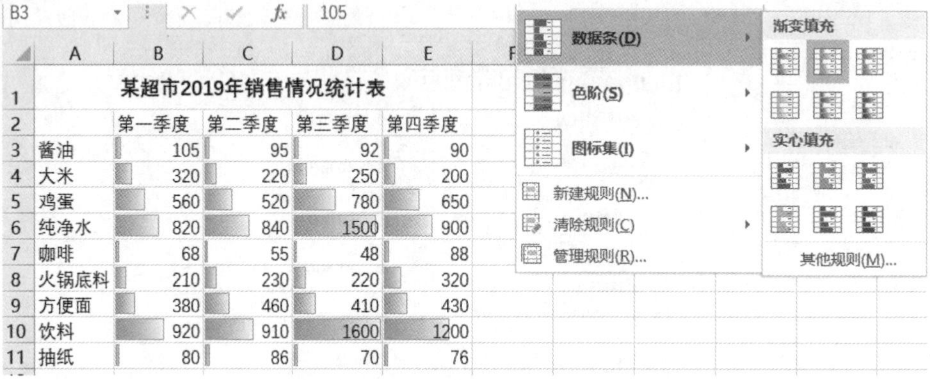

图 4-39　数据条规则显示效果

（4）色阶

色阶是用颜色的深浅表示数据的分布和变化，包括双色阶和三色阶（图4-40）。双色刻度使用两种颜色的深浅程度比较某个区域的单元格，颜色的深浅表示值的高低。例如，在绿色和红色的双色刻度中，可以指定较高值单元格的颜色更绿，而较低值单元格的颜色更红。三色刻度使用3种颜色的深浅程度来比较某个区域的单元格，颜色的深浅表示值的高、中、低。图4-41为使用"红—黄—绿色阶"规则显示数据的效果，数值最大的为红色，最小的为绿色，其余数据由红到绿过渡。

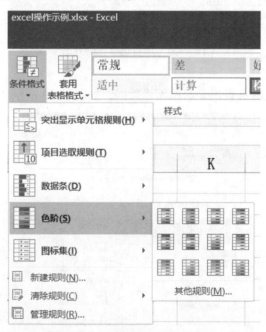

图 4-40　条件格式中色阶规则

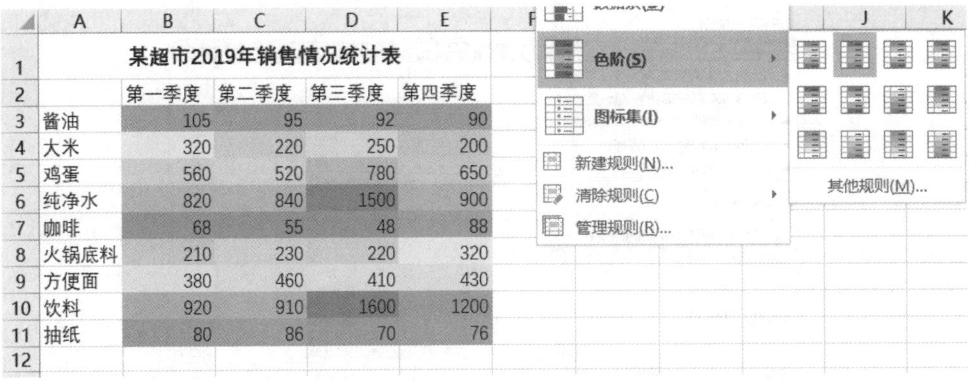

图 4-41　红—黄—绿色阶显示效果

（5）图标集

使用图标集可以对数据进行注释，并可以按阈值将数据分为 3~5 个类别，每个图标代表一个值的范围，其形状或颜色表示的是当前单元格中的值相对于使用了条件格式的单元格区域中的值的比例。图 4-42 中采用五向箭头（彩色）图标集，每个方向箭头代表一个范围，如绿色向上箭头代表最大值 20%，红色向下箭头代表最小值 20%。

图 4-42　条件格式中的图标集规则

4.2.3.3　条件格式规则

Excel 中的条件格式是根据一组规则来实施完成的，这组规则称为条件格式规则。条件格式规则包括"基于各自值设置所有单元格的格式""只为包含以下内容的单元格设置格式"等 7 种。单击"开始"选项卡中的"条件格式"按钮，在弹出的快捷菜单中选择"新建规则"菜单项，出现如图 4-43 所示的"新建格式规则"对话框。在图中，"选择规则类型"列表框中列出了 Excel 条件格式的 6 种规则，除了第一种规则外，其余每种规则的名称已明确表示出了该规则的条件格式意义。

Excel 为每种条件格式的规则设置了默认值，并将它们关联到各种条件格式中。在应用条件格式对单元格区域进行格式化时，Excel 将按默认规则格式化相应的单元格，例如，在应用具有 3 个图标的图标集格式时，每个图标均代表 33.33% 比例的数值范围。

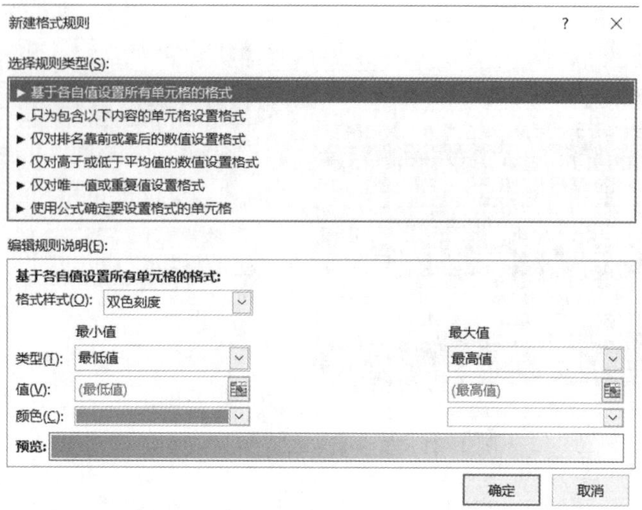

图 4-43　新建格式规则对话框

4.2.3.4　自定义条件格式

从形式上看，应用 Excel 默认的条件格式格式化工作表，能够使工作表中的数据更具表现力。通过它能够突出显示工作表中某些数据，表达特定的信息，并且能够应用图形、图标集和色阶使工作表中的数据更加美观和形象，但这还不能满足某些应用需求。如在图 4-42 中，希望增加绿色箭头所占的比例，要有一半以上的单元格都是绿色箭头，这就需要建立新的条件格式规则或修改 Excel 条件格式的默认规则，加大绿色箭头图标在条件格式中所占的比例。

例如，对于图 4-33 所示的示例表，按照新建格式规则的方法对第一季度数据进行格式化，标识出销售量最大的 20%，最小的 30%，以及中间的数值，如图 4-44 所示。

	A	B	C	D	E
1	某超市2019年销售情况统计表				
2		第一季度	第二季度	第三季度	第四季度
3	酱油	105	95	92	90
4	大米	320	220	250	200
5	鸡蛋	560	520	780	650
6	纯净水	820	840	1500	900
7	咖啡	68	55	48	88
8	火锅底料	210	230	220	320
9	方便面	380	460	410	430
10	饮料	920	910	1600	1200
11	抽纸	80	86	70	76

图 4-44　新建规则使用图标集效果

格式化过程为：

①选择 B3:B11 数据区域，依次选择“开始”“条件格式”“新建规则”命令。

②在图 4-45 所示的“新建格式规则”对话框的“格式样式”下拉列表框中选择“图标集”选项。

③在“图标样式”下拉列表框中选择“三色旗”。

④在“类型”下拉列表框中选择“百分点值”选项，然后在“值”下面的文本框中输入值的范围，完成上述设置。

⑤单击“确定”按钮后，格式化工作就完成了。

在 Excel 中，对同一单元格区域，可以多次应用不同的条件格式，例如，对一个已经应用了色阶的单元格区域，可以再次应用图标集、数据条等条件格式，自定义条件格式也可以叠加。

图 4-45　新建条件格式规则

4.2.3.5　条件格式规则的管理

对区域设置多重条件时，需要分多次进行，但每次的设置都会发生作用。当对相同的单元格或区域设置了多重条件后，有可能引起条件规则的冲突。例如，一个规则将单元格字体颜色设置为红色，而另一个规则将单元格字体颜色设置为绿色，因为这两规则冲突，所以只应用一个规则，到底应用哪个规则，要根据各条件规则的优先级来确定。条件规则的优先级可通过"条件格式规则管理器"对话框进行设置和管理，通过它还可以创建、编辑、删除和查看所有的条件格式规则。

在"开始"选项卡中的"样式"组中，单击"条件格式"下三角按钮，然后单击"管理规则"选项出现"条件格式规则管理器"对话框，如图 4-46 所示。

图 4-46　条件格式的多重应用及规则管理器

从中可以看出，对图中的 B3:E11 区域应用的条件格式有 3 种，包括单元格选取规则、三色色阶(即渐变颜色刻度)、图标集。

当将两个或更多的条件格式规则应用于同一个单元格区域时，它们在"条件格式规则管理器"中从上向下的次序就是其优先级从高到低的次序。在默认情况下，新规则总是添加到列表的顶部，因此具有较高的优先级，但可以通过格式管理器中的按钮，调整条件格式的优先次序。

在"条件格式规则管理器"中，选中某条件规则后，单击"删除规则"按钮，可以删除不再需要的规则；单击"新建规则"按钮，将显示"新建规则"对话框（图4-45），从中可以创建新的条件格式规则，并将新规则应用于当前选中的单元格或区域；单击"编辑规则"按钮，将显示"编辑格式规则"对话框（图4-45），从中可以修改当前选中的规则。这是在Excel中进行条件格式设置的常用方式，即先用默认的条件格式设置单元格的格式，再通过此对话框对默认的条件格式进行修改，使之符合实际需求。

此外，在编辑工作表时，当复制和粘贴具有条件格式的单元格值，或用条件格式填充单元格区域，或用格式刷格式化单元格时，都会为目标单元格创建一个基于原单元格的新条件格式规则。

4.2.4 样式与自动套用格式

4.2.4.1 自动套用表格格式

Excel中为表格预定义了许多格式，称为表格样式。可以先套用表格的预定义格式来格式化工作表再用手工方式对其中不太满意的部分进行修改，很快就能够完成工作表的格式化。

表格是Excel中管理数据的一种特殊对象，由一系列包含相关数据的行和列构成。表格具有数据筛选、排序、汇总和计算等多项功能，并能自动扩展数据区域、构造动态报表。表格和单元格区域能够相互转换，为了更加容易地管理和分析一组相关数据，有时需要将单元格区域转换为表格，有时也需要将表格转换为普通区域。

案例：学生成绩表的格式设置

鼠标点击选中在数据区域内的任意单元格，单击"开始"选项卡"样式"组中的"套用表格格式"按钮，弹出如图4-47所示表格样式列表，用鼠标单击其中某种样式即可，本例中使用了"浅色"中的"表样式浅色5"。

"套用表格格式"选项板具有预览预定义表格样式的功能。将鼠标指针停留在选项板中的某种样式上，Excel就会临时性地应用该格式化创建的表格，在选项板中不断移动鼠标指针，就会实时地看到鼠标所指样式应用在表格中的效果，只有当单击某个样式后，Excel才会真正应用此样式格式化表格。Excel从颜色、边框线和底纹等诸多方面为表格提供了许多格式化样式，用户可以根据表格中的实际内容选择需要的格式对工作表进行格式化设置。

4.2.4.2 应用主题格式化工作表

主题采用是的一套统一的设计元素和配色方案，是为文档提供的一套完整的格式集合，其中包括主题颜色（配色方案的集合）、主题文字（标题文字和正文文字的格式集合）和相关主题效果（如线条或填充效果的格式集合）。利用文档主题，可以非常容易地创建具有专业水准、设计精美的文档。用户也可以对现有的文档主题进行修改，并将修改结果保

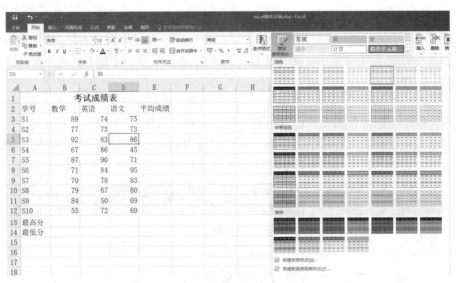

图 4-47　套用表格格式

存为一个自定义的文档主题，文档主题可以在应用程序之间共享，通过文档主题共享可使所有 Microsoft Office 文档(Word、Excel 或 Powerpoint 文档)保持相同的、一致的外观。

在 Excel 中格式化工作表时，最好是首先应用某种主题格式化工作表，然后对其中不满意的地方进行修改。

应用主题格式化工作表的过程如下：

①建立工作表。

②单击"页面布局"选项卡，可以看到位于功能区左边的"主题"组，"主题"组中有 4 个按钮，主题、颜色、字体和效果，单击它们会显示相应的选项板。

③单击"颜色"按钮会显示出一个颜色选项板，其中包括了一组非常协调的颜色主题，如图 4-48 所示。

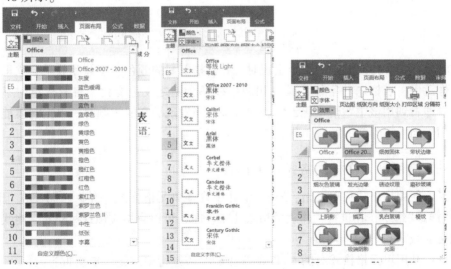

图 4-48　主题色彩选项板、字体选项板以及效果选项板

④单击"字体"按钮时，会显示一个字体选项板，其中提供了一组字体的集合，每种字体主题都包括两种字体格式：一种用于设置表格标题；另一种用于设置表格内容(图4-48)。

⑤单击"效果"按钮会显示效果选项板，其中的主题可用于设置图形的外观、线条和填充效果(图4-48)。

⑥单击"主题"按钮会显示出 Excel 内置的主题组(图4-49)，其中列出了 Excel 已设置好的主题，每个主题都包括一组已设置好颜色、字体和效果三方面内容的格式。使用这里面的主题格式化工作表时，活动工作簿中所有可应用的格式都会立即发生变化，包括工作表中的文本、背景、超链接、标题、字体、单元格边框、填充效果和图形格式等。

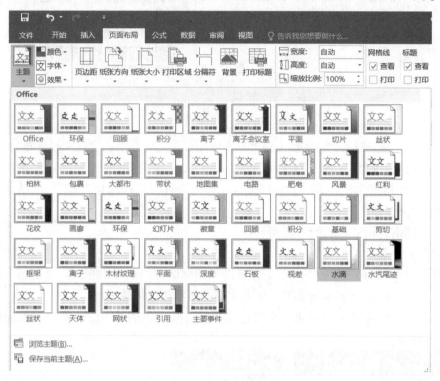

图 4-49　Excel 部分内置主题

当将鼠标指针指向其中的某个主题时，其已搭配好的颜色、字体和效果会立即反映在整个工作簿中，表格中的字体、颜色和网格线都会随之发生变化。将鼠标指向不同的主题，就立即看到用该主题格式化工作表的效果，当发现满意的主题时，单击它就能够将该主题应用于当前工作簿的所有工作表中。

4.2.4.3　应用单元格样式格式化工作表

为了方便用户格式化单元格，Excel 设计了许多单元格样式，并将它们放在"开始"选项卡的"样式"组中，在进行工作表的格式化工作时，可以直接应用这些样式来格式化单元或单元格区域。

案例：利用单元格格式对图4-47的学生成绩表进行格式化，步骤如下：

①选中要应用单元格样式的单元格或单元格区域。

图 4-50 "单元格样式"选项板

②依次单击"开始""样式""单元格样式"按钮，会弹出"单元格样式"选项板，如图 4-50 所示。

③将鼠标指向"单元格样式"选项板中的各命令按钮，立即就会显示出选中单元格应用该样式后的效果，单击某个样式的按钮后，才会将此样式实际应用于选中单元格。

单元格样式选项板中包括 6 个类别的单元格样式，每个类别具有不同的格式化功能。

④好、差和适中 此类别下的样式采用不同色彩突出显示单元格中的内容，选中单元或单元格区域后，指向其中的"好""中""差""适中"，就会立即看到选中单元格应用此格式后的效果。"常规"格式也位于此类别下，选择它时会对选中的单元格或区域使用默认的单元格格式。

⑤数据和模型 此类别下的单元格样式具有特定的用途，如"解释性文本"样式将单元格的内容设置为注释性文本(以斜体字显示)，"输出"样式常用于设置显示计算结果的单元格。

⑥标题 主要包括一些标题样式，每种标题具有不同粗细的边框和底纹，用它们可将选定单元格设置为颜色搭配协调的列标题。

⑦主题单元格格式 提供了许多"强调文字"的样式，这些样式依赖于当前选择的主题颜色，每个主题颜色提供了 4 种级别的强调色百分比，可以按不同的色度显示单元格内容。

⑧数字格式 提供了数字的几种不同显示方式，它与"开始"选项卡中"数字"组中的功能按钮相一致。

⑨新建单元格样式 允许用户定义新的单元格样式，并将用户定义的样式添加在选项板的顶部，以备使用，单击它会显示一个对话框，从中可以建立新的单元格样式。

4.2.4.4 设置工作表的边框和底纹

Excel 的默认边框是虚线、无底纹，所有表格都表示为同一种样式，不便于特殊信息的突出显示。如果就在 Excel 的默认方式下打印工作表，打印出的结果将没有表格线(也可以通过打印设置让它显示表格线)。通过边框和底纹的设置，可使表格美观，也可改变信息的显示方式，让人们尽快掌握表格中的信息。

设置工作表边框和底纹的操作过程如下：

①在工作表中输入原始成绩。

②选中整个工作表（单击工作表的全选按钮，列标字母 A 左边的空白"列标题"）。

③取消"视图"选项卡中的"显示"选项组中的"网格线"复选框，这样就不会显示工作表中的网格线。

④选中要设置边框的单元格区域，单击"开始"选项卡中的"字体"选项组中的"边框线"工具按钮右边的下三角形，在弹出的边框线下拉列表命令中，用户可以根据自己的要求选择线形、线号、颜色等，再选择应用框线的部位，就可完成表中边框设置。

⑤如果表中没有用户所需要的表线样式，可选择下文"其他边框"，打开如图 4-51 所示对话框，根据要求对边框进行设置。

主要操作步骤扫描二维码，观看视频学习。

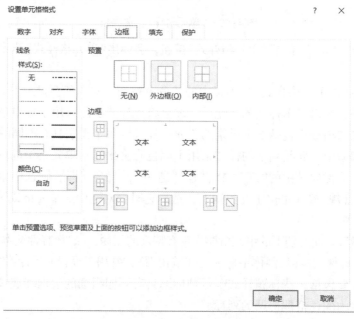

图 4-51　边框设置对话框

4.3　公式与函数

4.3.1　公式的基本概念

4.3.1.1　基本概念

（1）公式

Excel 的数据计算是通过公式来实现的，可以对工作表中的数据进行加、减、乘、除等运算。

Excel 的公式以等号开头，后面是用运算符连接对象组成的表达式。表达式中可以使用圆括号"（）"改变运算优先级。公式中的对象可以是常量、变量、函数及单元格引用，如：=C3+C4、=D6/3-B6、=sum（B3：C8）等。当引用单元格的数据发生变化时，公式的计算结果也会自动更改。

（2）运算符

Microsoft Excel 包含 4 种类型的运算符：算术运算符、比较运算符、文本运算符和引用运算符。

①算术运算符　+（加号）、-（减号或负号）、*（星号或乘号）、/（除号）、%（百分号）、^（乘方），用以完成基本的数学运算，返回值为数值。例如，在单元格中输入"=3+3^2"后按回车键，结果为12。

②比较运算符　=（等号）、>（大于）、<（小于）、>=（大于等于）、<=（小于等于）、<>（不等于），用以实现两个值的比较，结果是逻辑值 True 或 False，例如，在单元格中输入"=2>3"，结果为 False。

③文本运算符　文本运算符为"&"，用来连接文本或数值，结果是文本类型。例如，在单元格中输入"="计算机"&"应用""（注意文本输入时须加英文引号）后按回车键，将产生"计算机应用"的结果。

④引用运算符　引用运算符包括"："""，"和空格，其中冒号为区域运算符，表示对两个单元格之间所有区域的引用，如（A1：D3）；逗号为联合运算符，可以将多个单元格区域合并为一个区域，如（A1：D3，B1：C5）；空格为交叉运算符，表示对两个区域共有单元格的引用，如（A1：D3 B1：C5）。

（3）公式中运算符的优先级

Excel 包含 4 种类型运算符（总计 16 个），分别为：

算术运算符：+、-、×、/、%、^，含义依次为加、减、乘、除、百分数、乘方。

比较操作符（也叫关系运算符）：=、>、<、>=、<=、<>，含义依次为等于、大于、小于、大于等于、小于等于、不等于。

文本连接符：&，使用文本连接符（&）可加入或连接一个或更多字符串以产生一个长文本。

引用运算符有 3 个：

①冒号"："　连续区域运算符，对两个引用之间包括两个引用在内的所有单元格进行引用。

②逗号"，"　联合操作符可将多个引用合并为一个引用。

③空格　取多个引用的交集为一个引用，该操作符在取指定行和列数据时用处很大。

运算符优先级由高到低依次为：引用运算符；负号；百分比；乘方；乘除；加减；连接符；比较运算符。

（4）编制公式

选定要输入公式的单元格，输入一个等号（=），然后输入编制好的公式内容，确认输入，计算结果将自动填入该单元格。

4.3.1.2　单元格引用

Excel 公式输入中用到其他单元格在表格中的位置，称作单元格引用。引用的作用在于标识工作表中的单元格或单元格区域，并指明公式中所使用的数据的单元格位置。通过引用，可以在公式中使用工作表不同部分的数据，或者在多个公式中使用同一个单元格的数值，还可以引用同一个工作簿中不同工作表上的单元格或其他工作簿中的数据，引用不同工作簿中的单元格称为链接。单元格引用分为相对引用、绝对引用和混合引用 3 种。

（1）相对引用

相对引用也称为相对地址引用，是指在一个公式中直接用单元格的列标题与行号来取用某个单元格中的内容，比如在 A1 单元格中输入了一个公式" = A2+B5/D8+20"，该公式中的 A2、B5、D8 都是相对引用。如果含有引用的公式被复制到另一个单元格，公式中的引用会随之发生相应的变化，变化的依据是公式所在原单元格到目标单元格所发生的行、列位移，公式中所有的单元格引用都会发生与公式相同的位移变化。

（2）绝对引用

绝对引用总是在指定位置引用单元格，如果公式所在单元格的位置改变，绝对引用保持不变。绝对引用的形式是在引用单元格的行列标题前面加" $ "符号，比如 $ A $ 1 就是对 A1 单元格的绝对引用。

（3）混合引用

混合引用具有绝对列和相对行，或是绝对行和相对列，例如 $ A1、$ B1 就是具有绝对列的混合引用，A $ 1、B $ 1 就是具有绝对引用行的混合引用。如果包含有混合引用的公式所在单元格的位置改变，则混合引用中的相对引用位置改变，而其中的绝对引用位置不变。

4.3.1.3　内部引用与外部引用

在 Excel 的公式中，可以引用相同工作表中的单元格，也可以引用不同工作表中的单元格，还可以引用不同工作簿中的单元格。如果引用同一工作表中的单元格就称为内部引用；如果引用不同工作表中的单元格就称为外部引用，下面几个公式是这几种引用的示例。

- 引用相同工作表中的单元格" = A2+B2+C3 * 10"。
- 引用同一工作簿的不同工作表中的单元格"=Sheet1！A3+Sheet1！A5+Sheet1！B7"。
- 引用不同工作簿中的单元格" =［Book1］Sheet1！ $ A $ 3+［Book1］Sheet2！ $ B $ 7"。

图 4-52　快速计算的 5 种函数

- 同一公式中存在几种不同的引用" =［Book1］Sheet1！ $ A $ 5+Sheet1！E2+F9"。

以上示例中，Sheet1，Sheet2 分别是工作表的名字，Book1 是保存的工作簿的名称。

4.3.2　快速计算

快速计算就是使用 Excel 设置的较常用的 5 种函数计算日常需要的数值，如图实例，需要计算每个学生的平均成绩以及每门课程的最高分最低分，具体操作如下：

①选中 E3 单元格，点击"公式"选项卡中的"自动求和"下面的三角符号，在弹出的下拉列表中点击平均值，如图 4-52 所示。

②此时单元格会出现图示效果，表示 E3 单元格的值是通过 Average 这个函数计算得出（图 4-53）。目前不需要掌握函数的含义，我们只需要确认参与计算的范围是否正确，也就是虚线框框起来的内容是否是我们需要进行平均值的范围即可。如果范围正确，按下回车键，如果范围错误，将鼠标移动到虚线框边线上，当鼠标变为双向箭头形状时拖动鼠标以扩大或缩小范围即可，计算结果如图 4-54 所示。由于之前对表格进行了套用表格格式的操作，所以整个表格 E 列都会使用平均值计算，最后两项没有数据参与运算，出现了#DIV/0! 的错误提示，在这里只需删除即可。

学号	数学	英语	语文	平均成绩
S3	92.00	83.00	86.00	=AVERAGE(表1[@[数学]:[语文]])
S6	71.00	84.00	95.00	AVERAGE(**number1**, [number2], ...)
S5	87.00	90.00	71.00	
S1	89.00	74.00	75.00	
S7	70.00	78.00	83.00	
S8	79.00	67.00	80.00	
S2	77.00	73.00	73.00	
S9	84.00	50.00	69.00	
S4	67.00	86.00	45.00	
S10	55.00	72.00	69.00	
最低分				
最高分				

图 4-53　E3 单元格显示的公式效果

考试成绩表

学号	数学	英语	语文	平均成绩
S3	92.00	83.00	86.00	87.00
S6	71.00	84.00	95.00	83.33
S5	87.00	90.00	71.00	82.67
S1	89.00	74.00	75.00	79.33
S7	70.00	78.00	83.00	77.00
S8	79.00	67.00	80.00	75.33
S2	77.00	73.00	73.00	74.33
S9	84.00	50.00	69.00	67.67
S4	67.00	86.00	45.00	66.00
S10	55.00	72.00	69.00	65.33
最低分				#DIV/0!
最高分				#DIV/0!

图 4-54　计算结果

③用相同的方法，选择最大值、最小值，计算表格对应课程的最高分、最低分。

4.3.3　输入公式

快速计算使用的是系统提供的函数，有些运算需要用户自行设置运算方式以及参与运算的数据，通常把这种运算表达式称之为公式。

如图 4-55 所示表格，学期成绩在 Excel 中没有内置的函数可以完成运算，需要自行设置。具体操作如下：

学号	姓名	平时成绩	期中成绩	期末成绩	学期成绩	班级名次
C121401		97.00	96.00	102.00	=C2*0.4+D2*0.3+E2*0.3	
C121402		99.00	94.00	101.00		
C121403		98.00	82.00	91.00		
C121404		87.00	81.00	90.00		
C121405		103.00	98.00	96.00		
C121406		96.00	86.00	91.00		
C121407		109.00	112.00	104.00		
C121408		81.00	71.00	88.00		
C121409		103.00	108.00	106.00		
C121410		95.00	85.00	89.00		
C121411		90.00	94.00	93.00		
C121412		83.00	96.00	99.00		
C121413		101.00	100.00	96.00		

图 4-55　自定义公式输入

选中 F2 单元格，此单元格内容对应着学号为 C121401 同学的学期成绩，按照学期成绩＝平时成绩＊40%+期中成绩＊30%+期末成绩＊30% 的计算公式，在 F2 单元格中输入＝C2＊0.4+D2＊0.3+E2＊0.3，输入完毕后按下回车键完成计算。

注： 参与公式运算的单元格引用可以通过键盘输入的方式也可以通过鼠标选择的方式，输入完成后确认下单元格是否输入正确再按回车完成计算。

4.3.4 复制公式

在图 4-55 所示的表格中，其余同学的学期成绩和第一位同学的计算方式一样，只不过参与运算的具体单元格有变化，也就是说，学期成绩这一列都是按照平时成绩的 40% 加期中成绩的 30% 加期末成绩的 30% 这样的方法进行计算的，为此，Excel 提供了复制公式的方法以简化操作。

具体操作方法为如下：

①选中 F2 单元格(此时，单元格中已经设置好了公式，＝C2＊0.4+D2＊0.3+E2＊0.3)。

②在右下角的填充柄上(图 4-56)按住鼠标左键向下拖动，鼠标经过的地方，会自动填充公式，效果如图 4-57 所示。

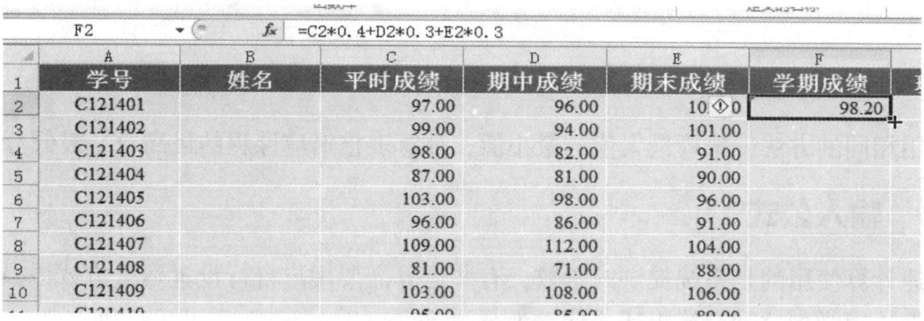

图 4-56 拖动填充柄

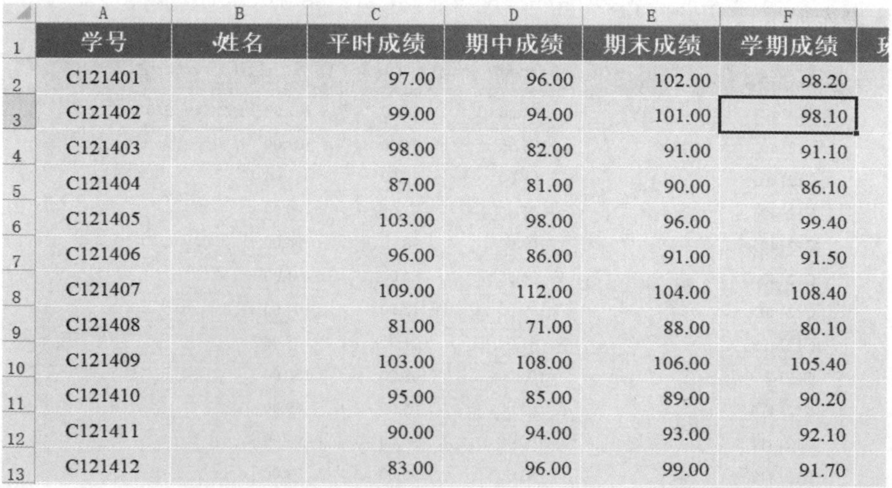

图 4-57 复制公式完成表格计算

③选中 F3 单元格，点击编辑栏，可以看到 F3 内的公式变为了 = C3 * 0.4 + D3 * 0.3 + E3 * 0.3，依次类推 F4 内的公式为 = C4 * 0.4 + D4 * 0.3 + E4 * 0.3 等，如图 4-58 所示。

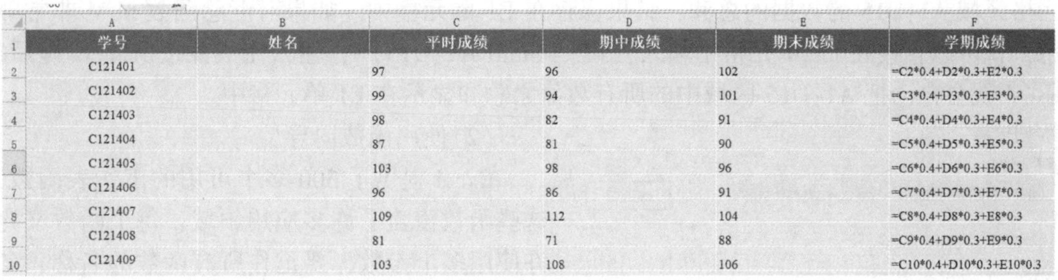

	A	B	C	D	E	F
1	学号	姓名	平时成绩	期中成绩	期末成绩	学期成绩
2	C121401		97	96	102	=C2*0.4+D2*0.3+E2*0.3
3	C121402		99	94	101	=C3*0.4+D3*0.3+E3*0.3
4	C121403		98	82	91	=C4*0.4+D4*0.3+E4*0.3
5	C121404		87	81	90	=C5*0.4+D5*0.3+E5*0.3
6	C121405		103	98	96	=C6*0.4+D6*0.3+E6*0.3
7	C121406		96	86	91	=C7*0.4+D7*0.3+E7*0.3
8	C121407		109	112	104	=C8*0.4+D8*0.3+E8*0.3
9	C121408		81	71	88	=C9*0.4+D9*0.3+E9*0.3
10	C121409		103	108	106	=C10*0.4+D10*0.3+E10*0.3

图 4-58 显示公式

④拖动填充柄完成的就是公式的复制操作。其变化规律是：将 F2 内的公式复制到 F3，行号增加了 1，那么单元格内的组成公式的引用行号也增加 1，复制到 F4，行号增加了 2，那么公式里的单元格引用行号也增加 2。

注：只有相对引用的行号会变化。绝对引用复制公式时不变，这样的规律也应用于列的变化。例如，假设 G2 单元格内有公式 = A2 + B2 + C2 * 0.2，将 G2 单元格复制到 H3，此时列增加了 1，行增加了 1，那么 H3 内的公式就是 = B3 + C3 + D3 * 0.2。拖动填充柄的方式进行公式和函数的复制时，要注意分析公式和函数内哪些值是需要变化的，哪些值是不变的，从而可以将第一个公式或函数内的单元格引用按照需要改为绝对引用。

4.3.5 函数基本概念及应用

4.3.5.1 函数的概念

函数是 Excel 中已经定义好的计算公式，函数使用是参数的特定数值，按照特定的顺序或结构进行计算。

Excel 按功能不同将函数分为 13 类，分别是财务函数、日期与时间、数学与三角函数、统计函数、查找与引用函数、数据库函数、文本函数、逻辑函数、信息函数、工程函数、多维数据集函数、兼容性函数、Web 函数等。

函数同样必须以"="号开始，函数的结构一般形如："= 函数名称（参数 1，参数 2……）"，函数名称表明函数的功能，函数的参数指的是参与运算的数值、引用、条件等。有些函数没有参数，但是也必须有括号，如函数 PI 的作用是返回圆周率的值 π，在使用时也必须输入"= PI( )"。

4.3.5.2 函数引用的格式

Excel 中函数引用的格式大致分为函数名和参数表两部分，其中参数可以是常量、单元格引用和其他函数。

函数名（参数 1，参数 2，……参数 255）

4.3.5.3 函数引用的方法

函数引用又称函数调用，其调用方法有以下几种：

（1）在公式中直接输入

如果知道函数名称和需要的参数，可以在公式或表达式中直接输入函数。例如，求单元格区域 A1:D15 的数据的总和，结果保存在 E1 单元格中。如果对汇总函数 SUM 非常熟悉，就可以直接在 E1 单元格中输入公式"=Sum(A1:D15)"，输入完成并按"Enter"键后，Excel 就会自动把 A1:D15 区域中的所有数值之总和显示在 E1 单元格中。

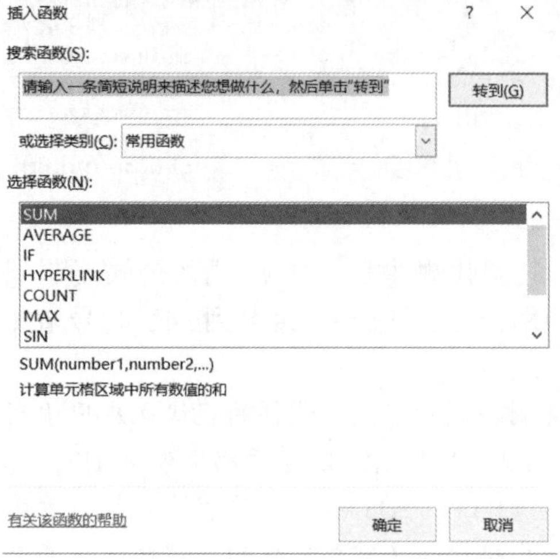

（2）使用函数向导

Excel 提供了 300 多个可用的工作表函数，这些函数覆盖了许多应用领域，每个函数又允许使用多个参数，要记住所有函数的名称、参数及其用法是不可能的，当知道函数的类别以及需要计算的问题时，或知道函数的名称但不知道函数所需要的参数时，可以使用函数向导来完成函数的输入。具体方法如下：

①单击工具栏上的"插入函数"按钮 *fx*，或者依次选择"公式""函数库""插入函数"命令，弹出如图 4-59 所示"插入函数"对话框。

②在"插入函数"对话框中选择函数类别及引用函数名。例如，为求平均分，应先选常用

图 4-59 "插入函数"对话框

函数类别，再选求平均值函数 AVERAGE，然后单击"确定"按钮，弹出如图 4-60 所示的"函数参数"对话框。

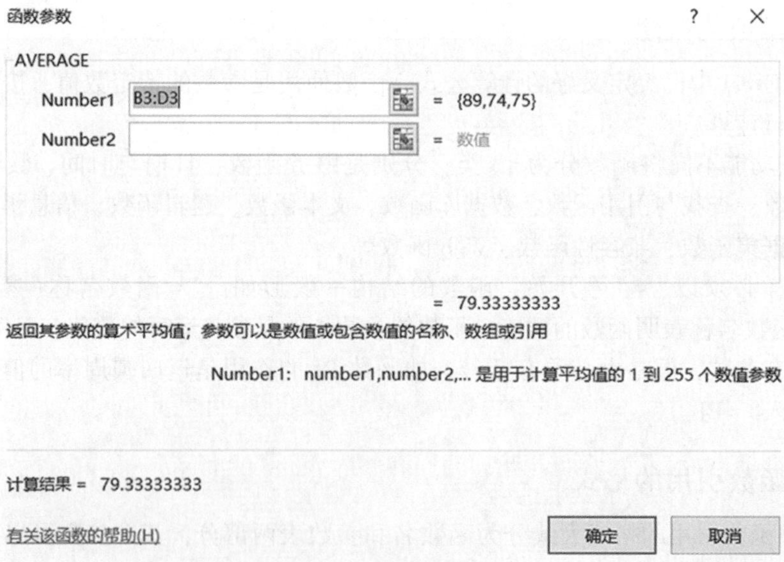

图 4-60 "函数参数"对话框

③在"AVERAGE"参数栏中输入参数，即在 Number1，Number2……中输入要参加求平均分的单元格、单元格区域。可以直接输入，也可以用鼠标单击参数文本框右面的"引用"按钮，使"函数参数"对话框折叠起来，然后到工作表中选择引用单元格，选好之后，单击

折叠后的“引用”按钮，即可恢复“函数参数”对话框，同时所选的引用单元格会自动出现在参数文本框中。

④当所有参数输入完后，单击“确定”按钮，此时结果出现在单元格中，而公式出现在编辑栏中。

(3)通过功能区插入函数

在 Excel 中的“公式”选项卡中，可以看到 Excel 提供的所有函数，如图 4-61 所示。单击任意一个函数类型，就可以打开该类型的所有函数，将鼠标放置在某函数上，可出现该函数的相关说明，单击鼠标左键，即选择了该函数，如图 4-62 所示。

(4)常用工作表函数

下面通过图 4-63 所示表格，介绍常用函数的用法。

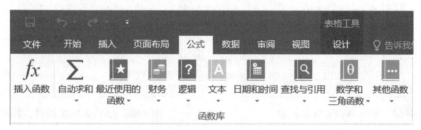

图 4-61　公式选项卡

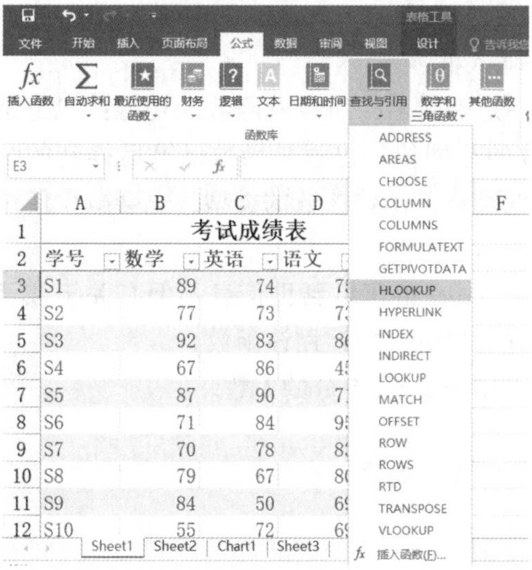

图 4-62　按类别选择并插入函数

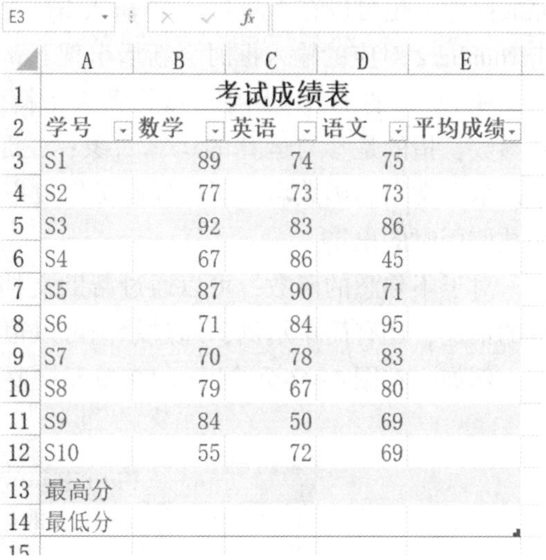

	A	B	C	D	E
1	考试成绩表				
2	学号	数学	英语	语文	平均成绩
3	S1	89	74	75	
4	S2	77	73	73	
5	S3	92	83	86	
6	S4	67	86	45	
7	S5	87	90	71	
8	S6	71	84	95	
9	S7	70	78	83	
10	S8	79	67	80	
11	S9	84	50	69	
12	S10	55	72	69	
13	最高分				
14	最低分				

图 4-63　考试成绩表

图 4-63 所示表格，已经在 4.2 快速计算中，应用快速计算的函数完成了对应的单元格内容的计算，下面我们使用函数再次计算平均成绩，使用 AVERAGE 函数，最低分使用 MIN 函数，最高分使用 MAX 函数。

具体操作步骤如下：

①选中 E3 单元格点击公式选项卡 *fx* 插入函数命令，在弹出的插入函数对话框中选择“统计”类别中的 AVERAGE 函数，点击“确定”，如图 4-64 所示。

②点击"确定"后会弹出这个函数的函数参数对话框，如图 4-65 所示，同时在编辑栏中可以看到该单元格函数的完整写法。

图 4-64　插入 AVERAGE 函数

图 4-65　AVERAGE 函数参数设置

③在参数中确认参与运算的单元格区域是否正确，如果正确，直接点击"确定"就可以完成操作；也可以在 Number1 中输入 b3，Number2 中输入 c3，Number3 中输入 d3，当点击 Number2 对应的输入框时会新增出现 Number3 输入框。

在 Excel 的函数应用中，要注意 3 个概念，一是函数名，对应着函数的功能；二是函数参数，指的是参与运算的运算对象；三是函数的返回值，也就是函数运算后得到的结果。掌握常用的函数名，可以提高工作效率，同时掌握某函数参数的类型，也会减少使用函数使用时的出错。

对于不熟悉的函数，可以通过帮助文档学习。Excel 的函数帮助信息不但有关于该函数的描述，还有简单示例，通过示例可以很清楚地看懂并参照运用该函数。

例如，在图 4-66 示例中，F7 单元格要填入平均分低于 75 分的人数。

	A	B	C	D	E	F	G
1			考试成绩表				
2	学号	数学	英语	语文	平均成绩		
3	S1	89	74	75	79.33		
4	S2	77	73	73	74.33		
5	S3	92	83	86	87.00		
6	S4	67	86	45	66.00	平均分低于75分的人数	
7	S5	87	90	71	82.67		
8	S6	71	84	95	83.33		
9	S7	70	78	83	77.00		
10	S8	79	67	80	75.33		
11	S9	84	50	69	67.67		
12	S10	55	72	69	65.33		
13	最高分						
14	最低分						

图 4-66　考试成绩表增加新的运算

如果用户从来没有进行过此类的操作，那么可以按照以下的操作步骤进行。首先考虑计算人数，属于统计类，那么在插入函数对话框中选择类别为"统计"，如图 4-67 所示。

然后在统计类函数列表中利用键盘的向下向上箭头按钮，逐个浏览函数名称，同时查看选中函数的简单说明，如图 4-68 所示。选择能够应用的函数，点击有关该函数的帮助，进入帮助文档，如图 4-69 所示。

图 4-67　按照函数类别查看函数　　　　　图 4-68　查看函数简要说明

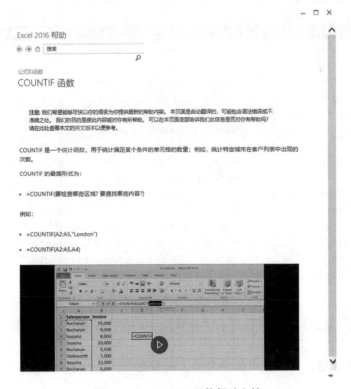

图 4-69　COUNTIF 函数帮助文档

通过学习帮助文档中的示例，掌握该函数参数的设置，就可以完成题目要求。在函数参数对话框中的参数应该如图 4-70 设置。

图 4-70　示例中 Contif 函数参数设置

实例练习：选用适当的函数计算学生成绩表中班级名次列，如图 4-71 所示。

学号	姓名	平时成绩	期中成绩	期末成绩	学期成绩	班级名次
C121401		97.00	96.00	102.00	98.20	
C121402		99.00	94.00	101.00	98.10	
C121403		98.00	82.00	91.00	91.10	
C121404		87.00	81.00	90.00	86.10	
C121405		103.00	98.00	96.00	99.40	
C121406		96.00	86.00	91.00	91.50	
C121407		109.00	112.00	104.00	108.40	
C121408		81.00	71.00	88.00	80.10	
C121409		103.00	108.00	106.00	105.40	
C121410		95.00	85.00	89.00	90.20	
C121411		90.00	94.00	93.00	92.10	
C121412		83.00	96.00	99.00	91.70	
C121413		101.00	100.00	96.00	99.20	
C121414		77.00	87.00	93.00	84.80	
C121415		95.00	88.00	98.00	93.80	

图 4-71　学生成绩表

学生的名次就是该同学成绩在所有学生成绩中的排序位置，在这里使用 RANK.EQ 函数。具体步骤如下：

①选中 G2 单元格，点击公式选项卡插入函数命令，选择 RANK.EQ 函数，如图 4-72 所示。

注：Number 参数是要参加排序的数值，在这里选择或输入第一位同学学期成绩所在单元格地址即 F2；Ref 参数指要对比的其他数值，是一个引用，也就是一个范围，这里指所有同学的学期成绩，是一个单元格区域，可填入 F2：F16（假设前 15 个同学排名次）；Order 参数是逻辑值，输入 0 表示逻辑假，在这里表示降序，输入非 0 值表示逻辑真，在这里表示升序。成绩排名是由大到小，数值大的在前面，是降序排列，这里可以不用输入。

②参数设置完毕后点击"确定"，G2 单元格的值计算完毕。

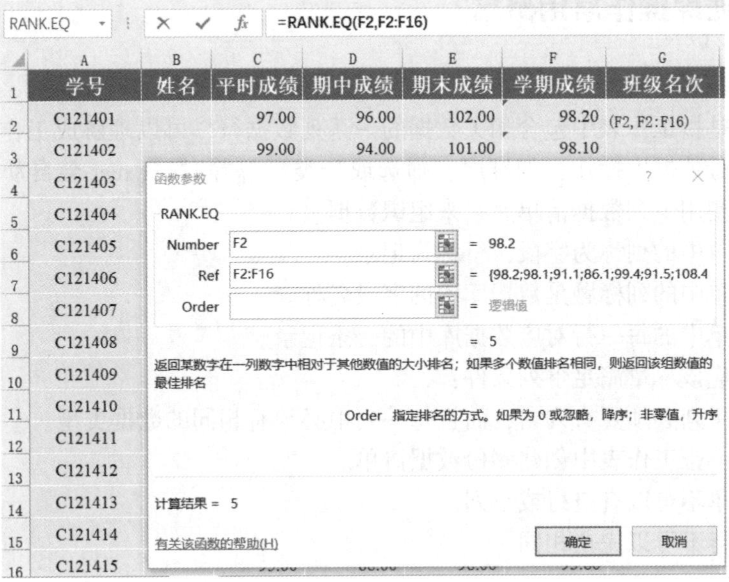

图 4-72　RANK. EQ 函数参数

③点击进入 G2 单元格的编辑状态，G2 里面显示的公式为 = RANK. EQ（F2，F2：F16）。第 G 列的其他单元格可以利用拖动填充柄的方式进行公式的复制完成计算。但是要注意，直接进行拖动填充时，函数里的相对引用会自动变化，G3 的函数为 = RANK. EQ（F3，F3：F17），此时计算已经错误了，因为 F3：F17 区域不是正确的所有成绩范围，所以需要做改变。将 G2 里的函数修改为 = RANK. EQ（F2，＄F＄2：＄F＄16），也就是将单元格区域由相对引用改为绝对引用，这样再次拖动填充时，绝对引用不会随着变化，满足排序要求，如图 4-73 所示。

主要操作步骤扫描二维码，观看视频学习。

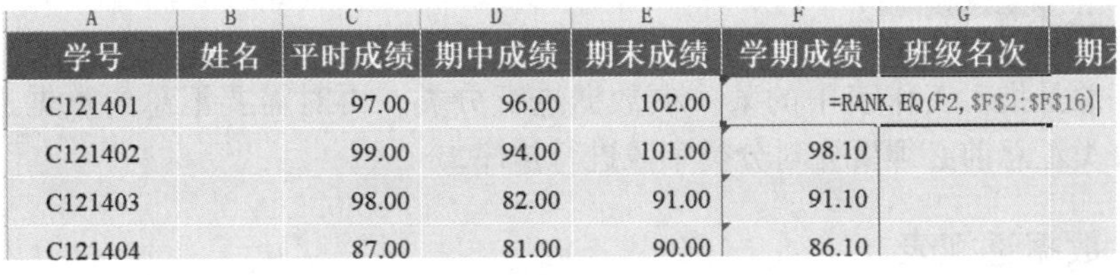

图 4-73　改变函数参数为绝对引用

4.4 数据库操作

Excel 除了具有对表中数据进行输入与计算功能外，还具有对表中的数据进行排序、筛选、分类汇总、制作直观的图表、建立透视表等强大功能，以便于工作时进行复杂数据分析与处理。

4.4.1 数据库操作常用概念

4.4.1.1 数据清单

数据清单是指工作表中包含相关数据的一系列数据行，可以理解成工作表中的一张二维表格。在执行数据库操作，如排序、筛选或分类汇总等时，Excel 会自动将数据清单视为数据库，并使用下列数据清单元素来组织数据。

- 数据清单中的列称为字段，行称为记录。
- 数据清单中的列标题是数据库中的字段名称。
- 数据清单中的每一行对应数据库中的一条记录。

数据清单应该尽量满足下列条件：

- 处理每一列必须要有列名，而且每一列中必须有相同的数据类型。
- 不要在一张工作表中创建多份数据清单。
- 数据清单不可以有空行或空列。
- 任何两行不可以完全相同。

4.4.1.2 排序

建立数据清单时，各记录按照输入的先后次序排列。但是，当需要从数据清单中查找需要的信息时就很不方便，为了提高查找效率需要重新整理数据，其中最有效的方法就是对数据进行排序。

4.4.1.3 筛选

数据筛选是使数据清单中显示满足指定条件的数据记录，而将不满足条件的数据记录在视图中隐藏起来。Excel 同时提供了"自动筛选""高级筛选"和"自定义筛选"多种方法来筛选数据，前者适用于简单条件，后者适用于复杂条件。

4.4.1.4 分类汇总

分类汇总是指对工作表中的某一项数据进行分类，再对需要汇总的数据进行汇总计算，但在分类汇总前必须要先对分类字段进行排序。

4.4.4.5 数据透视表

数据透视表是一种交互式工作表，用于对现有工作表进行汇总和分析。创建数据透视表后，可以按不同的需要、以不同的关系来提取和组织数据。

4.4.2 数据排序

排序是数据组织的一种手段。通过排序操作可将数据清单中的数据按字母顺序、数值大小、姓氏笔划、单元格颜色、字体颜色等进行排序，排序分为降序和升序。通过排序可使用户更直观地分析数据，更准确地掌握数据。

通过"开始"选项卡下的"排序和筛选"下拉列表的"升序""降序""自定义排序"命令(图4-74)，或者"数据"选项卡下的"排序"命令完成排序操作(图4-75)。

排序：是指按照某个字段的值的大小顺序重新排列数据表中的记录。

图4-74 开始选项卡中的排序命令

图4-75 数据选项卡中的排序命令

主要关键字：按照某个字段的值的大小顺序重新排列数据，这个字段称为主关键字。

次要关键字：按主要关键字排序后，出现排序结果相同时，为进一步精确排序，第二个考虑的排序字段称为次要关键字。

在"排序"对话框中，设置"主要关键字""排序依据"和排序方式，如图4-76所示。

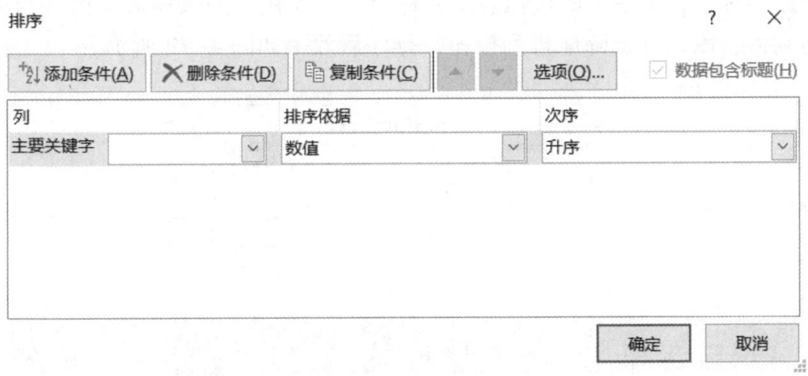

图4-76 排序设置对话框

一般来说关键字都是Excel数据表的列标题，但是如果未定义列标题，可以选择列A、列B……作为关键字；排序依据有"数值""单元格颜色""字体颜色"等，根据选择的排序依据不同次序也会有所不同，如果依据数值来排，次序只有"升序""降序"两种选择。

数据排序可以使工作表中记录按照规定的顺序排列，从而使工作表中的记录更有规律，条理更清楚。排序的方式有很多：如简单排序(单条件排序)、多条件排序、按颜色排序等。

如对图 4-77 所示的某班级学生考试成绩表按平均成绩由高到低排序。

	A	B	C	D	E
1	考试成绩表				
2	学号	数学	英语	语文	平均成绩
3	S1	89	74	75	79.33
4	S2	77	73	73	74.33
5	S3	92	83	86	87.00
6	S4	67	86	45	66.00
7	S5	87	90	71	82.67
8	S6	71	84	95	83.33
9	S7	70	78	83	77.00
10	S8	79	67	80	75.33
11	S9	84	50	69	67.67
12	S10	55	72	69	65.33
13	最高分				
14	最低分				

图 4-77 某班级学生考试成绩表

单条件排序，可以使用快速方法，单击选中排序依据列中的任意单元格，此时选中 E6（E3、E4 等平均成绩列中的数据均可），单击"数据"选项卡中的快速排序按钮，如图 4-78 所示。

图 4-78 快速排序按钮

快速排序图标中，A 在上的按钮表示升序排列，Z 在上的按钮表示降序排列，成绩排序要求由高到低，因此点击降序排列按钮，排序后效果如图 4-79 所示。

	A	B	C	D	E
1	考试成绩表				
2	学号	数学	英语	语文	平均成绩
3	S3	92	83	86	87.00
4	S6	71	84	95	83.33
5	S5	87	90	71	82.67
6	S1	89	74	75	79.33
7	S7	70	78	83	77.00
8	S8	79	67	80	75.33
9	S2	77	73	73	74.33
10	S9	84	50	69	67.67
11	S4	67	86	45	66.00
12	S10	55	72	69	65.33
13	最高分				
14	最低分				

图 4-79 降序排列后效果

多条件排序，需要设置主要关键字与次要关键字，如要求先按平均成绩降序排列，如果平均成绩相同，按数学成绩降序排列，那么就需要点击"数据"选项卡中的排序按钮；或者

"开始"选项卡下的"排序与筛选"下拉列表中的"自定义排序"按钮，如图4-74、图4-75。点击后在弹出的排序对话框中选择添加条件，根据题目要求设置，如图4-80所示。

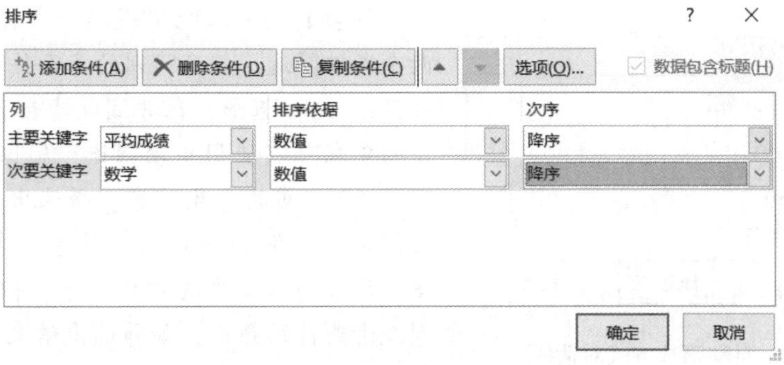

图4-80　排序中的关键字设置

4.4.3　数据筛选

筛选是将工作表中满足条件的数据显示出来，不满足条件的数据隐藏。筛选分为自动筛选和高级筛选，自动筛选用于筛选条件简单的数据，高级筛选用于筛选条件复杂的数据，按多个条件筛选时有"与"和"或"两种运算方式。

与：在高级筛选时，当多个条件必须同时满足，称为"与"关系，多个条件必须写在同一行。

或：在高级筛选时，当多个条件只要满足其中一个，称为"或"关系，多个条件必须写在不同行。

4.4.3.1　自动筛选

自动筛选非常简单，依次选择"数据""排序和筛选""筛选"命令按钮，或依次选择"开始""编辑""排序和筛选"在下拉菜单项中选择"筛选"，此时列标题右侧会自动出现下拉菜单按钮，下拉菜单按钮根据具体数据表会有所差别，但基本相同。

案例：使用自动筛选，选出语文成绩不及格的同学信息。

①鼠标选中数据区域内任意单元格，单击"数据"选项卡"筛选"命令按钮，此时表格列标题右侧出现下拉菜单按钮，点击"语文"列右侧的三角符号，在下拉菜单中选择"小于"选项，如图4-81所示。

②在弹出的自定义自动筛选方式对话框中输入60，如图4-82所示。点击"确定"后得到筛选结果，如图4-83所示。筛选完成后，会将满足条件的数据记录列出，列出的行号呈蓝色显示，不满足条件的隐藏。

图4-81　依据语文列数值进行自动筛选

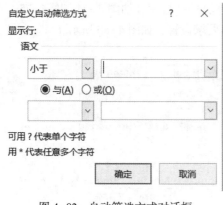

图 4-82 自动筛选方式对话框

图 4-83 自动删选结果

③要取消筛选,可以再次点击"数据"选项卡"筛选"命令按钮。

注:自动筛选能实现单一条件筛选、同列的两个条件筛选,以及跨列的多条件筛选(即跨列的并且条件)。例如,在考试成绩表示例中,类似以下的要求可以使用自动筛选,筛选出语文成绩在70至80之间的学生信息,筛选出语文在80分以上同时数学在85分以上的信息,筛选出数学、英语、语文均不及格的学生信息,但其不能实现跨列或者条件的筛选,如筛选出语文高于80分或者数学高于80分的学生信息,这种情况需要使用高级筛选完成。

4.4.3.2 高级筛选

相对自动筛选,高级筛选既可在原数据表格中显示结果,也可在新的位置显示结果,还可以使用更加复杂的筛选条件。高级筛选关键要设置条件区域,而且条件区域与数据区域间至少保留一行或一列空白单元格,条件区域由标题行和条件行组成。

由于条件区域的列标题必须和待筛选数据区域一致,所以最好从原数据区域复制列标题,另外注意条件的关系即可。

依次选择"数据"选项卡中的"排序和筛选",点击"高级"命令按钮,弹出"高级筛选"对话框。在对话框内可以设定筛选结果显示方式,可以通过"高级筛选"对话框中选择"列表区域""条件区域"以及"复制到"区域的左上角单元格。

例:在学生成绩表中,筛选出语文高于80分或者数学高于80分的学生信息。具体操作过程如下:

①将数学、语文列标题复制到数据表的下方,与数据表隔开一行或多行(此操作以便筛选后数据与条件区域互不影响,也可在表格上方插入几行放置条件),在条件标题下方隔行写上条件(隔行写表示或运算,同行写表示并且运算),如图 4-84 所示。

	A	B	C	D	E
1			考试成绩表		
2	学号	数学	英语	语文	平均成绩
3	S3	92	83	86	87.00
4	S6	71	84	95	83.33
5	S5	87	90	71	82.67
6	S1	89	74	75	79.33
7	S7	70	78	83	77.00
8	S8	79	67	80	75.33
9	S2	77	73	73	74.33
10	S9	84	50	69	67.67
11	S4	67	86	45	66.00
12	S10	55	72	69	65.33
13	最高分				
14	最低分				
15					
16					
17		数学	语文		
18		>80			
19			>80		

图 4-84 高级筛选示例

②将鼠标选中成绩表数据区域任一单元格,依次点击"数据""排序和筛选""高级"命令按钮,在弹出的"高级筛选"对话框中点击"列表区域""条件区域"后的单元格区域选取

按钮，在数据表中选取正确的单元格区域。条件区域就是指用户自己设置的筛选条件区域，此例中指 B17:C19，如图 4-85 所示，也可以根据需要选择筛选结果显示方式，设置完成后点击"确定"，即完成了高级筛选，结果如图 4-86 所示。

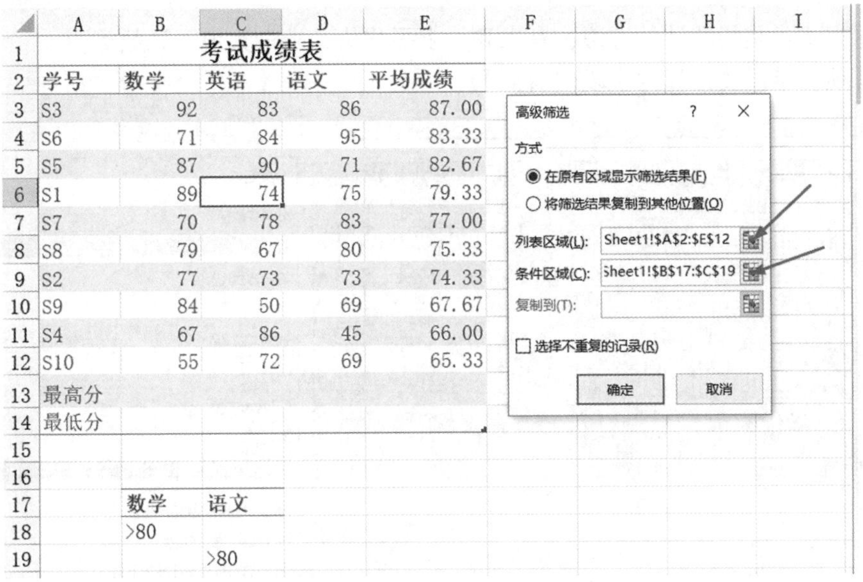

图 4-85　高级筛选操作过程

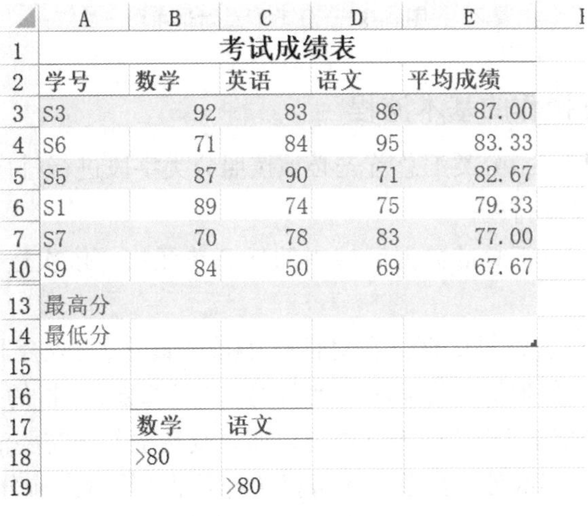

图 4-86　高级筛选结果

4.4.4　分类汇总

4.4.4.1　分类汇总基本概念

所谓分类汇总，就是对数据清单按某字段进行分类，将字段值相同的连续记录作为一类，进行求和、平均和计数等汇总运算。在分类汇总前，必须对要分类的字段进行排序，否则分类汇总无意义。图 4-87 分类汇总对话框中各个设置的含义如下：

分类字段：分类汇总一定要按照题目要求确定好分类字段，在分类汇总之前对分类字段进行排序，排序方式可以选择默认的"升序"，排序的目的是按照分类字段对数据进行重新排列。

汇总方式：是指统计的方法，有求和、求平均值、求最大值、计数等。

汇总项：指需要计算的字段(列标题)。

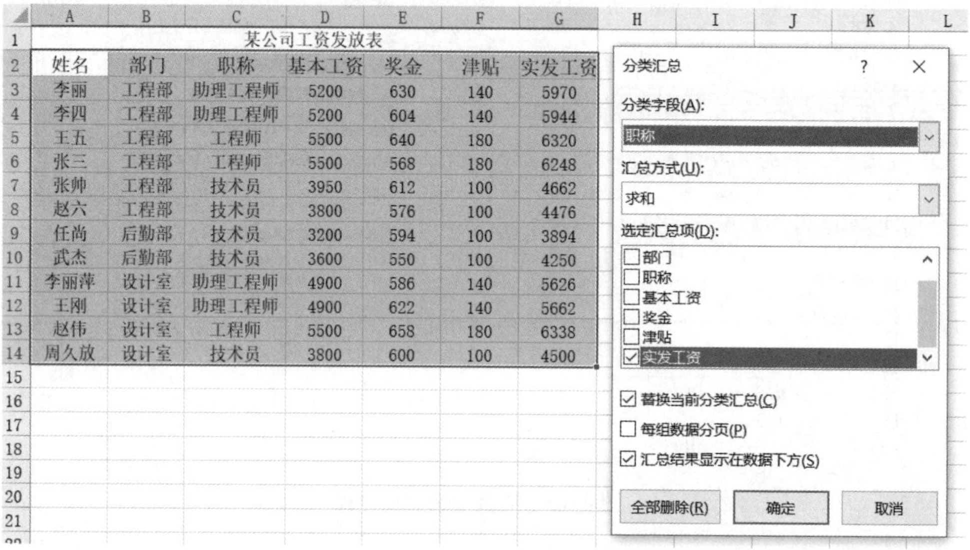

图 4-87　分类汇总对话框

4.4.4.2　分类汇总操作的基本流程

①按照分类字段排序，分类汇总首先必须按照分类字段进行排序，排序的意义就在于让相同类别的数据集重新排列。

②将鼠标定位到需要汇总的数据区域中的任意单元格，依次选择"数据""分级显示""分类汇总"命令按钮。

③此时弹出"分类汇总"对话框，在对话框中首先设定"分类字段"，分类字段一定是刚才排序的字段，否则分类汇总将无法达到目的；"汇总方式"指的是汇总的数据是求和、计数、平均值等；"选定汇总项"列表框内可以通过复选框勾选需要汇总的数据项。

④如果数据进行了多次分类汇总，还可以选择是否"替换当前分类汇总"，通过"汇总结果显示在数据下方"复选框，选择汇总数据显示的位置，然后单击"确定"按钮，完成分类汇总。

⑤如果想要恢复数据区域正常显示，可以在对话框中选择"全部删除"按钮，删除汇总结果。

⑥如果数据表被分类汇总，"分级显示"命令组上的"显示明细数据""隐藏明细数据"按钮会变为可用按钮，通过这两个按钮可以设置是否显示明细数据，还可以通过选择分类汇总结果左上角的数字 1、2 或 3 对分类汇总结果进行分级查看。

4.4.4.3 案例演示

在图4-88所示的某公司工资发放表中，要求列出每个部门实发工资最高的数据。具体操作如下：

	A	B	C	D	E	F	G
1	某公司工资发放表						
2	姓名	部门	职称	基本工资	奖金	津贴	实发工资
3	李丽	工程部	助理工程师	5200	630	140	5970
4	李丽萍	设计室	助理工程师	4900	586	140	5626
5	李四	工程部	助理工程师	5200	604	140	5944
6	任尚	后勤部	技术员	3200	594	100	3894
7	王刚	设计室	助理工程师	4900	622	140	5662
8	王五	工程部	工程师	5500	640	180	6320
9	武杰	后勤部	技术员	3600	550	100	4250
10	张三	工程部	工程师	5500	568	180	6248
11	张帅	工程部	技术员	3950	612	100	4662
12	赵六	工程部	技术员	3800	576	100	4476
13	赵伟	设计室	工程师	5500	658	180	6338
14	周久放	设计室	技术员	3800	600	100	4500

图4-88　某公司工资发放表

①按题目要求分析出，分类字段为"部门"，汇总项为"实发工资"，汇总方式为"最大值"。

②按部门排序(升序降序均可)。

③依次选择菜单栏上的"数据""分级显示""分类汇总"命令，弹出"分类汇总"对话框，如图4-89所示。

④在"分类汇总"对话框中依次设置"分类字段""汇总方式"和"选定汇总项"等，单击"确定"按钮，结果如图4-90所示。

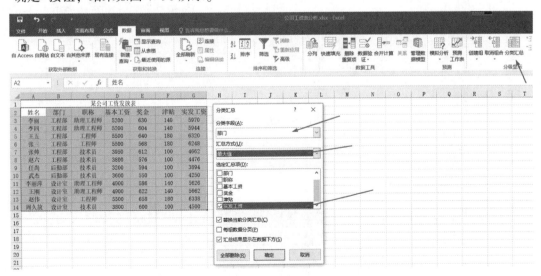

图4-89　分类汇总案例中参数设置

图 4-90 分类汇总结果

4.4.5 数据合并

Excel 的合并计算功能可以汇总或者合并多个数据源区域中的数据，具体方法有两种：一是按"类型"合并计算，如图 4-91 所示数据；二是按"区域"合并计算，如图 4-92 所示数据。合并计算的数据源区域可以是同一工作表中的不同表格，也可以是同一工作簿中的不同工作表，还可以是不同工作簿中的表格。

图 4-91 按"类型"合并计算数据清单

	A	B	C	D	E	F	G	H	I	J	K	L
1	公司一月份工资							公司二月份工资				
2	姓名	基本工资	奖金	津贴	实发工资			姓名	基本工资	奖金	津贴	实发工资
3	李丽	5200	630	140	5970			李丽	5200	550	140	5890
4	李四	5200	604	140	5944			李四	5200	640	140	5980
5	王五	5500	640	180	6320			王五	5500	630	180	6310
6	张三	5500	568	180	6248			张三	5500	580	180	6260
7	张帅	3950	612	100	4662			张帅	3950	620	100	4670
8	赵六	3800	576	100	4476			赵六	3800	660	100	4560
9	任尚	3200	594	100	3894			任尚	3200	670	100	3970
10	武杰	3600	550	100	4250			武杰	3600	680	100	4380
11	李丽萍	4900	586	140	5626			李丽萍	4900	700	140	5740
12	王刚	4900	622	140	5662			王刚	4900	620	140	5660
13	赵伟	5500	658	180	6338			赵伟	5500	580	180	6260
14	周久放	3800	600	100	4500			周久放	3800	700	100	4600
15												
16												
17		前两月工资合计										
18	姓名	基本工资	奖金	津贴	实发工资							
19												
20												
21												
22												
23												
24												
25												
26												
27												
28												
29												
30												
31												
32												

图 4-92　按"区域"合并计算数据清单

4.4.5.1　按"类型"进行合并计算

如图 4-91 所示，是某水果店当日销售流水，现在要求以"水果品名"进行"求和"合并计算。操作步骤如下：

①新建工作簿，建立如图 4-91 所示数据清单。

②将光标定位在需要放置"合并计算"结果数据区域的第一个空单元格上（本例在"水果品名"字段的下方），依次选择"数据""数据工具""合并计算"，打开如图 4-93 所示对话框，在对话框"函数"下拉列表中选择"求和"；在引用位置处点击引用按钮 ▦，选择数据清单区域（本例中因在合并计算显示区已事先设置好行标题，所以这里选择数据区域时，首行就不要选中），点击对话框上的"添加"命令按钮，即可将数据引用区域添加到"所有引用位置"框中（如果事先框里有引用单元格区域，但它不是我们任务中所需要的区域，就选择对话框上的"删除"命令按钮）。合并计算需要依据"水果品名"这个表格最左列的内容将相同的品名进行合并，所以在"标签位置"中勾选"最左列"复选框

③点击图 4-93 所示对话框中的"确定"命令按钮，即可得到本次合并计算的结果，如图 4-94 所示。

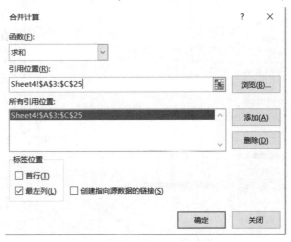

图 4-93　合并计算对话框

	A	B	C	D	E	F	G	H	I	J
1	某水果超市当日水果销售流水							当日水果销售总额		
2	水果品名	销售量（公斤）	总价（元）	售出时间				水果品名	销售量（公斤）	总价（元）
3	苹果	3	30	10:30				苹果	9	90
4	香蕉	2.5	17.5	10:30				香蕉	8	56
5	柚子	2	11.2	10:30				柚子	2	11.2
6	苹果	2	20	10:45				梨	4.5	54
7	梨	2.5	30	10:45				甜橙	6.5	39
8	香蕉	1.5	10.5	10:45				砂糖桔	10	40
9	甜橙	3	18	11:02				车厘子	1.5	240
10	砂糖桔	5	20	11:02				哈密瓜	4.5	88.2
11	苹果	2	20	11:02				榴莲	3	192
12	砂糖桔	3	12	11:10						
13	车厘子	1	160	11:10						
14	砂糖桔	2	8	11:15						
15	苹果	2	20	11:15						
16	甜橙	2.5	15	11:22						
17	梨	1	12	11:22						
18	车厘子	0.5	80	11:22						
19	香蕉	2	14	13:10						
20	梨	1	12	13:10						
21	香蕉	2	14	13:22						
22	哈密瓜	2	39.2	13:22						
23	榴莲	3	192	13:22						
24	哈密瓜	2.5	49	14:02						

图 4-94 按"类型"进行"合并计算"结果

4.4.5.2 按"区域"进行合并计算

如图 4-92 所示，是某公司一月份与二月份的工资列表，要求在"前两个月工资合计"数据区域中进行"求和"合并计算。从表中分析，这是分区域放置的两组数据，操作步骤如下：

①新建工作簿，建立如图 4-92 所示数据清单。

②将光标定位在需要放置"合并计算"结果数据区域的第一个空单元格上（本例在"姓名"字段的下方），依次选择"数据""数据工具""合并计算"，打开如图 4-95 所示对话框，在对话框"函数"下拉列表中选择"求和"；在引用位置处点击引用按钮，选择数据清单区域（本例中因在合并计算显示区已事先设置好行字段，这里只选择"姓名"字段下方的数据区域），如图 4-96 所示。

选取区域后点击对话框上的"添加"命令按钮，即可将数据引用区域添加到"所有引用位置"框中。因本例中要进行"合并计算"的数据分放在不同的区域中，所以要进行上述同样的数据区域引用操作，选择其他区域中的数据，直到将所有数据都引用添加到"所有引用位置"框中，如图 4-97 所示。

图 4-95 合并计算对话框

图 4-96　引用的第一个数据区域

图 4-97　参与计算的数据区域添加完成

③在图 4-97 中，选择对话框中的"最左列"（由于首行的标题内容已经在合计区域中输入完成，所以不需要选择"首行"选项），单击图 4-97 对话框中的"确定"命令按钮，即可得到本次合并计算的结果，如图 4-98 所示。

	A	B	C	D	E	F	G	H	I	J	K	L
1	公司一月份工资							公司二月份工资				
2	姓名	基本工资	奖金	津贴	实发工资			姓名	基本工资	奖金	津贴	实发工资
3	李丽	5200	630	140	5970			李丽	5200	550	140	5890
4	李四	5200	604	140	5944			李四	5200	640	140	5980
5	王五	5500	640	180	6320			王五	5500	630	180	6310
6	张三	5500	568	180	6248			张三	5500	580	180	6260
7	张帅	3950	612	100	4662			张帅	3950	620	100	4670
8	赵六	3800	576	100	4476			赵六	3800	660	100	4560
9	任尚	3200	594	100	3894			任尚	3200	670	100	3970
10	武杰	3600	550	100	4250			武杰	3600	680	100	4380
11	李丽萍	4900	586	140	5626			李丽萍	4900	700	140	5740
12	王刚	4900	622	140	5662			王刚	4900	620	140	5660
13	赵伟	5500	658	180	6338			赵伟	5500	580	180	6260
14	周久放	3800	600	100	4500			周久放	3800	700	100	4600
15												
16												
17			前两月工资合计									
18	姓名	基本工资	奖金	津贴	实发工资							
19	李丽	10400	1180	280	11860							
20	李四	10400	1244	280	11924							
21	王五	11000	1270	360	12630							
22	张三	11000	1148	360	12508							
23	张帅	7900	1232	200	9332							
24	赵六	7600	1236	200	9036							
25	任尚	6400	1264	200	7864							
26	武杰	7200	1230	200	8630							
27	李丽萍	9800	1286	280	11366							
28	王刚	9800	1242	280	11322							
29	赵伟	11000	1238	360	12598							
30	周久放	7600	1300	200	9100							
31												

图 4-98 按"区域"进行数据合并计算结果

4.4.6 建立数据透视表

数据透视表是一种对复杂数据进行快速汇总和建立交叉列表的交互式表格。分类汇总一般只对一个字段分类汇总，但是如果想要对多个字段进行分类汇总，就必须要用到数据透视表了。除此功能外，数据透视表还可以有多种组合方式，不同的组合方式反映不同的内容，从而帮助我们从不同角度分析解决问题。在数据透视表中，利用报表筛选可以筛选出用户需要的数据。

值：对数据进行汇总的方式，如求平均值、计数、求和等。

源数据：为数据透视表提供数据的基础行或数据库记录。

案例：如图 4-99 某公司工资发放表中，以"部门"为行字段，以"职称"为列字段，以实发工资最大值为汇总项，在新工作表中建立数据透视表。具体操作如下：

某公司工资发放表						
姓名	部门	职称	基本工资	奖金	津贴	实发工资
李丽	工程部	助理工程师	5200	630	140	5970
李丽萍	设计室	助理工程师	4900	586	140	5626
李四	工程部	助理工程师	5200	604	140	5944
任尚	后勤部	技术员	3200	594	100	3894
王刚	设计室	助理工程师	4900	622	140	5662
王五	工程部	工程师	5500	640	180	6320
武杰	后勤部	技术员	3600	550	100	4250
张三	工程部	工程师	5500	568	180	6248
张帅	工程部	技术员	3950	612	100	4662
赵六	工程部	技术员	3800	576	100	4476
赵伟	设计室	工程师	5500	658	180	6338
周久放	设计室	技术员	3800	600	100	4500

图 4-99 某公司工资发放表

①选中数据区域中任一单元格，依次选择"插入""表格""数据透视表"命令，弹出"创建数据透视表"对话框，确认数据区域和放置数据透视表的位置，点击"确定"，如图 4-100 所示。

图 4-100　创建数据透视表对话框

②在弹出的"数据透视表字段列表"对话框中，定义数据透视表布局，将"部门"字段拖入行标签栏中；将"职称"字段拖入列标签栏中；将"实发工资"拖入到数值栏。

③在"数值"栏中单击数据区的统计字段弹出菜单，在其中选择"值字段设置"改变统计算法为最大值，数据透视表设置如图 4-101 所示。

④在透视表字段中选择筛选需要显示的字段名，结果如图 4-102 所示。

主要操作步骤扫描二维码，观看视频学习。

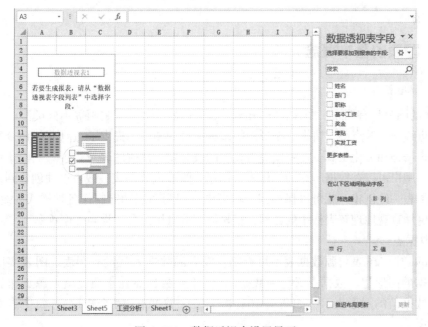

图 4-101　数据透视表设置界面

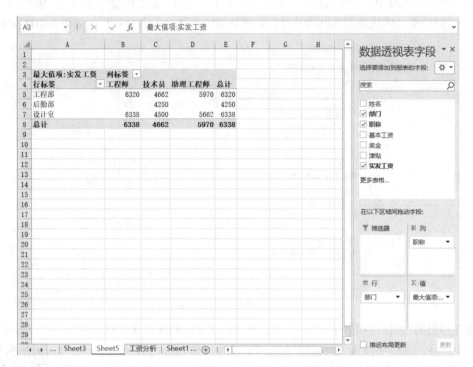

图 4-102　工资表"数据透视表"设置结果

4.5　图表及打印设置

4.5.1　图表的基本概念

4.5.1.1　概念

Excel 的图表具有图表、图片、Smartart、形状、艺术字、剪贴画等不同类型，能够建立柱形图、折线图、散点图、饼图、条形图等多种类型的图表，提供了"迷你图"命令组，以及更多的图表修饰和美化工具，能够便捷地设置图表标题、修改图表背景色彩、格式化图表中的文本等。用户可以在数据所在的工作表中创建一张嵌入式图表，或者单独创建到一张新工作表中，图表一经创建，就可以保存到工作簿中。利用图表功能制作各种样式的统计图表，帮助用户更加直观地理解表格中的数据，轻松地获取有用信息，提高工作效率。

（1）数据点

在 Excel 中，图表与源数据表不可分割，没有源数据表就没有图表。图表实质上是工作表中数据的图形化，数据点又称为数据标记，1 个数据点在本质上就是源工作表中一个单元格中数据值的图形表示，如图 4-103 中有 10 个数据点（10 个矩形），每个点对应一个单元格数据。

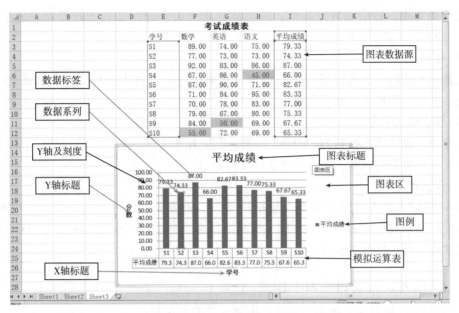

图 4-103　图表的基本组成

数据点在不同类型的图表中可能表现为不同的形状，例如它可能表现为条形图中的一个柱形、折线图中的一个点、气泡图中的一个气泡等。

（2）数据系列

绘制在图表中的一组相关联的数据点就是一个数据系列。数据系列中的数据源自数据表的行或列，同一数据系列具有相同的颜色或图案且用图表的图例予以标识。在同一图表中，可以绘制一个或多个数据系列。但有些图表，如饼图只能有一个数据系列，图 4-103 中就只有一个数据系列。

（3）网格线

网格线是指可以添加到图表的线条，它有助于查看和评估数据。网格线从方向轴上的刻度线处开始延伸过绘图区，网格线包括水平网格线和垂直网格线两种，可根据需要设置或取消。合理而恰当地运用网格线可以增加图表数据的可读性，但若运用不当反而会使图表变得混乱不堪。例如，在数据较多的折线图或饼图中添加网格线，会使图表显得更复杂，图表中线条较多，难以辨别，在这种情况下，不用网格线反而更清楚。

（4）轴

轴是指作为绘图区域一侧边界的直线，是为图表数据进行度量或比较提供参考的框架。对多数图表而言，数据值均沿数值轴（Y 轴，通常为纵向）绘制，类别则沿分类轴（X 轴，通常为横向）绘制。

大多数图表都有两条轴，一条是 X 轴，也称分类轴，另一条是 Y 轴，典型的如数值轴，某些图表还含有另一条数值轴（如双 Y 轴图），三维图表还含有 Z 轴（X 轴和 Y 轴表示水平和垂直方向，Z 轴则是在竖直方向上与 X 轴、Y 轴所决定平面相垂直的一条轴）。

（5）刻度线与刻度线标志

刻度线是与轴交叉的起度量作用的短线，类似于标尺上的刻度。刻度线标志用于标明图表中的类别、数值或数据系列，刻度线标志来自于创建图表的数据表中的单元格，在图 4-103 中，水平方向有 10 个刻度，分别表示 S1 至 S10。

（6）图例

图例用于说明每个数据系列中的数据点所采用的图形外表和色彩，它可能是一个方框、菱形、小三角形或其他小图块。

（7）图表中的标题

标题用于表明图表或分类的内容。一般来说，用于表明图表内容的标题位于图表的顶部，用于表明分类的标题一般位于每条轴线的旁边。

（8）图表类型

Excel 提供了丰富的图表类型，包括柱形图、折线图、饼图、条形图、面积图、XY（散点图）、股价图、曲面图、圆环图、气泡图和雷达图等，每种图表类型又包括许多不同的图表式样，可以根据需要选择图表。

4.5.1.2 嵌入式图表和图表工作表

Excel 提供了两种显示图表的方式，即嵌入式图表和图表工作表。

嵌入式图表是把图表直接插入到其数据所在的工作表中，主要用于说明数据与工作表的关系，用图表来说明和解释工作表中的数据，具有很强的说服力，如图 4-104 所示。

图表工作表是把图表和与之相关的源数据表分开存放，图表放在一个独立的工作表中，用于创建图表中的数据表则存放于另一个独立的工作表中，图表专用于显示图表，其中没有任何单元格，如图 4-103 所示。

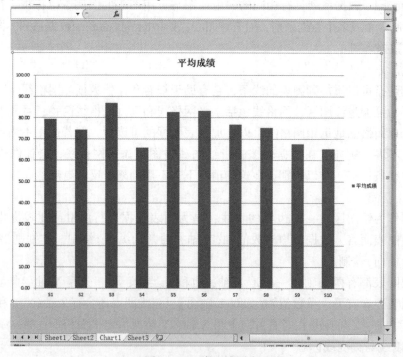

图 4-104　嵌入式图表

4.5.1.3　Excel标准图表类型及适用范围

Excel 2016提供了15种标准图表类型，每种图表类型都有许多不同的子类型，不同的图表类型有不同的特点和用途，具体采用哪种类型的图表，要根据实际情况确定。

（1）柱形图

柱形图常用来表示不同项目之间的比较结果，也可以用来对比数据在一段时间内的变化情况。

（2）折线图

折线图一般表示数据随时间而产生的变化情况，折线图的分类轴表现为时间，如年、季度、月份、日期等。

（3）饼图

饼图强调总体与部分的关系，常用于表示各组成部分在总体中所占的百分比。

（4）条形图

条形图显示了各个项目之间的比较情况，纵轴表示分类，横轴表示值。它主要强调各数据值之间的比较，并不太关心时间的变化情况。条形图中的堆积图显示了单个项目与整体的关系，可以把不同项目之间的关系描述得更清楚。

（5）面积图

面积图用于显示不同数据系列之间的对比关系，同时也显示各数据系列与整体的比例关系，尤其强调随时间的变化幅度。

（6）其他标准图表

除了上述几种标准图表之外，Excel提供的标准图表类型还有：圆环图、气泡图、雷达图、股价图、曲面图、XY（散点图）等，可阅读Excel帮助文档进一步了解相关图表的使用。

4.5.2　创建图表

4.5.2.1　创建嵌入式图表

①建立如图4-105所示的簇状柱形图，按下"Ctrl"键同时选中E列I列数据（E2：E12和I2：I12）。

②单击"插入"选项卡切换到插入功能区。插入功能区中具有许多向工作表添加特定内容的命令控件，如向工作表插入迷你图、艺术字、文本框、特殊符号、图形、图表及页眉页脚等内容的控件，如图4-105所示。

图4-105　插入功能区

在"插入"选项卡中的"图表"组中，列出了 Excel 支持的图表类型，每种类型都包含有许多二维和三维的图形样式，单击某个图表样式按钮，Excel 就会在其下拉列表中显示出该类型图表的所有具体图表形状，选择其中某个具体图表形状，就能够以选中数据区域(或活动单元格所在的数据区域)为源数据创建对应的图表，并在活动工作表中显示建立的图表。在本例中，依次单击"插入柱形图或条形图""二维柱形图""簇状柱形图"按钮，显示结果如图 4-106 所示。

注：在图 4-106 中可以看见"图表工具"选项卡，此选项卡平时是隐藏的，只有激活某个图表时才会显示出来。

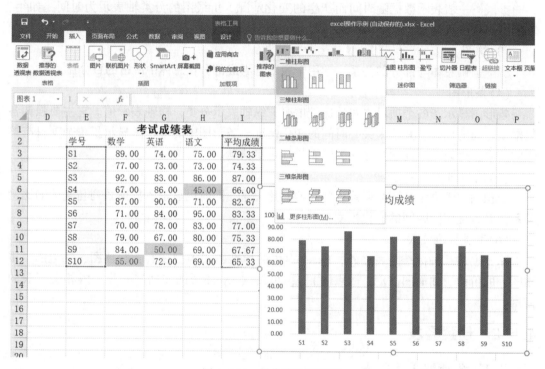

图 4-106   制作簇状柱形图

4.5.2.2   创建图表工作表

创建图表工作表的前两个步骤与嵌入式图表的创建步骤相同，但它还需要执行第三个步骤。也就是说，需要先创建一个嵌入式图表，在此基础上执行另一个操作就能够创建出图表工作表。操作过程如下：

①单击已创建的图表，显示出"图表工具"选项卡。

②单击"图表工具"中的"设计"选项卡(图 4-107)，在"设计"选项卡最右边的"位置"组中，单击"移动图表"按钮，Excel 会弹出"移动图表"对话框。

③在"移动图表"对话框中选中第一个选项"新工作表"，然后单击"确定"按钮，Excel 就会插入一个图表工作表 Chart1，并将当前工作表中选中的图表移到图表工作表中(图 4-108)。

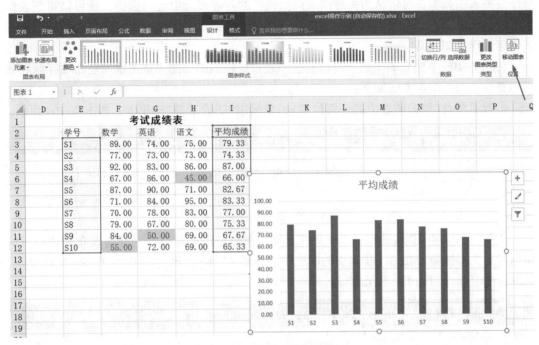

图4-107　移动图表按钮

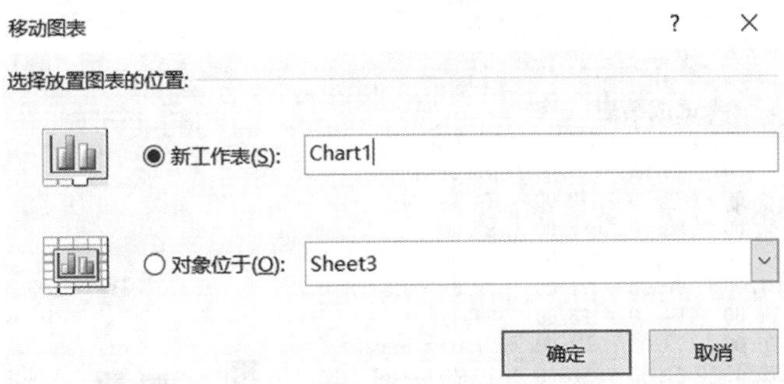

图4-108　移动图表对话框

4.5.3　编辑和修改图表

通过图表向导建立的图表可能不尽如人意，例如没有标题、数据系列太多、图例显示位置不当、图表中的文字大小不合适，诸如此类。通过 Excel 2016 为图表提供的"设计"和"格式"功能选项卡，可以轻松完成图表的各种修改，设计出布局合理、内容恰当的高质量图表。

4.5.3.1　图表布局

应用预定义的图表布局时，会有一组特定的图表元素，如标题(图表标题是说明性的文本，可以自动与坐标轴对齐或在图表顶部居中)、图例、数据表或数据标签(为数据标记提供附加信息的标签，数据标签代表源于数据表单元格的单个数据点或值)按特定的排列顺序在图表中显示,可以从为每种图表类型提供的各种布局中进行选择,还可以将图表作为图表模板保存,之后无论何时新建图表,都可以轻松地应用该模板创建图表,这就使图表创建工作更加容易了。

在图4-106中建立的图表,可以通过图表布局提供的功能为该图添加坐标轴标题和数据标签等选项。添加方法如下:

①激活图表(单击图表中的任何位置),显示出"图表工具"选项卡,如图4-109所示。

图4-109 图表工具选项卡

②在"设计"中的"快速布局"命令的下拉列表中,用鼠标单击一种图表布局式样,该布局就会立即被应用在第①步选中的图表中,如图4-110所示,应用了"布局10"的样子,与默认图表相比增加了一些元素。

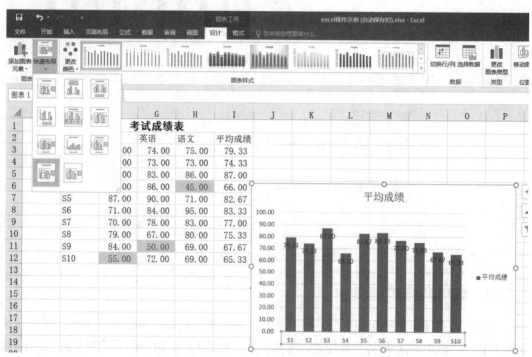

图4-110 应用快速布局

③单击图4-109中的"添加图表元素",在下拉的列表中,选择"轴标题"中的"主要横轴标题"为图表添加横轴轴标题,如图4-111所示,在图中点击"坐标轴标题"文本框,输入"学号"作为横轴标题。

④使用类似的方法为图表添加纵轴标题,可以继续添加或改变图表元素,最终效果如图4-112所示。

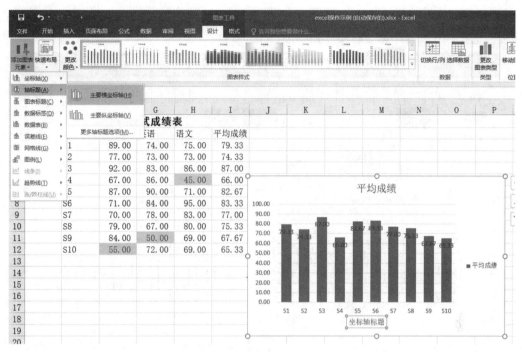

图 4-111　为图表添加元素

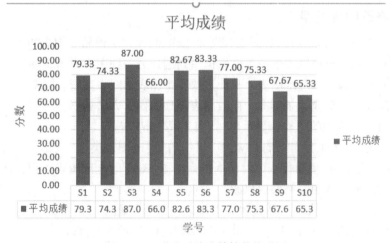

图 4-112　学生平均成绩簇状柱形图

4.5.3.2　图表样式

Excel 为各种类型的图表都提供了许多图表样式，应用这些样式可以很快地设计出精美的图表。Excel 提供的图表样式中有二维样式，也有三维图形的样式，从黑白到各种彩色图表样式应有尽有。

应用图表样式设置图表的过程如下：以图 4-112 为例，将图中柱形图改成"样式 11"图表样式。

①单击图 4-112 中的"图表"，显示出"图表工具"选项卡。

②单击"图表工具"中的"图表样式"选项卡下拉箭头，打开如图 4-113 所示图表样式面板，选择样式面板中第 2 行第 3 列"样式 11"即可。

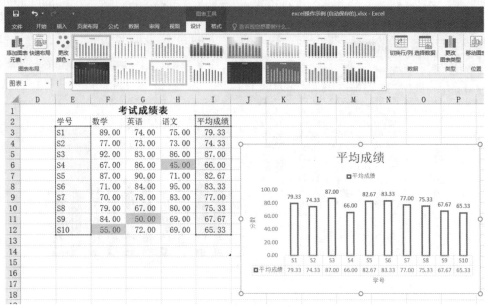

图 4-113　应用图表样式

4.5.3.3　修改图表类型

大多数二维图表(包括嵌入式图表和图表工作表)可以更改整个图表的图表类型，赋予其完全不同的外观，也可以为任何单个数据系列选择另一种图表类型，使图表转换为组合图表，但气泡图和大多数三维图表，只能更改整个图表的图表类型。以图 4-113 为例，将簇状柱形图修改成条形簇状条形图，修改图表类型的操作方法如下：

①单击图 4-113 中的图表，显示出"图表工具"选项卡。

②依次单击"图表工具""设计""类型"组中的"更改图表类型"按钮，打开如图 4-114 所示"更改图表类型"选项面板，该对话框中列出了 Excel 的全部图表类型，从中选择需要的图表类型就能够实现图表类型的修改。

③单击"条形图"，从中选择簇状条形图表，效果如图 4-115 所示。对于调整后不太理想的布局可以继续通过"图表布局"组和"图表样式"选项进行修改。

4.5.3.4　格式化图表

在利用 Excel 预定义的图表布局和图表样式对插入的图表进行初步处理之后，图表可能还会有一些不恰当的地方，例如，图例的位置和大小不当、标题字体太小、色彩搭配不当、数据标签字体大小不合理、坐标轴刻度间距太小等，可以通过图表格式化功能对不满意的图表部分进行修改，这样就能快速制作出精美的图表。

(1)调整图表大小

Excel 允许改变图表中各种图形对象(如图形区域、图例、图表和坐标轴的标题，数据标记等)的大小，移动图形对象的位置。

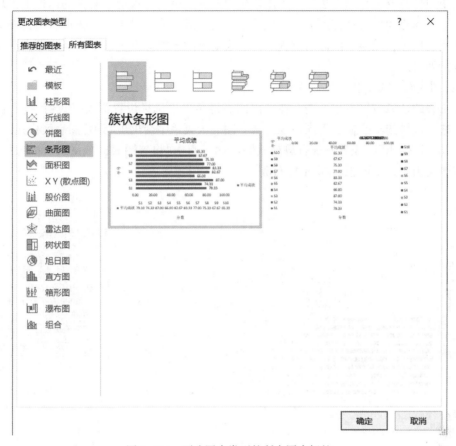

图 4-114　更改图表类型的所有图表标签

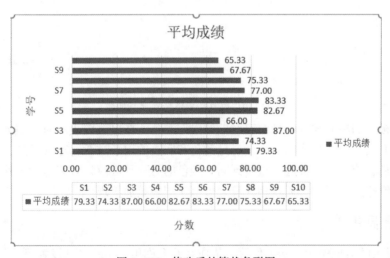

图 4-115　修改后的簇状条形图

　　图形对象的移动非常简单，将鼠标指向要移动的图表对象，当发现鼠标指针变成可移动的四箭头形状时，按下鼠标左键并拖动图表对象，当拖到恰当位置后释放鼠标就行了。

改变图形对象大小的方法是，先用鼠标单击并选中它，被选中对象的边框上出现 8 个控点，把鼠标移动到某个控点上，待鼠标指针变成双向箭头或十字箭头形状时，按下鼠标左键并拖动鼠标，在拖动鼠标的过程中，图表对象的边框会发生改变，当边框大小合适时释放鼠标即可。

（2）图表对象格式化

在图表的任意位置右键单击，在弹出的右键菜单中选择设置图表格式命令（右键菜单会根据选中区域的不同显示不同命令，选中图表区菜单中会出现"设置图表区格式"，选中图表标题，则会出现"设置图表标题格式"命令），点击"设置图表区域格式"命令后，在工作区右侧会出现命令面板，如图 4-116 所示。

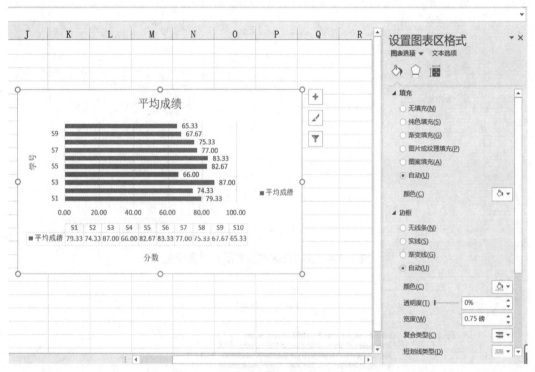

图 4-116　设置图表区格式命令面板

命令面板中的填充改变的是图表对象的内部颜色，在更改图表对象的填充颜色时，还可以选择填充纹理、图片或渐变。渐变是颜色和底纹的逐渐过渡，通常是从一种颜色过渡到另一种颜色，或者从一种底纹过渡到同一颜色的另一种底纹，效果包含阴影、发光、柔化边缘、三维格式等选项，通过相关设置可以让图表更加美观。

4.5.4　数据保护

Excel 提供的数据保护包括工作簿、工作表及允许用户编辑区域设置等。

在前面所做的案例中，如果要对统计结果进行保护，以防不小心丢失或被他人修改，可以在"审阅"选项卡的"更改"组中完成。具体操作方法如下：

4.5.4.1　设计允许编辑区

①在"审阅"选项卡的"更改"组中单击"允许用户编辑区域"按钮(图4-117),弹出"允许用户编辑区域"对话框,如图4-118所示。

②单击"新建"按钮,弹出"新区域"对话框,如图4-119所示。

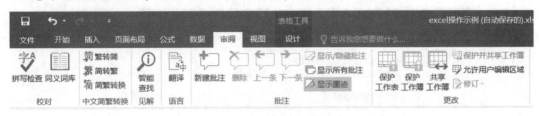

图4-117　"审阅"选项卡的"更改"组

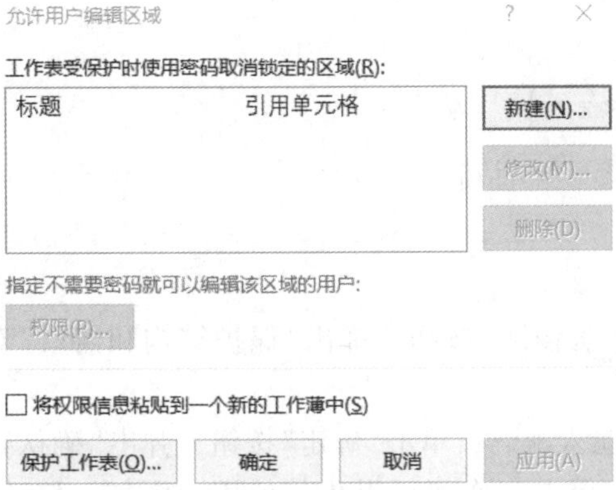

图4-118　"允许用户编辑区域"对话框 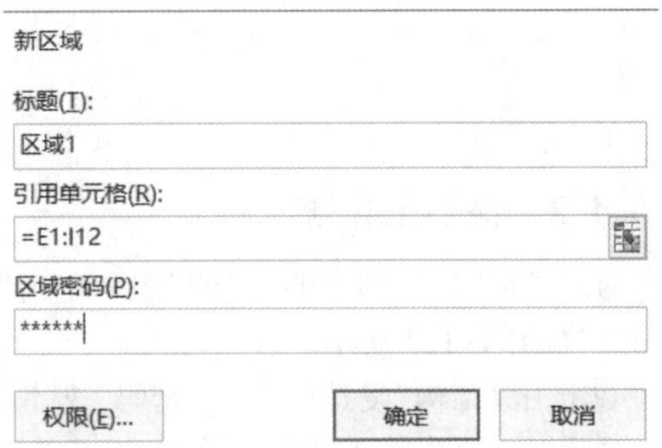　　　　图4-119　"新区域"对话框

③在"标题"文本框中输入"允许编辑区域",在"引用单元格"文本框中输入你要保护的数据区域,在"区域密码"文本框中输入保护密码,单击"确定"按钮,再次输入密码,单击"确定"按钮。

④在图4-118所示的"允许用户编辑区域"对话框中单击"保护工作表"按钮,弹出"保护工作表"对话框,如图4-120所示。在"取消工作表保护时使用的密码"文本框中输入密码,单击"确定"按钮;再次输入密码,单击"确定"按钮。

至此完成了允许用户编辑区域的设置。在这种设置下,允许用户编辑区域以外的单元格被保护了起来,如果进行更改操作,则会弹出如图4-121所示的提示信息。要想继续编辑修改,则要依次选择"审阅""更改""撤销工作表保护"命令,在图4-120所示的对话框中输入的密码,就可取消工作表保护。

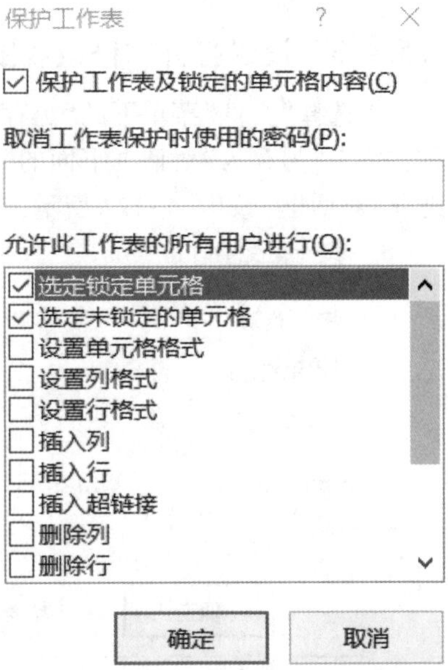

图4-120　保护工作表对话框

要修改用户设置的允许编辑区域即图 4-119 所设置的单元格区域(此处设置的为 E1：I12 单元格区域)，则会弹出如图 4-122 所示的对话框，输入之前的区域密码就可以正常编辑区域内容了。

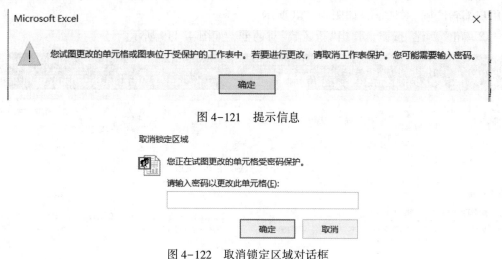

图 4-121　提示信息

图 4-122　取消锁定区域对话框

4.5.4.2　保护工作簿

①在"审阅"选项卡的"更改"组中单击"保护工作簿"按钮，弹出"保护结构和窗口"对话框，如图 4-123 所示。

②选中"结构"复选框，在"密码"文本框中输入密码，单击"确定"按钮，弹出"确认密码"对话框，再次输入密码，单击"确定"按钮。保护工作簿可阻止其他用户添加、移动、删除、隐藏和重命名工作表。

4.5.4.3　设置打开和修改权限

①选择"文件"菜单下的"另存为"命令，在"另存为"对话框中设置保存位置和保存名称，单击"另存为"对话框下面的"工具"按钮，在下拉列表中选择"常规选项"，弹出"常规选项"对话框，如图 4-124 所示，通过"打开权限密码""修改权限密码"进行密码修改。

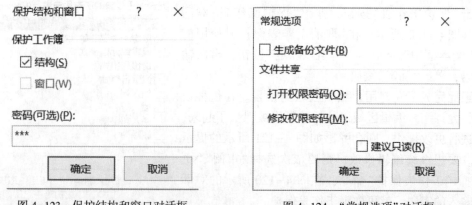

图 4-123　保护结构和窗口对话框　　　　图 4-124　"常规选项"对话框

②单击"确定"按钮，依次弹出两个"确认密码"对话框，分别输入打开权限密码和修改权限密码，单击"确定"按钮，返回"另存为"对话框，单击"保存"按钮。打开和修改权限的设置，指定打开或修改文件的密码，需要为不同用户提供只读或编辑访问权限时，使用此选项。

注：

● 设置完可编辑区域，必须单击"保护工作表"按钮，设置才会生效，撤销可编辑区域只需要撤销工作表保护即可。

● 保护工作表设置完成后，"保护工作表"按钮会变为"撤销工作表保护"按钮。

● 保护工作簿时，"保护工作簿"按钮为高亮突出显示，撤销保护只需要再次单击"保护工作簿"按钮，正确输入密码即可。

● 设置工作簿打开和修改权限，要先关闭工作簿，再重新打开工作簿才会生效，先输入打开密码，再输入修改密码，才能打开工作簿，并进行修改。若用户只有打开密码，没有修改密码，则只能以只读方式打开工作簿。

● 要防止用户意外或故意更改、移动或删除重要数据，可以通过设置密码，保护某些工作表或工作簿元素(Excel密码最多可有255个字母、数字、空格等，在设置和输入密码时，必须输入正确的大小写字母)。

4.5.5　查看工作表数据

4.5.5.1　"视图"选项卡

Excel的"视图"选项卡提供了多种查看数据的方法，包括：工作簿查看方式，如页面视图、普通视图、分页预览等；窗口查看方式，如窗口冻结、拆分、并排比较；按比例缩放查看工作表(图4-125)。用户可以用不同的方式查看工作表中的数据，以便更快、更轻松地查找所需要的信息。

图4-125　Excel 2016视图选项卡

4.5.5.2　在多窗口中查看数据

有时需要对比同一工作表中两个不同区域中的数据，如果工作表数据较多，那么当查看后面的数据时，前面的数据会看不见(滚动到屏幕最上而被隐藏起来)；当查看前面的数据时，又看不见后面的数据，这个问题的解决方法是拆分工作表。

在任何时候，要单独查看或滚动工作表不同部分，可以将工作表水平或垂直拆分成多个单独的窗格，将工作表拆分成多个窗格后，就可以同时查看工作表的不同部分。这种方法在对比查看同一工作表中不同区域的数据，或在较大工作表中的不同区域间粘贴数据时非常有用。图4-126是拆分一个较大工作表的示例，通过拆分后，可以在上、下、左、右4个窗口中对比。拆分工作表的操作方法如下：

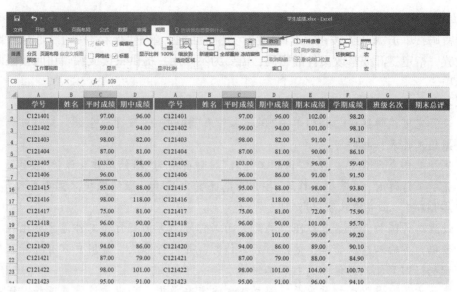

图 4-126　拆分工作表按钮

①用鼠标单击要进行窗口分隔的单元格位置。

②依次单击"视图""窗口""拆分"命令按钮。

③如果对拆分的比例不满意，可以用鼠标拖动分隔线，重新进行定位，这样就可以重新划分各个窗格的大小。

④要撤销对窗口的分隔，使整个屏幕恢复分隔前的状态，只显示一个 Excel 工作窗口，只需要再次单击"视图""窗口""拆分"命令按钮即可。

4.5.5.3　冻结行列标题查看数据

在一般情况下，工作表的前几行中很可能包含了表格的标题，而表格最左边的几列则相当于本行数据的标识。如果工作表中的数据较多时，表格前面的标题和左边的标识性数据会不可见，需要上下或左右滚动工作表。

为了在滚动工作表时保持或列标题或者其他数据可见，可以"冻结"顶部的一些行或左边的一些列，当在工作表中部分滚动数据时，被"冻结"的行或列将始终保持可见而不会滚动。冻结窗口的操作方法如下：

①用鼠标单击要冻结的行下方，要冻结列右边的交叉点的单元格。

②依次单击"视图""窗口""拆分"命令按钮。

③依次单击"视图""窗口""冻结窗格""冻结拆分窗格"命令按钮。

经上述操作后，在"冻结窗格"的命令列表中，将显示出"取消冻结窗格"命令按钮，单击它可取消窗口冻结，让工作表恢复原状。

4.5.5.4　并排查看两个工作表中的数据

有些时候，需要对来源于不同工作簿中的两个工作表进行比较，以查找数据差异或问题所在，在这种情况下，可以利用 Excel 的"并排查看"功能对两个工作表进行同步比较。设置了并排查看功能的两个工作表，当在一个工作表中上、下滚动数据行时，另一个工作表中的数据行也会跟着一起滚动，能够方便地对工作表数据进行对比。图4-127是按水平方向并排查看两个工作表的情况（还可以按垂直方向并排查看），操作方法如下：

①打开两个要比较的两个工作表。

②依次单击"视图""窗口""并排查看"命令按钮。

③再次单击"并排查看"命令按钮可取消并排查看只显示其中一个工作表数据。

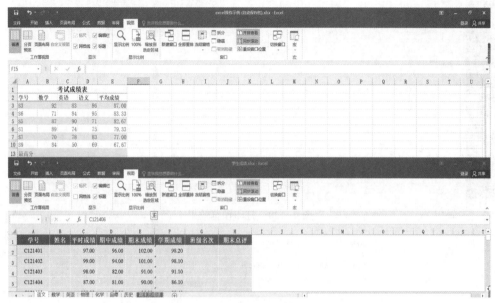

图4-127　并排查看两个工作表中的数据

4.5.6　工作表的打印

4.5.6.1　打印界面

工作表的打印非常简单，只要打印机连接正确，装有打印纸，而且处于工作状态，选择"文件"选项卡中的"打印"命令就可以显示出如图4-128所示的界面，该界面集成了打印设置、打印预览和打印等功能，在界面中可以设定打印机、打印份数、打印纸张大小、边界和打印方向等内容，并将工作表打印出来。

4.5.6.2　打印纸及页面设置

（1）设置打印纸的大小

单击图4-128中的"纸张大小"下拉列表框的下三角按钮，然后从列表中选择与打印机中型号相同的打印纸。

（2）设置打印纸的边距

单击图4-128中的"页面边距"选项，或选择Excel功能选项卡上的页面布局，在页面设置选项栏中选择"页边距"，选择你所需要的边距参数，如果没有你所需要的参数，请选择自定义边距，打开如图4-129所示对话框，然后在"上""下""左""右"4个边距的微调框中输入几个边框的值。一般情况，为了让打印的内容在表格的正中央，还会选中"水平"和"垂直"两个复选框。

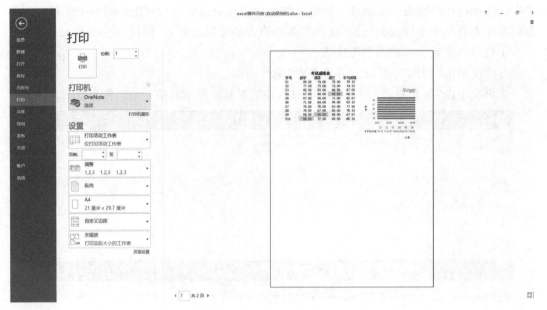

图 4-128　打印预览效果

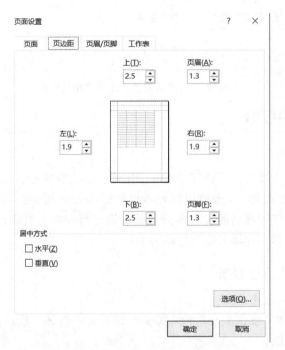

图 4-129　页面设置中的页边距标签

4.5.6.3　打印预览及分页预览

（1）打印预览

打印预览是一个很实用的功能，它是打印稿的屏幕预现，其效果与最终的打印效果没有什么区别。在进行工作表的正式打印之前，有必要进行打印预览，以便及早发现问题，进行页面和纸张的重新设置，避免打印出无用的表格。如在图 4-128 的 Backstage 视图中，右边为打印数据的预览结果，通过预览看工作表的内容能否被完整打印在设定的纸张上，如果不能，打印结果肯定是不合理的，应该对打印纸的左右边距进行重新设置，使全部内容打印布局合理。

（2）分页预览

分页预览是 Excel 提供的一种工作表查看方式，它能够显示要打印的区域和分页符，在一个分页符后面的表格内容将被打印到下一张打印纸上，要打印的区域显示为白色，自动分页符显示为虚线，手动分页符显示为实线（图 4-130）。

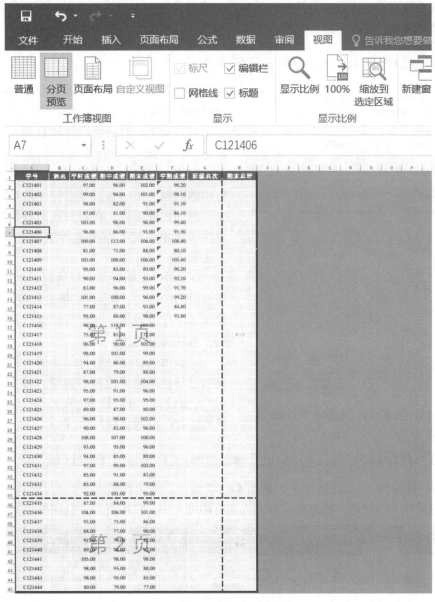

图 4-130　分页预览视图界面

在分页预览视图中可以调整当前工作表的分页符，分页符是为了便于打印，将一张工作表分隔为多页的分隔符。Excel 根据纸张的大小、页边距的设置、缩放选项和插入的任意手动分页符的位置来插入自动分页符。在分页预览视图中还可以调整打印区域(打印区域是在不需要打印整个工作表时，打印的一个或多个单元格区域，如果工作表包含打印区域，则只打印"打印区域"中的内容)的大小。

依次单击"视图""工作簿视图""分页预览"命令按钮，Excel 就将以分页预览的方式显示工作表。在这种视图中，能够看见该工作表将被打印成几页，每页的分页符在什么位置，并可调整分页符的位置，以使打印结果更理想。图 4-130 中的两条水平和垂直方向上的直线就是分页符，水平分页符的上边和下边将被打印在不同的张纸上，垂直分页符的左边和右边也将被打印在不同的纸上，图 4-130 中的工作表至少会被打印在 4 张纸上。

4.5.6.4 缩放打印比例以适应打印纸大小

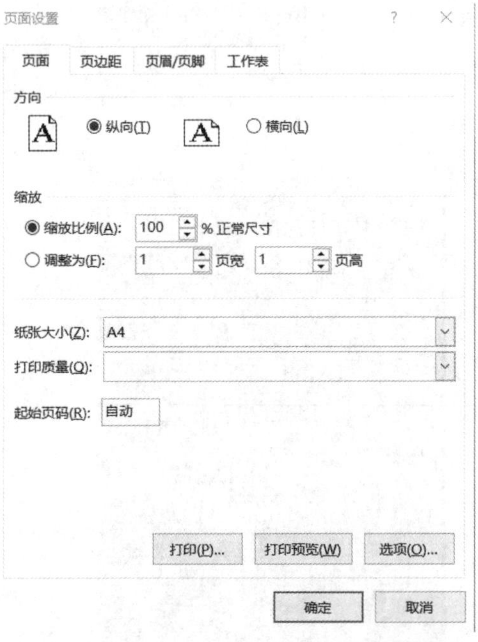

在打印工作表的过程中，有时会遇到一些比较糟糕的情况：只有一两行(列)的内容被打在了另一页上。对页面进行调整后，依然不能将它们打印到同一页(在某些场合，打印纸的大小有统一规定)；而另一种情况则与之相反，打印的内容不足一页，整张打印纸显得内容较少，页面比较难看。在遇到这两种情况时，可以按一定比例对工作表进行缩小或放大打印。方法如下：

①选中"页面设置"对话框中的"页面"选项卡(图 4-131)，然后在"缩放比例"微调框中输入一个比例数据，并进行预览，不断调整比例，直到满意为止。

②也可以直接设置打印稿的页数，让系统自动进行打印缩放比例的调整。其方法是：选中"页面设置"对话框的"调整为"单选项，然后指定打印稿的页面尺寸(图 4-131)。

图 4-131　页面设置对话框中的页面标签

4.5.6.5 打印标题、页码、全工作簿、指定工作表或工作表区域

Excel"页面布局"功能选项卡，如图 4-132 所示，其中提供了许多与打印设置和打印纸页面布局相关的功能，通过它可以完成如打印纸大小、打印方向、打印纸边界等设置。

图 4-132　页面布局选项卡

当一个工作表内容较多，需要用多张打印纸才能打印完毕时，表格的标题很可能只会被打印在第一页打印稿上，若要将标题打印在每张打印纸上，可用下面的方法：

（1）通过页眉打印标题

页眉位于打印纸的最上方，即打印内容上边距到打印纸张上边界之间的区域，页眉中的文本将被打印到工作表的每张打印稿上。常常在页眉中设置工作表的页码、制表日期、作者或标题等内容，用页眉设置工作表标题的方法如下：

①单击图4-132"页面设置"右下角的对话框启动器按钮，然后在弹出的"页面设置"对话框中，单击"页眉/页脚"中的"自定义页眉"命令按钮，系统会弹出如图4-133所示的"页眉"对话框。

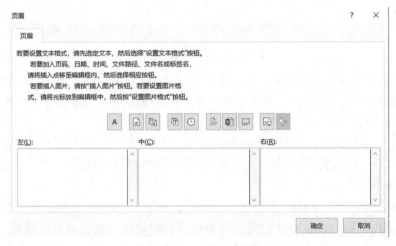

图4-133 "页眉"对话框

②如果要用日期、时间、页码、第×页、共×页之类的内容作为页眉，可单击图4-133中的对应按钮设置页眉内容，然后将其格式化为需要的样式。

③如果要在每页都打印工作表的标题，如"××公司销售明细表""××学校学生档案表"之类，则在左、中、右的文本框中输入标题内容，然后单击"确定"按钮，经过上述设置后页眉将被打印在工作表的每张打印稿上。

（2）通过页面设置打印标题

通过页面设置标题的方法如下：

①选择"页面设置"对话框中的"工作表"选项卡，如图4-134所示。

②在图4-134的"顶端标题行"文本框中输入标题所在的行。如果标题在第1行则输入 $1：$1，如果需要打印的标题在前两行则输入 $1：$3，以此类推，经过设置之后，在工作表的每页打印稿上都会有设定行的标题。

图4-134 设置打印标题

（3）打印整个工作簿、指定工作表或工作表区域

在默认情况下，Excel 会将当前工作表的内容显示出来。如果需要打印工作簿中的全部内容工作表，或打印一个工作表的指定区域，可按如下方法进行：

①依次单击"文件""打印""设置"下拉列表。参考图 4-128，从中可以选择"打印整个工作簿"。

②单击"打印选定区域"，或者"打印活动工作表"选项，完成相应的打印任务。

主要操作步骤扫描二维码，观看视频学习。

拓展知识

Excel 引领数据处理

Excel 是微软公司推出的 Office 办公套件中一个重要的组成部分，也是目前流行的电子表格处理软件之一，它具有强大的计算、分析和表格等功能，是目前各行各业最常用的办公数据表格软件。

在 Word 中也有表格，但是 Excel 中的表格最大的特点在于具有强大的数学运算和数学分析能力，Excel 中的公式还能帮助用户利用函数进行复杂的计算。

1. Office 365

此前微软已经宣布，Office 2010 定于 2020 年 10 月 13 日结束支持服务。近日，微软已经开始提醒仍在使用 Office 2010 功能套件的用户和组织，尽快启动升级进程。微软表示，一旦服务结束，将终止技术支持、BUG 修复、安全补丁推送等一系列"售后"工作。而关于怎样升级，微软提供两种选择。首推的当然是 Office 365 Proplus，次推的是 Office 2019。以中文版为例，目前，Office 365 是一种订阅式的跨平台办公软件，基于云平台提供多种服务，通过将 Excel 和 Outlook 等应用与 Onedrive 和 Microsoft Teams 等强大的云服务相结合，Office 365 可让任何人使用任何设备随时随地创建和共享内容。

"Office365 云计算服务对微软未来的发展至关重要。"美国 IT 网站 Eweek 报道。该网站说如果这款服务能够成功，就可以有效的防御谷歌 Apps 的进攻，并让微软成为一家顶尖的云计算公司。经过了一系列的测试、评估之后，微软 CEO 史蒂夫·鲍尔默（Steve Ballmer）正式发布了 Office 365，该产品的发布上线，极大地方便了企业。不管企业大小，都能够在支付了一定费用后使用这些服务，而且价格也不昂贵。Office 365 是微软当前的重中之重，理由如下：

（1）证明微软的云计算实力

在 2011 年 6 月 28 日的 Office 365 发布会上，鲍尔默表示，该平台是"Office 与云计算的结合"，这明确表达了微软的发展方向。Office 365 的目的是向外界证明，微软理解云计算，并且希望成为这一领域的重要企业，如果该平台成功，微软将实现这一目标，但如果失败，微软就将陷入困境。Office 365 必须要让企业彻底相信微软在云计算领域的实力。

（2）这是微软在企业市场对谷歌 Apps 的最好回应

目前，希望使用云计算服务的企业都会投入谷歌 Apps 的怀抱，这一平台可以访问

Gmail、Calendar、Docs 等谷歌服务。通过推出 Office 365，微软已经明确表示，它相信新平台是对 Apps 的最好回应。

（3）加强企业参与度

企业市场与微软的业务密不可分。过去几年来，微软的利润增长很大一部分都来自企业市场，而该公司在软件领域的主导地位得以维持也要得益于企业市场。微软希望借助 Office 365 来保持这些企业用户的参与度，并且继续出售办公软件，无论是云计算版本还是本地化版本。由此可见，这的确与微软的未来息息相关。

（4）关注整个企业市场

包括 Office 和 Windows 在内，微软当前的旗舰桌面产品可以吸引各类规模的企业，这对微软以往的成功产生了重要作用。微软表示，新的 Office 365 平台也将对大型企业和小企业构成类似的吸引力，这一点至关重要。通过广泛关注各类企业市场，微软将更有机会推动 Office 365 的发展，从而获取相应的利益。

（5）协作为王

微软通过 Sharepoint 提供了很好的协作服务，企业界对这款产品反响良好。因此，微软将协作当成 Office 365 的重要功能也就不足为奇。该平台支持 Sharepoint，并且全面整合了协作功能，企业希望在办公应用中增加协作服务，而微软也在满足他们的需求，这对该公司的未来发展非常有利。

（6）或可成为"现金牛"

Office 和 Windows 目前仍然是微软的"现金牛"，然而微软在其他很多业务的表现也都不错。考虑到办公软件的未来将在云中，而 Office 365 也将极度依赖网络，该服务最终也可能成为微软的"现金牛"。但也存在一些变数，微软目前需要把握趋势，满足企业用户的需求，从而借助 Office 365 获得更多的收入。

（7）决定微软未来战略

尽管微软已经意识到云计算的重要性，但大力投入云计算企业办公软件领域仍然存在很大的风险，倘若 Office 365 最终失败，微软高管或许就会放弃进一步的投资计划，但如果成功，就将全面激发微软的云计算办公战略。简而言之，Office 365 将决定微软未来的战略方向。

（8）价格测试

谷歌 Apps 每人每年的费用为 50 美元，低于 Office 365，后者的价格范围是每人每月 6 至 27 美元。通过设定较高的价格，微软将把自身的服务定位为优质产品，然而，企业用户作何反应还有待进一步观察，Office 365 将在微软今后的定价中发挥重要作用。

（9）为未来的消费业务设定框架

虽然 Office 365 是企业项目，但却可以为消费业务设定发展框架，诚然，该公司已经面向消费用户推出了 Web 版 Office 应用，但普及率并不高。完全有理由相信，微软未来几年将规划更多消费项目。Office 365 的成功以及员工对这款产品的反应，可能会对微软今后在消费市场的战略决策产生影响。

（10）在新领域与谷歌竞争

Office 365 不仅是微软对谷歌 Apps 的最好回应，更重要的是，这款办公服务还开辟了一个全新的战场，与谷歌展开竞争。在此之前，双方已经在移动、搜索和操作系统市场正面交锋，而随着 Office 365 的推出，这两家巨头如今又在争夺企业市场，历史经验表明，企业市场将是这两大巨头的必争之地。

2. Excel 最新特色

（1）将数据转化为见解

通过智能功能的增强，Excel 可以学习你的使用模式，帮助你整理数据以节省时间，利用模板轻松创建电子表格或自行创建，使用新式公式执行计算。

（2）更直观地了解数据

新的图表和图形有助于以极具吸引力的方式呈现数据，并且使用格式、迷你图和表格更好地理解用户的数据，只需单击即可轻松创建预测并预测趋势。

（3）协作共赢

与其他人共享工作簿，并始终使用最新版本，以实现实时协作，从而帮助更快完成工作，借助 Office 365，在手机、桌面和 Web 中处理 Excel 文件。

3. Excel 应用

（1）Excel 在财务管理中的应用

随着我国经济高速发展，我国小微企业数量与日俱增，小微企业在发展中花费较高的资金来购置专业财务软件的可行性较低。财务软件消耗成本较高，小微企业在传统财务管理中大多数都是选取人工记录和计算器执行工作，在操作过程中错误率居高不下，而且要花费大量的时间进行数据的审核，但是应用 Excel 软件就可以规避很多问题，其强大的数量处理能力比传统财务管理要有明显的优势。

①突出的计算能力　如财务函数以及统计函数能开展快速有效的数学计算、财务分析和财务统计。

②便捷的数学建模能力　Excel 在数学建模能力中处理能力相当强大，能对数据进行有效的筛选、排序、分类汇总等。

③小微企业的工资管理　小微企业员工工资管理整体难度较大，目前通过 Excel 中应用部门代码、职工代码、基本工资、奖金、应发工资、个人所得税、扣发工资、实发工资等项目，通过公式设置可进行自动计算，只要职工工资成功录入，整个企业的工资数据即可自动统计出来，并且在数据产生之后可以应用分类汇总或者数据透视表清晰地进行数据的整合。

（2）Excel 在个人所得税中的应用

2018 年 12 月，《个人所得税专项附加扣除暂行办法》（国发〔2018〕41 号）、《中华人民共和国个人所得税法实施条例》（国令第 707 号）发布，借鉴西方国家综合所得税模型，我国新个人所得税制度于 2019 年正式实施，个人所得税计算复杂度增加，主要涉及单项所得、年终奖等分类项目所得的个税计算，基于 Excel 函数、控件的应用，设计 Excel 应用模型，可更快更好地进行个人所得税的核算。

（3）Excel 在投资领域中的应用

投资项目的决策，是指企业为实现一定的投资目标，根据现实条件，借助科学的理论和方法，从若干备选投资方案中，选择一个满意合理的方案而进行的分析判断工作。项目投资分析是投资项目决策的基础，运用 Excel 中的函数及数据分析工具对企业单一项目、多个项目及有资金限额的投资项目组合进行分析，帮助企业进行解决财务分析实际技术问题。企业借助 Excel 辅助财务分析及财务决策将会大幅提高企业工作效率及准确率，为企业在当今高速发展的大时代背景下增加其自身的竞争力。

习　题

一、 选择题

1. 在 Excel 单元格中输入正文时，以下说法不正确的是(　　)。

A. 在一个单元格中可以输入多达 255 个非数字项的字符

B. 在一个单元格中输入字符过长时，可以强制换行

C. 若输入数字过长，Excel 会将其转换为科学技术形式

D. 输入过长或极小的数时，Excel 将无法表示

2. 在 Excel 中，下列地址为相对地址的是(　　)。

A. ＄D5　　　　B. ＄E＄7　　　　C. C3　　　　D. F＄8

3. Excel 的缺省工作簿名称是(　　)。

A. 文档 1　　　　B. sheet1　　　　C. book1　　　　D. doc

4. 单元格 C1＝A1+B1，将公式复制到 C2 时答案将为(　　)。

A. A1+B1　　　　B. A2+B2　　　　C. A1+B2　　　　D. A2+B1

5. 在 Excel 的单元格内输入日期时，年月日分隔符可以是(　　)。

A. "/"或"—"　　　B"·"或"|"　　　C. "/"或"\"　　　D. "\"或"—"

6. Excel 中默认的单元格引用是(　　)。

A. 相对引用　　　B. 绝对引用　　　C. 混合引用　　　D. 三维引用

7. Excel 工作表 G8 单元格的值为 7654.375，在执行某些操作之后，在 G8 单元格中显示"#"符号，说明 G8 单元格的(　　)。

A. 公式有错误，无法计算　　　　B. 数据已经因操作失误而丢失

C. 显示宽度不够，只要调整宽度即可　D. 格式与类型不匹配，无法显示

8. 下列序列中，不能直接利用自动填充快速输入的是(　　)。

A. 星期一、星期二、星期三……　　　B. 第一类、第二类、第三类……

C. 甲、乙、丙……　　　　　　　　　D. Mon、Tue、Wed……

9. Excel 工作表的列数最大为(　　)。

A. 255　　　　B. 256　　　　C. 1024　　　　D. 16 384

10. 以下对工作簿和工作表的理解，正确的是(　　)。

A. 要保存工作表中的数据，必须将工作表以单独的文件名存盘

B. 一个工作簿可包含至多 16 张工作表

C. 工作表的缺省文件名为 Book1、Book2

D. 保存了工作簿就等于保存了其中的所有的工作表

11. 以下有关单元格地址的说法，正确的是(　　)。

A. 绝对地址、相对地址和混合地址在任何情况下所表示的含义是相同的

B. 只包含相对地址的公式会随公式的移动而改变

C. 只包含绝对地址的公式一定会随公式的复制而改变

D. 包含混合地址的公式一定不会随公式的复制而改变

12. 在 Excel 中，要产生[300，550]间的随机整数，下面(　　)公式是正确的。

A. ＝rand( )＊250+300

B. ＝int(rand( )＊251)+300

C. ＝int(rand( )＊250)+301

D. ＝int(rand( )＊250)+300

13. 以下关于分类汇总、数据库统计函数和一般统计函数的说法，正确的是(　　)。

A. 分类汇总只能进行一种汇总方式

B. 数据库统计函数和一般统计函数的功能是相同的

C. 数据库统计函数可完成分类汇总能完成的功能

D. 一般统计函数可完成数据库统计函数的所有功能，反之则不能

14. 在 Excel 中，关于数据库的统计，正确的叙述是(　　)。

A. 通过记录单方式查询数据，构造条件时不同字段间可以有"或"的关系

B. 在一张工作表中可以有多个数据库区

C. 利用 Dcount 函数统计人数时，其第二参数可任意指定一列

D. 在数据库中对记录进行排序，必须先选中数据区间

15. 在 Excel 中，运算符"&"表示(　　)。

A. 逻辑值的与运算

B. 子字符串的比较运算

C. 数值型数据的相加

D. 字符型数据的连接

16. 某区域由 A1，A2，A3，B1，B2，B3 六个单元格组成。下列不能表示该区域的是(　　)。

A. A1：B3　　　B. A3：B1　　　C. B3：A1　　　D. A1：B1

17. 在向 Excel 单元格里输入公式时，运算符有优先顺序，下列说法中错误的是(　　)。

A. 百分比优先于乘方

B. 乘和除优先于加和减

C. 字符串连接优先于关系运算

D. 乘方优先于负号

18. Excel 的主要功能是(　　)。

A. 表格处理、文字处理、文件管理　　　B. 表格处理、网络通讯、图表处理

C. 表格处理、数据库管理、图表处理　　D. 表格处理、数据库管理、网络通讯

19. 在 Excel 中，选定单元格后单击"复制"按钮，再选中目的单元格后单击"粘贴"按钮，此时被粘贴的是源单元格中的(　　)。

A. 格式和公式　　　B. 全部　　　C. 数值和内容　　　D. 格式和批注

二、填空题

1. 在 Excel 中，运算符"｜｜"表示_____。

2. 在单元格中输入计算公式时，应该在表达式前加上_____。

3. 普通 Excel 文件的后缀名是_____。

4. 在 Excel 中，求平均数的函数为_____。

5. 在单元格中输入数字字符串 00080(邮政编码)时，应输入_____。

6. 在 Excel 中, 在打印学生成绩单时, 对不及格的成绩用醒目的方式表示(如用红色表示等), 当要处理大量的学生成绩时, 利用_____命令最为方便。

7. 在 Excel 中, 选取整个工作表的方法是_____。

8. 在 Excel 中, 给当前单元格输入数值型数据时, 默认对齐方式为_____。

三、 操作题

1. 对"六月工资表"的内容进行分类汇总, 分类字段为"部门", 汇总方式为"求和", 汇总项为"实发工资", 汇总结果显示在数据下方, 不得做其他任何修改。

2. 按照"六月工资表", 筛选出"实发工资"高于1400元的职工名单。不得做其他任何修改(在每一列标题的右端都有下拉箭头)。

3. 按照"六月工资表", 筛选出月工资超过550元的职工名单。不得做其他任何修改(在每一列标题的右下端都有下拉箭头)。

4. 根据实发工资由高到低排出名次。

5. 建立实发工资图表, 直观表示每个职工的工资。

六月工资表

姓名	部门	月工资	津贴	奖金	扣款	实发工资	名次
李欣	自动化	496	303	420	102		
刘强	计算机	686	323	660	112		
徐白	自动化	535	313	580	108		
王浩	计算机	576	318	626	110		
李晶	计算机	500	318	700	120		
王晶	自动化	600	320	800	110		
高超	计算机	720	310	726	110		

PowerPoint应用

Microsoft Office PowerPoint 是 Microsoft（微软）公司开发的基于 Windows 操作系统的 Office 组件，与 Word、Excel 是姊妹篇。Microsoft Office PowerPoint 是指微软公司的演示文稿软件。用户可以在投影仪或者计算机上进行演示，也可以将演示文稿打印出来，制作成胶片，以便应用到更广泛的领域中。自 1990 年 PowerPoint 开始商用以来，它的版本的演变与 Word、Excel 同步。

本单元以 PowerPoint 2016 版本为例，围绕 8 个任务 26 个知识点，通过具体实例从以下方面进行了讲解：

1. PowerPoint 的功能及启动方式。
2. 演示文稿的创建及编辑模式。
3. 幻灯片的外观设计及元素符号的插入和编辑。
4. 幻灯片的放映方式设计。

5.1 PowerPoint 基本操作

5.1.1 PowerPoint 功能和作用

5.1.1.1 PowerPoint 功能

PowerPoint 和 Word、Excel 等应用软件一样，都是 Microsoft（微软）公司推出的 Office 系列产品之一。利用 PowerPoint 不仅可以创建演示文稿，还可以在互联网上召开面对面会议、远程会议或在网上给观众展示演示文稿。应用于演讲、报告、产品演示和课件制作等场合，可以更有效的进行表达和交流。PowerPoint 制作出来的文件叫作演示文稿，其格式扩展名为 ppt、pptx；也可以保存为 pdf、图片等格式；2010 及以上版本中可保存为视频格式。PowerPoint 可以进行幻灯片的制作与编辑、演示文稿的制作与播放，还可以制作讲义备注和大纲、投影仪幻灯片、35 毫米幻灯片、因特网文档等。

5.1.1.2 PowerPoint 作用

PowerPoint 使用户可以快速创建极具感染力的动态演示文稿，同时集成更为安全的工作流和方法以轻松共享这些信息。PowerPoint 帮助用户提高工作效率和加强协作的 10 种主要作用如下：

(1)能够使用 Microsoft Office Fluent 使用户界面更快地获得更好的结果

重新设计的 Microsoft Office Fluent 用户界面外观使得创建、演示和共享演示文稿成为一种更简单、更直观的体验。丰富的特性和功能都集中在一个经过改进的、整齐有序的工作区中，这不仅可以最大程度地防止干扰，还有助于用户更加快速、轻松地获得所需的结果。

(2)创建功能强大的动态 SmartArt 图示

可以在 PowerPoint 中轻松创建极具感染力的动态工作流、关系或层次结构图。甚至可以将项目符号列表转换为 SmartArt 图示，或修改和更新现有图示，借助新的上下文图示菜单，用户可以方便地使用丰富的格式设置选项。

(3)通过 PowerPoint 幻灯片库轻松重用内容

通过 PowerPoint 幻灯片库，可以在 Microsoft Office SharePoint Server 2007 所支持的网站上将演示文稿存储为单个幻灯片，以后便可从 PowerPoint 2007 中轻松重用该内容，这样不仅可以缩短创建演示文稿所用的时间，而且插入的所有幻灯片都可与服务器版本保持同步，从而确保内容始终是最新的。

(4)与使用不同平台和设备的用户进行交流

通过将文件转换为 XPS 和 PDF 文件，以便与任何平台上的用户共享，有助于确保利用 PowerPoint 演示文稿进行广泛交流。

(5)使用自定义版式更快地创建演示文稿

在 PowerPoint 中，可以定义并保存自定义幻灯片版式，这样便无需浪费宝贵的时间将版式剪切并粘贴到新幻灯片中，也无需从具有所需版式的幻灯片中删除内容。借助 Power-Point 幻灯片库，可以轻松地与其他人共享这些自定义幻灯片，以使演示文稿具有一致而专业的外观。

(6)使用 PowerPoint 和 Microsoft Office SharePoint Server 加速审阅过程

通过 Microsoft Office SharePoint Server 中内置的工作流功能，可以在 PowerPoint 中启动、管理、跟踪审阅和审批过程，使用户可以缩短整个组织的演示文稿审阅周期，而无需用户学习新工具。

(7)使用文档主题统一设置演示文稿格式

只需单击一下文档主题即可更改整个演示文稿的外观。更改演示文稿的主题不仅可以更改背景色，而且可以更改演示文稿中的图示、表格、图表、形状以及文本的颜色、样式及字体。通过应用主题，可以确保整个演示文稿具有专业而一致的外观。

(8)使用新的 SmartArt 图形工具和效果修改形状、文本和图形

可以通过新的 SmartArt 图形工具和效果来处理和使用文本、表格、图表和其他演示文稿元素，将其转换为 SmartArt 图示。

(9)进一步提高 PowerPoint 演示文稿的安全性

可以为 PowerPoint 演示文稿添加数字签名，以帮助确保分发出去的演示文稿的内容不会被更改，或者将演示文稿标记为"最终"以防止不经意的更改。使用内容控件，可以创建和部署结构化的 PowerPoint 模板，以指导用户输入正确信息，同时帮助保护和保留演示文

稿中不应被更改的信息。

(10)减小文档大小同时提高文件恢复能力

新的 PowerPoint XML 压缩格式可使文件大小显著减小，同时还能够提高受损文件的数据恢复能力，这种新格式可以大大节省存储和带宽要求，并可降低 IT 项目成本负担。

5.1.2 PowerPoint **启动、 退出及窗口组成**

5.1.2.1 启动

PowerPoint 的启动有 3 种方式：

①依次单击"开始""所有程序""Microsoft Office""Microsoft PowerPoint"命令。

②双击桌面上的 PowerPoint 快捷方式图标。

③双击文件夹中的 PowerPoint 演示文稿文件(其扩展名为 . pptx 或 . ppt 的文件)。

注：用①、②两种方法启动 PowerPoint，系统会在 PowerPoint 窗口中自动生成一个名为"演示文稿1"的空白演示文稿。

5.1.2.2 窗口组成

PowerPoint 窗口由访问工具栏/标题栏、菜单栏、功能区、视图区、幻灯片工作区、模板/样式区、备注窗格、快速状态栏等 8 部分组成，如图 5-1 所示。

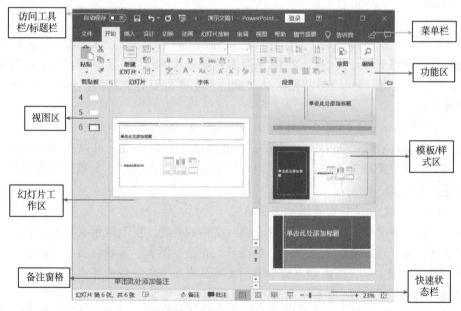

图 5-1 PowerPoint 窗口组成

● 访问工具栏及标题栏：显示应用程序名和当前文档的名称(演示文稿 1-PowerPoint)，其左侧是常用快速访问工具按钮 ；其右侧是"最小化、最大化/还原、关闭"按钮 。

● 菜单栏：通过选择相应的菜单项，完成演示文稿的所有编辑操作。

● 功能区：显示每个菜单的常用命令按钮，方便调用。将每个菜单的一些常用命令用图标按钮代替，按菜单功能分别组织到不同的工具栏上，可以提高工作效率。

- 视图区：可以在幻灯片视图与大纲视图及其他视图之间进行切换。
- 幻灯片工作区：用来查看和编辑每张幻灯片。
- 模板/样式区：快速选择幻灯片模板和样式。
- 备注窗格：用来编辑和保存备注信息。
- 快速状态栏：显示页计数、总页数、设计模板、拼写检查等信息。

5.1.2.3　打开演示文稿

演示文稿的打开方式常用的有6种，如图5-2所示。

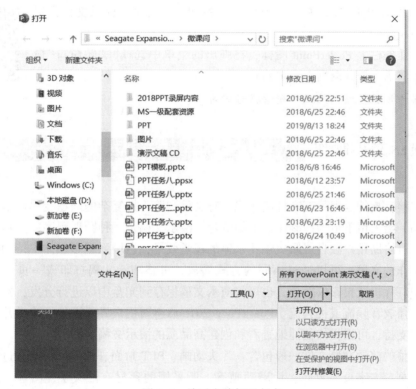

图5-2　演示文稿打开方式

注：一次打开多个演示文稿：在弹出的"打开"对话框中找到目标演示文稿文件夹，按住"Ctrl"键单击多个要打开的演示文稿或按住"Shift"键连续选择要打开的演示文稿，然后单击"打开"即可。

- 以普通方式打开演示文稿：单击"文件"菜单下的"打开"命令，弹出"打开"对话框，选择文件名打开。
- 以只读方式打开演示文稿：在"打开"按钮的下拉列表中，单击"以只读方式打开"选项，此方式打开的文件只能浏览不能编辑。
- 以副本方式打开演示文稿：在"打开"按钮的下拉列表中，单击"以副本方式打开"选项，此方式打开文件的同时，在相同的文件夹中创建一份完全相同的演示文稿。
- 在浏览器中打开演示文稿：只打开保存成网页文件的演示文稿。

●在受保护的视图中打开演示文稿：受保护视图模式是 2010 中新增的一项新功能，它主要用于在打开可能包含病毒或其他任何不安全因素的演示文稿前的一种保护性措施，此时大多数编辑功能都将被禁用，用户可以检查演示文稿中的内容，以便降低可能发生的任何危险。

●打开并修复演示文稿：在打开演示文稿时若发现有错误提示，可以使用此方式进行修复并打开。

5.1.2.4 退出及关闭演示文稿

演示文稿的退出与关闭方式常用的有 3 种：

●单击"文件"菜单下的"关闭"命令，则关闭演示文稿，但不退出 PowerPoint。

●单击 PowerPoint 窗口右上角的"关闭"按钮，则会关闭演示文稿并退出 PowerPoint。

●右击任务栏上 PowerPoint 图标，在弹出的菜单中选择"关闭窗口"命令，则关闭演示文稿并退出 PowerPoint。

主要操作步骤扫描二维码，观看视频学习。

5.2 演示文稿制作

演示文稿，指的是把静态文件制作成动态文件浏览，把复杂的问题变得通俗易懂，使之更会生动，给人留下更为深刻印象的幻灯片。演示文稿是一种图形程序，是功能强大的制作软件，可协助用户独自或联机创建永恒的视觉效果，它增强了多媒体支持功能。利用演示文稿制作的文稿，可以通过不同的方式播放，可将演示文稿打印成一页一页的幻灯片，使用幻灯片机或投影仪播放，也可将演示文稿保存到光盘中以进行分发，并在幻灯片放映过程中播放音频流或视频流。PowerPoint 2016 版本对用户界面进行了改进并增强了对智能标记的支持，可以更加便捷地查看和创建高品质的演示文稿。

一套完整的演示文稿文件一般包含：片头动画、PPT 封面、前言、目录、过渡页、图表页、图片页、文字页、封底、片尾动画等，所采用的素材有：文字、图片、图表、动画、声音、影片等。

国际领先的 PPT 设计公司有 Themegallery、Poweredtemplates、Presentationload 等，国内主要的演示文稿网站包括锐普 PPT 论坛、扑奔论坛、诺睿论坛、PPT 大学等。中国的 PPT 应用水平逐步提高，应用领域越来越广，PowerPoint 正成为人们工作生活的重要组成部分，在工作汇报、企业宣传、产品推介、婚礼庆典、项目竞标、管理咨询、教育培训等领域占着举足轻重的地位。

5.2.1 演示文稿创建与保存

5.2.1.1 演示文稿创建

创建演示文稿常用方式有 3 种：

（1）创建空白演示文稿

①启动 PowerPoint 时自动创建一个空白演示文稿。

②在 PowerPoint 已经启动的情况下，单击"文件"菜单下的"新建"命令，如图 5-3 所示，在右侧"可用的模板和主题"中选择"空白演示文稿"，单击右侧的"创建"按钮即可。

图 5-3　创建空白演示文稿

（2）用主题创建演示文稿

主题是对幻灯片中标题、文字、背景、图片等项目进行的一组配置，包括主题颜色、主题效果、主题字体等；主题规定了演示文稿的母版、配色、文字格式和效果等设置。使用主题方式，可以简化演示文稿风格设计的大量工作，快速创建所选主题的演示文稿。

单击"文件"，在出现的菜单中选择"新建"命令，在右侧"可用的模板和主题"中选择"主题"，如图 5-4 所示，在随后出现的主题列表中选择一个主题，并单击右侧的"创建"按钮即可。

（3）用模板创建演示文稿

模板是预先设计好的演示文稿样本，包括已定义好的主题、母版、版式、颜色以及一些建议性的文稿内容等。使用模板方式可以在系统提供的各式各样的模板中，根据自己的需要选用其中一种内容最接近自己需求的模板，方便快捷的创建演示文稿。

单击"文件"菜单下的"新建"命令，在右侧"可用的模板和主题"中选择类别，如商业版或教育、图表、信息图等，在随后出现的模板列表中选择一个模板，如图 5-5 所示，并单击右侧的"创建"按钮即可。也可以直接双击模板列表中所选模板。

　　注：模板与主题的区别：①主题不提供内容，仅提供格式；②模板既提供内容，也提供格式；③模板可以单独存盘，是一个文件；④主题不可单独存盘，是一个格式。

图 5-4　用"主题"创建演示文稿

图 5-5　用"模板"创建演示文稿

5.2.1.2　演示文稿保存

演示文稿完成后可以保存到本地驱动器、SharePoint 库中或指定位置。演示文稿的保存方法有 4 种：

①单击访问工具栏上的保存按钮🖫。

②单击组合快捷键"Ctrl"+"S"。

③单击"文件"菜单下的"保存"或"另存为"命令即可弹出"另存为"对话框，如图5-6所示，在其中可选定位置和文件类型进行保存。

注：新建的演示文稿在首次单击🖫按钮或执行"保存"命令时也会弹出"另存为"对话框。

图5-6　"另存为"对话框

④自动保存　做演示文稿是一个既费时间，又费精力的事，为了防止突然停电、死机和其他意外情况引起的尚未保存就误关机情况出现，PowerPoint设置了自动保护功能，只需要用户进行设置就可以自动保存演示文稿。具体完成方法如下：

●单击"文件"选项，在下拉菜单中找到"选项"命令，如图5-7所示，单击进入PowerPoint选项对话框。

●选择"保存"选项卡，如图5-8所示，我们用鼠标不断单击数值10右边的微调按钮 [2　↕] 分钟(M)，即向下的小箭头，或者直接在文本框中输入数值2，将"保存自动恢复信息时间间隔"设置为2分钟，并选中复选框"如果我没有保存就关闭，请保留上次自动保留的版本"，单击"确定"完成设置。这样以后系统每间隔2分钟自动保存一次演示文稿，突然断电，或者没保存就关闭，下次打开的时候，就是可以恢复到停电前2分钟的内容并标识出自动恢复文件的位置，最多损失后2分钟的操作内容。

●除设置自动保存时间外，若选择了"默认情况下保存到计算机"，一旦真出现开头提到的类似断电等情况，文件会自动保存到默认本地文件位置"C：/Users/lenovo/Documents/"，我们可以到这条路径去找到演示文稿。也可以通过"浏览"按钮重新设置默认保存位置。

图 5-7　"文件"菜单中的"选项"命令

图 5-8　"选项"中的"保存"对话框

5.2.1.3　演示文稿保存类型

演示文稿保存类型主要有以下格式，如图 5-9 所示：

- ppt/pptx：97-2003 版本/高版本编辑格式，打开即编辑。

- pps/ppsx：97-2003 版本/高版本放映格式，打开即放映。
- pot/potx：97-2003 版本/高版本模板格式。
- ppa/ppam：97-2003 版本/高版本加载宏格式。
- pptm：启用宏的演示文稿格式。
- rtf：大纲或多文本格式。
- avi、wmv、mp4：视频格式。
- gif、jpg、bmp、png、tif、wmf、emf：图片格式。
- pdf：pdf 是 Adobe 公司开发的电子文档文件格式。
- thmx：主题文档格式。
- xps、xml：电子文件格式，使用者不需拥有制造该文件的软件就可以浏

览或打印该文件。

- 还可以打包成 CD。

主要操作步骤扫描二维码，观看视频学习。

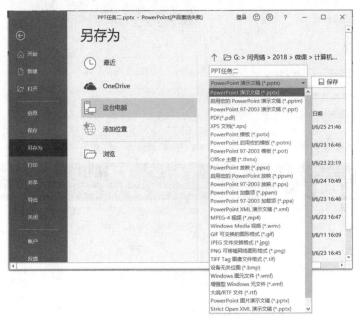

图 5-9　演示文稿保存类型

5.2.2　幻灯片制作和编辑

在 PowerPoint 中，演示文稿和幻灯片这两个概念是有差别的。利用 PowerPoint 做出来的东西叫演示文稿，它是一个文件。而演示文稿中的每一页就叫幻灯片，每张幻灯片都是演示文稿中既相互独立又相互联系的内容页，利用它可以更生动直观地表达内容，将图表和文字都能够清晰、快速地呈现出来。在演示文稿的工作区即幻灯片编辑区可以插入图画、动画、备注和讲义等丰富的内容。

5.2.2.1　新建幻灯片

演示文稿窗口启动后，在窗口中自动创建第一张幻灯片。在图 5-10 中"开始"或"插

入"选项卡功能区单击"新建幻灯片"，就能够以前一张幻灯片为母板，插入一张新幻灯片。幻灯片母版由占位符组成，占位符是幻灯片母版的重要组成要素。占位符可以规划幻灯片结构，其外在显示形式是一个虚框，可以输入文本，作用与文本框没有区别。用户可以根据需要直接在这些具有预设格式的占位符中添加内容，如文字、图片和表格等，这些占位符的格式以及在幻灯片中的位置可以通过幻灯片母版来进行设置(5.3.6中对其详细讲解)。

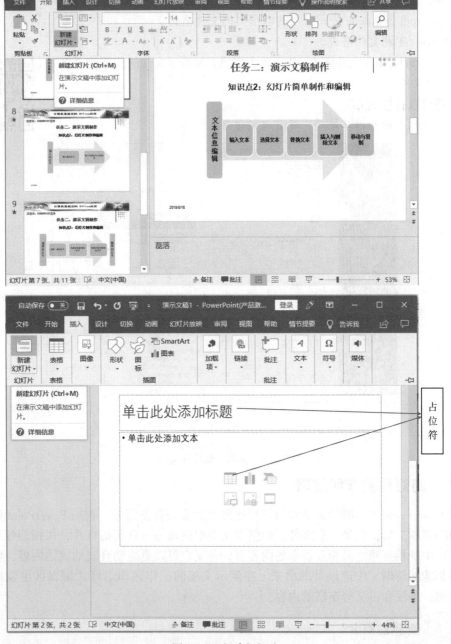

图5-10　新建幻灯片

5.2.2.2 幻灯片中文本信息编辑

（1）文本输入

单击添加文本占位符，可进行文本的输入。

（2）文本选择

●连续单行/多行选取：先将光标定位到幻灯片中想要选取文本内容的起始位置，按住鼠标左键拖曳至该行（或多行）的结束位置，松开鼠标左键即可；或将光标定位到想要选取文本内容的起始位置，再按住"Shift"键，在结束位置单击完成连续单行/多行选取。

●全部文本选取：按住鼠标左键拖曳选取；按"Ctrl"+"A"组合键选取；在段落中连续3次单击鼠标左键选取；在"开始"菜单功能区中单击"选择"下拉按钮，再单击"全选（A）"（图5-11）选取。

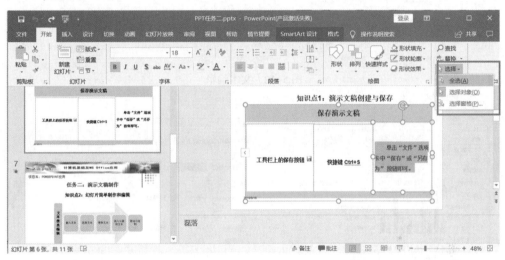

图5-11 "开始"菜单功能区中"全选（A）"功能

（3）文本编辑

在图5-12中的"开始"工具栏中，能看到"字体"和"段落"选项。在它们的右下角，有一个小方框 ，点击进入"字体"和"段落"的设置。

●字体格式：选定文本，打开"字体"对话框，如图5-13所示，在其中可进行字体、字体样式、字体大小、字体颜色、字体效果、字体间距的设置。

●段落格式：将光标定位在段落中，打开"段落"对话框，如图5-14所示，在其中可进行段落对齐方式、文本缩进、段落间距、行距、中文版式的设置。

（4）文本替换

在"开始"选项卡功能区中单击"替换"下拉按钮，如图5-15所示，再单击"替换（R）"，可打开"替换"对话框，如图5-16所示。

在弹出的对话框中输入要查找的内容以及替换的内容，然后点击"查找下一个"完成查找工作，单击"全部替换"，弹出替换多少处的提示对话框，点击"确定"即可完成替换操作。

（5）文本插入

利用已有的文本框插入文字：此方法是利用幻灯片中已有的文本框来插入文字，不同版

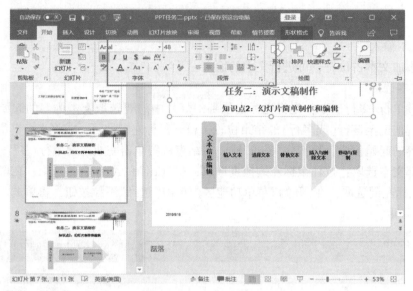

图 5-12　文本编辑

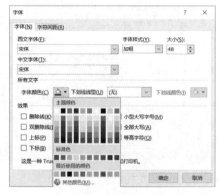

图 5-13　"字体"对话框

图 5-14　"段落"对话框

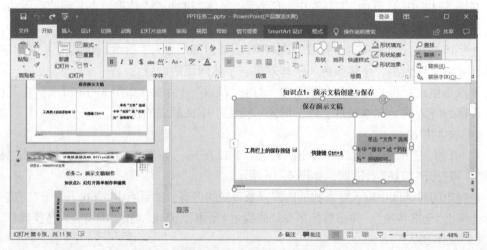

图 5-15　"开始"菜单功能区中"替换(R)"功能

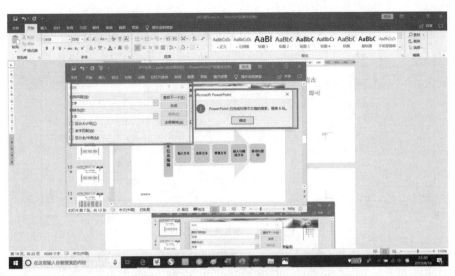

图 5-16　"替换"对话框

式的幻灯片，提供了不同数量的文本框，图 5-17 中就只提供了两个文本框。鼠标在要插入文字的文本框中单击，此时文本框被激活，在文本框中会有一个闪烁光标，启动输入法，输入用户需要的文字即可。输入完成后，用鼠标在文本框外任意区域单击即可完成文字的输入。

添加图形文本框的方法：当幻灯片中提供的文本框不能满足用户的需要时，用户可以自行添加文本框。如图 5-17 中的幻灯片中只有两个文本框，现在需要在幻灯片的左上角添加一行文字，这个时候就只有自行添加文本框。选择"开始"功能菜单，单击工具栏中的"形状"按钮，在弹出的图 5-18 下拉列表中选择一种形状，在幻灯片中需要输入文字的地方拖动出一个图形文本框，输入文字即可。

插入文本框的方法：选择"插入"选项卡，依次单击工具栏中的"文本""文本框"下拉按钮，在弹出的图 5-19 下拉列表中选择横排或竖排文本框，输入文字即可。

（6）文本删除

①键盘删除法　用鼠标在要删除的文本框内单击，文本框四周就会显示出文本框的边

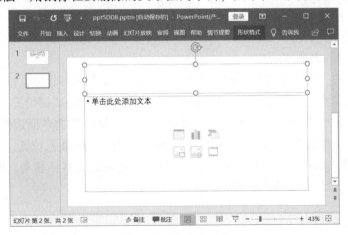

图 5-17　插入文本框

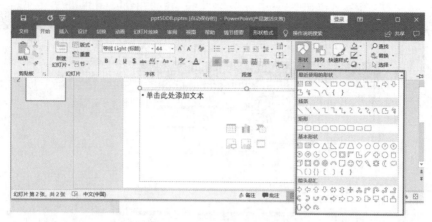

图 5-18　添加图形文本框

图 5-19　插入文本框

框线和八个控点，且边框线的线形为虚线，实际上这时并没有真正选中文本框。移动鼠标在文本框虚线上单击，等虚线变成实线后，才表示我们选中了此文本框，如图 5-20 所示。当文本框被选中后，按键盘上的"Delete"键，此时被选中的文本框就会被删除。

②剪切法　用与上面同样的方法将要删除的文本框选中，确定光标在要删除的文本框边线上，右击鼠标，如图 5-20 所示，在弹出的右键菜单中选择"剪切"命令即可。

（7）文本移动与复制

①鼠标拖动法　选中需要移动的文本框，当鼠标变成十字形状时，按住左键不放，移动鼠标即可移动文本框。在按住左键移动鼠标的同时，按住"Ctrl"键可完成文本框的复制。

②命令法　选中需要移动的文本框，确定光标在要移动的文本框边线上，右击鼠标，在弹出的右键菜单中选择"剪切"命令，再将光标定位到文本框插入位置，右击鼠标，如图5-20 所示，在弹出的右键菜单中选择"粘贴"命令即可完成文本框移动。同样方式依次执行"复制"和"粘贴"命令即可完成文本框复制。

5.2.2.3　选择幻灯片

选择一张幻灯片：用鼠标左键单击需要选中的幻灯片。

图 5-20　文本删除

选择多张相邻幻灯片：将光标定位到想要选取幻灯片的起始位置，再按住"Shift"键，在结束位置单击可完成连续选择。

选择多张不相邻幻灯片：将光标定位到想要选取幻灯片位置，再按住"Ctrl"键，在需要选取的不同幻灯片上单击可完成不相邻幻灯片的选择。

5.2.2.4　删除幻灯片

①当幻灯片被选中后，按键盘上的"Delete"键，此时被选中的幻灯片就会被删除。

②当幻灯片被选中后，移动光标在选定的幻灯片上，右击鼠标，如图 5-21 所示，在弹出的右键菜单中选择"删除幻灯片"或"剪切"命令即可完成幻灯片删除。

主要操作步骤扫描二维码，观看视频学习。

图 5-21　删除幻灯片

5.2.3 打印演示文稿

在"文件"菜单中单击"打印"命令，弹出图 5-22 打印窗口，在选项中可以设置打印份数、打印范围、打印版式、打印方式、打印机属性等。

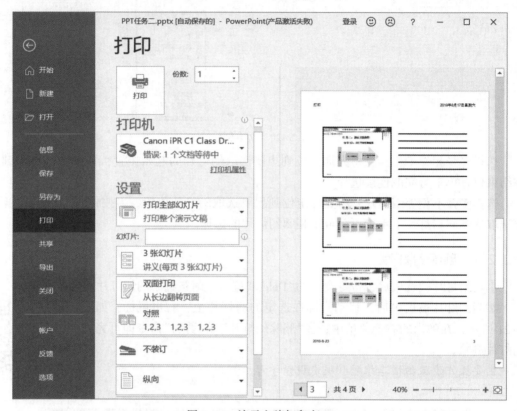

图 5-22 演示文稿打印窗口

打印份数：通过微调按钮 份数: 1 ：输入或直接输入具体数字。

打印范围：可根据实际打印需要，设置打印整个演示文稿、仅打印所选幻灯片、仅打印当前幻灯片、自定义打印范围、打印隐藏幻灯片等选项，如图 5-23 所示。

打印版式：设置每页纸上可打印的幻灯片张数、幻灯片放置顺序、幻灯片是否加框，同时可以调整纸张大小，并选择是否打印幻灯片的批注和墨迹，每页纸上最多打印 9 张幻灯片，如图 5-24 所示。

打印方式：选择双面或单面打印、打印顺序、横向或纵向打印、装订位置及色彩等，如图 5-25 所示。

打印机属性：单击"打印机属性"按钮，弹出图 5-26 左侧对话框，可进行打印布局、纸张选择、纸张质量的设置；单击"高级"按钮，弹出图 5-26 右侧对话框，可进行纸张规格、输出份数、图形打印质量和色彩、文档选项、打印机功能的调整，不同打印机其高级选项功能不同。

主要操作步骤扫描二维码，观看视频学习。

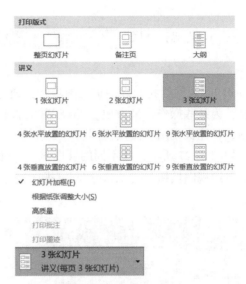

图 5-23　打印范围设置

图 5-24　打印版式设置

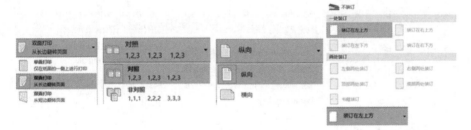

图 5-25　打印方式设置

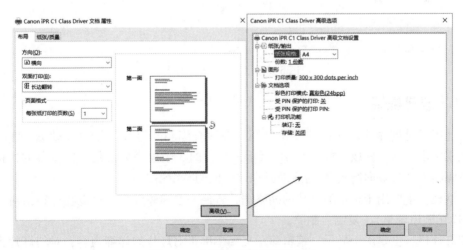

图 5-26　打印机属性及高级设置

5.3 演示文稿视图

PowerPoint 软件给我们提供了视图功能，通过视图功能，应用人员就可以方便的查看相关信息，为某些操作带来方便。PowerPoint 提供的视图有普通视图、大纲视图、幻灯片浏览视图、备注页视图、阅读视图、母版视图等 6 种。单击"视图"菜单选项卡，弹出其功能选项，如图 5-27 所示，在不同的视图选项上单击可进行视图窗口切换，或通过窗口状态栏上的普通视图按钮 回、幻灯片浏览视图按钮 品、阅读视图按钮 ▦ 等可进行视图窗口的切换。

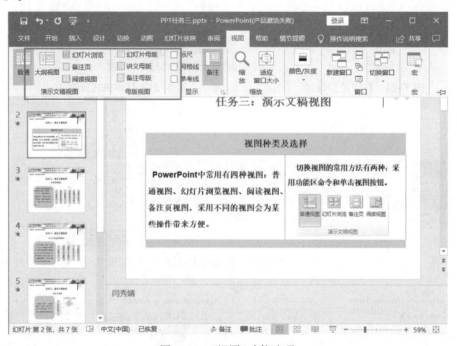

图 5-27 "视图"功能选项

5.3.1 普通视图

普通视图是创建演示文稿的默认视图，最适合编辑幻灯片，如插入对象、修改文本等。该视图由 3 部分构成，如图 5-28 所示，显示的 3 个窗格大小是可以调节的，将鼠标放到分隔线上变成双向箭头 ↔ 后拖动鼠标就可以调整窗格大小。

大纲栏：主要用于显示幻灯片的缩略图，方便查看整体效果，可以在此窗格对幻灯片进行移动(顺序调整)、复制、删除。

幻灯片栏：主要用于显示、编辑演示文稿中单张幻灯片的详细内容，对幻灯片进行编辑(拖动分隔条，可调整窗格大小)。

备注栏：主要用于为对应的幻灯片添加提示信息，对使用者起备忘、提示作用，在实际播放演示文稿时学生看不到备注栏中的信息。

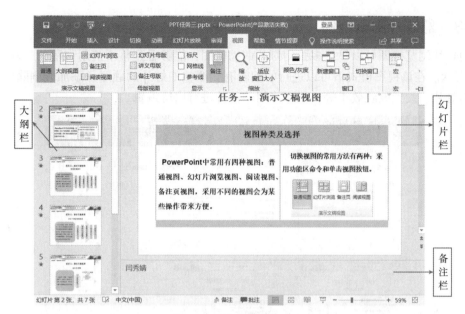

图 5-28　普通视图窗口

5.3.2　大纲视图

大纲视图在左侧窗格中以大纲形式显示幻灯片中的标题文本，易于把握整个演示文稿的主题设计，如图 5-29 所示。

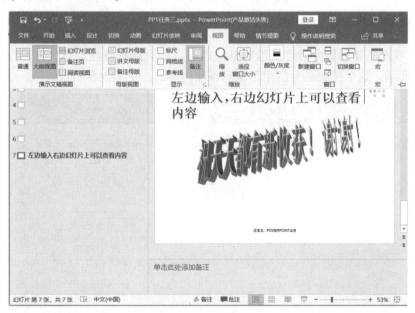

图 5-29　大纲视图窗口

左侧窗格也可以方便的查看、编辑幻灯片中的文字内容，在左侧窗格中输入或编辑文字时，右侧窗格能看到变化。右侧窗格与普通视图大致相同，会自动显示备注并进行编辑。另外，当在右侧窗格中使用了插入的文本框，插入文本框中的标题内容不显示在左侧窗格的大纲中。

5.3.3 幻灯片浏览视图

幻灯片浏览视图可以显示多张幻灯片的缩略图，能够看到整个演示文稿的外观，如图 5-30 所示。在该视图模式下可以进行的编辑有：调整幻灯片的顺序、添加或删除幻灯片、复制幻灯片、设置放映效果等，但不能对幻灯片进行内容编辑。

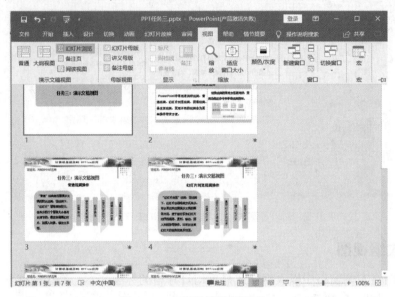

图 5-30　幻灯片浏览视图窗口

5.3.4 备注页视图

备注页视图主要用于为幻灯片添加备注内容，如演讲者备注信息、解释说明信息等，如图 5-31 所示，这个视图是专门用于编辑备注内容的，正文内容不可编辑。

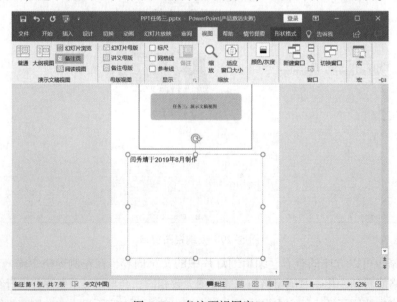

图 5-31　备注页视图窗口

5.3.5　阅读视图

阅读视图是以窗口形式对演示文稿中的切换效果和动画效果进行放映，如图 5-32 所示，在放映过程中可以单击切换放映幻灯片按钮 ⊙ ⊙ 进行便捷操作，或单击按钮 ▤ 弹出图 5-32 中红色标识的菜单，通过菜单命令进行幻灯片的切换，也可以单击 ▽ 按钮全屏显示幻灯片，退出时按"Esc"键。

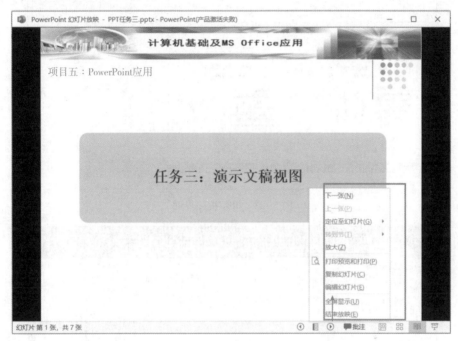

图 5-32　阅读视图窗口

5.3.6　母版视图

母版规定了演示文稿(幻灯片、讲义及备注)的文本、背景、日期及页码格式，母版体现了演示文稿的外观，包含了演示文稿中的共有信息。每个演示文稿提供了一个母版集合，包括：幻灯片母版、标题母版、讲义母版、备注母版等母版集合。母版是一类特殊幻灯片，它能控制基于它的所有幻灯片，对母版的任何修改会体现在很多幻灯片上，所以每张幻灯片的相同内容我们往往用母版来做，以提高创建的工作效率。

母版视图中有 3 个按钮，如图 5-33 所示，分别是"幻灯片母版""讲义母版""备注母版"。

幻灯片母版：可以修改占位符的位置、大小和格式，可以修改背景，可以对主题、幻灯片的大小进行更改，可以像更改任何幻灯片一样更改幻灯片母版。但母版上的文本只用于样式，实际的文本(如标题和列表)应在普通视图的幻灯片上键入，而页眉和页脚应在"页眉和页脚"对话框中键入。在母板设定中可以看到有 5 种样式：标题占位符、文本占位符、数字占位符、日期占位符和页脚占位符等。

在幻灯片母版模式下，如图 5-34 所示，通过"编辑母版"功能可插入幻灯片母版、插入版式、重命名版式名称、删除选定幻灯片母版；通过"母版版式"功能可插入占位符、选

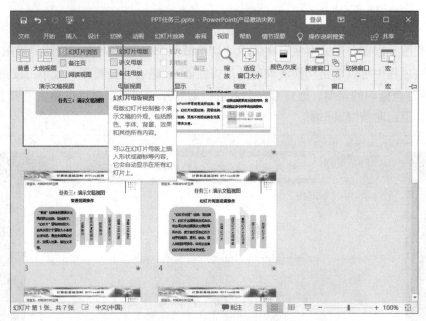

图 5-33 母版视图界面

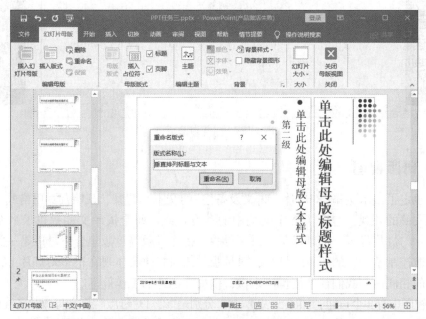

图 5-34 幻灯片母版编辑窗口

择标题与页脚的显示；通过"编辑主题"功能可选择母版的主题风格，如图 5-35 所示；通过"背景"功能可进行母版的背景样式、颜色、字体、效果的设置，如图 5-36 所示；通过"幻灯片大小"功能可进行幻灯片大小的设置，"关闭母版视图"后所有设置即可全部应用到编辑的幻灯片中。

　　讲义母版：通过"页面设置"功能设置讲义方向、幻灯片大小、每页幻灯片的数量；通过"占位符"功能选择幻灯片上页眉、页脚、日期、页码，如图 5-37 所示。其编辑主题、

图 5-35 "幻灯片母版"中的"主题"选项

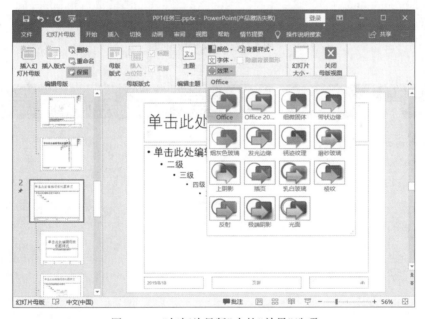

图 5-36 "幻灯片母版"中的"效果"选项

背景设置与幻灯片母版中的设置相同。

备注母版：是指向各幻灯片添加"备注"文本的默认样式。通过"页面设置"功能设置备注页方向、幻灯片大小；通过"占位符"功能选择幻灯片上页眉、页脚、日期、页码、幻灯片图像和正文，如图 5-38 所示。其编辑主题、背景设置与幻灯片母版中的设置相同。

主要操作步骤扫描二维码，观看视频学习。

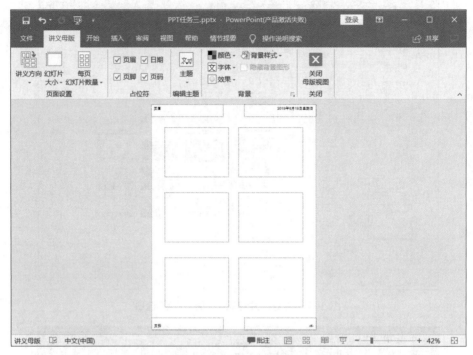

图 5-37 讲义母版窗口

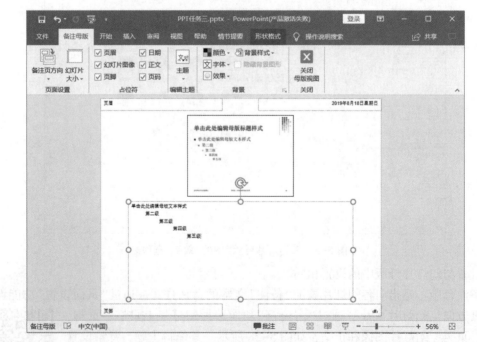

图 5-38 备注母版窗口

5.4　幻灯片外观修饰

5.4.1　幻灯片内置主题应用

演示文稿中的内置主题可为设置好的幻灯片更换统一的颜色、背景等内容，主要包含以下几个方面：

①模板　演示文稿中的一类特殊文件，扩展名为 .pot，如图5-39所示，用于提供样式文稿的格式、配色方案、母版样式及产生特效的字体样式等。应用设计模板可快速生成风格统一的演示文稿。

②母版　规定了演示文稿(幻灯片、讲义及备注)的文本、背景、日期及页码格式，如图5-40所示。母版体现了演示文稿的外观，包含了演示文稿中的共有信息。每个演示文稿提供了一个母版集合，包括：幻灯片母版、讲义母版、备注母版等母版集合，如图5-41所示。

名称

- Balance.pot
- Blends.pot
- Capsules.pot
- CDESIGNK.POT
- CDESIGNL.POT
- CDESIGNM.POT
- CDESIGNN.POT
- CDESIGNO.POT
- Compass.pot
- Crayons.pot
- Curtain Call.pot

图 5-39　模板文件

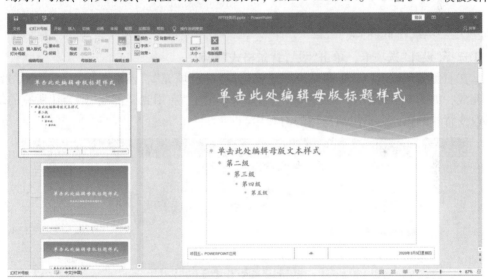

图 5-40　幻灯片母版窗口

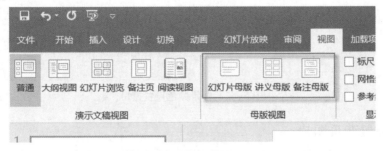

图 5-41　母版类型

幻灯片母版为除了"标题幻灯片"外的一组或全部幻灯片提供下列样式："自动版式标题"的默认样式；"自动版式文本对象"的默认样式；"页脚"的默认样式，包括："日期时间区""页脚文字区"和"页码数字区"等，统一的背景颜色或图案。

模板与母版的作用和区别在于，模板是一个专门的页面格式，它会告诉你什么地方填什么，什么地方可以拖动修改。母版是一个系列的幻灯片，例如，底色和每页都会显示出来的边框或者日期，页眉页脚之类，设置一次，以后的每一页全部都相同，起统一、美观的作用。母版是一类特殊幻灯片，它能控制基于它的所有幻灯片，对母版的任何修改会体现在很多幻灯片上，所以每张幻灯片的相同内容我们往往用母版来做，以提高创建的工作效率。更改幻灯片母版时，已对单张幻灯片进行的更改将被保留。

在应用设计模板时，会在演示文稿上添加幻灯片母版。通常，模板也包含标题母版，用户可以在标题母版上进行更改以应用于具有"标题幻灯片"版式(版式图表上元素包含标题和副标题文本、列表、图片、表格、图表、自选图形和影片的排列)的幻灯片。

5.4.2 幻灯片背景设置

幻灯片背景设置包括设置背景颜色、背景图片和图案填充。

5.4.2.1 设置背景颜色

①选择"设计"选项卡，单击"设置背景格式"按钮。

②在右侧出现设置框，如果填充颜色就选择"纯色填充"，然后再选择合适的背景色，即可完成，如图 5-42 所示。在选择颜色后如果单击了"应用到全部"，则会让所有的幻灯片都改变背景颜色，包括以后新增的幻灯片。

图 5-42　背景颜色设置窗口

5.4.2.2 设置背景图片

第一种方法：先在"设置背景格式"窗格里选择"图片或纹理填充"，然后直接选择"插入…"按钮，最后选定想要的图片即可，如图 5-43 所示。

第二种方法：如果设置背景前在幻灯片中复制或者剪切过图片，那么在"设置背景格式"窗格里直接单击"剪贴板"即可将之前复制或者剪切过的图片设置为背景图片，如图5-43所示。

图5-43　背景图片设置窗口

5.4.2.3　设置图案填充背景

①在"设置背景格式"窗格里选择"图案填充"选项。
②单击选择下方不同的图案样式。
③设置图案的前景或者背景颜色，如图5-44所示。
主要操作步骤扫描二维码，观看视频学习。

图5-44　图案填充设置窗口

5.5 插入对象

5.5.1 插入剪贴画、图片

5.5.1.1 插入剪贴画

①打开演示文稿，选中一张幻灯片，切换到"插入"选项卡。

②单击"图像"命令组中的"联机图片"按钮，如图5-45所示。

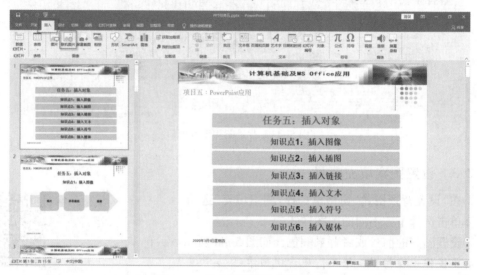

图5-45 插入联机图片按钮界面

③打开"必应图像搜索"窗口，单击"必应图像搜索"按钮或者在搜索框中输入要搜索的图片内容，单击"搜索"按钮，如图5-46所示。

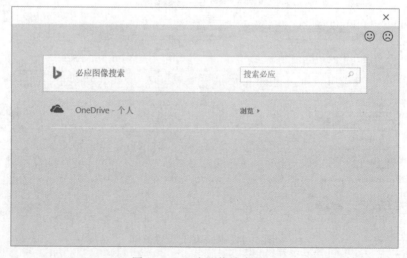

图5-46 必应图像搜索界面

④搜索出相关图片后，选择合适的图片，单击"插入"按钮即可完成，如图5-47所示。

图5-47　插入搜索图片界面

5.5.1.2　插入图片

PowerPoint 2016幻灯片中插入图片分为多种情况，一般情况下用户可以插入文件中的图片，如果文件中不包含需要的图片，也可以插入屏幕截图或从相册中插入。要插入文件中的图片，用户应该提前准备好幻灯片需要用到的图片，然后利用插入图片的功能将图片插入到幻灯片中。具体操作如下：

①打开演示文稿，选中一张幻灯片，切换到"插入"选项卡，单击"图像"命令组中的"图片"按钮，如图5-48所示。

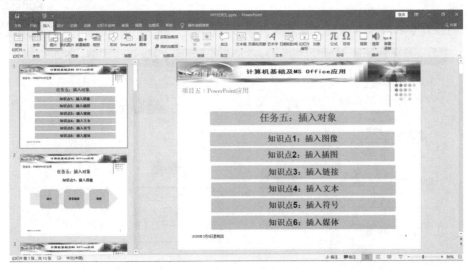

图5-48　插入图片按钮界面

②弹出"插入图片"对话框，选择图片保存的路径后，选中要插入的图片，单击"插入"按钮，如图5-49所示。

图 5-49 "插入图片"对话框

③双击插入的图片，在功能区弹出"图片工具"，如图 5-50 所示，通过这些工具可更改图片、调整图片效果、设置图片样式、调整图片大小、对图片重新排列等操作。

图 5-50 图片工具

④选中图片后，单击鼠标右键菜单中"设置图片格式"命令，在工作区弹出"设置图片格式"窗格，如图 5-51 所示，可根据实际需求进行图片的修饰和编辑。

主要操作步骤扫描二维码，观看视频学习。

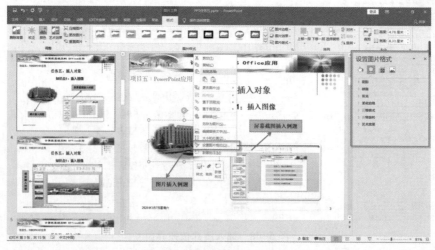

图 5-51 设置图片格式窗格

5.5.2　插入形状

①新建一个幻灯片之后，点击顶部菜单中的"插入"选项卡，在"插图"命令组中，点击"形状"按钮，如图5-52所示。

图5-52　插入形状按钮界面

②在弹出的图5-53"形状"下拉列表框中，选择不同类型的形状。

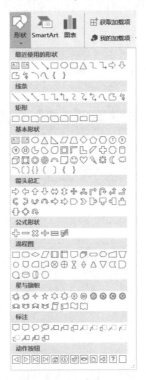

图5-53　形状类型框

③在幻灯片中确定合适的位置，按住鼠标左键画出所需的形状。

④选中形状后，通过鼠标左键拖动调整形状的位置或将鼠标移动到形状控点上拖动改变其大小；也可以双击鼠标左键或单击鼠标右键，选择"设置形状格式"命令，如图 5-54 所示，打开"设置形状格式"窗格，设置形状的相关属性。

主要操作步骤扫描二维码，观看视频学习。

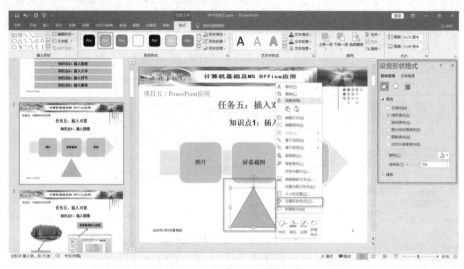

图 5-54　设置形状格式界面

5.5.3　插入艺术字

①新建幻灯片之后，点击菜单栏中的"插入"选项卡，在图 5-55"文本"命令组中，点击"艺术字"按钮。

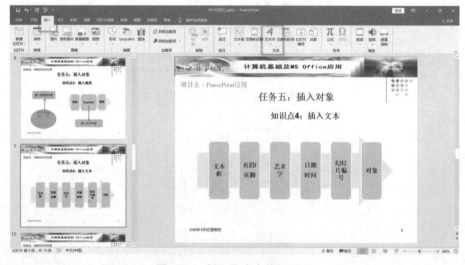

图 5-55　插入艺术字按钮界面

②在弹出的"艺术字"列表框中选择需要的艺术字类型，即可在幻灯片中添加艺术字，如图5-56所示。

③在插入的艺术字边框上单击鼠标右键，弹出艺术字"修饰工具"，如图5-57所示，可根据需要对艺术字的样式、填充效果、边框线颜色、批注等进行编辑。

主要操作步骤扫描二维码，观看视频学习。

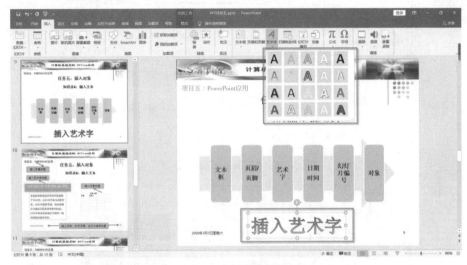

图5-56　艺术字类型框

图5-57　艺术字"绘图工具"

5.5.4　插入SmartArt图

①点击"插入"选项卡，在图5-58"插图"命令组中，点击"SmartArt"按钮。

②在弹出如图5-59所示的"选择SmartArt图形"对话框左侧，选择SmartArt图形类型，在右侧列表框中选择具体的SmartArt图形，点击"确定"按钮，就插入了SmartArt图形。

③在添加的 SmartArt 图形左侧输入文字或添加图片，如图 5-60 所示，就可以完成自己想要添加的 SmartArt 图形了。

主要操作步骤扫描二维码，观看视频学习。

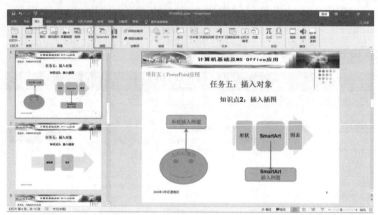

图 5-58　"SmartArt"插入界面

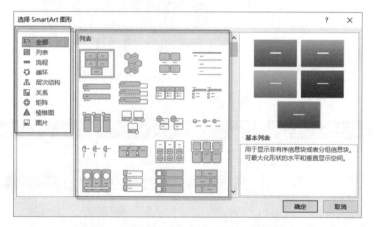

图 5-59　"选择 SmartArt 图形"对话框

图 5-60　SmartArt 图形编辑界面

5.5.5　插入链接

①选中文字或图形等对象后，点击"超链接"按钮，如图5-61所示。

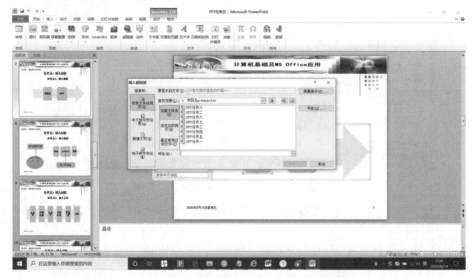

图5-61　插入超链接"现有文件或网页(X)"界面

②选择"现有文件或网页(X)"可以从当前文件夹中选定链接文件；选择"本文档中的位置(A)"可以从当前正在编辑的PPT文档中选定链接文件，如图5-62所示；选择"新建文档(N)"可以在指定位置新建任何类型的链接文件，如图5-63所示；选择"电子邮件地址(M)"可以在指定的邮箱中选定链接文件，如图5-64所示。

③点击"屏幕提示(P)"按钮，可以设置"设置超链接屏幕提示"，如图5-65所示。

主要操作步骤扫描二维码，通过视频学习。

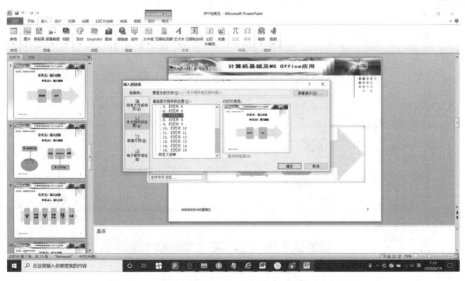

图5-62　插入超链接"本文档中的位置(A)"界面

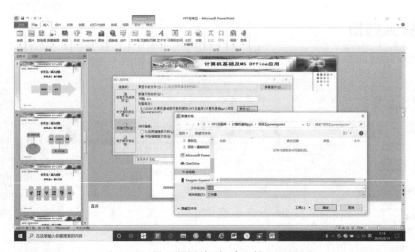

图 5-63　插入超链接"新建文档(N)"界面

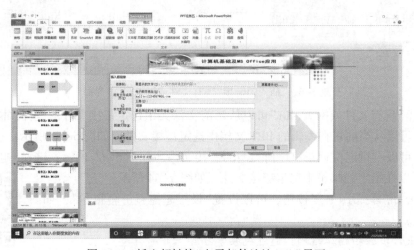

图 5-64　插入超链接"电子邮件地址(M)"界面

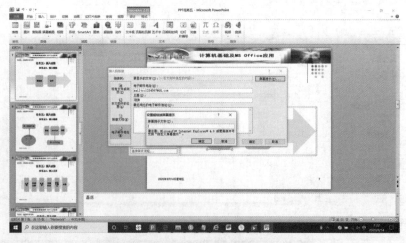

图 5-65　插入超链接"屏幕提示(P)"界面

5.5.6　插入音频和视频

5.5.6.1　插入音频

音频的插入有 3 种方式：文件中的音频、剪贴画音频、录制音频，如图 5-66 所示。

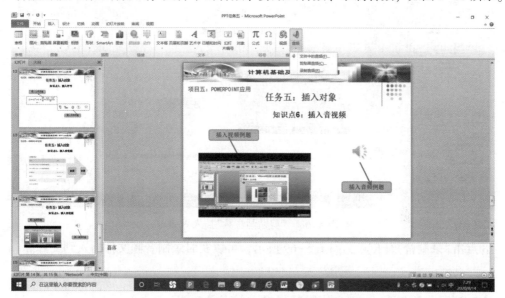

图 5-66　插入音频的 3 种方式

①点击"文件中的音频（F）"，如图 5-67 所示，可以选择音频文件后直接插入或链接到文件。

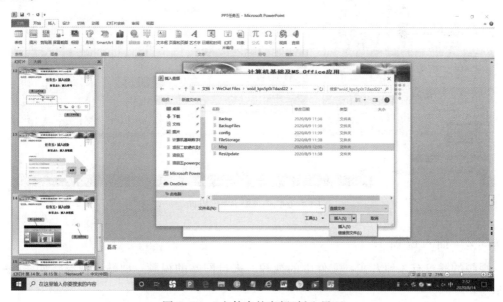

图 5-67　"文件中的音频"插入界面

②点击"剪贴画音频(C)",如图5-68所示,可以选择剪贴画音频文件插入到文件。

图5-68 "剪贴画音频"插入界面

③点击"录制音频(R)",如图5-69所示,可以实时录制音频文件插入到文件。

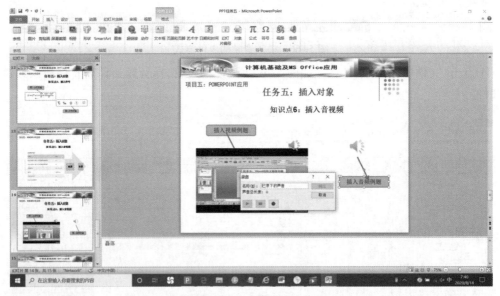

图5-69 "录制音频"界面

5.5.6.2 插入视频

视频的插入有3种方式:文件中的视频、来自网站的视频、剪贴画视频,如图5-70所示。

①点击"文件中的音频(F)",如图5-71所示,可以选择视频文件后直接插入或链接到文件。

图 5-70　插入视频的三种方式

图 5-71　"文件中的视频"插入界面

②点击"来自网站的视频（W）"，如图 5-72 所示，从网站复制嵌入代码，并将其粘贴到文本框中，即可完成网站视频插入到文件。

图 5-72　"来自网站的视频"插入界面

③点击"剪贴画视频(C)",如图 5-73 所示,可以选择剪贴画视频文件插入到文件。

主要操作步骤扫描二维码,通过视频学习。

图 5-73 "剪贴画视频"插入界面

5.6 插入表格

5.6.1 创建表格

①点击"插入"选项卡,在图 5-74"表格"命令组中,点击"表格"按钮。

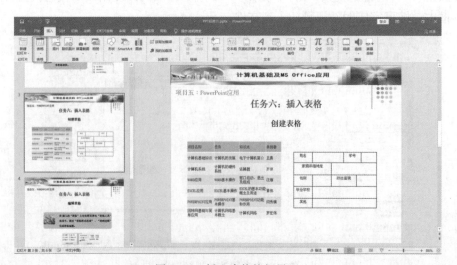

图 5-74 插入表格按钮界面

②在"表格"下拉列表中，可以使用鼠标选择行数和列数来插入表格，也可以依次点击"插入表格""绘制表格""Excel电子表格"按钮的方式来插入表格，如图5-75所示。其中，"插入表格"命令允许用户通过输入行数和列数的方式创建表格；"绘制表格"命令则是让用户通过绘制的方式"画"出表格，而且每次只能画一个单元格；"Excel电子表格"命令则是让用户通过调用电子表格工具创建表格。

5.6.2　编辑表格

①在表格上双击鼠标左键，弹出图5-76"表格工具"，根据需要对表格进行编辑和修饰。

②单击某一需要添加文字的单元格，直接输入文字，并设置大小。

③需要修改某一单元格内容时，先选择单元格内容，然后再编辑，即可完成修改，如图5-76所示。

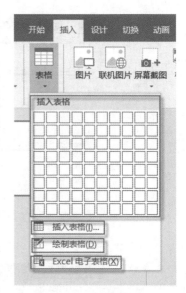

图5-75　插入表格界面

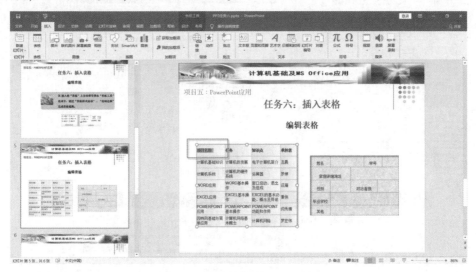

图5-76　编辑单元格内容界面

5.6.3　设置表格

①单击表格，表格边框上会出现8个控点，按住鼠标左键向右或向下方拖动右下角的控点可调节表格宽度或高度，如果同时按住键盘上的"Shift"键，可等比例放大或缩小表格，如图5-77所示。

②双击表格，出现表格工具，选择"表格工具"选项卡中的表格样式，选择样式效果，完成表格样式设置，如图5-78所示。

③选择"表格样式"命令组里的"底纹"按钮，弹出图5-79下拉列表，可以根据需要选择不同的底纹效果。

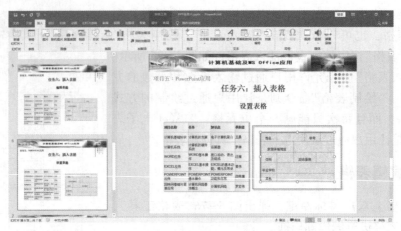

图 5-77　调整表格大小界面

图 5-78　表格样式界面

图 5-79　底纹设置界面

　　④选择"表格样式"命令组里的"效果"按钮，弹出下拉菜单，选择"单元格凹凸效果"里的样式效果，如棱台类别的圆形，可以设置单元格效果，如图 5-80 所示。

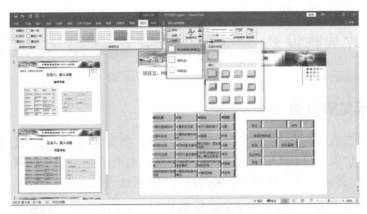

图 5-80　单元格效果设置界面

⑤选择表格内容，选择"开始"选项卡中"段落"命令组的居中选项，文字和数据就会居中，如图 5-81 所示。

⑥将鼠标在表格第一个单元格上点击，然后选择"表格样式"命令组中的"边框"命令，最后点击图 5-82 下拉列表中的"斜下框线"命令，即可为第一个单元格添加右斜线。

主要操作步骤扫描二维码，观看视频学习。

图 5-81　表格内容居中效果

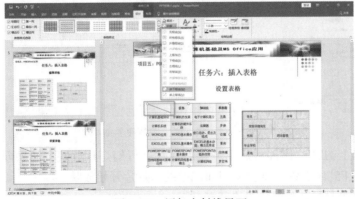

图 5-82　添加右斜线界面

5.7 幻灯片放映设置

5.7.1 演示文稿放映

①打开演示文稿后，点击"幻灯片放映"选项卡，如图5-83所示，选择"开始放映幻灯片"命令组中的"从头开始"按钮，即可从第一张幻灯片开始放映，如果点击"从当时幻灯片开始"按钮，即可从当前我们选中的幻灯片开始放映。

图5-83 放映演示文稿界面

②单击演示文稿底部状态栏右侧的幻灯片放映按钮，如图5-84所示，也可以从当前选中的幻灯片开始放映。

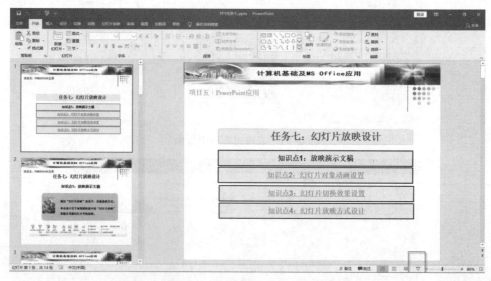

图5-84 状态栏放映按钮界面

③按住键盘上的"F5"键即可从第一张幻灯片进行幻灯片放映，如果同时按住"Shift"+"F5"组合键，则会从当前选中的幻灯片开始放映。

主要操作步骤扫描二维码，观看视频学习。

5.7.2　幻灯片对象动画设置

PowerPoint 2016 为用户创建对象动画提供了大量的动画效果，分为进入、强调、退出和动作路径 4 类，用户可以根据需要选择使用。与以前的版本相比，利用 PowerPoint 2016 为幻灯片的对象添加动画更为简便，用户可以直接在"动画"选项卡中进行设置。下面以 PowerPoint 2016 幻灯片中的文本框对象添加进入动画效果为例，介绍为对象添加动画效果的具体操作方法。

①打开演示文稿，在幻灯片中选择需要添加动画效果的对象，如当前幻灯片中的文本框。在"动画"选项卡中单击"动画"命令组中动画样式列表框上的"其他"按钮，在打开的图 5-85 下拉列表中选择预设的进入动画。

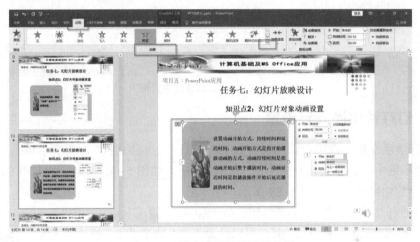

图 5-85　进入动画效果设置界面

②如果"动画样式"列表中没有满意的进入动画效果，用户可以选择列表中的"更多进入效果"选项，如图 5-86 所示，此时将打开"更多进入效果"对话框，在列表框中选择需要使用的动画选项后单击"确定"按钮。

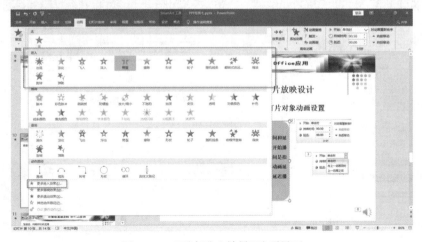

图 5-86　"更多进入效果"选项界面

③选中的对象将被添加选择的动画效果，单击"预览"按钮能够预览到当前对象添加的动画效果，如图5-87所示。

主要操作步骤扫描二维码，观看视频学习。

图5-87　预览动画效果界面

5.7.3　幻灯片切换效果设置

①打开演示文稿，选中要添加切换效果的幻灯片，在"切换"选项卡中单击"切换到此幻灯片"命令组中动画样式列表框上的"其他"按钮，如图5-88所示，在打开的下拉列表中选择预设的切换效果，如图5-89所示。

②点击选择切换效果之后，右侧"计时"命令组中的设置选项变为可用状态。

③我们根据自己的喜好进行选择，可以设置声音、持续时间、换片方式等，如图5-90所示。

④设置好之后，我们可以点击左上方的预览效果查看。

主要操作步骤扫描二维码，观看视频学习。

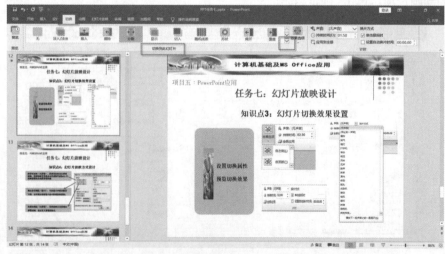

图5-88　幻灯片切换效果设置界面

图 5-89 幻灯片切换效果选择界面

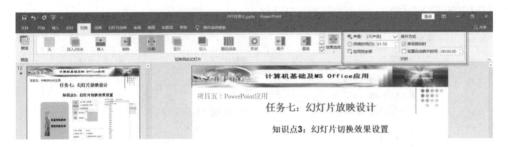

图 5-90 幻灯片切换效果设置界面

5.7.4 幻灯片放映方式设置

在 PowerPoint 2016 中，演示文稿的放映方式包括演讲者放映、观众自行浏览和在展台浏览 3 种。

5.7.4.1 演讲者放映

演示文稿放映方式中的演讲者放映是指由演讲者一边讲解一边放映幻灯片，此演示方式一般用于比较正式的场合，如专题讲座、学术报告等。设置演讲者放映的具体操作方法如下：

①单击"幻灯片放映"选项卡下"设置"命令组中的"设置幻灯片放映"按钮。

②在弹出的图 5-91"设置放映方式"对话框中，默认设置类型即为演讲者放映方式。

5.7.4.2 观众自行浏览

观众自行浏览是指由观众自己动手使用计算机观看幻灯片。如果希望让观众自己浏览多媒体幻灯片，可以将多媒体演讲的放映方式设置成观众自行浏览。

图 5-91 演讲者放映方式设置界面

①单击"幻灯片放映"选项卡下"设置"命令组中的"设置幻灯片放映"按钮，弹出图 5-92 "设置放映方式"对话框。

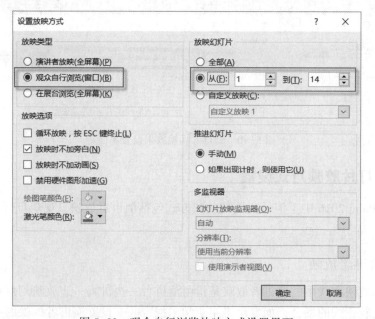

图 5-92 观众自行浏览放映方式设置界面

②在"放映类型"区域中单击选中"观众自行浏览(窗口)"单选按钮。

③在"放映幻灯片"区域中可以单击选中"从…到…"单选按钮，并在 2 个文本框中输入幻灯片页数，设置从第几页到第几页放映幻灯片，单击"确定"按钮。

5.7.4.3 在展台浏览

在展台浏览的放映方式可以让多媒体幻灯片自动放映而不需要演讲者操作，例如，放在展览会的产品展示等。

①打开演示文稿后，在"幻灯片放映"选项卡的"设置"命令组中单击"设置幻灯片放映"按钮。

②在弹出的图5-93"设置放映方式"对话框的"放映类型"区域中单击选中"在展台浏览(全屏幕)"单选按钮，单击"确定"按钮，即可将演示方式设置为在展台浏览。

主要操作步骤扫描二维码，观看视频学习。

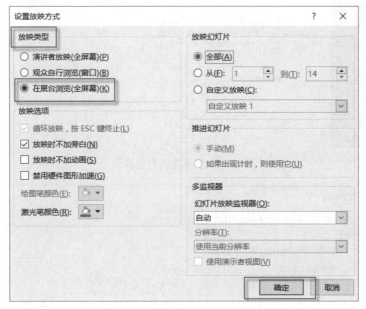

图5-93　在展台浏览放映方式设置界面

5.8　演示文稿打包及自动放映方式设置

5.8.1　演示文稿打包

①打开演示文稿，点击"文件"菜单，选择"导出"菜单项，选择右侧窗口中的"将演示文稿打包成CD"，点击最右侧按钮"打包成CD"，如图5-94所示。

②在弹出的图5-95"打包成CD"对话框中，可以点击"复制到文件夹"按钮，选择添加更多的演示文稿一起打包，也可以删除不需要打包的演示文稿。

③选择路径跟演示文稿打包后的文件夹名称，可以选择你想要存放的位置路径，也可以保持默认不变。系统默认有"在完成后打开文件夹"的功能，不需要则可以取消掉前面的勾。

④点击"确定"按钮后，系统会自动运行打包复制到文件夹程序，在完成之后自动弹出打包好的演示文稿文件夹，其中看到一个autorun. inf自动运行文件，如果是打包到CD光盘上的话，它是具备自动播放功能的。

图 5-94　演示文稿打包界面

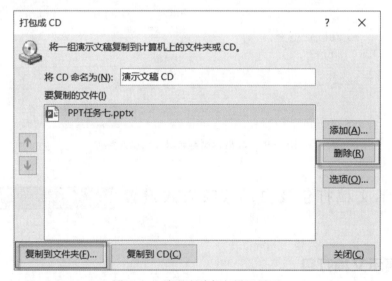

图 5-95　演示文稿打包设置界面

5.8.2　演示文稿自动放映方式设置

在放映演示文稿的时候，如果每次都是手动播放下一张是很麻烦的。那么，如何设置幻灯片自动播放下一页，具体的操作方法如下：

①打开演示文稿，切换到"幻灯片放映"选项卡，在"设置"命令组里单击"设置幻灯片放映"选项。

②将图 5-96"设置放映方式"对话框中的"推进幻灯片"设置成"如果出现计时，则使用它"，单击"确定"按钮后退出。

③在"幻灯片放映"选项卡的"设置"命令组里，如图 5-97 所示，勾选"使用计时"选项。

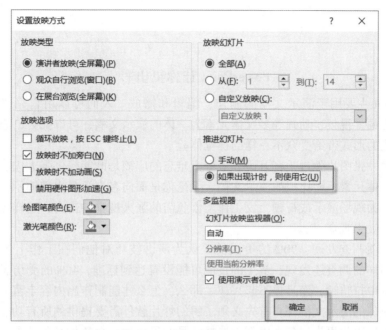

图 5-96　设置推进幻灯片方式

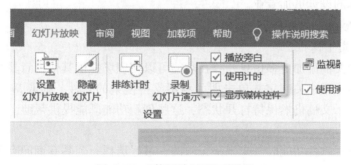

图 5-97　"使用计时"选项设置

④单击"切换"选项卡，首先为幻灯片设置切换动画，然后在"计时"命令组里将"单击鼠标时"的换片方式设置成"设置自动换片时间"，如图 5-98所示。

主要操作步骤扫描二维码，观看视频学习。

图 5-98　设置自动换片方式

拓展知识

PowerPoint 让你更出彩

PowerPoint 主要用于演示文稿的制作、编辑和播放。人们可以用它完成集文字、图形、图像、音频、视频、动画等多媒体元素为一体的演示文稿，可以把自己想要表达的内容以图文并茂的形式带给受众不一样的视觉体验。

人们总说一张图片胜过千言万语，最令人难忘的应该是既能提供强大内容，又具有图片等单一多媒体元素不能比拟的演示文稿。无论你是面向客户还是内部演示，优秀的幻灯片软件都应当为现场演示或视频会议工作增添急需的强大视觉冲击力，这样才能制造独特的叙事机会来吸引观众。

最近的一项调查发现，70%的美国员工认为演讲技巧对他们在工作上的成功至关重要。不过，同样的调查还发现，员工的技能可能没有达到标准，46%的受访者表示会在工作会议和演示中打瞌睡，而且提不起兴趣。那么，怎么才能制作出内容丰富多彩，同时又能吸引受众眼球的演示文稿呢？首先必须了解幻灯片软件需要提供的所有功能。如今的设计工具和功能比以往更为出色，以下是选择产品时需要的六个软件必备功能，它们有助于吸引观众，让你的设计更加专业。

1. PowerPoint 制作新技巧

（1）智能搜索工具

想要向演示文稿添加更多信息，查找功能可以在现场提供其他创意灵感的好工具。例如，只需突出显示某个关键字并单击即可利用支持搜索的软件，提取 Web 和维基百科中的结果，同时演示文稿仍然保持打开状态，这些创新功能既能提供帮助，又可节省时间。

（2）"帮助"功能

谈及高级演示软件功能时，未来是无限的，最好选择一个具有询问有关演示问题的功能的软件，PowerPoint 就是不错的选择。例如，如果你想要添加特定图像或任何类型的动画，这些创新功能应当提供几个会显示在下拉列表中的相关选项。

（3）视频会议功能

视频会议不但可以节约成本，而且还可以作为高效省时的演示解决方案。PowerPoint 可以确保视频会议功能与商业演示软件完美配合。

（4）实时共同创作

很多时候，演示文稿的制作者希望分享演示文稿，以便让团队或观众发表评论或进行提问，只需将演示文稿上传到文件共享系统，用户即可实现这一点。查找功能可让你在 SharePoint、OneDrive 或 OneDrive for Business 等常用协作工具上共享项目的功能，通过该功能，可以邀请人们分享你的项目，同时让协作者对你的演示文稿进行不同级别的访问。

（5）有趣的切换

通常情况下，由于员工在工作中花费大量时间（将近三分之一）来参加会议和观看演讲，所以很容易走神。对于任何成功的演示来说，创建具有吸引力的幻灯片切换至关重要，选择的软件最好可以提供引人注目的切换功能。例如，使对象以动画效果淡入和淡出画面，平滑切换可能会体现出有趣的演示和普通演示之间的区别。

（6）视觉一致性

虽然最新的商务演示软件提供了前所未有的创新设计选项，但强大演示文稿的基本指南仍然适用。

①使用的字体大小至少为25。

②使用的字体类型和粗细应当一致。

③演示文稿不要太过累赘，简洁就是美，每张幻灯片的行数控制在10行。

④设置统一的背景，使用合适的色彩对比，尽可能清晰地传达你的信息。

⑤使图片尽可能大。

⑥若要了解商务演示软件的所有功能，可以访问 Microsoft PowerPoint，然后开始制作令人难忘的演示文稿，它们一定能够吸引观众的眼球。

2. PowerPoint 的新功能

（1）PowerPoint 平滑功能

平滑切换功能，可以让前后两页幻灯片的相同对象，产生平滑的过渡效果。它不需要设置烦琐的路径动画，只需要调整对象的位置、大小和角度，就能一键实现自然过渡、无缝切换的动画效果，像是在同一张幻灯片中变换。

（2）3D 模型

点击 PPT 中"插入"选项卡中的"3D 模型"功能，即可将 3D 模型导入 PPT 中直接使用。插入模型之后，可以利用鼠标拖拽实现 360 度旋转和改变大小，结合平滑切换功能，则可创造影院般的动画效果，更好地展示模型。此外，"3D 模型"自带的特殊"三维动画"，包括"进入""退出"以及"转盘""摇摆""跳转"几种强调动画，为 3D 模型添加特有的三维动画，可以让你的演示更加生动活泼。

（3）实时声音识别和同声传译

PowerPoint 可以在演讲时，智能识别出用户的声音，以实时字幕的形式显示用户的演讲内容。可识别中英等多种语言，可直接将识别出来的内容翻译为其他外语显示出来，翻译支持的语言共计 62 种。

3. PowerPoint 与演讲的艺术关系

PPT 对于一个成功的演讲来说显然十分重要，但却只是演讲的一部分，在演讲中要达到很好的效果，还需要演讲者语言、眼神、肢体、互动、道具等多方面的配合。如果演讲者在演讲过程中过分注重 PPT 的作用，用以掩饰演讲者临阵怯场、缺乏自信，或者自己在表达、思考、前期准备等方面的种种不足，往往事与愿违。

（1）与演讲人的互补

我们常常思考，幻灯片对于观众的作用，但是往往忽略幻灯片对于演讲者本身其实也是有莫大的帮助的。

设想一下，当你孤身一人站在台上，所有人的目光都盯着你看，你会不自觉产生心理压力，但是幻灯片的存在却能够帮你分担一部分的压力你感受到你的盟友（即"PPT"）是和你并肩战斗的，这对于初学的演讲者来说是非常重要的。

幻灯片和演讲者就是有这样一个互补的作用，当演讲者气场很强的时候，幻灯片就会自动退为辅助的角色，但当演讲者的气场不够强烈的时候，幻灯片就能够为他分担压力。如果说演讲到头来很糟糕，那么原因是多方面的，但是如果演讲很成功，毋庸置疑是演讲者和幻灯片相互配合，共同成就了完美的演讲。

（2）增加观众的感受维度

当演讲人的论述是一条线段的时候，幻灯片其实是一个一个的点来组成的，由于需要现场讲解，幻灯片必然和演讲者的语言表达、肢体语言，现场听众的互动反馈等元素交织在一起，这些就是信息传递的多个维度。

所以，幻灯片是不含解释内容，也不一定是完整的，它甚至是跳跃的。如果没有幻灯片，观众几乎只是单靠听觉来感受演讲，这时对于自己的感受范围以及听觉压力是非常大的。但是增加了视觉的感受之后，就能够和听觉不同步地接收到更多的信息，这时候会增加趣味性和了解的信息量，也能够减轻耳朵的压力。

（3）让信息直观地以面状呈现

在没有幻灯片的时候，我们了解一个信息，只能是以一个线状的方式了解。简单来讲，就是我们要向受众介绍一个创意、一件物品等，我们只能一点一点的将它用语言、动作或者事先准备好的图片等原始的媒介描述出来。但如果有幻灯片的话，我们能够直接的看到它整体的现状，这让我们了解信息的速度由原来的一个较长时间段变成一个相对较短的瞬时段，这不仅极大地提高了沟通的效率，而且能够让受众一目了然，同时也不会让受众产生理解的偏差。

（4）凝固住有瞬时性的信息

我们都知道一句话，"错过了就错过了"。如果在听取别人介绍时一不留神没听到，只能问旁边的人，这样不仅影响身边的人，也很可能错过接下来重要的内容。但是有幻灯片，我们就知道前面讲述的内容是什么，这非常方便我们进行回顾，也帮助我们能够直接理解信息。

习 题

一、选择题

1. 在 PowerPoint 中，（　　）设置能够应用幻灯片模板改变幻灯片的背景、标题字体格式。

A. 幻灯片版式　　　B. 幻灯片设计　　　C. 幻灯片切换　　　D. 幻灯片放映

2. 下面（　　）视图最合适移动、复制幻灯片。

A. 普通　　　　　B. 幻灯片浏览　　　C. 备注页　　　　D. 大纲

3. 如果希望将幻灯片由横排变为竖排，需要更换（　　）。

A. 版式　　　　　B. 设计模板　　　　C. 背景　　　　　D. 幻灯片切换

4. 如果要终止幻灯片的放映，可直接按（　　）键。

A. Ctrl+C　　　　B. Esc　　　　　　C. End　　　　　　D. Alt+F4

5. PowerPoint 中，有关于幻灯片母版中页眉/页脚下列说法错误的是（　　）。

A. 页眉/页脚是加在演示文稿中的注释性内容

B. 典型的页眉/页脚内容是日期、时间以及幻灯片编号

C. 在打印演示文稿的幻灯片时，页眉/页脚的内容也可以打印出来

D. 不能设置页眉和页脚的文本格式

6. 在 PowerPoint 中，若幻灯片中对象设置为"飞入"，应选择对话框(　　)。

A. 自定义动画　　　　B. 幻灯片版式　　　　C. 自定义放映　　　D. 幻灯片放映

7. 以下关于设计模板的说法，错误的是(　　)。

A. 选择了设计模板相当于使用了新的母版

B. 可以将新建的任何演示文稿保存为设计模板

C. 一个演示文稿只能使用一种设计模板

D. 设计模板是改变演示文稿整体外观的一种设计方案

8. PowerPoint 中，下列有关嵌入对象的说法中错误的是(　　)。

A. 在演示文稿中可以新建嵌入对象，也可以嵌入一个文件

B. 只能在幻灯片视图下新建嵌入对象

C. 要嵌入对象，应选择"插入"菜单中的"对象"命令

D. 新建嵌入对象时，单击"插入对象"对话框中的"新建"命令

9. PowerPoint 中，下列有关在应用程序中链接数据的说法中错误的是(　　)。

A. 可以将整个文件链接到演示文稿中

B. 可以将一个文件中的选定链接到演示文稿中

C. 可以将 Word 的表格链接到 Powerpoint 中

D. 若要与 Word 建立链接关系，则选择 Powerpoint 的"编辑"菜单中的"粘贴"命令即可

10. PowerPoint 中，要为幻灯片上的文本和对象设置动态效果，下列步骤中错误的是(　　)。

A. 在浏览视图中，单击要设置动态效果的幻灯片

B. 选择"幻灯片放映">"自定义动画"命令，单击"顺序和时间"标签

C. 选择要动态显示的文本或者对象，在启动动画中选择激活动画的方法

D. 要设置动画效果可以单击"效果"标签

11. PowerPoint 中，下列有关链接的说法中错误的是(　　)。

A. 若要在源应用程序中编辑对象，则需启动源应用程序，并且打开含有要编辑对象的源文件

B. 若要在目标文件中编辑链接对象，需在目标文件中，双击要编辑的链接对象，将会启动源应用程序，并且打开源文件

C. 如果双击链接对象时没有启动源应用程序，请选择"编辑"菜单中的"链接"命令

D. 当打开包含链接对象的演示文稿时，链接对象会自动更新，人为不能控制是否更新

12. PowerPoint 中，要设置幻灯片切换效果，下列步骤中错误的是(　　)。

A. 选择"视图"菜单中的"幻灯片浏览"命令，切换到浏览视图中

B. 选择要添加切换效果的幻灯片

C. 选择编辑菜单中的"幻灯片切换"命令

D. 在效果区的列表框中选择需要的切换效果

13. PowerPoint 中，下列说法中错误的是(　　)。

A. 可以在浏览视图中更改某张幻灯片上动画对象的出现顺序

B. 可以在普通视图中设置动态显示文本和对象

C. 可以在浏览视图中设置幻灯片切换效果

D. 可以在普通视图中设置幻灯片切换效果

14. PowerPoint 中，有关排练计时的说法中错误的是(　　)。

A. 可以首先放映演示文稿，进行相应的演示操作，同时记录幻灯片之间切换的时间间隔

B. 要使用排练计时，应选择"幻灯片放映"菜单中的"排练计时"命令

C. 系统以窗口方式播放

D. 如果对当前幻灯片的播放时间不满意，可以单击"重复"按钮

15. PowerPoint 中，有关自定义放映的说法中错误的是(　　)。

A. 自定义放映功能可以产生该演示文稿的多个版本，避免浪费磁盘空间

B. 通过这个功能，不用再针对不同的听众创建多个几乎完全相同的演示文稿

C. 用户可以在演示过程中，单击鼠标右键，指向快捷菜单上的"定位"，再指向"自定义放映"，然后单击所需的放映

D. 创建自定义放映时，不能改变幻灯片的显示次序

16. PowerPoint 中，当在万维网上处理一篇包含超级链接的文档时，在打开期间该文档可能又被其所修改。单击 Web 工具栏中的(　　)按钮，将根据网络服务器、Internet 或硬盘上的原文档对打开的文档进行更新。

A 返回　　　　　　　B. 刷新当前页　　　　C. 开始页　　　　　D. 向前

17. PowerPoint 中，有关幻灯片母版的说法中错误的是(　　)。

A. 只有标题区、对象区、日期区、页脚区

B. 可以更改占位符的大小和位置

C. 可以设置占位符的格式

D. 可以更改文本格式

18. PowerPoint 中，在(　　)中，可以轻松地按顺序组织幻灯片，进行插入、删除、移动等操作。

A. 备注页视图　　B. 浏览视图　　　　C. 幻灯片视图　　D. 黑白视图

19. PowerPoint 中，有关修改图片，下列说法错误的是(　　)。

A. 裁剪图片是指保存图片的大小不变，而将不希望显示的部分隐藏起来

B. 当需要重新显示被隐藏的部分时，还可以通过"裁剪"工具进行恢复

C. 如果要裁剪图片，需要单击选定图片，再单击"图片"工具栏中的"裁剪"按钮

D. 按住鼠标右键向图片内部拖动时，可以隐藏图片的部分区域

20. PowerPoint 中，下列说法错误的是(　　)。

A. 可以利用自动版式建立带剪贴画的幻灯片，用来插入剪贴画

B. 可以向已存在的幻灯片中插入剪贴画

C. 可以修改剪贴画

D. 不可以为图片重新上色

二、填空题

1. PowerPoint 中，在浏览视图下，按住"Ctrl"键并拖动某幻灯片，可完成幻灯片的_____操作。

2. 在一个演示文稿中_____同时使用不同的模板。

3. 一个幻灯片内包含的文字、图形、图片等称为_____。

4. 一个演示文稿放映过程中，终止放映需要按键盘上的_____键。

5. 能规范一套幻灯片的背景、图像、色彩搭配的是_____。

6. 在 PowerPoint 中提供了模板文档，其扩展名为_____。

7. 在打印演示文稿时，在一页纸上能包括几张幻灯片缩图的打印内容称为_____。

8. 仅显示演示文稿的文本内容，不显示图形、图像、图表等对象，应选择幻灯片的_____视图方式。

9. 演示文稿中的每一张幻灯片由若干_____组成。

10. 创建新的幻灯片时出现的虚线框称为_____。

11. 在 PowerPoint 中，为每张幻灯片设置放映时的切换方式，应使用"幻灯片放映"菜单下的_____选项。

12. PowerPoint 演示文稿的缺省扩展名为_____。

三、操作题

你想去应聘一家公司，该公司要求应聘人员面试时除介绍自己以外，还必须要有对公司情况的了解，并且提出对你应聘岗位未来3~5年的发展规划，准备10分钟的幻灯片在面试时进行展示汇报，具体要求如下：

1. 汇报题目要联系岗位需求，并有创意，汇报提纲要清晰；

2. 个人简介简单明了，并说明你应聘本岗位的优势和劣势；

3. 汇报中的个人简介或未来规划要图文并茂；

4. 3~5年发展规划中的经济效益要提供表格数据，并且以图表形式表现出来。

单元6 因特网基础与简单应用

自 20 世纪 60 年代计算机网络问世以来，它已经深入到人们的学习、工作和生活的各个方面。在家中、学校、工作单位，人们都可以通过网络进行网站浏览、下载或上传文件、网络聊天、发送或接收电子邮件、网络游戏、网络办公管理等活动，网络极大地拓展了人们获取信息、与他人交流的渠道，改变了人们生活、工作、学习和娱乐方式。

计算机网络是计算机发展和通信技术紧密结合的产物，它的理论发展和应用水平直接反映了一个国家高新技术的发展水平，也是一个国家现代化程度和综合国力的重要标志。在以信息化带动工业化和工业化促进信息化的进程中，计算机网络扮演了越来越重要的角色。

本单元包含涵盖以下内容：

1. 计算机网络概念、形成、分类、结构及网络的软、硬件组成。
2. Internet 概念、网络协议、网络工作原理及下一代因特网的构建。
3. Internet 的基本应用。

6.1 计算机网络基本概念

6.1.1 计算机网络

6.1.1.1 计算机网络的概念

图 6-1 计算机网络结构

计算机网络是指相互共享资源方式互连的自治计算机系统集合。即分布在不同地理位置上的具有独立功能的多个计算机系统，通过通信设备和通信线路互相连接起来，实现数据传输和资源共享的系统。计算机网络结构如图 6-1 所示。

6.1.1.2 计算机网络的特点

一是共享资源，二是分布式独立的自治计算机。

6.1.2 数据通信

6.1.2.1 信道

(1)信道的定义

信道是信息传输的媒介或渠道，作用是把携带有信息的信号从它的输入端传递到输出端。狭义信道可以是传输光或电信号的各种传输媒介；广义信道由传输媒介和部分收发端的通信设备组成，常用的有调制信道和编码信道。

(2)信道分类

根据信道或传输媒质的特性以及分析问题的需要，可以将信道分为有线信道和无线信道两大类。

①有线信道 常见的有双绞线、同轴电缆、光缆等。

双绞线是综合布线工程中最常用的一种传输介质，它由两根具有绝缘保护层的铜导线组成。把两根绝缘的铜导线按一定密度互相绞在一起，每一根导线在传输中辐射出来的电波会被另一根导线上发出的电波抵消，有效降低信号干扰的程度。日常生活中一般把"双绞线电缆"直接称为"双绞线"，如图6-2所示。

同轴电缆是指有两个同心导体，而导体和屏蔽层又共用同一轴心的电缆。最常见的同轴电缆由绝缘材料隔离的铜线导体组成，在里层绝缘材料的外部是另一层环形导体及其绝缘体，然后整个电缆由聚氯乙烯或特氟纶材料的护套包住，如图6-3所示。

图6-2 双绞线

图6-3 同轴电缆

光缆是为了满足光学、机械或环境的性能规范而制造的，它是利用置于包覆护套中的一根或多根光纤作为传输媒质并可以单独或成组使用的通信线缆组件。光缆主要是由光导纤维(细如头发的玻璃丝)和塑料保护套管及塑料外皮构成，光缆内没有金、银、铜、铝等金属，一般无回收价值，如图6-4所示。

②无线信道 常见的介质有地波传播、短波、超短波、人造卫星中继等。

地波传播：无线电波沿地球表面附近空间传播，传播时可随地球表面的弯曲而改变传播方向。

短波：是指频率为3～30MHz的无线电波。短波的波长短，沿地球表面传播的地波绕射能力差，传播的有

图6-4 光缆

效距离短。短波以天波形式传播时，在电离层中所受到的吸收作用小，有利于电离层的反射。

超短波：亦称甚高频(VHF)波、米波(波长范围为1~10m)，频率为30~300MHz的无线电波，传播频带宽，短距离传播依靠电磁的辐射特性，用于电视广播和无线话筒传送音频信号，采用锐方向性的天线可补偿传输过程的衰减。

人造卫星中继：利用中继卫星作为转发站，对中低轨卫星、飞船等飞行器的信号进行中继转发的卫星通信方式。其一般是利用与地球同步的中继卫星在中低轨飞行器和地面站之间建立一条全天候、实时的高速通信链路，可为卫星、飞船等飞行器提供数据中继和测控服务，极大提高各类卫星使用效率和应急能力，能使资源卫星、环境卫星等数据实时下传，为应对重大自然灾害赢得更多预警时间。

6.1.2.2 数字信号和模拟信号

数字信号：指自变量是离散的、因变量也是离散的信号。这种信号的自变量用整数表示，因变量用有限数字中的一个数字来表示。在计算机中，数字信号的大小常用有限位的二进制数表示。计算机产生的电信号用两种不同的电平表示0和1，其波形如图6-5所示。

模拟信号：指用连续变化的物理量表示的信息，其信号的幅度、频率、相位随时间作连续变化，或在一段连续的时间间隔内，其代表信息的特征量可以在任意瞬间呈现为任意数值的信号，其波形如图6-6所示。

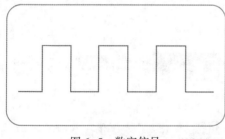

图6-5　数字信号

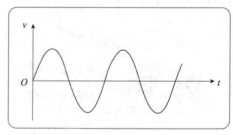

图6-6　模拟信号

6.1.2.3 调制与解调

- 调制(Modulation)：是将数字信号转换成模拟信号的过程。
- 解调(Demodulation)：是将模拟信号还原成数字信号的过程。
- 调制解调器(Modem)：是调制器和解调器组成的一种计算机硬件，它能把计算机的数字信号翻译成可沿普通电话线传送的模拟信号，而这些模拟信号又可被线路另一端的另一个调制解调器接收，并译成计算机可懂的语言。简言之，它是将调制和解调两种功能结合在一起的设备，如图6-7所示。

6.1.2.4 带宽 (Bandwidth) 与传输速率

- 带宽：是指该信号所包含的各种不同频率成分所占据的频率范围，表示信道传输信息的能力，单位是 Hz、KHz、MHz 或 GHz。

图 6-7　调制解调器

●传输速率：泛指数据从一点向另一点传输的速率，又名比特率，表示信道的传输能力，单位是 bps、Kbps、Mbps、Gbps 和 Tbps。

6.1.2.5　误码率

误码率是指二进制比特在数据传输系统中被传错的概率，是通信系统的可靠性指标。误码率=传输中的误码/所传输的总码数×100%。

误码率要求：计算机网络系统中，一般要求误码率要低于 10E-6。

6.1.3　网络的产生与分类

6.1.3.1　网络的产生与发展

随着计算机技术和通信技术的不断发展，计算机网络也经历了从简单到复杂的过程，其发展过程大致可以分为以下 4 个阶段。

（1）第一阶段：面向终端的具有通信功能的单机系统

1954 年，美国军方的半自动地面防空系统将远距离的雷达和测控仪器所探测到的信息传送到某个基地的一台 IBM 计算机上进行处理，再将处理好的数据通过通信线路送回到各自的终端设备，这就是一个简单的计算机网络系统。该系统是早期计算机网络的主要形式，它是以单个计算机为中心，经过通信线路与若干终端直接连接，网络功能以数据通信为主。

（2）第二阶段：从 Arpanet 与分组交换技术开始，以共享资源为主要目的

20 世纪 60 年代末到 70 年代初为计算机网络发展的萌芽阶段。其主要特征是：为了增加系统的计算能力和资源共享，把小型计算机连成实验性的网络。第一个远程分组交换网叫 Arpanet，是由美国国防部于 1969 年建成的，第一次实现了由通信网络和资源网络复合构成计算机网络系统。最初的 Arpanet 虽然只连接了 4 台计算机，但标志着计算机网络的诞生，Arpanet 是这一阶段的典型代表。

20 世纪 70 年代中后期是局域网（Lan）发展的重要阶段。其主要特征为：局域网作为一种新型的计算机体系结构开始进入产业部门。局域网技术是从远程分组交换通信网络和 I/O 总线结构计算机系统派生出来。1974 年，英国剑桥大学计算机研究所开发了著名的剑桥环局域网（Cambridge Ring）；1976 年，美国 Xerox 公司的 PaloAlio 研究中心推出以太网（Ethernet），它成功地采用了夏威夷大学 Aloha 无线电网络系统的基本原理，使之发展成为第一个总线竞争式局域网络。这些网络的成功实现，一方面标志着局域网络的产生；另一方面，它们形成的环网及以太网对以后局域网络的发展起到导航的作用。

（3）第三阶段：广域网、局域网与公用分组交换网发展

各种不同的网络体系结构相继出现，最著名的有 IBM 公司的 SNA（系统网络体系结构）和 DEC 公司的 DNA（数字网络结构）。不同体系结构的网络设备想要互连十分困难。为了使不同体系结构的网络也能相互交换信息，国际标准化组织（ISO）于 1978 年成立了专门机构并制定了世界范围内的网络互连标准，称为开放系统互连参考模型（OSI/RM，Open Systems Interconnection/Reference Model），简称 OSI，给网络的发展提供了一个可以遵循的规则。

整个 20 世纪 80 年代是计算机局域网的发展时期。其主要特征是：局域网完全从硬件上实现了 ISO 的开放系统互连通信模式协议的能力。计算机局域网及其互连产品的集成，使得局域网与局域网互连、局域网与各类主机互连，以及局域网与广域网互连的技术越来越成熟。综合业务数据通信网络（ISDN）和智能化网络（IN）的发展，标志着局域网的飞速发展。1980 年 2 月 JEEE（美国电气和电子工程师学会）下属的 802 局域网络标准委员会宣告成立，并相继提出 IEEE801.5～802.6 等局域网络标准草案，其中的绝大部分内容已被国际标准化组织（ISO）正式认可。作为局域网的国际标准，它标志着局域网协议及其标准化的确定，为局域网的进一步发展奠定了基础。

（4）第四阶段：高速、智能的计算机网络阶段

20 世纪 90 年代初开始，Internet、信息高速公路、无线网络与网络安全迅速发展，信息时代全面到来，是计算机网络飞速发展的阶段。其主要特征是计算机网络化、协同计算能力发展以及全球互连网络（Internet）盛行。计算机的发展已经完全与网络融为一体，体现了"网络就是计算机"的口号。目前，计算机网络已经真正进入社会各行各业，为社会各行各业所采用。另外，虚拟网络、FDDI（光纤分布式数据接口）及 ATM（异步传输模式）技术的应用，使网络技术蓬勃发展并迅速走向市场，走进平民百姓的生活，真正实现了资源共享、数据通信和分布处理的目标。

6.1.3.2　网络的分类

计算机网络可以按照不同的标准进行划分，在此我们按计算机网络所覆盖的地理范围、信息的传递速率及其应用目的，将计算机网络分为局域网、城域网和广域网 3 种。

（1）局域网（Local Area Network，简称 LAN）

局域网是在一个有限地理范围内（十几千米以内）将计算机、外部设备和网络互连设备连接在一起的网络系统，常见于在一幢大楼、一所学校或一个企业内，如图 6-8 所示。局域网具有距离短、延迟小、数据速率高、传输可靠等特点。局域网通常采用以太网、令牌技术、无线局域网等技术。

（2）城域网（Metropolitan Am Network，简称 MAN）

城域网介于广域网和局域网之间，其覆盖范围通常为一个城市或地区，距离从几十千米到上百千米，如图 6-9 所示。其目的是在一个较大的地理区域内提供数据、声音和图像的传输。城域网中可包含若干个彼此互连的局域网，可以采用不同的系统硬件、软件和通信传输介质，从而使不同类型的局域网能有效地共享信息资源。城域网通常采用光纤作为网络的主干通道。

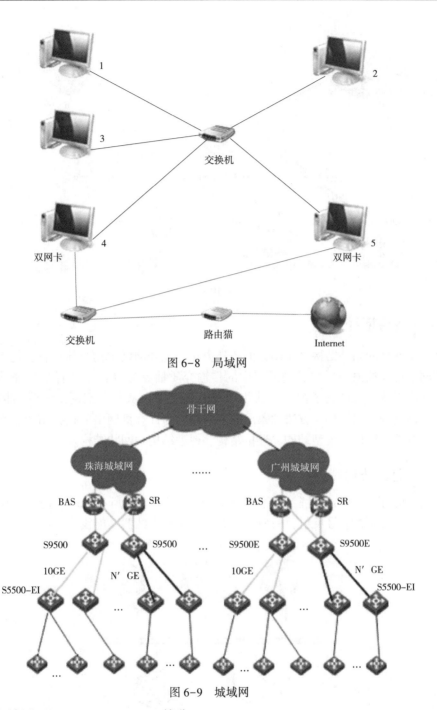

图 6-8　局域网

图 6-9　城域网

（3）广域网（Wide Area Network，简称 WAN）

广域网是实现计算机远距离连接的计算机网络，可以把众多的城域网、局域网连接起来，也可以把全球的城域网、局域网连接起来，如图 6-10 所示。其涉辖的范围较大，一般从几百千米到几万千米，用于通信传输的装置和介质一般由电信部门提供，能实现大范围内的资源共享。

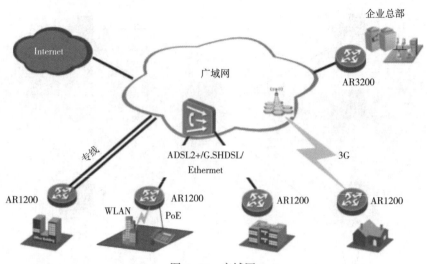

图 6-10　广域网

6.1.4　网络拓扑结构

计算机网络的拓扑结构采用图论的拓扑方法，抛开网络中的具体设备，把工作站、服务器等网络单元抽象为"点"，把网络中的传输介质抽象为"线"，这样从拓扑学的观点看计算机网络系统，就形成了由点和线组成的几何图形，从而得到网络系统结构的抽象模型。我们称这种采用拓扑学方法抽象出的网络结构为计算机网络的拓扑结构。常见的网络拓扑结构有总线结构、星型结构、环型结构、树型结构和网状结构。

6.1.4.1　总线结构

总线结构(图 6-11)是比较普遍采用的一种方式，它将所有的网络内的计算机接到一条通信线上。为防止信号反射，一般在总线两端接有终结器匹配线路阻抗。

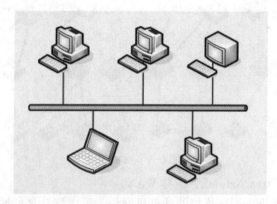

图 6-11　总线结构

总线结构的优点是结构简单、信道利用率较高、价格相对便宜；缺点是同一时刻只能有一个网络节点向网络发送数据、网络延伸距离有限、网络容纳节点数有限。

6.1.4.2　星型结构

星型结构(图 6-12)是以一个节点为中心的网络系统，各种类型的入网机器均与该中心节点物理链路直接相连。而其他节点之间彼此不能直接相连，这些节点之间的通信需要通过中心节点转发。因此，中心节点必须有较强的性能和较高的可靠性。

星型结构的优点是结构简单、建网容易、控制相对简单；缺点是属集中控制、主节点负载过重、可靠性低、通信线路利用率低。

6.1.4.3　环型结构

环型结构(图 6-13)是将各台联网的计算机用通信线路连接成一个闭合的环。在环型结构的网络中，信息按固定方向流动，或顺时针方向、或逆时针方向。

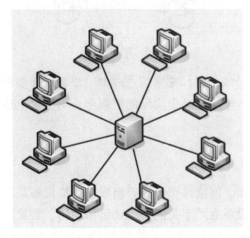
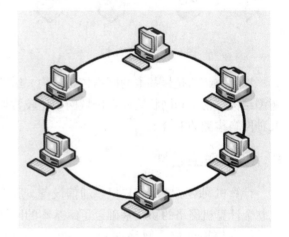

图 6-12　星型结构　　　　　　　　　图 6-13　环型结构

环型结构的优点是一次通信信息在网中传输的最大传输延迟是固定的，每个网上节点只与其他两个节点的物理链路直接互连。因此，传输控制机制较为简单，实时性强；缺点是一个节点出现故障可能会终止全网运行，因此可靠性较差。

6.1.4.4　树型结构

树型结构(图 6-14)实际上是星型结构的一种变形。它将原来用单独链路直接连接的节点通过多级处理主机进行分级连接。

这种结构与星型结构相比降低了通信线路的成本，但增加了网络复杂性。网络中除最低层节点及其连线外，任一节点或连线的故障均影响其所在支路网络的正常工作。

6.1.4.5　网状结构

网状结构(图 6-15)分为全连接网状和不完全连接网状两种形式。全连接网状中，每一个节点和网中其他节点均有链路连接。不完全连接网状中，两节点之间不一定有直接链路连接，它们之间的通信依靠其他节点转接。这种网络的优点是节点间路径多，碰撞和阻塞可大大减少，局部的故障不会影响整个网络的正常工作，可靠性高，网络扩充和主机入网比较灵活、简单；缺点是这种网络关系复杂，建网困难，网络控制机制复杂。广域网中一般采用不完全连接网状结构。

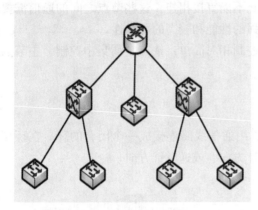 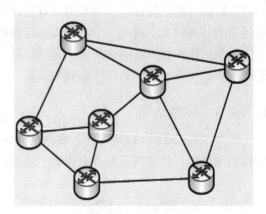

图 6-14　树型结构　　　　　　　　　　　图 6-15　网状结构

以上介绍的是最基本的网络拓扑结构，组建局域网时，常采用总线型、星型、环型和树型结构，树型和网状结构在广域网中比较常见，但是在一个实际的网络中，可能是上述几种网络构型的混合。

6.1.5　**网络硬件**

计算机网络系统由客户机、通信设备、服务器、网络操作系统等组成，网络设备是构成整个计算机网络的物质基础，了解基本的网络设备有助于我们认识和运用网络。常见网络硬件有传输介质、网络接口卡（NIC）、交换机（Switch）、无线访问接入点（Wireless Access Point）和路由器（Router）等。

6.1.5.1　传输介质

局域网的各种设备之间需要传输介质才能进行数据传输，常用的传输介质有双绞线电缆、同轴电缆、光纤、无线传输介质等。

（1）双绞线电缆（TP）

将一对以上的双绞线封装在一个绝缘外套中构成双绞线电缆。为了降低信号的干扰，电缆中的每一对线都是由两根绝缘铜导线相互扭绕而成，因此把它称为双绞线。双绞线分为非屏蔽双绞线（UTP）和屏蔽双绞线（STP）两大类。

双绞线是 8 芯铜线，分成 4 对绞绕而成。在局域网中使用双绞线连接网卡与集线器，最大网线长度为 100m。如果要扩大网络的范围，在两段双绞线之间可安装中继器，最多可安装 4 个中继器。若使用 4 个中继器连接 5 个网段，最大传输范围可达 500m。双绞线连接交换机、网卡等设备时需要使用 RJ-45 接头（8 槽水晶头），RJ-45 接头的接线线序有两种标准：T568A 标准和 T568B 标准，见表 6-1 所列。

表 6-1　T568B 和 T568A 线序标准

T568A 线序	1	2	3	5	6	7	8
	绿白	绿	橙白	蓝白	橙	棕白	棕
T568B 线序	1	2	3	5	6	7	8
	橙白	橙	绿白	蓝白	绿	棕白	棕

一段双绞线的两端使用同一种规范的接头称为平行接法，常用于不同设备的连接。使用不同规范的接头，称为交叉接法，常用于同类设备的连接。按照传输速度，双绞线分为 3 类、5 类、超 5 类和 6 类几种。3 类双绞线只支持 10Mb/s 的速度，5 类、超 5 类和 6 类双绞线则支持 100Mb/s 甚至 1000Mb/s 的高速连接。双绞线在两个节点间的有效传输距离为 100m，过长则需要使用中继器。屏蔽双绞线（STP）的传输性能高于非屏蔽双绞线（UTP），但却贵出很多，STP 的结构如图 6-2 所示。

（2）同轴电缆

同轴电缆由一根空心的外圆柱导体和一根位于中心轴线的内导线组成，内导线和圆柱导体及外界之间用绝缘材料隔开，按直径的不同可分为粗缆和细缆两种，只支持 10Mb/s 的传输速度。前者与 9 芯 D 型 AUI 连接，有效传输距离为 50m；后者用 T 形头连接网卡的 BNC 口，传输距离为 185m，结构如图 6-3 所示。

（3）光纤

光纤主要由一组细小而柔韧的光导纤维组成，用来传播光信号的传输介质。光纤利用全反射原理将特定频率的光束限制在光纤内传播，由于不存在折射，没有光信号的泄漏。光发送机将电信号变为光信号，并把光信号导入光纤，在另一端由光接收机接收光纤上传来的光信号，并把它变为电信号，经解码后再处理。与其他传输介质相比，光纤的电磁绝缘性能好、信号衰减小、频带宽，传输速度快、传输距离长。主要用于要求传输距离较长、布线条件特殊的主干网连接。

光纤分为单模光纤和多模光纤。单模光纤由激光作光源，仅有一条光通路，传输距离长（在 2km 以上）；多模光纤由二极管发光，速度慢，传输距离短（在 2km 以内），结构如图 6-4 所示。

（4）无线传输介质

除了上述的有线传输介质外，还可以使用开放的无线传输，常见的有：红外、蓝牙、激光、微波和卫星等。

6.1.5.2　网络接口卡（NIC）

网络接口卡（图 6-16）又称网络适配器，工作于物理层和数据链路层的 MAC 子层，是计算机进行连网的必需设备。它一般做成插卡的形式或内置于主板上，接口有 ISA、PCI、USB3 种，连接方式有双绞线、同轴电缆和无线 3 种，速度有十兆、百兆、千兆直至 GB 或 TB，如图 6-16 所示。

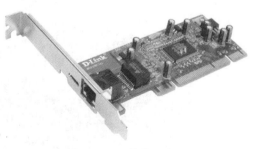

图 6-16　网络接口卡

6.1.5.3 交换机(Switch)

交换机(图6-17)是工作在数据链路层的局域网连接设备。速度通常在100Mb/s以上，且带宽是各个端口独占的。交换机的功能不断变化，有的可堆叠，有的支持网关，有的还具有第三层(ISO/OSI参考模型的第三层，即网络层)的功能，也就是所谓的"三层交换机"。三层交换机既具有三层路由的功能，又具有二层交换的网络速度，对于规模较大的局域网是必不可少的，尤其是核心骨干网一定要用三层交换机，否则整个网络的众多计算机都在一个子网中(划分子网又不方便互访)，不仅安全有忧，也会受制于广播风暴(用路由器虽然可以隔离广播，但是性能和速度又大打折扣)。

图6-17 新华三的交换机

图6-18 新华三的无线
访问接入点

6.1.5.4 无线访问接入点(Wireless Access Point)

无线访问接入点是一个无线网络的接入点，俗称"热点"(图6-18)。主要有路由交换接入一体设备和纯接入设备，一体设备执行接入和路由工作，纯接入设备只负责无线客户端的接入。纯接入设备通常作为无线网络扩展使用，与其他访问接入点或者主访问接入点连接，以扩大无线覆盖范围，而一体设备一般是无线网络的核心。

6.1.5.5 路由器(Router)

路由器(图6-19)是用来连接局域网与广域网的设备，是局域网的核心设备。路由器工作在网络层，具有地址翻译、协议转换和数据格式转换等功能。通过分组转发来实现网络互连，有很强的异构网连接能力，并有路由选择和子网划分功能。

图6-19 新华三的路由器

6.1.6　网络软件

计算机网络是由许多计算机组成的。要实现网络计算机之间数据传输，就必须知道数据传输的目的地址和保证数据迅速可靠传输的措施。Internet 使用一种专门的计算机协议，保证数据安全、可靠地到达目的地，即 TCP/IP 协议。它分为 TCP 协议（Transmission Control Protocol，传输控制协议）和 IP 协议（Internet Protocol，网际协议）两部分，是最重要的网络软件之一，是商业化网络协议，也是工业标准。

6.1.6.1　TCP/IP 协议

TCP/IP 协议是传输控制协议/网际协议，英文全称是 Transmission Control Protocol/Internet Protocol，是指能够在多个不同网络间实现信息传输的协议族。TCP/IP 协议不仅是指 TCP 和 IP 两个协议，还指一个由 FTP、SMTP、TCP、UDP、IP 等协议构成的协议族，只是因为在 TCP/IP 协议中，TCP 协议和 IP 协议最具代表性，所以被称为 TCP/IP 协议。TCP/IP 协议是连入 Internet 的所有计算机在网上进行各种交换和传输必须采用的协议，是一个普遍使用的网络互连标准协议。

（1）TCP 协议

TCP 协议是传输控制协议，是英文 Transfer Control Protocol 的简写，属于传输层协议。负责把数据分成若干个数据包，并给每个数据包加上包头，包头上有相应的编号，以保证在数据接收端能将数据还原为原来的格式。主要向应用层提供面向连接服务，确保网上发送的数据报完整地接收，实现错误重发，确保发送端到接收端的可靠传输。

（2）IP 协议

IP 协议是网际协议（Internet Protocol，简称 IP）属于网络层协议。TCP 协议和 IP 协议是 TCP/IP 协议中两个最基础的协议，在每个包头上再加上接收端主机地址，这样数据找到自己要去的地方，如果传输过程中出现数据丢失、失真等情况，TCP 协议会自动要求数据重传。

6.1.6.2　TCP/IP 协议的四层结构

（1）应用层（Application Layer）

TCP/IP 中的应用层相当于 OSI 模型中的会话层、表示层和应用层的结合。用户通过应用层提供的服务来访问网络，用户可以使用的协议和服务包括 HTTP、FTP、TELNET、SMTP、DNS、SNMP 等。

（2）传输层（Transport Layer）

主要功能是分割并重新组装上层提供的数据流，为数据流提供端对端的传输服务。在发送方，传输层将应用层提供的数据流分段，并将这些数据段加上标识，包括由哪个应用程序发出、由哪个应用程序处理、使用什么传输层协议、校验和、报文长度等，这种标识称为传输层报文头，例如，TCP 报文头、UDP 报文头。在接收方，传输层去掉传输层报文头，利用报文头中的校验和来检验数据在传输过程中是否出错，以一定的顺序将数据段重新组装成数据流交给应用程序处理。

（3）网络互联层（Internet Layer）

负责将数据分组路由到正确的目的地。在发送方，Internet 层将传输层提供的数据段封装到数据报中，并填入 IP 报头（包括源 IP 地址、目标 IP 地址、使用什么协议、校验等）；在接收方，Internet 层通过读取 IP 报头中的信息决定如何处理数据报。如果是路由器收到数据报，它则通过校验和检验其有效性，决定是做本地处理还是转发该数据报；如果是目标主机收到该数据报，通过校验后，它会去掉 IP 报头交给传输层处理。

（4）网络接口层（Network Access Layer）

在发送方，网络接口层负责将 Internet 层提供的数据封装成帧，帧头中包含源物理地址、目标物理地址、使用何种链路封装协议（如 HDLC，PPP）等信息，然后把帧发送出去；在接收方，该层读取帧头中的信息，如果是发给自己的则拆开帧头，将数据报交给网络层处理，如果不是发给自己的则丢弃该帧。

网络接口层可以是面向连接的，也可以是无连接的，是否面向连接取决于是否往帧中加入不同的报头。如果是面向连接的，则报头必须指明分组中帧的数量和在目的地中帧需要重新装配的顺序，网络接口层通过循环冗余校验（CRC）的方法来确保所有的帧都能被正确接收。对于无连接来说，每个分组的处理信息都独立于所有其他分组，无连接协议中的分组被称为数据报（datagram），每个分组都是独立寻址。

6.1.7 无线局域网

6.1.7.1 无线局域网（WLAN）概念

WLAN 是 Wireless Local Area Network 的简称，指应用无线通信技术将计算机设备互联起来，构成可以互相通信和实现资源共享的网络体系。无线局域网本质的特点是不再使用通信电缆将计算机与网络连接起来，而是通过无线的方式连接，从而使网络的构建和终端的移动更加灵活。

无线局域网是非常便利的数据传输系统，它利用射频（Radio Frequency；RF）技术，使用电磁波取代旧式碍手碍脚的双绞铜线（Coaxial）所构成的局域网络，在空中进行通信连接，使得无线局域网络能利用简单的存取架构，让用户透过它，达到"信息随身化、便利走天下"的理想境界，无线局域网结构如图 6-20 所示。

6.1.7.2 Wi-Fi（Wireless Fidelity）

（1）Wi-Fi（Wireless Fidelity）概念

Wi-Fi 又叫无线保真，是 Wireless Fidelity 的缩写，与蓝牙技术一样，同属于在办公室和家庭中使用的短距离无线技术，是允许电子设备连接到一个无线局域网（WLAN）的技术，常见的 Wi-Fi 标志如图 6-21 所示。

（2）Wi-Fi 优点

①无线电波的覆盖范围广，基于蓝牙技术的电波覆盖范围非常小，半径大约只有 15m 左右，而 Wi-Fi 的半径则可达 100m 左右，在整栋大楼中也可使用。由 Vivato 公司推出的一款新型交换机，能够把 Wi-Fi 无线网络 100m 的通信距离扩大到约 6.5km。

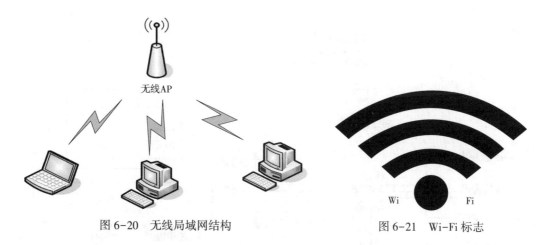

图 6-20 无线局域网结构　　　　　　图 6-21 Wi-Fi 标志

②虽然由 Wi-Fi 技术传输的无线通信质量不是很好，数据安全性能比
蓝牙技术差一些，传输质量也有待改进，但传输速度非常快，可以达到
11Mbps，符合个人和社会信息化的需求。

主要操作步骤扫描二维码，观看视频学习。

6.2　Internet 基础

6.2.1　Internet 概念

因特网是 Internet 的中文译名，起源于 Arpanet。Internet 是计算机和通信技术相结合
的产物，是当代计算机技术发展的一个重要方向，目的是将各地不同的主机以一种对等
的通信方式连接起来。Internet 的出现使人们的生活方式发生了巨大的变化，它是人类
文明史上的一个里程碑。20 世纪 80 年代，世界先进工业国家纷纷接入 Internet，使 In-
ternet 迅速发展。我国于 1994 年 4 月正式接入 Internet，从此中国的网络建设进入了大规
模发展阶段。

Internet 是世界上最大的互连网络，它是通过分层结构实现的，包含了物理网、协议、
应用软件、信息 4 大部分。其中，物理网是 Internet 的物质基础，它是由世界上各个地方
接入到 Internet 中来的大大小小网络软、硬件及网络拓扑结构各异的局域网、城域网和广
域网，通过成千上万个路由器或网关及各种通信线路连接而成的。

Internet 上使用 TCP/IP 协议组。Internet 正是通过 TCP/IP 协议组才实现各种不同网络
的互连，可以说没有 TCP/IP 协议就没有 Internet。

Internet 的核心是全球信息共享，包括文本、图形、图像、音频和视频等多媒体信息。
Internet 就好比是一个包罗万象、无比庞大的图书馆，可以连接到其中的全球任何一台计
算机，就好比是开启了通往图书馆的一扇大门，不管何时何地都可以进入图书馆汲取养
分，如图 6-22 所示。

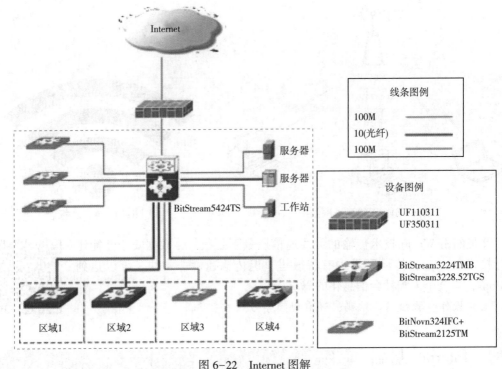

图 6-22 Internet 图解

6.2.2 TCP/IP 协议及工作原理

6.2.2.1 TCP 协议

（1）TCP 协议的功能

TCP/IP 协议源于 1969 年，是针对 Internet 开发的一种体系结构和协议标准，目的在于解决异种计算机网络的通信问题，使得网络在互联时能为用户提供一种通用、一致的通信服务。它向应用层提供面向连接服务，确保网上发送的数据报完整地接收，实现错误重发，确保发送端到接收端的可靠传输。

（2）TCP 协议中的应用层协议（Application Layer）

TCP/IP 中的应用层相当于 OSI 模型中的会话层、表示层和应用层的结合，用户通过应用层提供的服务来访问网络。用户可以使用的协议和服务包括 Telnet、SMTP、FTP、HTTP 等。

①Telnet（远程登录协议） 用来将一台计算机连接到远程计算机上，使之成为远程计算机的一个终端。如将一台低端计算机登录到远程的高级计算机上，则在本地机上需花长时间完成的计算工作在远程机上可以很快完成。

②SMTP（简单邮件传输协议） 是一种提供可靠且有效的电子邮件传输的协议。SMTP 是建立在 FTP 文件传输服务上的一种邮件服务，主要用于系统之间的邮件信息传递，并提供有关来信的通知。

③FTP（文件传输协议） 用于简化 IP 网络上系统之间文件传送的协议。采用 FTP 可

使用户高效地从 Interne 上的 FTP 服务器下载大信息量的数据文件，以达到资源共享和传递信息的目的。

④HTTP(超文本传输协议)　应用层的一个面向对象协议，适用于分布式超媒体信息系统。

6.2.2.2　IP 协议的功能

IP 协议是网络层中一个重要的协议，其主要功能是将不同类型的物理网络互联在一起，进行路由选择。

TCP/IP 协议族是一组不同层次上的多个协议的组合。TCP/IP 通常被认为是一个四层协议系统，其地址与层次的关系如图 6-23 所示。

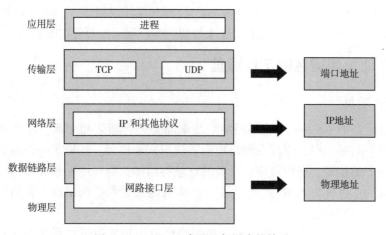

图 6-23　TCP/IP 中地址与层次的关系

6.2.3　Internet 客户机/服务器体系结构

6.2.3.1　客户机/服务器（C/S）体系结构

C/S 即 Client/Server 结构。在因特网的 TCP/IP 环境中，联网计算机之间相互进程通信的模式主要采用客户机/服务器(C/S)结构，C/S 结构是两层结构。服务器负责数据的管理，客户机负责完成与用户的交互任务。

通过 C/S 结构可以充分利用两端硬件环境的优势，将任务合理分配到 Client 端和 Server 端来实现，降低了系统的通信开销。服务器通常采用高性能的 PC、工作站或小型机，并采用大型数据库系统，如 Oracle、Sybase、Informix 或 SQL Server，客户端需要安装专用的客户端软件。C/S 结构的进程通信如图 6-24 所示。

6.2.3.2　客户机/服务器（C/S）体系结构的应用

- Telnet 远程登录
- FTP 文件传输服务
- HTTP 超文本传输服务
- 电子邮件服务(SMTP、POP3)

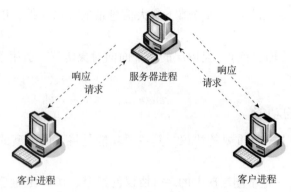

图 6-24　C/S 结构的进程通信

POP3 全名为 Post Office Protocol-Version 3，即邮局协议版本 3，是 TCP/IP 协议族中的一员，由 RFC1939 定义。本协议主要用于支持使用客户端远程管理在服务器上的电子邮件。

6.2.4　IP 地址和域名的工作原理

6.2.4.1　IP 地址

在庞大而复杂的 Internet 中，不同网络终端间要进行通信和交流，那么就要给每个终端分配一个唯一的标识符，以便在网络中能够被识别和找到。地址是一种标识符，用于标记设备在网络中的位置。在网络中，设备的地址有两种：物理地址和 IP 地址。

①物理地址　也称为 MAC 地址，是一个 48 位地址，每个网络设备在出厂时都分配一个全球唯一的 48 位地址。

②IP 地址　是 IP 协议提供的能够反映网络设备连接的逻辑关系的地址，也称为逻辑地址。IP 地址由 32 位二进制或 4 个字节组成，则每个字节对应一个 0~255 的十进制数，数字之间用小数点隔开，格式为：XXX.XXX.XXX.XXX，如 192.168.1.119。

当一个设备接入网络时，会给它分配一个 IP 地址，因此一个网络设备的物理地址和它的 IP 地址是对应的，二者之间的映射关系由地址解析协议管理，并将最新的映射关系存放在 ARP 缓存中。

（1）IP 地址格式

IP 地址采用分层结构，由网络标识和主机标识两部分组成，如图 6-25 所示。

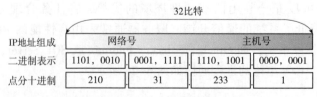

图 6-25　IP 地址格式

网络标识用于标记设备所在的网络，主机标识用来标记设备在此网络中的位置。

（2）IP 地址类型

IP 地址分为 5 类，即 A、B、C、D、E。其中 A、B、C 类 IP 地址为基本地址，如图 6-26所示。

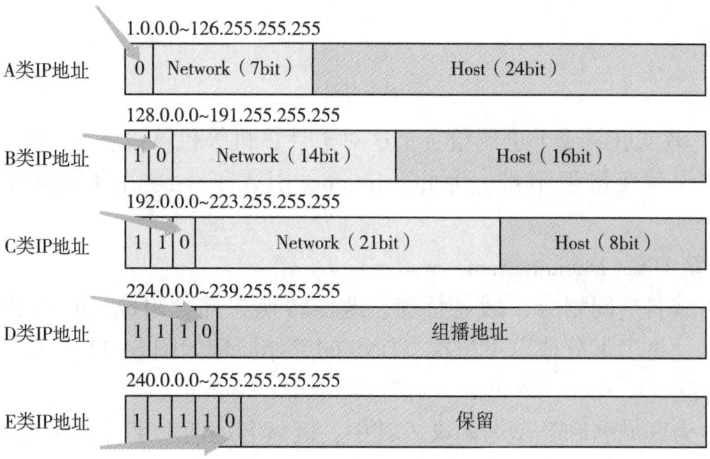

图 6-26　IP 地址类型

①A 类 IP 地址　如果用二进制表示 IP 地址，则 A 类 IP 地址的第一个字节为网络号码，其余的 3 个字节为本地计算机的号码，而且网络地址的最高位必须是 0。A 类 IP 地址中，网络标识的长度为 7 位，主机标识的长度为 24 位，A 类 IP 地址数量较少，可以用于主机数达 1600 多万台的大型网络。

②B 类 IP 地址　B 类 IP 地址由 2 字节的网络地址和 2 字节的主机地址组成，网络地址的最高位必须是 10。B 类 IP 地址中网络标识的长度为 14 位，主机标识的长度为 16 位。B 类 IP 地址适用于中等规模的网络，每个网络所能容纳的计算机数为 6 万多台。

③C 类 IP 地址　C 类 IP 地址由 3 字节的网络地址和 1 字节的主机地址组成，网络地址的最高位必须是 110。C 类 IP 地址中网络标识的长度为 21 位，主机标识的长度为 8 位，C 类 IP 地址数最较多，适用于小规模的局域网络，每个网络最多只能包含 254 台计算机。

④D 类 IP 地址　历史上被叫做多播地址（multicast address），即组播地址。在以太网中，多播地址命名了一组应该在这个网络中应用接收到一个分组的站点。多播地址的最高位必须是"1110"，范围从 224. 0. 0. 0 到 239. 255. 255. 255。

⑤E 类 IP 地址　不分网络地址和主机地址，它的第 1 个字节的前 5 位固定为 11110。E 类地址范围从 240. 0. 0. 1 到 255. 255. 255. 254。

除了上面 3 种类型的 IP 地址外，TCP/IP 协议还规定了一些特殊的 IP 地址具体如下：

●IP 地址中的第一个字节以"1110"开始的地址都叫多点广播地址，因此，任何第一个字节大于 223 且小于 240 的 IP 地址都是多点广播地址。

●IP 地址中的每一个字节都为 0 的 IP 地址（"0.0.0.0"）对应于当前主机。

●IP 地址中的每一个字节都为 1 的 IP 地址（"255.255.255.255"）是当前子网的广播地址。

●IP 地址中凡是以"1110"开始的地址保留，作为特殊用途使用。

●IP 地址不能以十进制"127"作为开头，127.1.1.1 用于回路测试。IP 地址的第一个6 位组也不能全部为 0，全部为 0 表示本地网络。

6.2.4.2 域名

（1）域名概念

IP 地址是一串二进制或十进制数字，这对于计算机等机器设备来说是容易识别和理解的，但对于人来说就变得很困难，为此，Internet 引入了一组由字符组成的名字代替 IP 地址。

（2）域名系统 DNS（Domain Name System）

域名系统由域名空间划分、域名管理、地址转换 3 部分组成。TCP/IP 采用分层次结构方法命名域名，将名字分成若干层次，DNS 的工作原理如图 6-27 所示。

（3）顶级域名

顶级域名分为区域名和类型名两类。其中，区域名用两个字母表示世界上的国家和地区，常用顶级域名见表 6-2 所列。

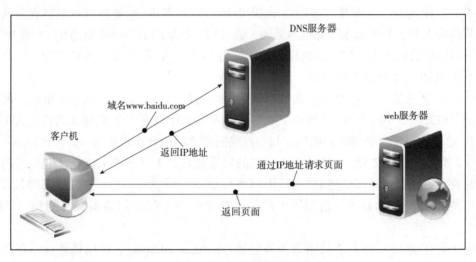

图 6-27 DNS 工作原理

表 6-2 顶级域名

代码	机构名称	代码	国家名称
com	商业机构	cn	中国
edu	教育机构	jp	日本
gov	政府机构	hk	香港
int	国际组织	uk	英国
mil	军事机构	ca	加拿大
net	网络服务机构	de	德国
org	非盈利机构	fr	法国

6.2.5　下一代因特网及接入因特网

6.2.5.1　下一代因特网

（1）概念

下一代因特网英文名为 Next Generation Internet，简称 NGI，它是地址空间更大、更安全、更快、更方便的因特网。下一代因特网发展远景是将彩色视像、声音和文字等多媒体集成在大型计算机上，以便能在网络上展示，并建立一个工作、学习、购物、金融服务以及休闲的环境。

（2）IP 协议趋势

IPv6 是下一代因特网最核心的内容，它在扩展网络的地址容量、安全性、移动性、服务质量以及对流的支持方面都具有明显的优势。

6.2.5.2　接入因特网

接入因特网需要向因特网服务供应商（Internet Service Provider，简称 ISP）提出申请。ISP 的服务主要是指因特网接入服务，即通过网络连线把我们的计算机或其他终端设备连入因特网，如中国电信、中国移动、中国联通等的数据业务部门。

（1）有线连接

①广电网络　利用现有的有线电视网络以及有线电视电缆的一个频道进行数据传送，如图 6-28 所示。

②光纤网络　利用数字宽带技术，将光纤直接接入小区，用户再通过小区内的交换机，采用普通的双绞线实现连接的一种高速接入方式，如图 6-29 所示。

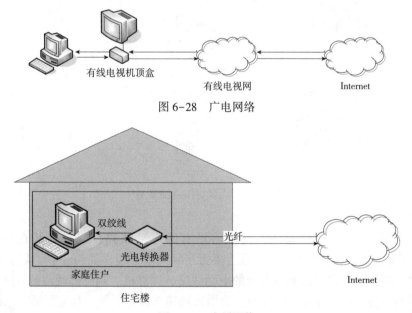

图 6-28　广电网络

图 6-29　光纤网络

（2）ADSL 接入

非对称数字用户线路（Asymmetric Digital Subscriber Line，简称 ADSL）是数字用户线路（Digital Subscriber Line，简称 xDSL）服务中最流行的一种，采用频分复用技术将电话线传输分为低频（用于语音通信）和高频（用于网络传输），只需安装分离器和 ADSL Modem，并在计算机内安装网卡即可，ADSL 工作机制如图 6-30 所示。

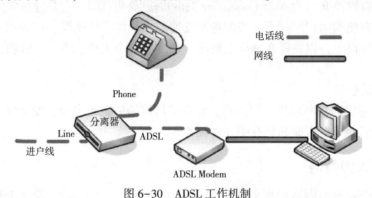

图 6-30　ADSL 工作机制

（3）无线连接

无线连接是指使用 Wi-Fi、4G、5G 等无线技术建立设备之间的通信链路，为设备之间的数据通信提供基础，常用的实现无线连接的设备有无线路由器、蜂窝设备等。

采用无线手段连接因特网的接入技术，可分为固定接入和移动接入两类。无线应用协议 WAP 接入因特网如图 6-31 所示，无线局域网 WLAN 接入因特网如图 6-32 所示。WAP 和 WLAN 均属于移动接入。

图 6-31　无线应用协议 WAP

（4）电话拨号接入

电话拨号即 Modem 拨号接入，是指将已有的电话线路，通过安装在计算机上的 Modem（调制解调器，俗称"猫"），拨号连接到互联网服务提供商（ISP），从而享受互联网服务的一种上网接入方式。只要有普通的电话线路、计算机、调制解调器就可接入因特网。特点是：连接简单方便、数据传输速率较低、接入稳定性较差，电话拨号如图 6-33 所示。

主要操作步骤扫描二维码，观看视频学习。

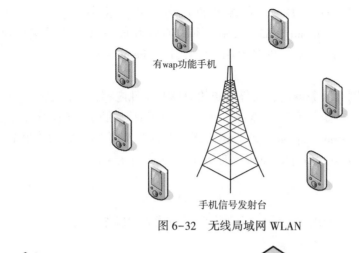

图 6-32　无线局域网 WLAN

图 6-33　电话拨号接入方式

6.3　Internet 简单应用

6.3.1　网上漫游

6.3.1.1　相关概念

（1）WWW（万维网）

WWW 是环球信息网 World Wide Web 的缩写，简称为 Web，分为 Web 客户端和 Web 服务器程序。WWW 服务将文本、图像、文件和其它资源以超文本的形式提供给它的访问者。

（2）超文本和超链接

超文本是把一些信息根据需要连接起来的信息管理技术，人们可以通过一个文本的链接指针打开另一个相关的文本。超链接是 WWW 上的一种链接技巧，它是内嵌在文本或图像中的，通过已定义好的关键字和图形，只要单击某个图标或某段文字，就可以自动连上相对应的其他文件。

（3）统一资源定位器（URL）

URL 是 Uniform Resource Locator 的缩写，用于定位 WWW 上的资源，如文档（或其他数据）。URL 好比 Internet 的门牌号，WWW 中的任何资源，如一个文件，无论它以何种方式存在于何种服务器中都有一个唯一的 URL 地址，用户只要给出正确的所要访问资源的 URL 地址，WWW 服务器就能准确无误地将它找到并且传送到发出请求的 WWW 客户机上去。

URL 由 3 部分组成：资源类型、资源主机域名和资源文件名。例如，http：// www. Bxait. cn/01/show. php？itemid=165，其中：资源类型为 http（超文本传输协议），资源主机域名为 www. Bxait. cn，资源文件名为 01/show. php？itemid=1650。

（4）浏览器

浏览器是可以显示网页服务器或者文件系统的 HTML 文件内容，并让用户与这些文件交互的一种软件，专门用于定位和访问 Web 信息的导航工具。目前除了操作系统自带的浏览器（如微软公司的 Internet Explorer）外，还出现了功能性好的第三方浏览器软件。例如，NetscapeMaxthon、firefox、Google、360、搜狗等。

6.3.1.2　网页浏览

以 IE（Internet Explorer）浏览器为例，说明浏览器的功能和操作方法。

（1）启动 IE 浏览器

启动 IE 浏览器的方法有以下 3 种：

①双击桌面上的 Internet Explorer 快捷方式图标。

②单击任务栏中的 Internet Explorer 快捷方式图标。

③依次单击"开始""程序""Internet Explorer"，启动 IE 浏览器。

（2）IE 浏览器界面及操作

IE 浏览器界面及操作如图 6-34 所示。

图 6-34　IE 浏览器界面

6.3.1.3　网页保存和阅读

网页的保存和阅读有 3 个步骤：

①点击"保存"按钮或在弹出的下拉菜单文件中选择"另存为"，如图 6-35 所示。

②在弹出的对话框中，选择保存类型，然后点击"确定"按钮，如图 6-36 所示。

③如需阅读网页内容，只需在浏览器的地址栏输入网址，打开网页浏览即可。

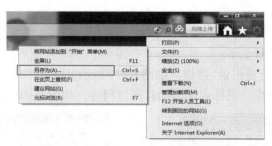

图 6-35 IE 浏览器另存界面

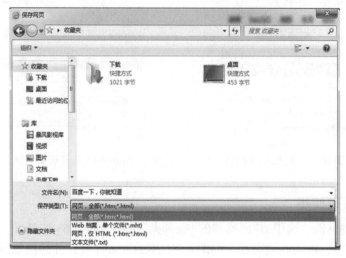

图 6-36 保存对话框

6.3.1.4 主页更改

主页更改的步骤如下：

①在打开的浏览器中点击"设置"按钮，如图 6-37 所示，然后选择"Internet 选项"。

②在"Internet 选项"对话框中设置主页地址，如图 6-38 所示。

图 6-37 IE 浏览器界面 Internet 选项卡

图 6-38 主页地址设置界面

6.3.1.5　历史记录使用

打开历史记录的步骤如下：

①点击浏览器的"历史记录"按钮，如图 6-39 所示。

②选择要打开的网址，鼠标点击自动打开该网址，如图 6-40 所示。

图 6-39　历史记录按钮　　　　　图 6-40　选择历史网址

6.3.1.6　收藏夹使用

①打开 IE 浏览器，选中 IE 浏览器的"收藏夹"按钮，如图 6-41 所示。

②点击收藏夹，进入收藏夹栏，如图 6-42 所示，选择要打开的网址即可。

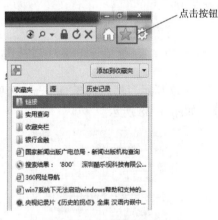 

图 6-41　浏览器收藏夹　　　　　图 6-42　浏览器收藏夹栏

6.3.2　**信息搜索**

6.3.2.1　常见搜索引擎

- 百度（www. baidu. com）
- 搜狐（www. sohu. com）
- 搜狗（www. sogou. com）

6.3.2.2 实例演示

使用百度搜索引擎，以搜索"奥运会比赛项目"为例，其步骤如下：

①打开 IE 浏览器，在地址栏中输入网址"www. baidu. com"，按回车键，如图 6-43 中的 a 所示。

②在百度搜索引擎的搜索框中输入"奥运会比赛项目"，如图 6-43 中的 b 所示，点击"百度一下"。

图 6-43 百度搜索引擎界面

③显示结果如图 6-44 所示。

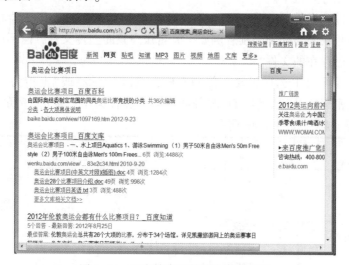

图 6-44 百度搜索引擎搜索结果界面

6.3.3 FTP 文件传输

文件传输协议(FTP)可以在不同的计算机之间传送文件，并与计算机所处的位置、连接方式以及使用的操作系统无关，因此可以使用 FTP 从远程计算机下载文件到本地计算机，或将本地计算机上的文件传送（上传）到远程计算机。可以在浏览器中使用 FTP 访问匿名站点，为此，在 IE 浏览器的地址栏中输入 FTP 地址，例如，ftp：//ftp. sjtu. edu. cn/，然后点击地址栏右端的"转至"按钮，就可以进入 FTP 服务器，如图 6-45 所示。

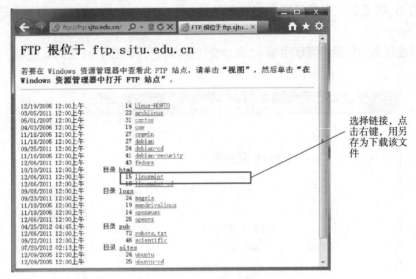

图 6-45　FTP 文件下载界面

在打开的页面中，查找所需要的文件资料，选中查找到的信息并点击鼠标右键，在弹出的快捷菜单中选择"复制到文件夹"，在弹出的浏览文件夹下指定文件存放路径，就可以把文件下载到本地计算机中。

为了上传文件到远程 FTP 服务器，用户通常需要有一个 FTP 服务器账户，否则只能用匿名账户，但是权限会受到限制。例如，匿名账户只能上传文件，但不能在远程计算机上建立或者修改已存在的文件。

首先在本地计算机中选择想要上传的文件，点击"上传"或"上传为"，或复制文件；然后使用账户及密码登录到远程 FTP 服务器相应的文件夹中，点击"粘贴"，就可以把文件上传到 FTP 服务器，如图 6-46 所示。

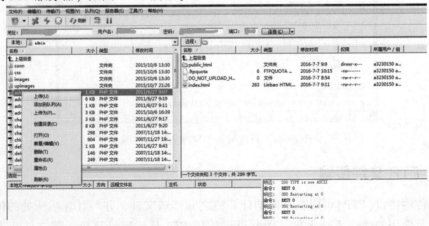

图 6-46　文件上传到 FTP 界面

6.3.4　电子邮件

6.3.4.1　概念

电子邮件(E-mail)是一种应用计算机网络进行信息传递的通信手段。在 Internet 上使用电子邮件，每一个用户必须拥有一个电子邮件地址，又称 E-mail 地址。

6.3.4.2　电子邮箱的格式

电子邮箱的构成：<用户标识>@ <主机域名>。例如，
benlinus@ sohu. com。

6.3.4.3　信件的构成

一个完整的信件有信头和信体，信头相当于信封(包含收件人、抄送、主题)，信体即信件内容。

6.3.4.4　实例演示 Outlook 的使用（详见6.3视频）

首次登陆 Outlook，需要配置，步骤如下所示：

①点击左下角的"开始"按钮，在 Office 组件中找到 Out-
look，如图6-47所示。

图6-47　打开 Outlook

②添加账户，如图6-48所示。

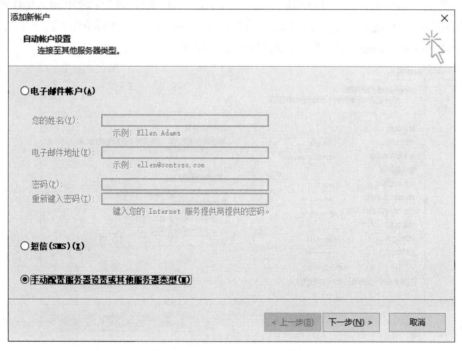

图6-48　在 Outlook 中添加账户

③默认选择服务，如图 6-49 所示。

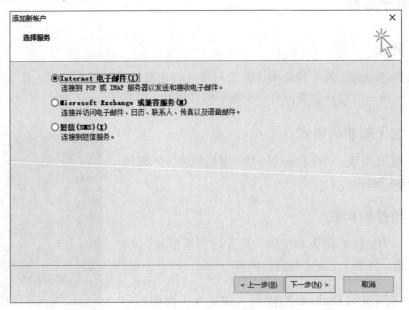

图 6-49　在 Outlook 中默认选择服务

④Internet 电子邮件进行设置　以 QQ 邮箱为例，在"电子邮件地址"字段中输入完整 QQ 邮箱地址，如 you@ qq. com，然后在"接收邮件服务器"字段中输入 pop. qq. com，在 "发送邮件服务器(SMTP)"字段中输入 smtp. qq. com，在"用户名"字段中输入 QQ 邮箱用 户名(仅输入@ 前面的部分)，在"密码"字段中输入邮箱密码，然后单击"下一步"，如图 6-50 所示，进入 Outlook 邮件系统，如图 6-51 和图 6-52 所示。

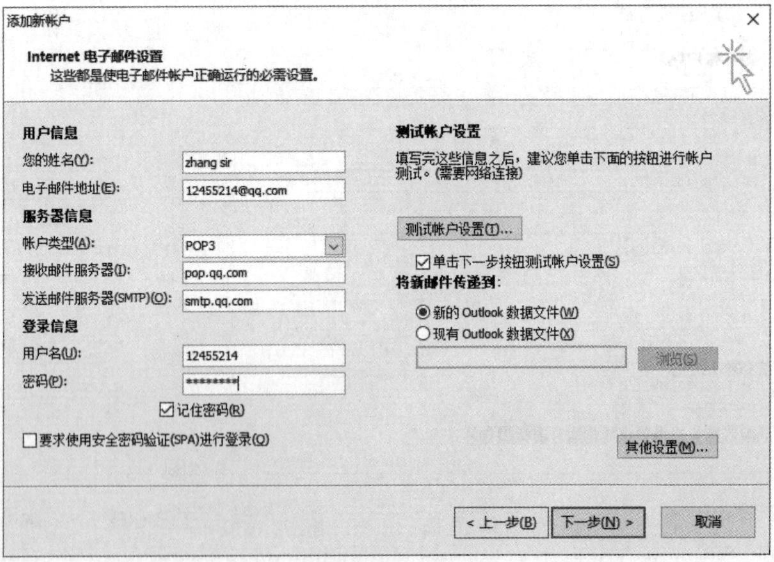

图 6-50　在 Outlook 中进行 Internet 电子邮件设置

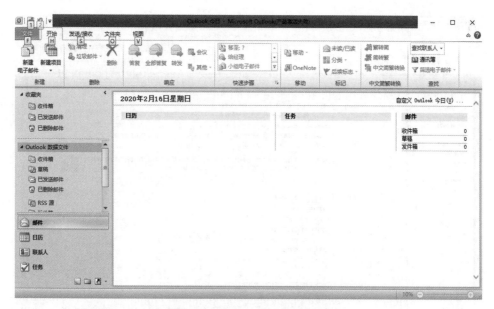

图 6-51　进入 Outlook 邮箱系统

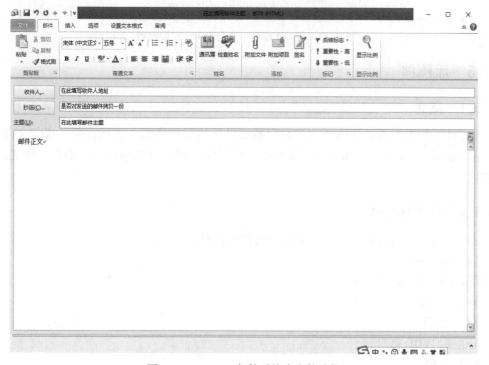

图 6-52　Outlook 邮箱系统中发件功能

⑤邮箱设置　为预防在设置中出现 POP3 权限错误问题，需要在 Web 邮箱中进行权限设置。以 QQ 邮箱为例，进入 QQ 邮箱的设置，选择邮箱"设置"选项，在 POP3/IMAP/SMTP/Exchange/CardDAV/CalDAV 服务中，选择"POP3/SMTP 服务""已开启"，生成授权码并进行相关验证，即可获得 POP3 的权限，如图 6-53 所示。

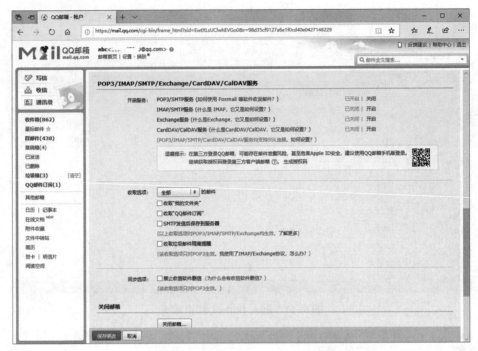

图 6-53　在 QQ 邮箱中进行 POP3 权限设置

6.3.5　流媒体

6.3.5.1　概念

流媒体是指采用流式传输的方式在因特网播放的媒体格式，包括音频、视频文件等。它能从 Internet 上获取音频和视频等连续的多媒体流，用户可以边接收边播放，使延时大大减少。

6.3.5.2　常见播放软件

目前，流媒体播放软件较多，常见的播放软件有：

①RealPlayer。

②Window Media Player。

③暴风影音。

④QQ 影音。

⑤迅播 GVOD 播放器。

⑥Flash Player。

6.3.5.3　常见流媒体文件格式

流媒体文件格式是支持采用流式传输及播放的媒体格式，常用格式有：ASF、RM、RA、MPG、FLV。

①ASF　是 Microsoft 为 Windows 所开发的串流多媒体文件格式，同 JPG、MPG 文件一

样，ASF 文件也是一种文件类型，特别适合在 IP 网上传输。

②RM　实时视频或音频的实时媒体。

③RA　实时声音。

④MPG　又称 MPEG（Moving Pictures Experts Group），即动态图像专家组，由国际标准化组织 ISO（International Standards Organization）与 IEC（International Electronic Committee）于 1988 年联合成立，专门致力于运动图像（MPEG 视频）及其伴音编码（MPEG 音频）标准化工作。

⑤FLV　是 Flash Video 的简称，FLV 流媒体格式是随着 Flash MX 的推出发展而来的视频格式。

主要操作步骤扫描二维码，观看视频学习。

拓展知识

5G"全球大战"

中兴与华为事件把中美在 5G 领域的激烈竞争呈现在世人面前，美国不惜动用国家权力，挑动盟友围堵打压华为、中兴等中国企业，说明 5G 之争已超出了商业与技术竞争的范畴，演变成国家意志与实力的较量。第五代移动通信技术已成为中美之间，乃至世界各大国之间，在高科技竞争中的"兵家必争之地"。

1. 5G 发展背景

5G 的发展来自于对移动数据日益增长的需求。随着移动互联网的发展，越来越多的设备接入到移动网络中，新的服务和应用层出不穷，全球移动宽带用户在 2020 年有望达到 9 万亿。移动数据流量的暴涨给网络带来挑战体现在 4 个方面：①如果按照当前移动通信网络发展，容量难以支持千倍流量的增长，网络能耗和比特成本难以承受；②流量增长必然带来对频谱的进一步需求，而移动通信频谱稀缺，可用频谱呈大跨度、碎片化分布，难以实现频谱的高效使用；③要提升网络容量，必须智能高效利用网络资源，如针对业务和用户的个性进行智能优化，但这方面的能力不足；④未来网络必然是一个多网并存的异构移动网络，要提升网络容量，必须解决高效管理各个网络、简化操作、增强用户体验的问题，这些挑战是新一代 5G 移动通信网络的助推剂。

2. 5G 概念

第五代移动通信技术（5th generation mobile networks 或 5th generation wireless systems、5th-Generation，简称 5G 或 5G 技术）是最新一代蜂窝移动通信技术，也是 4G（LTE-A、WiMax）、3G（UMTS、LTE）和 2G（GSM）系统的延伸。5G 的性能目标是高数据速率、减少延迟、节省能源、降低成本、提高系统容量和大规模设备连接。5G 网络是数字蜂窝网络，在这种网络中，供应商覆盖的服务区域被划分为许多被称为蜂窝的小地理区域。表示声音和图像的模拟信号在手机中被数字化，由模数转换器转换并作为比特流传输。蜂窝中的所有 5G 无线设备通过无线电波与蜂窝中的本地天线阵和低功率自动收发器（发射机和接收机）进行通信。收发器从公共频率池分配频道，这些频道在地理上分离的蜂窝中可以重复使用。本地天线通过高带宽光纤或无线回程连接与电话网络和互联网连接，与现有的手机一样，当用户从一个蜂窝穿越到另一个蜂窝时，他们的移动设备将自动"切换"到新蜂窝中的天线。

3. 5G 特点

（1）速率高

5G 的传输速率可达数 10GB/s，是 4G 的数十倍至数百倍。高速率意味着在同一时间内可以有更多的用户访问网络，也可以大大提高下载的速度。

（2）时延短

4G 的时延是 15 至 80ms（毫秒），而 5G 技术将使时延缩短到 1ms 以下。当 5G 网络与构成物联网的大量感应器结合起来时，它的短时延性将使用户能够收集实时数据，从而使人工智能可以进行实时分析。

（3）容量大

5G 通信使用毫米波技术，相对于 4G 使用的米波与厘米波技术，其优点是容量超大。毫米波覆盖的频带范围非常宽，能够满足大量数字信号的传输要求。

（4）低功耗

5G 要支持大规模物联网应用，就必须要有功耗的要求。在 5G 中创建的 mmX 显著降低了 mmWave 网络的成本和功耗，其可用于所有物联网应用。

（5）兼容性好

5G 通信选用多输入多输出技术，通过部署大规模天线阵列，能够支持几百根天线同时工作，兼容性特好，抗干扰能力特强。

（6）重构安全

传统的互联网要解决的是信息速度快、无障碍的传输，自由、开放、共享是互联网的基本精神，但是在 5G 基础上建立的智能互联网不仅是要实现信息传输，还要建立起一个社会和生活的新机制与新体系。智能互联网的基本精神是安全、管理、高效、方便。在 5G 的网络构建中，在底层就解决安全问题，从网络建设之初，就加入安全机制，信息加密，网络并不是开放的，对于特殊的服务需要建立起专门的安全机制。

（7）应用范围广

4G 技术主要用于移动通信，而 5G 技术还可广泛用于云计算、可穿戴设备、智能家居、远程医疗、沉浸式虚拟现实（VR）、自动驾驶等一系列新兴产业，能与物联网及人工智能技术（AI）深度融合。5G 时代，通信行业将成为一个基础设施行业，同多种硬件系统、软件系统等一起构成升级版的社会技术生态系统。

4. 5G 发展历程

2013 年 2 月，欧盟宣布，将拨款 5000 万欧元，加快 5G 移动技术的发展，计划到 2020 年推出成熟的标准。

2013 年 5 月 13 日，韩国三星电子有限公司宣布，已成功开发第 5 代移动通信（5G）的核心技术，这一技术预计将于 2020 年开始推向商业化。该技术可在 28GHz 超高频段以每秒 1Gbps 以上的速度传送数据，且最长传送距离可达 2km。相比之下，当前的第四代长期演进（4G LTE）服务的传输速率仅为 75Mbps。此前这一传输瓶颈被业界普遍认为是一个技术难题，而三星电子则利用 64 个天线单元的自适应阵列传输技术破解了这一难题。与韩国 4G 技术的传送速度相比，5G 技术预计可提供比 4G 长期演进（LTE）快 100 倍的速度，利用这一技术，下载一部高画质(HD)电影只需 10s 钟。

2014 年 5 月 8 日，日本电信营运商 NTT DoCoMo 宣布将与 Ericsson、Nokia、Samsung 等 6 家厂商共同合作，开始测试凌驾现有 4G 网络 1000 倍网络承载能力的高速 5G 网络，传输速度可望提升至 10Gbps，预计在 2015 年展开户外测试，并期望于 2020 年开始运作。

2015 年 9 月 7 日，美国移动运营商 Verizon 无线公司宣布，将从 2016 年开始试用 5G 网络，2017 年在美国部分城市全面商用。中国 5G 技术研发试验将在 2016—2018 年进行，分为 5G 关键技术试验、5G 技术方案验证和 5G 系统验证 3 个阶段实施。

2017 年 2 月 9 日，国际通信标准组织 3GPP 宣布了"5G"的官方 Logo。

2017 年 11 月 15 日，中华人民共和国工业和信息化部(以下简称"工信部")发布《关于第五代移动通信系统使用 3300~3600MHz 和 4800~5000MHz 频段相关事宜的通知》，确定 5G 中频谱能够兼顾系统覆盖和大容量的基本需求。

2017 年 11 月下旬我国工信部发布通知，正式启动 5G 技术研发试验第三阶段工作，并力争于 2018 年年底前实现第三阶段试验基本目标。

2017 年 12 月 21 日，在国际电信标准组织 3GPP RAN 第 78 次全体会议上，5G NR 首发版本正式冻结并发布。

2017 年 12 月，中华人民共和国国家发展和改革委员会发布《关于组织实施 2018 年新一代信息基础设施建设工程的通知》，要求 2018 年将在不少于 5 个城市开展 5G 规模组网试点，每个城市 5G 基站数量不少 50 个、全网 5G 终端不少于 500 个。

2018 年 2 月 23 日，在世界移动通信大会召开前夕，沃达丰和华为宣布，两公司在西班牙合作采用非独立的 3GPP 5G 新无线标准和 Sub6 GHz 频段完成了全球首个 5G 通话测试。

2018 年 2 月 27 日，华为在 MWC2018 大展上发布了首款 3GPP 标准 5G 商用芯片巴龙 5G01 和 5G 商用终端，支持全球主流 5G 频段，包括 Sub6GHz(低频)、mmWave(高频)，理论上可实现最高 2.3Gbps 的数据下载速率。

2018 年 6 月 13 日，3GPP 5G NR 标准 SA(Standalone，独立组网)方案在 3GPP 第 80 次 TSG RAN 全会正式完成并发布，这标志着首个真正完整意义的国际 5G 标准正式出炉。

2018 年 6 月 14 日，3GPP 全会(TSG#80)批准了第五代移动通信技术标准(5G NR)独立组网功能冻结。加之 2017 年 12 月完成的非独立组网 NR 标准，5G 已经完成第一阶段全功能标准化工作，进入了产业全面冲刺新阶段。

2018 年 6 月 28 日，中国联通公布了 5G 部署，将以 SA 为目标架构，前期聚焦 eMBB，5G 网络计划 2020 年正式商用。

2018 年 8 月 2 日，奥迪与爱立信宣布，计划率先将 5G 技术用于汽车生产。在奥迪总部德国因戈尔施塔特，两家公司就一系列活动达成一致，共同探讨 5G 作为一种面向未来的通信技术，能够满足汽车生产高要求的潜力。奥迪和爱立信签署了谅解备忘录，在未来几个月内，两家公司的专家们将在位于德国盖梅尔斯海姆的"奥迪生产实验室"的技术中心进行现场测试。

2018 年 11 月 21 日，重庆首个 5G 连续覆盖试验区建设完成，5G 远程驾驶、5G 无人机、虚拟现实等多项 5G 应用同时亮相。

2018 年 12 月 1 日，韩国三大运营商 SK、KT 与 LG U+同步在韩国部分地区推出 5G 服务，这也是新一代移动通信服务在全球首次实现商用，第一批应用 5G 服务的地区为首尔、首都圈和韩国六大广域市的市中心，之后将陆续扩大范围。按照计划，韩国智能手机用户 2019 年 3 月份左右可以使用 5G 服务，预计 2020 年下半年可以实现 5G 全覆盖。

2018 年 12 月 7 日，工信部同意联通集团自通知日至 2020 年 6 月 30 日使用 3500～3600MHz 频率，用于在全国开展第五代移动通信(5G)系统试验。

2018 年 12 月 10 日，工信部正式对外公布，已向中国电信、中国移动、中国联通发放了 5G 系统中低频段试验频率使用许可。这意味着各基础电信运营企业开展 5G 系统试验所必须使用的频率资源得到保障，向产业界发出了明确信号，进一步推动我国 5G 产业链的成熟与发展。

2018 年 12 月 18 日，AT&T 宣布，将于 12 月 21 日在全美 12 个城市率先开放 5G 网络服务。

2019 年 2 月 20 日，韩国副总理兼企划财政部部长洪南基提到，2019 年 3 月末，韩国将在全球首次实现 5G 的商用。

2019 年 6 月 6 日，工信部正式向中国电信、中国移动、中国联通、中国广电发放 5G 商用牌照，中国正式进入 5G 商用元年。

2019 年 9 月 10 日，中国华为公司在布达佩斯举行的国际电信联盟 2019 年世界电信展上发布《5G 应用立场白皮书》，展望了 5G 在多个领域的应用场景，并呼吁全球行业组织和监管机构积极推进标准协同、频谱到位，为 5G 商用部署和应用提供良好的资源保障与商业环境。

2019 年 10 月，5G 基站入网正式获得了工信部的开闸批准。工信部颁发了国内首个 5G 无线电通信设备进网许可证，标志着 5G 基站设备将正式接入公用电信商用网络，而运营商预计将在 10 月 31 日分别公布其 5G 套餐价格，并于 11 月 1 日起正式执行 5G 套餐。

2019 年 10 月 19 日，北京移动通过 5G 助力 301 医院远程指导金华市中心医院完成颅骨缺损修补手术；在北京水源地密云水库，北京移动通过 5G 无人船实现了水质监测、污染通量自动计算、现场数据采集以及海量检测结果的分析和实时回传等，凡此种种，都是 5G 技术在各行各业落地的最新应用案例。

2019 年 10 月 31 日，三大运营商公布 5G 商用套餐，并于 11 月 1 日正式上线 5G 商用套餐。

5. 5G 关键技术

(1)5G 超密集异构网络

5G 网络正朝着网络多元化、宽带化、综合化、智能化的方向发展。随着各种智能终端的普及，面向 2020 年及以后，移动数据流量将呈现爆炸式增长。在未来 5G 网络中，减小小区半径，增加低功率节点数量，是保证未来 5G 网络支持 1000 倍流量增长的核心技术之一。因此，超密集异构网络成为未来 5G 网络提高数据流量的关键技术。

未来无线网络将部署超过现有站点 10 倍以上的各种无线节点，在宏站覆盖区内，站点间距离将保持 10m 以内，并且支持在每 1km² 范围内为 25 000 个用户提供服务。同时也可能出现活跃用户数和站点数的比例达到 1∶1 的现象，即用户与服务节点一一对应。密集部署的网络拉近了终端与节点间的距离，使得网络的功率和频谱效率大幅度提高，同时也扩大了网络覆盖范围，扩展了系统容量，并且增强了业务在不同接入技术和各覆盖层次间的灵活性。虽然超密集异构网络架构在 5G 中有很大的发展前景，但是节点间距离的减少，越发密集的网络部署将使得网络拓扑更加复杂，从而容易出现与现有移动通信系统不兼容的问题。在 5G 移动通信网络中，干扰是一个必须解决的问题，网络中的干扰主要有：同频干扰、共享频谱资源干扰、不同覆盖层次间的干扰等。现有通信系统的干扰协调算法只能解决单个干扰源问题，而在 5G 网络中，相邻节点的传输损耗一般差别不大，这将导致多个干扰源强度相近，进一步恶化网络性能，使得现有协调算法难以应对。

准确有效地感知相邻节点是实现大规模节点协作的前提条件。在超密集网络中，密集地部署使得小区边界数量剧增，加之形状的不规则，导致节点频繁复杂的切换。为了满足移动性需求，势必出现新的切换算法；另外，网络动态部署技术也是研究的重点。由于用户部署的大量节点的开启和关闭具有突发性和随机性，使得网络拓扑和干扰具有大范围动态变化的特性；而各小站中较少的服务用户数也容易导致业务的空间和时间分布出现剧烈的动态变化。

（2）5G 自组织网络

传统移动通信网络中，主要依靠人工方式完成网络部署及运维，既耗费大量人力资源又增加运行成本，而且网络优化也不理想。在未来 5G 网络中，将面临网络的部署、运营及维护的挑战，这主要是由于网络存在各种无线接入技术，且网络节点覆盖能力各不相同，它们之间的关系错综复杂。因此，自组织网络（Self-Organizing Network，SON）的智能化将成为 5G 网络必不可少的一项关键技术。

自组织网络技术解决的关键问题主要有以下 2 点：①网络部署阶段的自规划和自配置：自配置即新增网络节点的配置可实现即插即用，具有低成本、安装简易等优点；②网络维护阶段的自优化和自愈合：自优化的目的是减少业务工作量，达到提升网络质量及性能的效果，其方法是通过 UE 和 eNB 测量，在本地 eNB 或网络管理方面进行参数自优化；自愈合指系统能自动检测问题、定位问题和排除故障，大大减少维护成本并避免对网络质量和用户体验的影响。自规划的目的是动态进行网络规划并执行，同时满足系统的容量扩展、业务监测或优化结果等方面的需求。

（3）5G 内容分发网络

在 5G 中，面向大规模用户的音频、视频、图像等业务急剧增长，网络流量的爆炸式增长会极大地影响用户访问互联网的服务质量。如何有效地分发大流量的业务内容，降低用户获取信息的时延，成为网络运营商和内容提供商面临的一大难题。仅仅依靠增加带宽并不能解决问题，它还受到传输中路由阻塞和延迟、网站服务器的处理能力等因素的影响，这些问题的出现与用户服务器之间的距离有密切关系。内容分发网络（Content Distribution Network，CDN）会对未来 5G 网络的容量与用户访问具有重要的支撑作用。

内容分发网络是在传统网络中添加新的层次，即智能虚拟网络。CDN 系统综合考虑各节点连接状态、负载情况以及用户距离等信息，通过将相关内容分发至靠近用户的 CDN 代理服务器上，实现用户就近获取所需的信息，使得网络拥塞状况得以缓解，降低响应时间，提高响应速度。CDN 网络架构在用户侧与源服务器之间构建多个 CDN 代理服务，可以降低延迟、提高 QoS(Quality of Service)。当用户对所需内容发送请求时，如果源服务器之前接收到相同内容的请求，则该请求被 DNS 重定向到离用户最近的 CDN 代理服务器上，由该代理服务器发送相应内容给用户。因此，源服务器只需要将内容发给各个代理服务器，便于用户从就近的带宽充足的代理服务器上获取内容，降低网络时延并提高用户体验。随着云计算、移动互联网及动态网络内容技术的推进，内容分发技术逐步趋向于专业化、定制化，在内容、路由、管理、推送以及安全性方面都面临新的挑战。

（4）5G D2D 通信

在 5G 网络中，网络容量、频谱效率需要进一步提升，更丰富的通信模式以及更好的终端用户体验也是 5G 的演进方向。设备到设备通信(Device-to-Device Communication，D2D)具有潜在的提升系统性能、增强用户体验、减轻基站压力、提高频谱利用率的前景。因此，D2D 是未来 5G 网络中的关键技术之一。

D2D 通信是一种基于蜂窝系统的近距离数据直接传输技术。D2D 会话的数据直接在终端之间进行传输，不需要通过基站转发，而相关的控制信令，如会话的建立、维持、无线资源分配以及计费、鉴权、识别、移动性管理等仍由蜂窝网络负责。蜂窝网络引入 D2D 通信，可以减轻基站负担，降低端到端的传输时延，提升频谱效率，降低终端发射功率。当无线通信基础设施损坏，或者在无线网络的覆盖盲区，终端可借助 D2D 实现端到端通信甚至接入蜂窝网络。在 5G 网络中，既可以在授权频段部署 D2D 通信，也可在非授权频段部署。

（5）5G M2M 通信

M2M(Machine to Machine，M2M)作为物联网最常见的应用形式，在智能电网、安全监测、城市信息化、环境监测等领域实现了商业化应用。3GPP 已经针对 M2M 网络制定了一些标准，并已立项开始研究 M2M 关键技术。M2M 的定义主要有广义和狭义 2 种，广义的 M2M 主要是指机器与机器、人与机器间以及移动网络与机器之间的通信，它涵盖了所有实现人、机器、系统之间通信的技术；从狭义上说，M2M 仅仅指机器与机器之间的通信。智能化、交互式是 M2M 有别于其他应用的典型特征，这一特征下的机器也被赋予了更多的"智慧"。

（6）5G 信息中心网络

随着实时音频、高清视频等服务的日益激增，基于位置通信的传统 TCP/IP 网络无法满足数据流量分发的要求。网络呈现出以信息为中心的发展趋势。信息中心网络(Information-Centric Network，ICN)的思想最早是 1979 年由 Nelson 提出来的，后来被 Baccala 强化。作为一种新型网络体系结构，ICN 的目标是取代现有的 IP。

ICN 所指的信息包括实时媒体流、网页服务、多媒体通信等，而信息中心网络就是这些片段信息的总集合。因此，ICN 的主要概念是信息的分发、查找和传递，而不再是维护目标主机的可连通性。不同于传统的以主机地址为中心的 TCP/IP 网络体系结构，ICN 采用的是以信息为中心的网络通信模型，忽略 IP 地址的作用，甚至只是将其作为一种传输标识。全新的网络协议栈能够实现网络层解析信息名称、路由缓存信息数据、多播传递信息等功能，从而较好地解决计算机网络中存在的扩展性、实时性以及动态性等问题。ICN 信息传递流程是一种基于发布订阅方式的信息传递流程，主要特点包括：①内容提供方向网络发布自己所拥有的内容，网络中的节点就明白当收到相关内容的请求时如何响应该请求；②当第一个订阅方向网络发送内容请求时，节点将请求转发到内容发布方，内容发布方将相应内容发送给订阅方，带有缓存的节点会将经过的内容缓存；③其他订阅方对相同内容发送请求时，邻近带缓存的节点直接将相应内容响应给订阅方。因此，信息中心网络的通信过程就是请求内容的匹配过程。传统IP网络中，采用的是"推"传输模式，即服务器在整个传输过程中占主导地位，忽略了用户的地位，从而导致用户端接收过多的垃圾信息。ICN网络正好相反，采用"拉"模式，整个传输过程由用户的实时信息请求触发，网络则通过信息缓存的方式，实现快速响应用户。此外，信息安全只与信息自身相关，而与存储容器无关。针对信息的这种特性，ICN网络采用有别于传统网络安全机制的基于信息的安全机制。和传统的IP网络相比，ICN具有高效性、高安全性且支持客户端移动等优势。

6. 5G 应用领域

（1）交通方面

驱动汽车产业变革的关键技术——自动驾驶、远程控制等，需要安全、可靠、低延迟和高带宽的连接，这些连接特性在高速公路和密集城市中至关重要，只有5G网络才能满足这样严格的要求。

（2）医疗方面

高清直播、远程会诊、智能机器人、远程外科手术等，需要低延迟的网络环境才能满足要求。像无线内窥镜和超声波这样的远程诊断依赖于设备终端和患者之间的交互作用，尤其依赖5G网络的低延迟和高QoS保障特性。在新冠肺炎疫情阻击战中，5G技术大显身手，成为疫情防控中的"神兵利器"。

（3）智慧能源方面

馈线自动化（FA）系统对可再生能源具有特别重要的价值，需要超低时延的通信网络支撑。通过为能源供应商提供智能分布式馈线系统所需的专用网络切片，能够进行智能分析并实时响应异常信息，从而实现更快速准确的电网控制。

（4）智能电网方面

因电网高安全性要求与全覆盖的广度特性，智能电网必须在海量连接以及广覆盖的测量处理体系中，做到99.999%的高可靠度；超大数量末端设备的同时接入、小于20ms的超低时延，终端深度覆盖以及信号平稳等是其可安全工作的基本要求。

（5）金融方面

移动互联网的发展成就了互联网金融，金融的服务方式和触达渠道的创新使金融服务的丰富化和便捷化随之实现，连接速度、产品形态、服务模式、触达渠道等逐渐成为人们生活的一部分，如移动支付、手机银行、互联网保险等都是在万物互联的背景下，探索金融服务的发展和变革。

7. 中国在 5G 竞争中的优势与劣势

5G技术是一个庞大的系统工程，其系统综合实力可从以下5个方面来衡量。

（1）标准主导能力

全世界5G标准立项并被通过的有中国移动10项，华为8项，爱立信6项，高通5项，日本NTT 4项，诺基亚4项，英特尔4项，三星2项，中兴2项，法国电信1项，德国电信 1 项，中国联通 1 项、西班牙电信 1 项、欧洲航天局（Esa）1 项。按国家统计，中国 21 项，美国 9 项，瑞典 6 项，芬兰 4 项，日本 4 项，韩国 2 项，德国 1 项，法国 1 项，西班牙 1 项，其中欧洲国家合计 14 项。除了标准的数量，中国在基础标准方面也有历史性突破。华为研发的 F-OFDM 混合新波形技术标准与 Polar Code（极化码）控制信道编码方案，都已成为全球统一的 5G 标准。在 5G 核心专利方面，华为持有 61 项，全球占比 23%，中国企业合计占比 36%，均居世界第一。因此，无论从企业还是从国别，从数量还是从质量，从标准还是从专利来衡量，中国无疑是当今世界 5G 标准的主导力量，欧洲第二，美国第三。标准制定能力是 5G 最高端的技术能力，中国从 1G、2G 的空白，到 3G、4G 成为重要参与者，再到 5G 成为主导力量，实现了历史性的跨跃式发展。

（2）通信系统设备的研制能力

5G 技术要向用户提供服务必须组建一个庞大的 5G 网络，即通信系统。这个网络是由核心网络、管理系统、基站、天线、铁塔等一系列产品组成的。4G 时代系统能力的排名是：中国华为第一，瑞士爱立信第二，芬兰诺基亚第三，中国中兴第四，韩国三星第五。华为在全世界 176 个国家和地区参与了网络建设，网络的品质和服务受到欢迎，成为世界上最强大的通信系统设备制造商。5G 时代，中国继续保持世界领先的地位，华为是世界上唯一拥有在核心网络与基站之间的微波信息传输技术的制造商；华为已正式发布了世界首款 5G 基站核心芯片"天罡"和全球功能最强的 5G 调制调解器"巴龙 5000"，等等。英国电信公司首席网络架构师 Neil McRae 公开表示："现在只有一家真正的 5G 供应商，那就是华为。"通信系统的设备研制与组网能力是 5G 最核心的技术能力，中国具有明显的优势。

（3）智能手机的研制能力

5G 通信系统可使用多种终端，而其中大量推广的就是智能手机。当前世界范围的智能手机生产商已形成"三强"与"十大品牌"的格局。"三强"是韩国三星，中国华为与美国苹果。"十大品牌"除了三强外，其他 7 家中国占了 6 家：Oppo、Vivo、小米、中兴、联想、一加，剩下的一家是韩国的 LG。以国别来统计，在十大品牌中，中国有 7 个，韩国 2 个，美国 1 个。

（4）半导体芯片的研制能力

整个 5G 通信系统需要使用多种芯片，核心网络的管理系统需要的计算芯片，美国实力最强，英特尔是华为、中兴等企业的重要供应商。但中国突破的速度也很快，华为旗下的海思已开发出面向 5G 技术的"麒麟系列"手机芯片，高效能运算 AI/HPC 新芯片、第四代 ARM 服务器芯片"鲲鹏 920"，这是业界首款采用 7nm 工艺制造的，性能最强的数据中心处理器；存储芯片也是移动通信系统广泛使用的芯片，这方面美国、韩国、中国台湾目前处于主导地位；专用芯片是 5G 通信基站及相关设备上需要使用的专用芯片，在这个领域，美国的英特尔、高通，中国的华为海思、展锐、中兴微电子，以及欧洲的一些企业都有设计和生产，大家各有所长难分高下；智能手机芯片是智能手机最关键的处理器与基带芯片，智能手机的处理器不仅要有计算功能 CPU，还要有图像处理功能 GPU，以及 AI 处理功能 NPU（神经网络处理器），智能手机芯片还需要体积小、功耗低，因此智能手机芯片可以说是芯片这个"皇冠"上的明珠。5G 时代，华为于 2018 年正式发布了世界首款 7nm 制程的 5G 处理器芯片"麒麟 980"，性能超过高通的 5G 芯片"骁龙 855"，基带芯片用于手机通话与语音处理，可以单独使用或作为一个模块嵌入手机处理器，华为于2018年正式发布了5G手机基带芯片"巴龙5G01"，与高通的"骁龙X50"同属世界顶尖水平；物联网芯片是5G移动通信系统与物联网深度融合，基于窄带物联网（NB-IoT）应运而生的，并已制定了标准成为5G标准体系的一部分，华为海思在标准公布后，于2018年迅速推出了NB-IoT商用芯片Boudica120与Boudica150，抢得了先机。除了华为海思，中兴微电子、高通、英特尔、NORDIC等公司也都在抢占这一半导体芯片的新领域；窄带物联网将联接越来越多的智能终端，这些终端都要使用大量各种各样的传感器，因此传感器芯片也已成为半导体芯片的一个新领域，是全世界半导体产业争夺的另一个焦点，世界上有能力的企业都纷纷加入到竞争中，当下很难分出高低。芯片的研制能力是5G最基础的技术能力，从产品种类、生产规模、技术性能等诸方面综合考量，美国具有明显的优势，中国正在全力赶上，但要补齐短板尚需时日。

(5)电信运营商的网络部署能力

在5G组网方面，美国及欧洲多数国家在部署5G网络时采用了NSA非独立组网的方案，即整体上还是原来4G的网络，只是在核心地区使用5G技术组网来提升速度。而中国采用了SA独立组网的方案，从一开始就建立起一个独立完整的5G网络。美国建立的NSA方案的5G网络，测试速度约为24MB/S，华为在NSA方案的5G网络中的测试速度已达到了1.7GB/S，是美国测试速度的70倍。

5G就是整个第四次科技革命的技术基础，它的发展将直接影响这场时代大变革的态势，继而决定未来国家间的实力对比，决定未来全球领导权的归属，这才是5G真正的价值。衡量各国在5G竞争中综合能力来看，美国在芯片技术中有优势，欧洲在系统能力中具有仅次于中国的优势，中国则在除芯片技术外的能力中拥有优势。由此可见，中国在5G竞争中综合能力最强，美国第二，欧洲第三。中美数字主导权的竞争不会止步于5G，下一场战争已经打响，作为青年学子，责任重大。习近平总书记在给北京大学学生的回信中也说："'得其大者可以兼其小'，只有把人生理想融入国家和民族的事业中，才能最终成就一番事业。希望你们珍惜韶华、奋发有为，勇做走在时代前面的奋进者、开拓者、奉献者，努力使自己成为祖国建设的有用之才、栋梁之材，为实现中国梦奉献智慧和力量"。重任在肩，让我们共同为幸福而努力奋斗。

习　题

一、选择题

1. 计算机网络的主要功能包括(　　)。

A. 日常数据收集、数据加工处理、提高数据可靠性、分布式处理

B. 数据通信、资源共享、数据管理与信息处理

C. 图片视频等多媒体信息传递和处理、分布式计算

D. 数据通信、资源共享、提高可靠性、分布式处理

2. 第三代计算机通信网络，网络体系结构与协议标准趋于统一，国际标准化组织建立了(　　)参考模型。

A. OSI   B. TCP/IP   C. HTTP   D. ARPA

3. FTP 是指(　　)。

A. 远程登录   B. 网络服务器   C. 域名   D. 文件传输协议

4. WWW 的网页文件是在(　　)传输协议支持下运行的。

A. FTP 协议   B. HTTP 协议   C. SMTP 协议   D. IP 协议

5. 下列 IP 地址中，可能正确的是(　　)。

A. 192.168.5   B. 202.116.256.10

C. 10.215.215.1.3   D. 172.16.55.69

6. 电子邮箱的地址由(　　)。

A. 用户名和主机域名两部分组成，它们之间用符号"@"分隔

B. 主机域名和用户名两部分组成，它们之间用符号"@"分隔

C. 主机域名和用户名两部分组成，它们之间用符号"."分隔

D. 用户名和主机域名两部分组成，它们之间用符号"."分隔

7. 网络的传输速率是 10Mb/s，其含义是(　　)。

A. 每秒传输 10M 字节   B. 每秒传输 10M 二进制位

C. 每秒可以传输 10M 个字符   D. 每秒传输 10000000 个二进制位

8. 下列四项内容中，不属于 Internet(因特网)基本功能是(　　)。

A. 电子邮件   B. 文件传输   C. 远程登录   D. 实时监测控制

9. Internet 上，访问 Web 网站时用的工具是浏览器，下列(　　)就是目前常用的 Web 浏览器之一。

A. Internet Explorer   B. Outlook Express

C. Yahoo   D. FrontPage

10. 与 Web 网站和 Web 页面密切相关的一个概念称"统一资源定位器"，它的英文缩写是(　　)。

A. UPS   B. USB   C. ULR   D. URL

11. 当个人计算机以拨号方式接入 Internet 网时，必须使用的设备是(　　)。

A. 网卡   B. 调制解调器(Modem)

C. 电话机   D. 浏览器软件

12. 如果要以电话拨号方式接入 Internet 网，则需要安装调制解调器和(　　)。

A. 浏览器软件   B. 网卡   C. Windows NT   D. 解压卡

13. 在下列 4 项中，不属于 OSI(开放系统互联)参考模型 7 个层次的是(　　)。

A. 会话层   B. 数据链路层   C. 用户层   D. 应用层

14. OSI 参考模型中的第二层是(　　)。

A. 网络层   B. 数据链路层   C. 传输层   D. 物理层

15. 网络互连设备通常分成以下 4 种，在不同的网络间存储并转发分组，必要时可通过(　　)进行网络层上的协议转换。

A. 重发器   B. 网关   C. 协议转换器   D. 桥接器

16. 以(　　)将网络划分为广域网(WAN)、城域网(MAN)和局域网(LAN)。

A. 接入的计算机多少   B. 接入的计算机类型

C. 拓扑类型   D. 地理范围

17. 目前网络传输介质中传输速率最高的是(　　)。

A. 双绞线   B. 同轴电缆   C. 光缆   D. 电话线

18. 域名是 Internet 服务提供商的计算机名，域名中的后缀 .gov 表示机构所属类型为(　　)。

A. 军事机构   B. 政府机构   C. 教育机构   D. 商业公司

19. 根据域名代码规定，域名为 Katong.com.cn 表示的网站类别应是(　　)。

A. 教育机构   B. 军事部门   C. 商业组织   D. 国际组织

20. 在计算机网络中，通常把提供并管理共享资源的计算机称为(　　)。

A. 服务器   B. 工作站   C. 网关   D. 网桥

21. OSI 的 7 层模型中，最底下的(　　)层主要通过硬件来实现，其余则通过软件来实现。

A. 1   B. 2   C. 3   D. 4

22. OSI 的中文含义是(　　)。

A. 网络通信协议   B. 国家基础设施

C. 开放系统互联参考模型   D. 公共数据通信网

23. 为了能在网络上正确地传送，制定的一整套关于传输顺序、格式、内容和方式的约定，称之为(　　)。

A. OSI 参考模型   B. 网络操作系统

C. 通信协议   D. 网络通信软件

24. 局域网常用的基本拓扑结构有(　　)、环型和星型。

A. 层次型   B. 总线型   C. 交换型   D. 分组型

25. 在局域网中的各个节点上，计算机都应在主机扩展槽中插有网卡，网卡的正式名称是(　　)。

A. 集线器   B. T 形接头   C. 终端匹配器   D. 网络适配器

26. 调制解调器用于完成计算机数字信号与之间的转换(　　)。

A. 电话线上的数字信号   B. 同轴电缆上的音频信号

C. 同轴电缆上的数字信号   D. 电话线上的音频信号

二、填空题

1. 计算机网络最突出的优点是_____。

2. Internet 采用的通信协议是_____。

3. 如果一个 WWW 站点的域名地址 www.bju.edu.cn，则它是_____站点。

4. 构造一个星形局域网，需要的关键设备是_____。

5. Http 是一种_____。

6. 在计算机网络中，通信双方必须共同遵守的规则或约定，称为_____。

7. 计算机网络是由负责处理并向全网提供可用资源的资源子网和负责传输的

_____子网组成。

8. 提供网络通讯和网络资源共享功能的操作系统称为_____。

9. 计算机网络最本质的功能是实现_____。

10. 目前，广泛流行的以太网所采用的拓扑结构是_____。

11. 局域网是一种在小区域内使用的网络，其英文缩写为_____。

12. 某因特网用户的电子邮件地址为 llanxi@ yawen. kasi. com，这表明该用户在其邮件服务器上的账户名是_____。

参 考 文 献

Behrouz Forouzan，2015. 计算机科学导论[M]. 北京：机械工业出版社.

陈安娜，2020. 结合思维导图的 Excel 函数案例教学[J]. 襄阳职业技术学院学报(3)：80-83.

陈伟，2009. 基于 web 技术的中小制造企业 ERP 系统构建研究[D]. 唐山：河北理工大学.

陈信，2020. 探析计算机系统安全及其维护策略[J]. 通讯世界(02)：102-103.

电脑系统，Win10 系统开机加速优化技巧[EB/OL].［2018-11-10］. http：//www. xitongtiandi. net/wenzhang/win10/25285. html.

董爱堂，赵冬梅，2004. 信息技术基础教程[M]. 北京：北京理工大学出版社.

Excel Home，2018. Excel2016 函数与公式应用大全[M]. 北京：北京大学出版社.

Excel Home，2018. Excel2016 数据透视表应用大全[M]. 北京：北京大学出版社.

冯博文，2003. 操作系统概论[M]. 北京：学苑出版社.

guoke3915，win10 关闭 Windows Search[EB/OL].［2018-01-11］. https：//jingyan. baidu. com/article/37bce2be44b49e1002f3a2de. html.

甘肃林业学院，PowerPoint 2016 幻灯片放映方式设置［EB/OL］.［2020-04-02］. https：//jingyan. baidu. com/article/454316abb3785eb6a6c03a78. html.

高万萍，2019. 计算机应用基础教程[M]. 北京：清华大学出版社.

龚沛曾，杨志强，2009. 大学计算机基础[M]. 北京：高等教育出版社.

华仔，美化 PowerPoint 2016 表格的方法和具体操作步骤［EB/OL］.［2017-04-22］. https：//tech. hqew. com/news_1815758.

黄丹，2020. Microsoft Office 办公软件在办公自动化中的应用技巧[J]. 电脑知识与技术(15)：220-221.

黄建彬，Excel2016 基础视频教程[OL]. https：//www. 51zxw. net/list. aspx? cid=649.

IT 新时代教育，2018. Excel 高效办公应用与技巧大全[M]. 北京：中国水利水电出版社.

见水还是水，打包 PPT 演示文稿的操作方法[EB/OL].［2016-03-17］. http：//www. 360doc. com/content/16/0317/12/20231925_543025060. shtml.

教育部考试中心，2019. 全国计算机等级考试一级教程——计算机基础及 MS Office 应用上机指导(2019 年版)[M]. 北京：高等教育出版社.

赖薇，吴秀英，2019. Excel 在函数教学中的应用[J]. 湖北农机化(24)：124.

老罗说教育，PowerPoint 2016 中如何设置幻灯片的切换效果[EB/OL].［2019-06-13］. https：//jingyan. baidu. com/article/9080802221eb34fd91c80fec. html.

李东勤，2017. 计算机组成原理课程教学改革的研究和探索[J]. 电脑知识与技术(05)：66-67.

李云峰，2000. 多媒体技术及其应用与研究[J]. 湖南广播电视大学学报(01)：68-69.

廉侃超，2017. 计算机发展对学生创新能力的影响探析[J]. 现代计算机(06)：78-80.

梁赵娣，2019. 用数学思维理解 Excel 的单元格引用[J]. 广东职业技术教育与研究(6)：54-56；

林凌，2019. 计算机系统维护的策略和技巧[J]. 科技风(35)：90-91.

刘春燕，2015. 计算机基础应用教程[M]. 北京：机械工业出版社.

刘省贤，2006. 综合布线技术教程与实训[M]. 北京：北京大学出版社.

吕云翔，李沛伦，2015. 计算机导论[M]. 北京：清华大学出版社.

Microsoft，更改 Windows 10 中的通知和操作设置[EB/OL].［2018－6－8］. https：//support. microsoft. com/zh-cn/help/10761/windows-10-change-notification-action-settings.

Microsoft，显示、隐藏桌面图标，或调整桌面图标的大小[EB/OL].［2019－2－2］. https：//support. microsoft. com/zh-cn/help/15058/windows-10-show-hide-resize-desktop-icons.

Microsoft，显示 Windows 10 中的桌面图标[EB/OL].［2019－3－29］. https：//support. microsoft. com/zh-cn/help/4027090/windows-show-desktop-icons-in-windows-10.

NirvaMorisseau-Leroy，Morisseau-Leroy，周立斌，等，2003. Oracle9iAS J2EE 应用程序开发：构建健壮的 J2EE 组件[M]. 北京：清华大学出版社.

培训网，PPT 怎么设置切换放映模式[EB/OL].［2019－07－04］. http：//www. oh100. com/peixun/office/468061. html.

邱占芬，1999. 计算机网络与现代化管理[J]. 科研管理，20(002)：109-112.

任芳，2020. 从生活实际看计算机中的进制[J]. 电脑知识与技术(05)：56-57.

桑娟萍，武文廷，2017. 计算机办公应用技术案例教程[M]. 大连：东软电子出版社.

尚俊杰，秦卫中，2005. 网络程序设计：ASP 案例教程(含盘一张)[M]. 北京：北京交通大学出版社.

矢泽久雄，2015. 计算机是怎样跑起来的[M]. 北京：人民邮电出版社.

宋春伟，2009. 基于光纤传输的矿井水文监测及其分析系统研究与开发[D]. 武汉：武汉理工大学.

谭军，中国芯片技术现状分析_中国芯片发展趋势[EB/OL].［2018-07-18］. http：//m. elecfans. com/article/711944. html.

唐涛，2013. 青岛普深通讯科技公司成长战略研究[D]. 昆明：云南师范大学.

田玉晶，陈宁，2010. 计算机应用基础[M]. 北京：清华大学出版社.

王爱民，于冬梅，2001. 中文版 AutoCAD 2002 高级应用技巧[M]. 北京：清华大学出版社.

王晨杰，Windows 10[EB/OL].［2020－06－29］. https：//baike. baidu. com/item/Windows％ 2010? fromtitle＝windows10&fromid＝13582253.

王文发，2019. 大学计算机基础[M]. 北京：清华大学出版社.

王志军，2019. 职场 Excel 实用小技巧两则[J]. 电脑知识与技术(经验技巧)(12)：37.

王志军，2020. 将同类数据合并到一个单元格[J]. 电脑知识与技术(经验技巧)(5)：24-25.

吴世忠，2012. 华为中兴事件对我们的启示[J]. 中国信息安全(11)：2.

系统城-liumei，win10 关闭家庭组的方法[EB/OL].［2019－02－15］. http：//www. xitongcheng. com/jiaocheng/win10_article_47744. html.

逍遥峡谷，Windows 10 下 C 盘空间清理全攻略[EB/OL].［2020－06－07］. https：//www. icoa. cn/a/780. html.

谢建梅，2020. Excel 在函数教学中的应用[J]. 电脑知识与技术(13)：119-120.

姚旭东，杨尚森，2006. 大学计算机基础[M]. 北京：人民邮电出版社.

佚名，Microsoft Office PowerPoint[EB/OL]. https：//baike. baidu. com/item//Microsoft％ 20Office％20PowerPoint/888571.

佚名，查看 win10 电脑配置和系统基本信息的方法[EB/OL].［2015－2－9］. https：//www. jb51. net/os/win10/287418. html.

佚名，中国超级计算机行业[EB/OL]. https：//baike. baidu. com/item/中国超级计算机行业/7176196? fr＝aladdin.

yuanyuan，Win10 多窗口"二分屏/三分屏/四分屏"显示技巧[EB/OL].［2019－8－9］. https：//www. xiaoyuanjiu. com/11857. html.

袁保宗，2000. 互联网及其应用[M]. 长春：吉林大学出版社．

袁春风，余子濠，2018. 计算机系统基础[M]. 北京：机械工业出版社．

袁晓东，鲍业文，2019."中兴事件"对我国产业发展的启示：基于专利分析[J]. 情报杂志(03)：12-13.

张开宇，2018. 巧用EXCEL进行学生成绩分析[J]. 计算机产品与流通(12)：196.

张祖平，2020. Excel中的身份证号码玄机[J]. 电脑知识与技术(经验技巧)(6)：33-34.

周凌，2014. 计算机应用基础[M]. 北京：电子工业出版社．

周山芙，2002. Visual FoxPro程序设计(二级)教程[M]. 北京：清华大学出版社．

周希章，2004. 怎样维修电焊机[M]. 北京：机械工业出版社．

教材数字资源使用说明

PC 端使用方法：

步骤一：扫描教材封二激活码获取数字资源授权码；

步骤二：注册/登录小途教育平台：https://edu.cfph.net；

步骤三：在"课程"中搜索教材名称，打开对应教材，点击"激活"，输入激活码即可阅读。

手机端使用方法：

步骤一：扫描教材封二激活码获取数字资源授权码；

步骤二：扫描下方的数字资源二维码，进入小途"注册/登录"界面；

步骤三：在"未获取授权"界面点击"获取授权"输入授权码激活课程；

步骤四：激活成功后跳转至数字资源界面即可进行阅读。

数字资源二维码